Christine Sutton

Raumschiff Neutrino

Die Geschichte
eines Elementarteilchens

Aus dem Englischen
von Hans-Peter Herbst †

Birkhäuser Verlag
Basel · Boston · Berlin

Die Originalausgabe erschien 1992 unter dem Titel "Spaceship Neutrino" bei Cambridge University Press, Cambridge, England.
© Cambridge University Press 1992

Die Deutsche Bibliothek – CIP-Einheitsaufnahme

Sutton, Christine:
Raumschiff Neutrino : die Geschichte eines Elementarteilchens / Christine Sutton. Aus dem Engl. von Hans-Peter Herbst. – Basel ; Boston ; Berlin : Birkhäuser, 1994
    Einheitssacht.: Spaceship Neutrino <dt.>
    ISBN 3-7643-2937-8

© 1994 der deutschsprachigen Ausgabe: Birkhäuser Verlag, Postfach 133, CH-4010 Basel, Schweiz
Umschlaggestaltung: Braun & Voigt Werbeagentur, Heidelberg
Printed in Germany
ISBN 3-7643-2937-8

9 8 7 6 5 4 3 2 1

Inhaltsverzeichnis

Worin zwei Kontroversen beigelegt werden: die eine durch das Experiment, die andere durch die Einführung des Neutrinos.

Worin das Neutrino schließlich gefunden wird und seine besondere Natur und bizarren Eigenschaften offenkundig werden.

Worin man herausfindet, daß das beim Betazerfall ausgesandte Neutrino Mitglied einer Dreierfamilie ist.

Geleitwort von F. Reines

> „Ich habe etwas Schreckliches getan: Ich habe ein Teilchen vor-
> ausgesagt, das nicht nachgewiesen werden kann."
>
> *W. Pauli*

> „Oh Pauli, Fermi, leitet uns,
> Bannt uns're Illusionen
> Und wandelt uns're Theorien
> In sich're Konklusionen."

Zu der Zeit, als das Neutrino von Wolfgang Pauli postuliert und von Enrico Fermi in eine kunstvolle theoretische Konstruktion eingefügt wurde, ahnte noch niemand, daß sich dieses Teilchen als eine derart reiche Quelle für unser Verständnis vom Universum erweisen sollte. Ein Teilchen, das zuerst als „Ausrede" für die scheinbare Verletzung der Energie- und Impulserhaltung beim Betazerfall eingeführt worden war und dessen direkter Nachweis wegen seiner enorm schwachen Wechselwirkung zu einer gewaltigen Herausforderung wurde, erweist sich nun als eine einzigartige Sonde für die Erforschung des Inneren von Sternen!

Die Schwierigkeit, diesen „Poltergeist" in die Realität zu überführen, wurde von H.A. Bethe und R.E. Peierls demonstriert: Mit Hilfe von Fermis Theorie berechneten sie, daß eine mehrere Lichtjahre dicke Bleischicht erforderlich wäre, um das Neutrino zu einer Wechselwirkung mit Materie zu veranlassen. Angesichts der damals (1934) verfügbaren Detektoren wurde der Nachweis des Neutrinos denn auch für unmöglich erklärt.

Es waren zwei Sachverhalte, die in der Folgezeit die Situation drastisch veränderten: die Entdeckung der Kernspaltung und die Entwicklung riesiger Flüssigkeits-Szintillationszähler. Mit der Steigerung der Detektorempfindlichkeit und der enormen Erhöhung der Neutrinoflüsse wurde es möglich, für die Neutrinos eine Wechselwirkungsrate von einigen Ereignissen pro Tag zu erzielen und ihre Existenz einem definitiven Test zu unterziehen (Clyde Cowan und Fred Reines).

Zu diesem Zeitpunkt (1956) erkannte man auch, daß die damals gerade von Lee, Yang und Wu entdeckte Nichterhaltung der Parität ein Anwachsen des vorausgesagten Wechselwirkungsquerschnitts um den Faktor 2 mit sich bringen sollte. Das wurde nach Steigerung der experimentellen Genauigkeit bestätigt. Es ist interessant, sich vorzustellen, wie die Wissenschaftler auf die Nichterhaltung der Parität für die schwache Wechselwirkung reagiert hätten, wenn das Neutrino noch nicht entdeckt worden wäre!

Nachdem die Existenz des Neutrinos erwiesen war, konnte man versuchen, seine Eigenschaften zu ermitteln: Ruhemasse, magnetisches Moment, die Gleichheit von ν und $\bar{\nu}$, die Identität von ν_e und ν_μ sowie die Stabilität usw. Derartige Fragen haben bis auf den heutigen Tag das besondere Interesse der Teilchen- und Astrophysiker auf sich gelenkt.

Wie in diesem Buch beschrieben wird, hat der Aufschwung der Neutrinophysik und die damit verknüpfte Beschäftigung mit Neutrinoquellen – von Reaktoren und Beschleunigern über die Kosmische Strahlung und die Sonne bis zu Supernovae – ein aufregendes Forschungsgebiet eröffnet. Darüber hinaus werden dem Leser aber auch interessante Ausblicke auf die Beziehungen zwischen Neutrinos und anderen Objekten der Teilchenphysik eröffnet.

F. Reines

Vorwort

Neutrinos stellen für mich den beeindruckendsten Aspekt eines faszinierenden Themas dar. Sie erscheinen mir als die erstaunlichsten und befremdlichsten – oder welches Superlativ man sonst noch verwenden könnte – aller Elementarteilchen. Einer der paradoxen Aspekte der Neutrinos besteht darin, daß sie die Physiker eine Menge Dinge gelehrt haben, obwohl sie nur aus „sehr wenig" bestehen und äußerst schwer nachzuweisen sind. Tatsächlich könnte man, von den Neutrinos ausgehend, alle möglichen Aspekte der Teilchenphysik erklären. Da dies jedoch mehrere Bände erfordern würde (und mehr Geduld, als ich von meiner Familie erwarten kann), habe ich versucht, mich auf die Aspekte zu konzentrieren, die ich am interessantesten finde. Insbesondere habe ich mehr Wert auf die Experimente zur Untersuchung der Neutrinos als auf theoretische Vorstellungen und Spekulationen gelegt. Ich wollte damit deutlich herausstellen, was wir über Neutrinos wissen und wie wir zu diesem Wissen gelangt sind. Das bedeutet, daß ich fast sicher jeden, der sich mit Neutrinos beschäftigt hat, vor den Kopf stoßen werde, weil ich entweder nicht genügend Details über seine Theorie oder seine Experimente bringe oder (was noch wahrscheinlicher ist) seine Arbeiten vollständig übergehe.

Ich muß auch gestehen, daß mein Enthusiasmus gewissermaßen aus zweiter Hand stammt, da ich niemals an einem Neutrinoexperiment mitgearbeitet habe. Ich habe mich jedoch bemüht, diesen Nachteil auszugleichen, indem ich mich der Hilfe vieler Experten aus der ganzen Welt versichert habe, denen ich hier für ihre unschätzbare Unterstützung und Ermutigung danken möchte. Sie haben mir ermöglicht, ein Unternehmen durchzustehen, das länger dauerte, als ich es mir jemals vorgestellt hatte. Die folgende Liste entspricht dem Stil neuerer Veröffentlichungen auf dem Gebiet der Teilchenphysik: Sie ist alphabetisch geordnet und von beachtlicher Länge. Mein Dank gilt

Finn Aeserud (Niels-Bohr-Archiv)
John Bahcall (Institute for Advanced Study, Princeton)
Milla Baldo-Ceolin (Universität Padua)
Ralph Becker-Szendy (Universität von Hawaii)
Norman Booth (Universität Oxford)
David Caldwell (Universität von Kalifornien, Santa Barbara)
Donald Cundy (CERN)
George Ewan (Queens University, Ontario)
David Faust (SLAC)
Gordon Fraser (CERN)
Georgio Giacomelli (Universität Bologna)

Maurice Goldhaber (Brookhaven National Laboratory)
Marjorie Graham (American Institute for Physics)
Petra Harms (DESY)
Nigel Henbest (Hencoup Enterprises)
E. Holzschuh (Universität Zürich)
Cecilia Jarlskog (Universität Stockholm)
Henry Kendall (MIT)
Till Kirsten (Max-Planck-Institut für Kernphysik, Heidelberg)
Maso-Toshi Koshiba (Tokai-Universität)
Walter Kundig (Universität Zürich)
John Learned (Universität von Hawaii)
Leon Lederman (Universität Chikago)
Michael Moe (Universität von Kalifornien, Irvine)
John Mulvey (Universität Oxford)
Gerald Myatt (Universität Oxford)
Martin Perl (SLAC)
Roger Phillips (Rutherford Appleton Laboratory)
Bruno Pontecorvo (JINR Dubna)
Roswitha Rahmy (CERN)
Frederick Reines (Universität von Kalifornien, Irvine)
Fred Rick (Los Alamos National Laboratory)
Michael Riordan (SLAC)
Subir Sarkar (Universität Oxford)
Janet Sillas (Brookhaven National Laboratory)
Brian Southworth (CERN)
Bernhard Spaan (DESY)
Christian Spiering (Institut für Hochenergiephysik, Zeuthen)
David Wark (Universität Oxford)
Richard West (ESO)
Stan Woosley (Universität von Kalifornien, Santa Cruz)

Für die Bereitstellung wertvollen Quellenmaterials möchte ich den Bibliotheken des CERN, des Rutherford-Appleton-Laboratoriums, des Laboratoriums für Kernphysik der Universität Oxford und der Bodlean-Bibliothek in Oxford danken; ebenso danke ich der Photographischen Abteilung des Physikdepartments in Oxford für ihre Hilfe. Schließlich bin ich Dino Goulianos von der Rockefeller-Universität dafür zu Dank verpflichtet, daß er mir unabsichtlich die Idee zum Titel dieses Buches geliefert hat, und – auf keinen Fall an letzter Stelle – Terry und Steve für die enorme Unterstützung, die sie mir dadurch zuteil werden ließen, daß sie mir erlaubten, so viel Zeit in „Mum's" Arbeitszimmer zuzubringen.

1. Einführung

„Neutrinophysik ist im wesentlichen die Kunst, viel aus der Beobachtung von nahezu gar nichts zu lernen." (1)

Haim Harari, 1988

Am 23. Februar 1987 wurde die Erde von Milliarden und Abermilliarden extragalaktischer Botschafter durchquert. Nur einige wenige von ihnen machten auf unserem felsigen Planeten Halt; die überwältigende Mehrheit setzte ihren Flug durch den Weltraum unbeeindruckt fort.

Bei diesen Botschaftern handelte es sich um Neutrinos, um subatomare Partikel, die nur ganz wenige meßbare Eigenschaften besitzen und kaum mehr als Teile des Nichts darstellen. Trotzdem sind Neutrinos eine der verbreitetsten Formen der Materie im Universum, und ihre Zahl übertrifft die der bekannteren Teilchen aus den Kernen der Atome um ein Milliardenfaches. Neutrinos, die beim Urknall erzeugt wurden (bei dem explosiven Ereignis, das wohl am Anfang unseres Universums stand), durchdringen jeden Kubikzentimeter des Raumes. Darüber hinaus badet die Sonne unseren Planeten ebenso in Neutrinos, wie sie ihn in ihr Licht hüllt. Strecken Sie Ihre Hand aus, als wollten Sie versuchen, Neutrinos einzufangen: Sie wird in jeder Sekunde, bei Tag und bei Nacht, von zehntausend Milliarden Neutrinos durchquert.

So wie die Sonne senden alle Fixsterne Neutrinos aus. Die extragalaktischen Neutrinos jedoch, die Anfang 1987 die Erde durchströmten, markierten ein besonderes Ereignis: Vor ungefähr 170'000 Jahren starb in einer nahegelegenen Galaxis, die unter dem Namen „Große Magellansche Wolke" bekannt ist, ein Stern von beinahe zwanzigfacher Sonnengröße in einer katastrophalen Explosion, bei der er subatomare Bruchstücke ins All schleuderte. Am 23. Februar 1987 erreichten die ersten Signale dieser Explosion die Erde – Myriaden von Neutrinos, die Zeugnis vom Tod dieses entfernten Sternes ablegten. Ein paar Stunden später sahen Astronomen in der südlichen Hemisphäre das erste Aufleuchten der Explosion und verkündeten das Erscheinen von SN1987A, der seit 400 Jahren ersten mit dem bloßen Auge sichtbaren Supernova.

Mit der Entdeckung einiger weniger aus der Supernova stammender Neutrinos begann ein neuer Zweig der beobachtenden Astronomie. Gleichzeitig bestätigte sie die immer engere Verbindung zwischen den Teilchenphysikern einerseits, welche die kleinsten Strukturen der Materie untersuchen, und den Astrophysikern und Kosmologen andererseits, die sich mit der Dynamik des Universums in seiner Gesamtheit beschäftigen. Die Neutrinos bilden eine wesentliche, wenn auch nahezu unsichtbare Brücke zwischen einer der ältesten Wissenschaften, der Astronomie, und einer der modernsten, der Teilchenphysik. Während die Wurzeln der Astronomie bis vor die Antike zurückreichen, wurde die Teilchenphysik erst Anfang der 50er Jahre dieses Jahrhunderts im Zuge der Erforschung des Atombaus zu einer eigenständigen wissenschaftlichen Disziplin. Mit diesem Buch möchte ich zeigen, wie die Neutrinos zu ihrer führenden Rolle in der Teilchenphysik gelangten und auf welch faszinierende Weise sie Verbindungen zwischen diesem Forschungsgebiet und der Astronomie und der Kosmologie herstellten.

Jeder Leser, der mit den grundlegenden Vorstellungen der Teilchenphysik vertraut ist, kann nun sofort mit der Lektüre des 2. Kapitels beginnen. Den übrigen Lesern können die hier folgenden Ausführungen von Nutzen sein, welche die Stellung der Neutrinos in der Teilchenphysik beschreiben. Ich habe versucht, das benötigte Konzept an geeigneten Stellen in den späteren Kapiteln unterzubringen; trotzdem kann es nicht schaden, dem Leser vor Antritt seiner Reise in das Reich der Neutrinos eine vorläufige Orientierungshilfe zu geben.

Im ersten Jahrzehnt des 20. Jahrhunderts entdeckten die Physiker, daß die Atome aus winzigen, positiv geladenen Kernen bestehen, die von einer Wolke negativ geladener Elektronen umgeben sind. Dann untersuchten sie die Struktur des Kernes und fanden heraus, daß er positive Teilchen enthält, die sie Protonen nannten, und neutrale Partikel, die als Neutronen bezeichnet wurden. Die Ladung eines Protons ist ebenso groß wie die eines Elektrons, so daß ein vollständiges Atom, das Elektronen und Protonen in gleicher Anzahl enthält, elektrisch neutral erscheint. In anderer Hinsicht unterscheiden sich Protonen und Neutronen allerdings sehr stark von den Elektronen. Am bemerkenswertesten ist die Masse der Protonen und der Neutronen, die etwa 2000mal größer als die der Elektronen ist.

In der Welt, die uns umgibt, treten Protonen, Neutronen und Elektronen zu über 90 verschiedenen Atomarten zusammen, von denen jede einem bestimmten chemischen Element entspricht. Diese Tatsache ist für die große Vielfalt der irdischen Substanzen verantwortlich, da die Atome verschiedener Elemente miteinander reagieren und dabei Verbindungen bilden. So bestehen Wassermoleküle aus Wasserstoff- und Sauerstoffatomen, die in einem bestimmten Zahlenverhältnis miteinander verbunden sind. Dagegen stellen Proteine – die Bausteine des Lebens – wesentlich komplexere Strukturen aus vielen Hunderten von Atomen dar.

Die meiste Materie auf der Erde ist stabil; jedoch sind einige Atome instabil. Wir sprechen dann davon, daß sie „radioaktiv" sind, weil sie bei ihrer Umwandlung von der einen Form zu einer anderen Energie ausstrahlen. Diese Radioaktivität, die Ende des 19. Jahrhunderts entdeckt wurde – noch bevor die Struktur der Atome enthüllt war – ist ein natürliches Geschehen, das beispielsweise in unterschiedlichem Ausmaß in den Gesteinen unter unseren Füßen abläuft.

Wolfgang Pauli (1900–1958),
der „Vater" des Neutrinos
(AIP Niels Bohr Library,
Goudsmit Collection).

Allen Arten der Radioaktivität liegt der gleiche Prozeß zugrunde: Ein Atomkern geht spontan in einen weniger energiereichen Zustand über, wobei er die überschüssige Energie emittiert. Diese entweicht als Strahlung: manchmal als Gammastrahlung (eine hochenergetische Form von Licht), manchmal in Form von Alphateilchen (ultrastabilen Konfigurationen aus zwei Protonen und zwei Neutronen) und manchmal als Paare aus Elektronen und Neutrinos. Die Neutrinos, die auf diese Weise entstehen, tragen in Milliardenzahl zur Durchdringung unserer Umgebung bei.

Die Erforschung der Radioaktivität war es auch, die Anfang der 30er Jahre zu den ersten Vermutungen über die Existenz der Neutrinos führte. Untersuchungen radioaktiver Umwandlungen, bei denen Elektronen emittiert werden, deuteten darauf hin, daß dabei eine gewisse Energiemenge verlorenging. Der brillante österreichische Theoretiker Wolfgang Pauli postulierte, daß elektrisch neutrale, leichte Teilchen mit sehr schwacher Wechselwirkung etwas von der freigesetzten Energie davontragen können. Zwei Jahrzehnte später konnten Forscher in den USA diese Teilchen schließlich bei ihren extrem seltenen Wechselwirkungen mit Materie beobachten. Damit begannen die Neutrinoexperimente, die nicht nur zu den Beobachtungen der von der Sonne und von der Supernova SN1987A ausgesandten Teilchen führten, sondern auch zur Erforschung subatomarer Partikel und der sie verbindenden Kräfte. Eine der paradoxen Eigenschaften dieser außergewöhnlichen Teilchen besteht darin, daß sie wesentliche Informationen über nahezu alle Aspekte der Physik der subatomaren Partikel liefern, obwohl sie so schwer zu entdecken sind und die Erde schnurstracks ohne Wechselwirkung durchqueren.

Daß Neutrinos überhaupt nachzuweisen sind, beruht darauf, daß sie gelegentlich eben doch mit anderen subatomaren Teilchen wechselwirken, und zwar durch die Vermittlung einer der fundamentalen Naturkräfte, der „schwachen Kraft". Diese liegt den radioaktiven Übergängen zugrunde, die zur Aussendung von Elektronen und Neutrinos führen. Die schwache Kraft ist in Atomen wenigstens tausendmal schwächer als die elektromagnetische Kraft, die zwischen geladenen Teilchen wirkt und die Atome zusammenhält, und hunderttausendmal schwächer als die „starke Kraft", die Protonen und Neutronen im Kern aneinander bindet.

Die Schwäche der „schwachen Kraft" hat zur Folge, daß Neutrinos kosmische Entfernungen durchlaufen können, ohne mit anderer Materie in Wechselwirkung zu treten. Zum Glück für die Physiker geht es dabei ähnlich zu wie im menschlichen Leben. In den industrialisierten Ländern haben die meisten Menschen eine gute Chance, wenigstens 60 oder 70 Jahre zu leben. Einige werden nur wenige Jahre alt, während andere ein Jahrhundert oder mehr erleben. So ähnlich geht es auch den Neutrinos, wenn sie einen großen Detektor durchlaufen: Obwohl die Wahrscheinlichkeit außerordentlich groß ist, daß ein Neutrino den Detektor unbeeinflußt passiert, gibt es eine kleine, aber reelle Chance dafür, daß es über die schwache Kraft mit einem der subatomaren Teilchen des Detektormaterials wechselwirkt. Durch die Untersuchung der schwachen Wechselwirkungen der Neutrinos haben die Physiker daher nicht nur viel über die Neutrinos selbst gelernt, sondern auch über ihre Wechselwirkung mit anderen Teilchen und über die dafür verantwortlichen Kräfte.

In den 70er Jahren enthüllten die Neutrinoexperimente, zusammen mit Versuchen an Elektronen, eine neue Ebene der subatomaren Materie. Es stellte sich heraus, daß Protonen und Neutronen selbst keine fundamentalen Partikel darstellen, sondern aus noch kleineren Teilchen, den „Quarks", bestehen. Diese werden durch die „starke Kraft" im Inneren der Protonen und Neutronen zusammengehalten und können daher nicht aus größeren Partikeln herausgeschlagen werden. Es ist jedoch möglich, die Quarks im Inneren der Protonen und Neutronen „sichtbar" zu machen, indem man Neutrinos oder Elektronen in diese Teilchen hineinschickt. Ebenso wie sich Flugzeuge oder Schiffe in dichtem Nebel durch Radarreflexionen verraten, enthüllt die Streuung von Neutrinos oder Elektronen die Anwesenheit der winzigen, in den Protonen und Neutronen verborgenen Quarks.

Es gibt bis jetzt keinen experimentellen Hinweis darauf, daß die Quarks selbst eine Struktur besitzen; es ist also möglich, daß sie wirklich elemen-

> Bei Experimenten mit hochenergetischen Neutrinostrahlen am CERN, dem europäischen Zentrum für Forschungen auf dem Gebiet der Teilchenphysik, gelangen mehrere wichtige Entdeckungen hinsichtlich der fundamentalen Teilchen und Kräfte. Das Laboratorium befindet sich am nördlichen Stadtrand von Genf. Auf dieser Luftaufnahme liegt das Hauptgelände in der Mitte des Vordergrundes; der Blick geht in Richtung Süden auf den Mont Blanc (CERN).

tare Bausteine der Materie sind. Auch Elektronen und Neutrinos scheinen einfache, strukturlose Teilchen zu sein, die sich von Quarks nur dadurch unterscheiden, daß sie nicht der starken Kraft unterliegen. Während der letzten beiden Jahrzehnte hat sich die Vermutung erhärtet, daß es zwei verschiedene „Familien" fundamentaler Teilchen gibt: eine, deren Mitglieder (die Quarks) der starken Kraft unterliegen, und eine andere, für deren Mitglieder (die „Leptonen") dies nicht zutrifft.

Die Existenz der irdischen Materie beruht auf zwei Arten von Quarks, die zum Aufbau von Protonen und Neutronen erforderlich sind, und auf zwei Arten von Leptonen: dem Elektron und dem ihm zugehörigen Neutrino, das bei radioaktiven Zerfällen emittiert wird. Aber schon in den 30er Jahren hatten Untersuchungen der Kosmischen Strahlung gezeigt, daß die Natur noch mehr Teilchen braucht als die vier, die auf der Erde benötigt werden. Kosmische Strahlen bestehen aus energiereichen Teilchen, einschließlich Neutrinos und Gammastrahlen, welche die Atmosphäre durchdringen. Viele Neutrinos entstehen in der Sonne oder bei explosiven Ereignissen wie in SN1987A. Ein weiterer Teil der Neutrinos wird zusammen mit vielen anderen geladenen Teilchen bei Kernreaktionen erzeugt, die ausgelöst werden, wenn sehr energiereiche Partikel aus dem Weltraum (größtenteils Protonen) mit Atomen in der oberen Atmosphäre zusammenstoßen.

Die meisten der in der Atmosphäre gebildeten geladenen Teilchen sind kurzlebig und zerfallen ähnlich wie die radioaktiven Kerne. Bereits nach einigen Milliardsteln einer Sekunde wandeln sie sich in stabilere Teilchen um und werden schließlich zu Elektronen, Protonen und Neutrinos. Solche kurzlebigen Teilchen können unter kontrollierten Bedingungen auch auf der Erde produziert werden, und zwar bei Experimenten in Teilchenbeschleunigern. Diese Geräte verwenden Strahlen aus Partikeln wie Protonen oder Elektronen, denen mit Hilfe elektrischer Felder Energie zugeführt wird; dadurch werden sie auf Geschwindigkeiten nahe der Lichtgeschwindigkeit beschleunigt. Treffen diese energiereichen Teilchenstrahlen auf Materie, so erzeugen sie andere kurzlebige Partikel über die gleichen Prozesse, die beim Zusammenstoß der Kosmischen Strahlung mit der Atmosphäre ablaufen.

Untersuchungen dieser kurzlebigen Teilchen haben gezeigt, daß es mehr Arten von Quarks gibt, als für den Aufbau von Protonen und Neutronen erforderlich sind, und auch mehr Arten von Leptonen außer dem Elektron und dem ihm zugeordneten Neutrino. Gegenwärtig deuten alle Anzeichen darauf hin, daß es sechs Arten von Quarks und sechs Arten von Leptonen gibt, von denen drei (einschließlich des Elektrons) eine elektrische Ladung tragen und drei neutral sind. Alle drei Arten der neutralen Leptonen werden als „Neutrinos" bezeichnet.

Die Wechselwirkungen aller dieser Teilchen untereinander, die über die starke, die schwache und die elektromagnetische Kraft erfolgen, werden in einem theoretischen Rahmen behandelt, der als „Standardmodell" bekannt ist. In den 70er Jahren waren Neutrinoexperimente mit Teilchenbeschleunigern bei der Erprobung dieses Modells wichtig, das die Wechselwirkungen der Quarks und der Leptonen beschreibt. So gut es aber auch ist, besitzt das Standardmodell doch viele Mängel. So schließt es beispielsweise weder die vierte fundamentale Kraft ein (die Gravitation), noch erklärt es, warum die Massen von Quarks und Leptonen gerade so groß sind, wie sie gemessen werden. Alle drei Arten von Neutrinos haben Massen, die weit kleiner sind als die Massen ihrer geladenen Leptonen-Partner; aber sind ihre Massen wirklich gleich null? Bis heute können Experimente zu dieser Frage keine sichere Auskunft geben, und auch das Standardmodell sagt uns nichts darüber.

Die Neutrinos haben ihre Rolle als Hilfsmittel der Teilchenphysik noch nicht ausgespielt: Sie werden den Theoretikern sicher beim Verbessern des Standardmodells helfen, so wie sie zuvor nützlich waren, um die Natur der Quarks und der schwachen Kraft aufzuklären. Mit dem Nachweis der Neutrinos von SN1987A sind diese bemerkenswerten Partikel aber auch zu Werkzeugen der Astronomen geworden. Neutrino-„Teleskope" könnten im nächsten Jahrzehnt die Quelle der ultrahochenergetischen Kosmischen Strahlung enthüllen, die für die Astrophysiker seit langer Zeit ein Rätsel darstellt.

Neutrinos, die dem Nichts so nahe kommen wie irgend vorstellbar, können uns nicht nur viel über die Teilchenphysik erzählen; sie eröffnen uns auch einzigartige Einblicke in Astrophysik und Kosmologie. Dieses Buch will einen Eindruck davon vermitteln, wie es dazu kam, daß die Physiker so viel von den Neutrinos lernen konnten und mit welchen Schwierigkeiten sie dabei zu kämpfen hatten. Einige Themen – beispielsweise die Neutrinoexperimente – sind nicht ganz einfach zu verstehen; ich hoffe jedoch, daß der Leser hinsichtlich seiner Ausdauer dem Vorbild der Experimentatoren folgt und schließlich von der gleichen Faszination ergriffen wird, mit der ich und viele andere diese schwer faßbaren Teilchen betrachten. Unsere Reise wird uns in das Innere der Atomkerne, in die Tiefen des Weltraums und in die Vergangenheit führen – nicht nur bis in die frühen Tage des 20. Jahrhunderts, sondern sogar bis an den Ursprung des Universums. Ich hoffe, daß Ihnen diese Reise gefallen wird.

2. Die Neutrino-Hypothese

„Es fällt schwer, ein Beispiel zu finden, bei dem eine menschliche
Leistung durch den Begriff 'Intuition' besser charakterisiert wer-
den kann als bei der Einführung des Neutrinos durch Pauli." (1)
Bruno Pontecorvo, 1980

„Liebe radioaktive Damen und Herren …" So beginnt einer der berühmte-
sten Briefe in der Geschichte der modernen Physik. Der Verfasser war
Wolfgang Pauli, ein dreißigjähriger Professor für theoretische Physik an der
Technischen Bundesanstalt in Zürich. Der Brief trug das Datum des 4.
Dezember 1930, und eine seiner Hauptadressaten war die österreichische
Physikerin Lise Meitner.

Seit 1907 hatte Lise Meitner in Berlin an Experimenten mit radioaktiven
Substanzen gearbeitet. Im Dezember 1930 befand sie sich unter den Fach-
leuten für Radioaktivität, die sich zu einer Tagung in Tübingen versammel-
ten. Diesem Treffen war Pauli ferngeblieben, weil – wie er in seinem Brief
erklärte – „ein Ball, der in Zürich in der Nacht vom 6. zum 7. Dezember
stattfindet, meine Anwesenheit hier unentbehrlich macht." (2) So hinrei-
ßend diese Entschuldigung auch war, stellte sie doch nicht die eigentliche
Botschaft des Briefes dar. Pauli hatte vielmehr die Absicht, gemeinsam mit
seinen Kollegen einen „verzweifelten Ausweg" aus bestimmten Parado-
xien zu suchen, die in der sich gerade entwickelnden Kernphysik aufgetreten waren.

Der „verzweifelte Ausweg" bestand in dem Vorschlag, ein neues sub-
atomares Teilchen einzuführen – dasjenige nämlich, das später als „Neutrino" bekannt wurde. Zum damaligen Zeitpunkt kannten die Physiker nur
drei verschiedene Arten der Objekte, die wir heute als „subatomare Teilchen" bezeichnen: das Elektron, das Proton und das Photon (das „Lichtteilchen"). Paulis Idee erschien in der Tat radikal, da sie dieses einfache Bild
erheblich veränderte. Er hielt die Probleme in der Kernphysik aber für
schwerwiegend genug, um einen ungewöhnlichen Schritt zu rechtfertigen,
und wandte sich an seine „radioaktiven Kollegen":

*Zum gegenwärtigen Zeitpunkt wage ich nichts über diese Idee zu veröffentli-
chen und wende mich vertrauensvoll an Sie, liebe Radioaktive, mit der Frage,
wie es mit dem experimentellen Beweis dafür aussehen würde.* (3)

Die Krise der Kernphysik, die Pauli zu einem derartigen, allerdings durch
gebührende Vorsicht gezügelten Wagnis trieb, hatte sich Ende der 20er
Jahre zugespitzt. Heute wissen wir, daß es sich dabei um mehrere getrennte

Probleme handelte, von denen die Einführung des Neutrinos nur ein einziges lösen konnte. Gerade dieses spezielle Problem wurde Gegenstand einer über 20 Jahre währenden Kontroverse. Es betraf das Phänomen der Radioaktivität, und eine der Schlüsselfiguren in dieser Auseinandersetzung war Lise Meitner.

Der Ärger mit den Betastrahlen

> „Ich versuche gerade, für die neue Ausgabe meines Buches etwas
> über Betastrahlen zu schreiben, und finde, daß es sich dabei um
> die schwierigste Aufgabe im ganzen Buch handelt ..." (4)
>
> *Ernest Rutherford in einem Brief an Otto Hahn, 1911*

Die Radioaktivität wurde 1896 von dem französischen Physiker Henri Becquerel entdeckt. Er stellte fest, daß photographische Platten, die er einige Tage lang zusammen mit etwas Uransalz in einer Schublade aufbe-

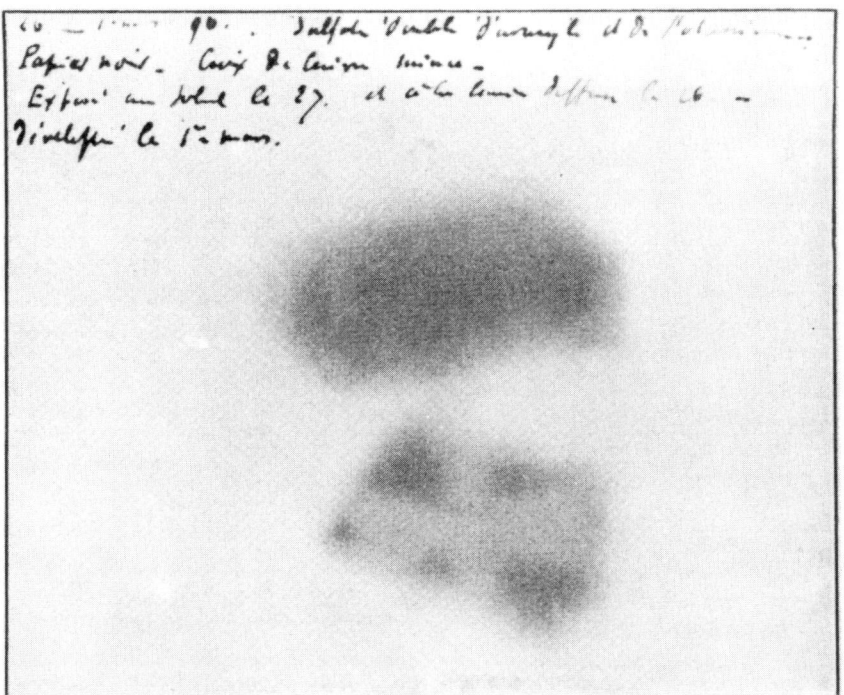

Diese verschwommenen Flecken entstanden auf einer Photoplatte, die Henri Becquerel in einer Schublade unter einem Stück Uransalz aufbewahrt hatte. Sie stellen den ersten Nachweis der Radioaktivität dar (AIP Niels Bohr Library, William G. Myers Collection).

wahrt hatte, „verschleiert" erschienen, als ob sie Licht ausgesetzt gewesen wären. Er schloß daraus (wie sich durch anschließende Untersuchungen bestätigte), daß Uran eine Art von Strahlung aussendet. Er nannte sie „les rayons uraniques", Uranstrahlen.

Unter den vielen Wissenschaftlern, die die Gelegenheit ergriffen, das neue Phänomen zu studieren, war auch Ernest Rutherford, ein 25jähriger Neuseeländer, der ein Stipendium an der Universität Cambridge erlangt

Ernest Rutherford kam 1895 von Neuseeland nach England, um an der Universität Cambridge zu studieren. Dieses Photo von 1897 zeigt ihn (vorn rechts) zusammen mit Kommilitonen am Cavendish Laboratory. Bei seinen systematischen Untersuchungen der „Uranstrahlen" in den Jahren 1897/98 entdeckte er zwei Komponenten mit unterschiedlicher Durchdringungskraft. Die Komponente, die leichter absorbiert wurde, nannte er „Alphastrahlen" und die durchdringendere „Betastrahlen" (Universität Cambridge, Cavendish Laboratory, Madington Road, Cambridge).

hatte. Im Jahre 1896 arbeitete Rutherford am Cavendish-Laboratorium, dessen Direktor Professor Joseph John („J.J.") Thomson war. Gemeinsam untersuchten sie, wie Gase durch Röntgenstrahlen ionisiert werden, mit anderen Worten: wie die Strahlen das Gas in positiv und negativ geladene Bestandteile zerlegen. Becquerel hatte gezeigt, daß die Uranstrahlen bei ihrem Durchgang durch Luft einen ähnlichen Effekt bewirken; daher war es nur natürlich, daß sich Rutherford bald dem Studium der neuen Strahlen zuwandte.

In den Jahren 1897–98 untersuchte Rutherford systematisch die Absorption von Uranstrahlen und machte dabei eine wichtige Entdeckung: Die Strahlen schienen zwei Komponenten zu besitzen. Die eine, die er als „Alphastrahlung" bezeichnete, wurde bereits von einer Aluminiumfolie absorbiert, die nur 0,02 mm dick war. Die andere Komponente war einige hundertmal durchdringender; Rutherford nannte sie „Betastrahlung". (Der französische Physiker Paul Villard entdeckte 1900 eine noch durchdringendere Strahlung, die folgerichtig den Namen „Gammastrahlung" erhielt.)

Rutherford führte viele der entscheidenden Experimente selbst durch, die zur Identifizierung der Alphastrahlen führten – ein Unternehmen, das beinahe zehn Jahre in Anspruch nahm. Erst im Jahre 1908 konnte er zusammen mit seinem Kollegen Hans Geiger feststellen, daß „wir schließen können, daß ein Alphateilchen ein Heliumatom ist oder (um genauer zu sein) daß das Alphateilchen zu einem Heliumatom wird, nachdem es seine positive Ladung verloren hat". (5) Es war den beiden allerdings nicht möglich, den nächsten und abschließenden Schritt zu tun und die Alphateilchen als Heliumkerne zu identifizieren. Erst Ende 1910 gelang Rutherford die entscheidende Interpretation der von Geiger und Ernest Marsden erzielten Ergebnisse, die zum Konzept der Atomkerne führte.

Die Betastrahlen wurden schneller identifiziert, wobei Forscher in verschiedenen Laboratorien (nicht dagegen Rutherford) wichtige Beiträge lieferten. So maßen beispielsweise Pierre und Marie Curie – berühmt u.a. wegen der Gewinnung von reinem Uran aus Pechblende – die elektrische Ladung der Strahlen und fanden, daß sie negativ war. Ungefähr zur gleichen Zeit bestimmte Becquerel für die Strahlung das Verhältnis der elektrischen Ladung zur Masse und ermittelte einen ähnlichen Wert wie bei Kathodenstrahlen, also bei Elektronen. Dann berichtete Walter Kaufmann 1902 in Göttingen über seine entscheidenden Experimente, die ein für allemal bewiesen, daß Betastrahlen Ströme von Elektronen sind.

Zu dieser Zeit gab es keine Debatte darüber, wo genau im Atom die Elektronen der Betastrahlung entstanden. Seit den Experimenten von Kaufmann und J.J. Thomson im Jahre 1897 wußten die Physiker zwar, daß Atome Elektronen enthalten; um 1902 war das Rutherfordsche Atommodell, bei dem Elektronen einen kompakten zentralen Kern umkreisen, jedoch noch Zukunftsmusik. Damals war die Frage nur, ob alle Betastrahlen, die von einem bestimmten radioaktiven Material ausgehen, die gleiche

Lise Meitner und Otto Hahn arbeiteten 30 Jahre lang bei der Erforschung der Radioaktivität zusammen, bis Meitner von den Nazis aus Deutschland vertrieben wurde. Die beiden Forscher wurden vor allem aufgrund ihrer Arbeiten bekannt, die zur Entdeckung der Kernfusion führten. Eine ihrer ersten Untersuchungen, begonnen im Jahre 1907, betraf das Energiespektrum der Elektronen, die beim Betazerfall von radioaktiven Substanzen emittiert werden (© 1994 Ullstein Bilderdienst, Berlin).

Energie besitzen. Dies traf für Alphastrahlen zu, warum also nicht auch für Betastrahlen? Dieses Problem versuchten Otto Hahn und Lise Meitner im Jahre 1907 zu klären.

Der 28jährige Hahn war gerade Mitglied des Chemischen Instituts der Universität Berlin geworden, nachdem er kurze Zeit mit Rutherford zusammengearbeitet hatte; dieser war inzwischen Professor an der Mc-Gill-

Universität in Montreal geworden. Lise Meitner, die einige Monate älter als Hahn war, hatte in Wien Physik studiert und dort Alpha- und Betastrahlen untersucht. Im Jahre 1907 ging sie nach Berlin, wo sie kurze Zeit später Hahn begegnete. Damit begann eine Partnerschaft in der Forschung, die über 30 Jahre anhalten sollte, bis sie 1938 durch die Rassenpolitik Deutschlands zerstört wurde. Die Arbeiten von Meitner und Hahn über die Radioaktivität führten über das Aufspüren zahlreicher neuer radioaktiver Stoffe schließlich zur Entdeckung der Kernspaltung, des Phänomens, das der Funktion von Kernreaktoren und Atombomben zugrunde liegt.

Zu der Zeit, als Hahn und Meitner ihre Zusammenarbeit begannen, duldete der Direktor des Chemischen Instituts, Emil Fischer, keine Frauen im Institut. Er erklärte Lise Meitner, er habe sich ständig Sorgen um eine russische Studentin gemacht, „bis ihre reichlich exotische Frisur an einem Bunsenbrenner Feuer fing." (6) So begannen Hahn und Meitner ihre Arbeit in einer umgebauten Tischlerwerkstatt des Instituts, bis Lise Meitner zwei Jahre später doch erlaubt wurde, sich im Chemiegebäude aufzuhalten.

Die beiden wollten die Hypothese überprüfen, daß radioaktive Substanzen Betastrahlen ein und derselben Geschwindigkeit beziehungsweise Energie aussenden. Zunächst glaubten sie, ihre Experimente würden diese Ansicht stützen, und veröffentlichten 1908 entsprechende Ergebnisse. Es stellte sich jedoch heraus, daß ihre Annahmen über die Art und Weise, in der Elektronen in Materie absorbiert werden, falsch waren. Die Absorption, die sie in Aluminiumschichten verschiedener Dicken gemessen hatten, spiegelte in Wirklichkeit keine einheitliche Energie der Betastrahlen wider. So gingen Hahn und Meitner zu einer anderen Methode über, wobei sie mit Otto von Baeyer im nahegelegenen Physikalischen Institut zusammenarbeiteten.

Anders als im Chemischen Institut standen im Physikalischen Institut Magnete zur Verfügung, von denen Baeyer einige zum Bau eines einfachen Betastrahlen-Spektrometers einsetzte. In einem solchen Gerät bewegen sich die negativ geladenen Elektronen der Betastrahlung beim Durchqueren des Magnetfeldes auf gekrümmten Bahnen. Je größer die Geschwindigkeit (also die Energie) der Elektronen ist, desto geringer ist ihre Bahnkrümmung. Daher lenkt das Magnetfeld die Strahlen je nach ihrer Geschwindigkeit in verschiedene Richtungen ab, ähnlich wie ein Prisma einen Strahl weißen Lichtes in verschiedene Farben aufspaltet.

Gemeinsam mit O. von Baeyer benutzten Hahn und Meitner das Spektrometer zur Untersuchung der Geschwindigkeiten von Betastrahlen, die von der reinsten und dünnsten Probe ausgesandt wurden, die sie herstellen konnten. Die geringe Dicke war wichtig, um die Effekte zu reduzieren, die beim Durchgang der Betastrahlen durch das Probenmaterial vor dem Eintritt in das Magnetfeld hervorgerufen werden. Nach der Präparation der Proben im Chemischen Institut brachten die Forscher sie so schnell wie möglich in das Physikalische Institut. Lise Meitner erinnerte sich später:

Hahn und ich versuchten, die Substanzen, deren Betastrahlung wir untersuchen wollten, unter radioaktiv möglichst reinen Bedingungen in möglichst dünnen Schichten auf sehr kurzen Stücken eines äußerst dünnen Drahtes aufzutragen … Waren unsere Bemühungen erfolgreich, rasten wir wie aus der Pistole geschossen aus dem Chemischen Institut die Straße bis zu dem 1 km entfernten Physikalischen Institut entlang, um die Proben in Baeyers einfachem Betaspektrometer zu untersuchen. (7)

Im Ergebnis führten alle diese Bemühungen im Jahre 1911 zu dem Schluß, daß die von einer reinen Substanz abgegebenen Betastrahlen unterschiedliche Energien besitzen, obwohl die Vorstellung von einer einzigen Energie noch nicht ganz aufgegeben war. Hahn und Meitner neigten zu der Ansicht, daß die Elektronen mit ein und derselben Energie ausgesandt wurden, ihre Geschwindigkeit danach jedoch aus irgendwelchen „sekundären Gründen" modifiziert wurde. In der Tat wurde das Bild im Jahre 1922 komplexer, als verschiedene Forscher Beweise für eine große Zahl von „Spektrallinien" fanden, das heißt Linien von Gruppen von Betastrahlen mit verschiedenen Energien.

Die meisten dieser Untersuchungen beruhten im Prinzip auf der gleichen Methode, die zur Analyse des Energiespektrums der Betastrahlung benutzt wurde: Ein Spektrometer lenkte die Strahlen entsprechend ihrer Energie ab, und die Intensität der unter verschiedenen Winkeln abgelenkten Strahlen wurde auf einer Photoplatte aufgezeichnet.

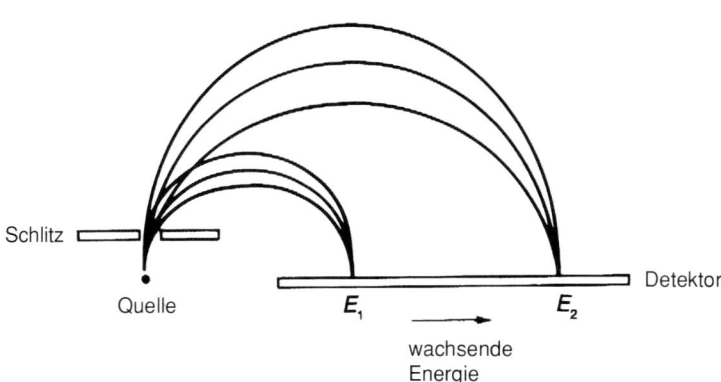

In einem einfachen Betastrahlen-Spektrometer krümmt ein Magnetfeld die Bahnen von Elektronen aus einer radioaktiven Quelle auf ihrem Weg zum Detektor. Die Flugbahnen werden durch das Magnetfeld – je nach der Energie der Elektronen – unterschiedlich stark gekrümmt, und zwar um so schwächer, je energiereicher die Elektronen sind. Dadurch treffen diese den Detektor an verschiedenen Stellen, die von der Energie abhängen. In den frühen Untersuchungen von Meitner und Rutherford bestand der Detektor aus einer Photoplatte. (In dieser Skizze steht das Magnetfeld senkrecht auf der Papierebene.)

Anfang 1914 erhielt Rutherford nun einen Brief, der sich auf eine etwas andere Methode bezog:

Ich bekomme sehr schnell und leicht photographische Aufnahmen, kann aber mit dem Zähler nicht die Spur einer Linie finden. Wahrscheinlich gibt es irgendeinen Fehler. (8)

Der Brief kam von James Chadwick, und der erwähnte Zähler bestand aus einer Metallplatte und einer spitzen Nadel.

Chadwick, der aus Bollington in Ceshire stammte, hatte Physik an der Universität Manchester studiert, wo Rutherford von 1907 bis 1919 Professor war. Durch ihn angeregt, setzte Chadwick nach seiner Promotion im Jahre 1911 seine physikalischen Forschungen in Manchester fort. Im Jahre 1913 erhielt er ein Stipendium, das mit der Bedingung verknüpft war, irgendwo anders eine neue Arbeit zu beginnen. Es war nur natürlich, daß Chadwicks Wahl auf Berlin fiel, wo er mit Hans Geiger an der Physikalisch-Technischen Reichsanstalt zusammenarbeiten konnte. Geiger hatte zuvor einige Jahre mit Rutherford in Manchester die Natur der Alphateilchen untersucht und mit diesen Teilchen die berühmten Streuexperimente durchgeführt, die zur Entdeckung des Atomkerns durch Rutherford führten.

In Berlin angekommen, versuchte Chadwick, Geigers „Punktzähler" zum Zählen von Elektronen zu benutzen, die zu einer bestimmten Linie im Betastrahlen-Spektrum beitrugen. In diesem Zähler wurde ein elektrisches Feld zwischen einer Metallplatte und einer Nadel angelegt. Wurde der Zähler von geladenen Teilchen passiert, so ionisierten diese die Luft, d.h. zerlegten sie in positive und negative Komponenten. Dieser Effekt bewirkte eine Entladung des elektrischen Feldes im Zähler, deren Ausmaß von der Anzahl der eingetroffenen Teilchen abhing. Um Betastrahlen bestimmter Energie, die aus dem Spektrometer austraten, aus dem Gesamtspektrum abzutrennen, benutzte Chadwick einen dünnen Schlitz. Die Intensität der durch den Schlitz tretenden Strahlung wurde mit dem Punktzähler gemessen. Durch Variation des Magnetfeldes im Spektrometer konnte Chadwick unterschiedliche Teile des Spektrums (also verschiedene Energien) auswählen. Nach gründlichen Untersuchungen war er im April 1914 davon überzeugt, daß das Energiespektrum der Betastrahlung keinesfalls ein komplexes Linienspektrum, sondern im wesentlichen ein glattes, kontinuierliches Spektrum darstellte, das einen weiten Energiebereich überdeckte und nur von einigen wenigen Linien überlagert wurde.

Wie war das möglich? Viele kompetente Wissenschaftler – von Hahn und Meitner bis Rutherford – hatten behauptet, in den Spektren der Betastrahlung verschiedener Substanzen eine Vielzahl von Linien beobachtet zu haben. Chadwick fand die Erklärung dafür und veröffentlichte sie zusammen mit seinen eigenen Ergebnissen. Die photographische Methode, die andere Forscher für die Entdeckung der Betateilchen benutzten,

Wie James Chadwick entdeckte, besitzen Betastrahlen ein glattes, kontinuierliches Energiespektrum, dem bei bestimmten Energien einige Spitzen oder „Linien" überlagert sind. Diese Linien gehen auf Elektronen zurück, die aus ihren Bahnen im Atom herausgeschlagen wurden – entweder durch Elektronen der Betastrahlung oder durch Gammastrahlen, die aus dem radioaktiven Kern stammen.

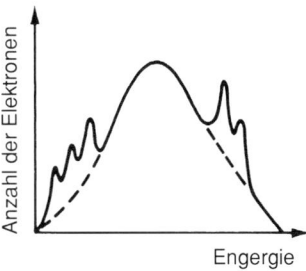

hatte sie in die Irre geführt: Geringe Änderungen der Teilchenanzahl konnten große Unterschiede der Schwärzung auf der entwickelten Platte hervorrufen; wie das endgültige Bild aussah, hing stark von der Entwicklungszeit ab. So konnte Chadwick begründen, warum die Photographie bei Energien, bei denen die Intensität durch eine zusätzliche Linie nur leicht erhöht war, im Endergebnis dunkle Linien vor einem scheinbar weißen Untergrund zeigte.

Damit endet Teil 1 der Geschichte des Betaspektrums. Teil 2 sollte erst nach dem Ersten Weltkrieg beginnen und unterschiedliche Arbeiten vieler Wissenschaftler einschließen. Im Krieg wurde Lise Meitner Röntgenschwester in der österreichischen Armee; Hahn wurde als Reservist einem Infanterieregiment der deutschen Armee zugeteilt und arbeitete später an einem Projekt zur Entwicklung chemischer Waffen mit; und Chadwick, der bei Kriegsausbruch in Berlin mit der Erforschung der Betastrahlung beschäftigt war, wurde in Ruhleben in einem Lager interniert, das in den Ställen einer Rennbahn nahe Spandau untergebracht war.

Die Lösung

> „Die langanhaltende Kontroverse über den Ursprung des kontinuierlichen Spektrums der Betastrahlen scheint beigelegt zu sein." (9)
>
> *Charles Ellis und William Wooster, 1927*

Im Internierungslager in Ruhleben entstand eine Art von wissenschaftlicher Gemeinschaft: Chadwick traf hier Charles Drummond Ellis, einen Kadetten der Militärakademie in Woolwich, der im Sommer 1914 in einen Urlaub nach Deutschland gefahren war und sich zu Kriegsbeginn noch dort aufhielt. Aufgrund seiner Gespräche im Lager wählte Ellis später statt einer Karriere in der Armee eine Laufbahn als Physiker und immatrikulierte sich bald nach dem Krieg am Trinity College in Cambridge. In den 20er Jahren sollte er eine wichtige Rolle bei der Beendigung der Kontroverse um die Betastrahlen spielen.

Nachdem die Physiker nach Kriegsende zu ihren normalen Forschungen zurückgekehrt waren, wurde die Untersuchung der Betastrahlen zum Bestandteil eines neuen Forschungsgebietes – der Kernphysik. Nachdem Rutherford 1911 die Existenz eines kleinen, aber massereichen positiven Kernes im Zentrum der Atome bewiesen hatte, hatte der dänische Theoretiker Niels Bohr im Jahre 1913 auf der Grundlage der Entdeckung Rutherfords eine erste Quantentheorie des Atoms veröffentlicht.

Nach Bohrs Theorie können die Elektronen in einem Atom nur ganz bestimmte Energien besitzen; man sagt, die Energie eines Elektrons sei „gequantelt". Dabei ist jede erlaubte Energie mit einer bestimmten Kreisbahn des Elektrons um den zentralen Kern verbunden. Bohr wurde bald klar, daß die Betastrahl-Elektronen nicht identisch mit den Elektronen sein können, die den Kern umkreisen – dafür war die Energie der Betastrahlen einfach zu hoch. Die plausibelste Alternative bestand darin, daß sie aus dem Kern stammten, der also offensichtlich Elektronen enthielt.

Während der nächsten Jahre setzte Rutherford seine Untersuchungen des Kernes fort und fand heraus, daß dieser zumindest positiv geladene Teilchen enthalten muß, deren Ladung von gleicher Größe, aber entgegengesetztem Vorzeichen wie die eines Elektrons ist. Diese Teilchen, die Rutherford „Protonen" nannte, traten einzeln nur als Kerne des Wasserstoffs auf, während sie sich in den Atomkernen aller anderen Elemente zu größeren Gruppen zusammenballten.

Der Kern konnte dagegen nicht aus Protonen allein bestehen. In jedem Atom muß die positive Gesamtladung des Kernes die negative Gesamtladung der Elektronen kompensieren, um das Atom als Ganzes elektrisch neutral zu machen. Ein Kern, der einfach nur so viele Protonen enthielte, wie ihn Elektronen umkreisen, wäre aber um einen Faktor von etwa zwei zu leicht. Diese Erkenntnis führte zu dem Schluß, daß der Kern Protonen und Elektronen enthalten muß, wobei die negative Ladung der Kernelektronen durch die zusätzlichen Protonen ausgeglichen wird, die erforderlich sind, um das richtige Gewicht des Kernes zu ergeben. Nach diesen Überlegungen mußten die Elektronen der Betastrahlen aus dem Kern stammen. Welches Kernmodell konnte einleuchtender sein?

Anfang der 20er Jahre hatte sich das Elektron-Proton-Modell des Kernes fest etabliert. In seinem 1923 erschienenen populärwissenschaftlichen Buch „Das ABC der Atome" stellte der Philosoph Bertrand Russell fest: „Alles, was über Kerne bekannt ist, ist mit der Hypothese vereinbar, daß sie aus Wasserstoffkernen (das heißt Protonen) und Elektronen zusammengesetzt sind." (10) Vor diesem Hintergrund tauchte das Problem des Betaspektrums nun wieder aus der Versenkung auf.

Ellis führte – angeregt durch Rutherford, der nun Direktor des Cavendish-Laboratoriums in Cambridge war – eine Reihe wichtiger Experimente durch. Er untersuchte die Elektronen, die beim Beschuß von Materie mit Gammastrahlen erzeugt werden. Gammastrahlen sind die hochenergetischen Photonen, aus denen die dritte Art der Strahlung radioaktiver Sub-

stanzen besteht. Bei seinen Arbeiten kam Ellis zu der bedeutsamen Schlußfolgerung, daß einige der Linien im Betaspektrum durch Elektronen erzeugt wurden, die aus den inneren Elektronenbahnen herausgeschlagen
wurden, und zwar durch Gammastrahlen, die aus dem Kern des gleichen
Atoms stammten. Dieser Prozeß wird heute als „innere Umwandlung"
bezeichnet und kann die Existenz von Linien erklären, die dem kontinuierlichen Betaspektrum überlagert sind.

Ellis veröffentlichte diese Ergebnisse 1921. Im folgenden Jahr hielt Lise
Meitner, die nun am Kaiser-Wilhelm-Institut für Chemie in Berlin-Dahlem
arbeitete, dagegen. Sie unterbreitete eine komplexe Erklärung für die Energie der Betastrahlen, wobei sie davon ausging, daß alle Elektronen aus dem
Kern mit der gleichen Energie entwichen. Ferner ignorierte sie völlig die
von Chadwick entdeckte kontinuierliche Komponente des Betaspektrums.
Offenbar nahm sie an, mit Chadwicks Methode könnten keine einzelnen
Linien aufgelöst werden. Ellis ging unverzüglich ans Werk. Er wiederholte
die Messungen, auf denen Lise Meitner ihre Hypothese aufgebaut hatte,
und stieß dabei auf Diskrepanzen. Seine Schlußfolgerung lautete: Es gab
keine Beweise für Meitners Theorie.

Die Kontroverse schwelte weiter; Ellis und William Wooster begannen
im Jahre 1925 ein Experiment, mit dem sie die Angelegenheit zu klären
hofften. Sie wollten die mit einem einzelnen Betazerfall verknüpfte Gesamtenergie messen. Wenn die Beta-Elektronen mit einer einheitlichen
Energie herauskämen, die sich – wie von Meitner vorgeschlagen – auf
sekundäre Teilchen verteilte, sollte sich die Gesamtenergie aller Teilchen
stets zum ursprünglichen Betrag aufsummieren und vermutlich mit der
Maximalenergie des beobachteten Spektrums korreliert sein. Wenn dagegen die Energie der austretenden Beta-Elektronen über einen größeren
Bereich verteilt wäre, würden Ellis und Wooster bei mehreren Zerfällen nur
einen Durchschnittswert ermitteln.

Die beiden Forscher bauten ein Kalorimeter, das die gesamte aus dem
Betazerfall stammende Energie absorbieren und einen entsprechenden
Temperaturanstieg anzeigen sollte. Sie benutzten ein 13 cm langes Bleirohr
von 3,5 mm Durchmesser mit einer engen zentralen Bohrung von etwas
mehr als 1 mm Durchmesser. Ihre radioaktive Quelle bestand aus Radium-
E (heute Wismut-210 genannt), das in einer dünnen Schicht auf einen
Platindraht elektrolytisch aufgebracht worden war. Dieser Draht wurde in
ein Messingrohr eingeführt, der gerade in das Bleirohr hineinpaßte. Das
Messing diente dazu, die Alphastrahlen zu absorbieren, die vom Polonium
emittiert wurden, das als ein Zerfallsprodukt des Radium-E entstand.

Das Experiment war schwierig: Der auftretende Temperaturanstieg
betrug nicht mehr als etwa ein Tausendstel Grad Celsius. Die Ergebnisse
waren jedoch eindeutig. Ellis und Wooster maßen pro Zerfall eine Energie
von 0,35 MeV (Millionen Elektronenvolt). Dies lag nahe beim Durchschnittswert für das Betaspektrum von Radium-E und deutlich unter seinem Maximalwert von etwa 1 MeV. Mit der Einheit Elektronenvolt, eV,

Unter den Teilnehmern der 7. Solvay-Konferenz, die im Oktober 1933 in Brüssel stattfand, befanden sich einige der Wissenschaftler, die an der Untersuchung des Spektrums der Betastrahlung führend beteiligt waren. Rutherford entdeckte die Betastrahlung; Meitner beobachtete Linien im Spektrum; Chadwick dagegen fand, daß es einen glatten Verlauf besitzt, und Charles Ellis bewies, daß das Spektrum kontinuierlich ist. Die Erklärung dafür wurde erst durch Paulis geniale Ideen möglich.

werden in der Atom- und Kernphysik Energien angegeben. 1 eV ist die Energie, die ein Elektron aufnimmt, wenn es die Strecke zwischen den Polen einer 1-Volt-Batterie durchläuft. Im makroskopischen Maßstab, der für das alltägliche Leben von Bedeutung ist, stellt dies einen unvorstellbar winzigen Energiebetrag dar; im atomaren Bereich dagegen ist das eV eine geeignete Einheit. Die höheren Energien, die mit Kernprozessen verknüpft

sind, werden besser in der größeren Einheit MeV, d.h. Millionen eV, angegeben.

Lise Meitner war über das Ergebnis aus England sehr erstaunt und
machte sich zusammen mit Wilhelm Orthmann an die Wiederholung
des Experiments. Im Dezember 1929 – zwei Jahre, nachdem Ellis und
Wooster ihre Ergebnisse veröffentlicht hatten – hatten Meitner und Orthmann die Bestätigung: Das Energiespektrum der Betastrahlung war kontinuierlich.

Die Energiekrise

> „Im letzten Jahr habe ich eine Menge über die möglichen Grenzen
> des Erhaltungssatzes nachgedacht … und (darüber), ob wir in der
> Umkehrung der Betastrahlen-Umwandlungen nicht vielleicht
> die geheimnisvolle Quelle der Energie der Sterne finden könn-
> ten." (11)
>
> *Niels Bohr in einem Brief an Ralph Fowler, 1929*

Es wäre falsch zu glauben, Meitner, Hahn und andere Forscher wären
unvernünftig gewesen, als sie an der Idee der einheitlichen Energie der
Betastrahlung festhielten. Im Gegenteil: sie beharrten auf einem Konzept,
das vielen Physikern als fundamental erscheint, nämlich auf der Vorstellung, daß die Natur einfach ist und daß es zu ihrem Verständnis keiner
Vielfalt von Theorien bedarf. Außerdem ließen sie sich vom Prinzip der
Analogie leiten, das in der wissenschaftlichen Forschung häufig benutzt
wird.

Die Untersuchungen hatten gezeigt, daß Alphastrahlen gewöhnlich alle
mit der gleichen Energie emittiert werden oder – falls nicht – zumindest in
getrennten Gruppen, von denen jede eine bestimmte, wohldefinierte Energie besitzt. Weiterhin hatte Bohrs Quantentheorie des Atoms gezeigt, wie
gut man atomare Phänomene verstehen kann, wenn man die Vorstellung
aufgibt, die Natur würde sich kontinuierlich verhalten. Der Erfolg der
Bohrschen Theorie lag in der jeder Intuition Hohn sprechenden Annahme
begründet, die Prozesse innerhalb der Atome würden in Sprüngen verlaufen, wobei jeder Prozeß oder Sprung mit einer bestimmten Energieände-
rung verknüpft ist. Es war daher verwunderlich, in Gestalt der Emission
der Betastrahlen einen subatomaren Prozeß von kontinuierlicher Natur
vorzufinden.

Es gab aber ein noch ernsteres Problem, das mit dem kontinuierlichen
Energiespektrum der Betastrahlen zusammenhing. Dieses Spektrum
schien das allgemein anerkannte Gesetz der Energieerhaltung zu verletzen,
das auf einer Vielzahl experimenteller Beweise beruht und sicherstellt, daß
die Gesamtenergie eines Systems unverändert bleibt, wenn auf das System
kein äußerer Einfluß einwirkt.

Was bedeutete dieses Gesetz Ende der 20er Jahre für die Emission von Betastrahlen? Die Argumentation verlief wie folgt: Beim Betazerfall sendet ein Kern ein Elektron aus. Dabei verändert sich der Kern: Er verliert eine negative elektrische Ladungseinheit und wird zum Kern eines anderen Elements. Die Gesamtenergie vor dem Zerfall ist der Masse des ursprünglichen Kernes äquivalent. (Einstein hatte 1905 in seiner Speziellen Relativitätstheorie die Äquivalenz von Masse und Energie bewiesen.) Der beim Zerfall erzeugte neue Kern ist immer leichter als der Ausgangskern, und zwar um einen größeren Betrag, als es der Massenenergie des emittierten Elektrons entspricht. Eine vernünftige Erklärung dafür besteht darin, daß die fehlende Massenenergie in kinetische Energie umgewandelt wurde, also in Bewegungsenergie des Elektrons.

Der freigesetzte Energiebetrag sollte bei allen Zerfällen einer bestimmten Kernart derselbe sein, da stets dieselben Zerfallsprodukte entstehen. Daraus folgt, daß das Elektron jeweils mit der gleichen Energie entweichen muß – in krassem Gegensatz zu den Beobachtungen von Chadwick, Ellis und Wooster!

Das also war das Problem mit den Betastrahlen, und Niels Bohr war wohl derjenige, den es am meisten beschäftigte. Sein Lösungsvorschlag, über den er vermutlich seit Ende 1928 nachgedacht hatte, war revolutionär: die Aufhebung des Energieerhaltungssatzes innerhalb des Atomkerns.

Am 8. Mai 1930 hielt Bohr eine „Faraday-Vorlesung" vor Mitgliedern der Chemischen Gesellschaft in der Salters Hall in London. Hier äußerte er viele seiner Gedanken, die er sich über aktuelle Probleme der Kernphysik gemacht hatte. Eingehend widmete er sich dem Thema in einer ausführlichen Niederschrift, die 1932 im „Journal of the Chemical Society" erschien. Darin erklärt Bohr:

> *Beim gegenwärtigen Stand der Atomtheorie können wir sagen, daß wir weder empirische noch theoretische Gründe dafür haben, das Energieprinzip für den Betazerfall aufrecht zu erhalten; vielmehr geraten wir sogar in Schwierigkeiten, wenn wir dies versuchen.* (12)

Bohr war sich über die schwerwiegende Bedeutung seiner These im klaren und fügte hinzu:

> *Natürlich würde eine radikale Abkehr von diesem Prinzip merkwürdige Konsequenzen haben.* (13)

Damit setzte sich Bohr in offenen Widerspruch zu den allgemein anerkannten Prinzipien der Physik. Er war kühnen Ideen wahrlich nicht abgeneigt, denn auch seine Quantentheorie des Atoms beruhte ja auf drastisch neuen Prinzipien. An späterer Stelle der Faraday-Vorlesung stellte er fest:

> *So wie diejenigen Aspekte der Atomstruktur, die für die Erklärung der gewöhn-*

lichen physikalischen und chemischen Eigenschaften der Materie wesentlich sind, den Verzicht auf die klassische Vorstellung von der Kausalität erforderlich machen, könnten die noch tiefer liegenden Eigenschaften der atomaren Stabilität uns dazu zwingen, sogar die Vorstellung des Energiegleichgewichtes aufzugeben. (14)

Allein die Vorstellung der Existenz von Elektronen im Kern, der die Physiker damals anhingen, führt unmittelbar zu einem Paradoxon. In seinem Faraday-Vortrag erklärte Bohr dazu:

Die gegenwärtige Formulierung der Quantenmechanik … ist völlig ungeeignet, zu erklären, warum vier Protonen und zwei Elektronen zusammenhalten, um einen stabilen Kern (Helium) zu bilden. Wir befinden uns hier offensichtlich vollständig außerhalb des Geltungsbereichs irgendeines Formalismus, der auf der Annahme punktförmiger Elektronen beruht; denn der Heliumkern ist von der gleichen Größenordnung wie der klassische Elektronendurchmesser, wie aus der Streuung von Alphastrahlen in Helium hervorgeht. (15)

Mit anderen Worten: es war im Rahmen der Quantentheorie nicht möglich, Elektronen in einen Kern mit der aus Experimenten abgeleiteten Größe einzubauen.

Ein drittes Problem hinsichtlich des Kernes betraf eine Eigenschaft, die als „Spin" bezeichnet wird. Dabei handelt es sich um einen „inneren" Drehimpuls, den sowohl Elektronen als auch Protonen besitzen. Der Spin des Elektrons wurde 1925 von zwei jungen Holländern – George Uhlenbeck und Samuel Goudsmit – entdeckt. Bohrs Atomtheorie hatte den Drehimpuls der Elektronen im Atom gequantelt: Der Drehimpuls kann nur bestimmte Werte annehmen, die mit ganzen Quantenzahlen 0,1,2,3, … verknüpft sind. Goudsmit und Uhlenbeck fanden, daß sie bestimmte Details im Atomspektrum erklären konnten, wenn sie für das Elektron eine zusätzliche Quantenzahl mit dem Betrag 1/2 ansetzten. Dies bedeutete die Einführung eines weiteren Drehimpulses, den die beiden Forscher als „Spin" bezeichneten. Für die zugehörige Quantenzahl waren zwei Werte erlaubt, die einer Rotation im Uhrzeigersinn (+1/2) und entgegen dem Uhrzeigersinn (–1/2) entsprachen. Zwei Jahre später postulierte David Dennison von der Universität Michigan, daß das Proton den gleichen Spin (1/2) wie das Elektron besitzt.

Das Problem mit dem Elektronenmodell des Kernes entstand bei der Addition der Spins von Elektronen und Protonen im Kern. So fand insbesondere Franco Rasetti, ein junger Italiener, der am California Institute of Technology in Pasadena arbeitete, im Jahre 1929 heraus, daß sich der Stickstoffkern so verhält, als ob er einen Gesamtspin von 1 besitzt. Nach dem Elektronenmodell sollte dieser Kern jedoch 14 Protonen und 7 Elektronen enthalten, also 21 subatomare Teilchen, jedes davon mit einem Spin von 1/2. Diese Spins konnten nun nicht so miteinander kombiniert we*rden*, *daß sie eine ganze Zahl ergaben. Es sah so aus, als würde ein Elektron im Inneren des Kernes eine seiner gewöhnlichen Eigenschaften verlieren; dies bezeichnete Bohr als „die bemerkenswerte Passivität des Elektrons im Kerninneren".* (16)

Ein verzweifelter Rettungsversuch

> „Im Juli 1931 schlug ich auf einer Konferenz in Pasadena die folgende Interpretation vor: Der Erhaltungssatz bleibt gültig, und die Aussendung der Betateilchen wird von einer sehr durchdringenden Strahlung neutraler Teilchen begleitet, die bis jetzt noch nicht beobachtet werden konnte." (17)
> *Wolfgang Pauli auf der 7. Solvay-Konferenz, 1933*

Am 1. Juli 1929 schrieb Niels Bohr einen Brief an Wolfgang Pauli, seinen Kollegen und guten Freund am Physikalischen Institut in Zürich. Er fügte zwei „Anmerkungen" bei, die einige der von ihm untersuchten Probleme betrafen. Eine davon war „eine kleine Notiz über die Betaspektren" (18). Bohr war unschlüssig, ob er sie veröffentlichen sollte, und bat Pauli, seine Meinung dazu zu äußern, „gleichgültig, wie bedenklich" sie sei. Pauli antwortete am 17. Juli mit der ihm eigenen Offenheit:

Ich muß sagen, daß mich (die Anmerkung über die Betastrahlen) sehr wenig befriedigt hat ... In Zürich hielt Frau Meitner eine wunderbare Vorlesung ... und überzeugte mich nahezu vollständig davon, daß das kontinuierliche Betastrahlen-Spektrum nicht durch Sekundärprozesse (Gammastrahlen-Emission usw.) erklärt werden kann. Wir wissen also wirklich nicht, was es damit auf sich hat, und Sie wissen es auch nicht ... Lassen Sie diese Anmerkung auf jeden Fall recht lange liegen und von Sonne und Mond bescheinen! (19)

Pauli drückte in diesem Brief also sein Widerstreben gegen Bohrs „Lösung" des Betaspektrum-Problems aus, ohne allerdings eine alternative Erklärung zu liefern. Dennoch – die Saat war ausgebracht, und bis Dezember hatte Pauli sein eigenes Szenario für den Betazerfall aufgestellt, obwohl er nicht sehr begierig war, seine Ideen zu veröffentlichen. Statt dessen sandte er seinen berühmten Brief an Lise Meitner und die anderen Physiker, die sich in Tübingen versammelt hatten – die erste schriftliche Erwähnung der Teilchen, die heute Neutrinos heißen.

> Niels Bohr (rechts) schlug vor, das Prinzip der Energieerhaltung auf der Ebene der Quanten außer Kraft zu setzen, um das kontinuierliche Spektrum der Betastrahlung zu erklären. Aber Pauli (links) gab zu bedenken, daß ein derart drastischer Schritt möglicherweise nicht korrekt wäre (Niels-Bohr-Archiv).

Pauli bezeichnete seine neuen Teilchen als „Neutronen". In seinem Brief schrieb er:

Im Kern könnten elektrisch neutrale Teilchen existieren, die ich Neutronen nennen will, die den Spin 1/2 besitzen, dem Ausschließungsprinzip genügen und sich von Lichtquanten dadurch unterscheiden, daß sie sich nicht mit Lichtgeschwindigkeit bewegen. Die Masse der Neutronen könnte von gleicher Größenordnung wie die Elektronenmasse sein, jedenfalls nicht größer als das 0,01fache der Protonenmasse. Dann wäre das kontinuierliche Betaspektrum unter der Annahme verständlich, daß beim Betazerfall ein Neutron zusammen mit einem Elektron emittiert wird, wobei die Summe der Energien von Neutron und Elektron konstant ist. (20)

In seinem Brief deutete Pauli also an, wie die Einführung des „Neutrons" die Energieverteilung der Betastrahlung beeinflußt. Nach seiner Vorstellung muß die beim Zerfall freiwerdende Energie auf drei Teilchen aufgeteilt werden: das Elektron, den Kern und das „Neutron". Dies kann auf unterschiedliche Art und Weise geschehen, vorausgesetzt, daß der Impuls des Elektrons und des „Neutrons" mit dem des Kernes im Gleichgewicht steht oder – mit anderen Worten, wie von Pauli erläutert – „die Summe der Energien von Neutron und Elektron konstant ist." Im einen Extremfall kann das Elektron die gesamte kinetische Energie aufnehmen, das „Neutron" dagegen überhaupt keine; dies entspricht der Obergrenze des gemessenen Betastrahlen-Energiespektrums. Im anderen Extremfall erhält das Elektron keine kinetische Energie, während das „Neutron" den Gesamtbetrag mit sich nimmt.

Pauli betrachtete diesen Vorschlag als „verzweifelten Ausweg", zu dem er getrieben wurde, weil dadurch nicht nur das Problem des kontinuierlichen Betaspektrums, sondern auch die mit dem Spin des Kernes verknüpfte Schwierigkeit beseitigt schien. Pauli gab nicht etwa die Vorstellung auf, nach der die Kerne Elektronen enthielten; seine Idee war vielmehr, daß sie daneben auch seine „Neutronen" beherbergten, die wie Elektronen und Protonen den Spin 1/2 besitzen sollten. Somit würde beispielsweise der Stickstoffkern 14 Protonen, 7 Elektronen und 7 Neutronen, also 28 Teilchen mit dem Spin 1/2 enthalten, die sich zu einem Gesamtspin 1 addierten. Dabei würden 26 Spins sich gegenseitig aufheben und zwei sich addieren.

Um sich im Inneren des Kernes aufzuhalten und trotzdem nur einen geringen Beitrag zu seiner Masse zu liefern, mußten Paulis Neutronen eine ähnliche Masse wie die Elektronen besitzen. Aber war es möglich, daß derartige Teilchen existierten, ohne bisher jemals entdeckt worden zu sein? Pauli nahm an, daß sie mindestens so durchdringend wie Gammastrahlen – die durchdringendste Komponente der radioaktiven Strahlung – sein mußten. Damit stellte sich die quälende Frage, wie man die Existenz von Teilchen nachweisen konnte, die sich so lange der Entdeckung entzogen hatten.

Pauli blieb vorsichtig. Er trug seine Idee öffentlich zum ersten Mal am 16. Juli 1931 auf einer Tagung in Pasadena vor, die von der Amerikanischen Physikalischen Gesellschaft und der Amerikanischen Vereinigung für den Fortschritt der Wissenschaften organisiert worden war. Obwohl ein Bericht darüber in der „New York Times" erschien, fühlte sich Pauli nicht sicher genug, seinen Vortrag drucken zu lassen. Seine Neutronen blieben weiterhin mehr eine Möglichkeit als eine Lösung. Es bedurfte der Entdeckung eines weiteren Teilchens und der Verschmelzung mehrerer grundlegender neuer Ideen, um das Neutrino (wie wir es heute nennen) zu einer ebenso sinnvollen wie realistischen Vorstellung zu machen. Dies sollte erst im Verlauf der nächsten beiden Jahre geschehen.

Der Umbau des Kernes

> „Es ist natürlich möglich, daß das Neutron ein Elementarteilchen ist. Diese Annahme ist gegenwärtig allerdings wenig empfehlenswert." (21)
>
> *James Chadwick, 1932*

Anfang 1932 begann sich das Bild des Kernes zu wandeln, als James Chadwick am Cavendish-Laboratorium in Cambridge die Existenz eines neuen neutralen Teilchens nachwies. Es konnte sich dabei allerdings nicht um Paulis hypothetisches Teilchen handeln, da es dafür mit einer Masse von etwa gleicher Größe wie die Protonenmasse viel zu schwer war.

Im Jahre 1920 hatte Rutherford die Existenz einer neutralen Komponente des Kernes vorgeschlagen, und Chadwick hatte in den folgenden Jahren mehrfach erfolglos nach einem derartigen Objekt gesucht. Nachdem er von den Experimenten von Irène und Frederick Joliot-Curie in Paris gehört hatte, deren Ergebnisse 1932 veröffentlicht wurden, begann er einen letzten und erfolgreichen Versuch. Zuvor hatten Walther Bothe und Herbert Bekker in Berlin sowie H.C. Webster in Cambridge eine durchdringende Strahlung beobachtet, die entstand, wenn Beryllium mit Alphateilchen beschossen wurde, die aus dem Zerfall von Polonium stammten. Die Joliot-Curies hatten entdeckt, daß diese Strahlung sehr effizient Protonen aus Wasserstoff herausschlagen und dabei hohe Energien auf sie übertragen kann.

Kurze Zeit, nachdem er davon erfahren hatte, konnte Chadwick zeigen, daß die neue Strahlung auch Atome aus anderen Substanzen, etwa Kohlenstoff und Stickstoff, mit relativ hohen Energien herauszuschlagen vermag. Chadwick argumentierte, daß die Strahlung keine derart große Energie übertragen könnte, wenn sie aus hochenergetischen Gammastrahlen bestünde, wie die Joliot-Curies vermutet hatten. In einem am 27. Februar in der Zeitschrift „Nature" erschienenen Artikel schrieb er: „Die Schwierigkeiten verschwinden, wenn die Strahlung aus Teilchen der Masse 1 und der Ladung 0, das heißt aus Neutronen, besteht." (22) Mit der Masse 1

James Chadwick. Seine Entdeckung des Neutrons im Jahre 1932 schuf die
Voraussetzung für die wachsende Anerkennung von Paulis neuem Teilchen, dem
Neutrino. Zwei Jahrzehnte früher hatte Chadwick entdeckt, daß das Energiespektrum
der Betastrahlen kontinuierlich ist (Godfrey Argent).

meinte Chadwick eine Masse gleich der des Protons. Diese Teilchen konnten also eindeutig nicht Paulis „Neutronen" sein.

Wie Pauli war auch Chadwick vorsichtig damit, ein neues Teilchen in die Welt zu setzen, und gab seiner Arbeit den Titel „Mögliche Existenz eines Neutrons". Um seinem Argument Nachdruck zu verleihen, malte er das Schreckensbild der Nichterhaltung der Energie an die Wand, indem er erklärte, daß es sich bei der Strahlung nur dann um Gammastrahlung handeln könne, „wenn die Erhaltung von Energie und Impuls in einem bestimmten Punkt aufgegeben wird." (23)

Welche Bedeutung hatte all dies nun für Paulis Hypothese? Im Jahre 1932 begannen immer mehr Physiker, über ein neues Kernmodell nachzudenken; langsam drang das Neutron (das heißt Chadwicks Teilchen, das wir noch heute als Neutron bezeichnen) in den Kern ein, während das Elektron mehr und mehr aus ihm vertrieben wurde. Allmählich wurde klar, daß eine einzige Antwort nicht genügen würde, um alle Probleme mit dem Kern zu lösen.

Im August tat schließlich Dmitrij Iwanenko vom Physikalisch-Technischen Institut in Leningrad den Schritt, vor dem Chadwick anscheinend zurückschreckte, und stellte fest:

> *Wir betrachten das Neutron nicht als aus einem Elektron und einem Proton bestehend, sondern als ein Elementarteilchen ..., und sind genötigt, dem Neutron den Spin 1/2 zuzuschreiben.* (24)

Iwanenko entfernte sozusagen die Elektronen vollständig aus dem Stickstoffkern und ersetzte sieben der Protonen des alten Elektron-Proton-Modells durch Neutronen mit dem Spin 1/2. In diesem neuen Modell bestand der Stickstoffkern aus sieben Protonen und sieben Neutronen; mit dieser geraden Gesamtzahl von Teilchen konnte der Kern den Spin 1 haben. So löste die Einführung des Neutrons das Problem mit dem Kernspin und brachte Heisenberg auf den richtigen Weg zum Verständnis der im Kern wirkenden Kräfte.

Der Deutsche Werner Heisenberg war ein Kollege und enger Freund von Niels Bohr und Wolfgang Pauli. Im Jahre 1925 legte er im Alter von erst 24 Jahren die Grundlagen der Quantenmechanik – des mathematischen Gebäudes, das Bohrs Quantentheorie des Atoms stützte. Sieben Jahre später, 1932, begann er die Quantenmechanik auf den Atomkern anzuwenden.

Heisenberg wählte bei der Behandlung des Kernes einen Kompromiß. Sein Kern war aus Protonen und Neutronen aufgebaut; die Neutronen waren selbst zusammengesetzte Teilchen, die aus einem Proton und einem Elektron bestanden. In dieser Hinsicht beging Heisenberg einen Fehler, der es ihm jedoch erlaubte, eine „Austausch-Wechselwirkung" einzuführen, die den Kern zusammenhalten konnte. Hinsichtlich der Kraft zwischen Protonen und Neutronen stellte er sich vor, daß zwei Protonen durch den

Werner Heisenberg (links) und Niels Bohr. In den 20er Jahren entwickelte Heisenberg
aus der Bohrschen Theorie der Quantennatur des Atoms die mathematisch fundierte
Quantenmechanik. Später – um 1932 – untersuchte er die Natur der Kräfte, die den
Atomkern zusammenhalten (AIP Niels Bohr Library, Weisskopf Collection. Photo von
P. Ehrenfest jr.).

Austausch eines Elektrons zusammengehalten wurden. Mit anderen Worten: das Elektron sollte zuerst mit dem einen Proton verbunden sein (und
mit diesem gemeinsam ein Neutron bilden) und dann mit dem anderen.
Seinen Erklärungen zufolge sollte es eine ähnliche Situation für das Ion H_2^+
des Wasserstoffmoleküls geben, in dem zwei Wasserstoffkerne, jedes von
ihnen ein einfaches Proton, sich ein einzelnes Elektron teilten.

Heisenbergs Bild mag fehlerhaft gewesen sein – wir wissen heute, daß
Neutronen keine fest gebundenen Paare aus Protonen und Elektronen
sind –, aber einige Aspekte davon erwiesen sich als grundlegend. Sein
Konzept der nuklearen Austausch-Wechselwirkung liegt den modernen
Theorien der Kernkraft zugrunde, und seine Grundidee, nach der Proton

und Neutron leicht unterschiedliche Aspekte eines gleichen Kernteilchens darstellen, wurde zu einem wesentlichen Teil unseres Verständnisses subatomarer Teilchen.

Materie und Strahlung

> „Wir hatten jetzt eine vollständige Strahlungstheorie: Die gesamte Einsteinsche Theorie (der Strahlung) ergab sich nun aus der Quantenmechanik." (25)
>
> *Paul Dirac, 1980*

Es war gar nicht so unvernünftig von Heisenberg, sich Neutronen als Konglomerate aus Protonen und Elektronen vorzustellen. Das Phänomen des Betazerfalls machte es schwierig, Elektronen vollständig aus dem Kern zu verbannen. Wie konnte es zugehen, daß Elektronen beim Betazerfall in Erscheinung traten, wenn sie nicht bereits im Kern vorhanden gewesen waren?

Glücklicherweise war den theoretischen Physikern in den 20er Jahren bereits ein Teilchen bekannt, das schnell und reichlich produziert werden konnte; gemeint ist das Teilchen, das wir heute Photon nennen. Das Konzept eines „Lichtteilchens" oder „Lichtquants" hatte sich seit 1905 allmählich entwickelt, nachdem Albert Einstein die Vorstellung eingeführt hatte, Licht bestehe aus „Energiepaketen" oder „Lichtquanten". Während der folgenden Jahre erkannten die Physiker, daß die Lichtquanten auch einen Impuls besitzen; denn die „ballistische" Teilchennatur des Lichtes konnte Anfang der 20er Jahre durch Experimente demonstriert werden, die Arthur Compton an der Universität Chicago durchgeführt hatte.

Etwas später – im Jahre 1926 – entschied Gilbert Lewis, ein hervorragender Chemiker an der Berkeley-Universität in Kalifornien, daß das Lichtteilchen einen Namen benötigte, und schlug in einer Veröffentlichung in der Zeitschrift „Nature" dafür die Bezeichnung „Photon" vor.

Photonen entstehen immer dann, wenn ein Gegenstand elektromagnetische Strahlung aussendet, beispielsweise in Form von Wärme (als für uns unsichtbare infrarote Photonen) oder in Form der energiereicheren (für uns ebenfalls unsichtbaren) Röntgen- und Gammastrahlen. Die Theorie, die diese Prozesse beschreibt, wird Quantenelektrodynamik genannt und wurde Mitte der 20er Jahre vor allem durch die Arbeit eines Mannes begründet: Paul Dirac.

Dirac war ein brillanter Mathematiker, dessen Interesse an der Quantenelektrodynamik 1924 geweckt wurde, als er nach seinem Doktorexamen an der Universität von Cambridge forschte. Seine Arbeiten zogen beinahe augenblicklich die Aufmerksamkeit der Hauptvertreter der Quantentheorie auf sich. Im Jahre 1926 setzte er seine Untersuchungen am Niels-Bohr-

Paul (P.A.M.) Dirac. Seine Theorie der Absorption und Emission von Photonen
lieferte Fermi die Grundlage für die Erklärung des Auftretens von Neutrinos beim
Betazerfall (AIP Niels Bohr Library).

Institut in Kopenhagen fort. Dort schrieb er auch die Veröffentlichung, die
den eigentlichen Beginn der Quantenelektrodynamik markierte.

Der große Fortschritt durch Diracs Arbeiten bestand in der Anwendung
der Quantenmechanik auf die Wechselwirkung zwischen einem Atom und
elektromagnetischer Strahlung sowie in der Bewältigung des Problems der
Aussendung und Absorption von Strahlung durch ein Atom. Ein wichtiger
Schritt war dabei, einen Vorschlag von Werner Heisenberg und zwei seiner
Kollegen – Max Born und Pascual Jordan – zu befolgen. In der Quantentheorie besitzt jedes schwingende System eine gewisse Anzahl möglicher
Energiezustände, von denen jeder mit einem bestimmten Quantenzustand
verknüpft ist. Born, Heisenberg und Jordan hatten postuliert, daß jeder
dieser Zustände durch eine ihm zugeordnete Zahl von „Quanten" oder

Energiepaketen beschrieben werden kann, wobei die jeweilige Anzahl die bestimmende „Quantenzahl" darstellt. Dieses Verfahren wird – obwohl dabei nichts doppelt gequantelt wird – etwas verwirrend als „zweite Quantelung" bezeichnet.

Bei der elektromagnetischen Strahlung liegt gleichfalls ein schwingendes System vor; deshalb beschloß Dirac, die „zweite Quantelung" auch hierauf anzuwenden. Er interpretierte die vielen mit dem elektromagnetischen Strahlungsfeld verknüpften Quantenzustände unter Verwendung der damit verbundenen Quantenzahlen, das heißt der Zahl der Photonen. Dabei würde ein Übergang von einem Zustand zum anderen eine Veränderung der Photonenzahl bedeuten.

Später erläuterte Dirac:

So bekommt man eine vollständige Harmonie der Wellen- und der Teilchen-Theorie des Lichtes. Man kann Licht so behandeln, als wäre es aus elektromagnetischen Wellen zusammengesetzt, wobei jede Welle als ein Oszillator zu betrachten ist; alternativ kann man Licht aber auch so behandeln, als bestünde es aus Photonen …, wobei jeder Photonenzustand einem bestimmten Oszillator des elektromagnetischen Feldes entspricht. (27)

In Diracs Theorie wurde die Wechselwirkung zwischen einem Atom und elektromagnetischer Strahlung also zu einer Wechselwirkung zwischen dem Atom und einer Vielzahl von Photonen. Eine Änderung der Energie des Atoms kann demnach als Emission (Erzeugung) oder Absorption (Vernichtung) eines Photons betrachtet werden. Dies war der Beginn der Quantenfeldtheorie, eines allgemeinen Konzeptes, das heute nicht nur auf das elektromagnetische Feld, sondern auch auf andere fundamentale Felder angewandt wird, die das Verhalten der Materie bestimmen. Es stellt gleichzeitig das letzte Konzept dar, das wir noch kennen müssen, um die Theorie zu verstehen, die dem Neutrino zu Ansehen verhalf.

Der Auftritt des Neutrinos

> „Natürlich waren wir alle sehr an Fermis neuer Arbeit interessiert …, obwohl ich zugeben muß, daß ich von der physikalischen Existenz des Neutrinos nicht vollständig überzeugt bin." (28)
>
> *Niels Bohr in einem Brief an Felix Bloch, 1934*

Im November 1926, als Dirac an seiner Theorie der Teilchenerzeugung arbeitete, beriet ein Komitee aus bedeutenden Gelehrten der Universität Rom darüber, wer den neu geschaffenen Lehrstuhl für Theoretische Physik der Universität erhalten sollte. Besonders ein Kandidat schien außergewöhnliche Qualitäten zu besitzen: der 26 Jahre alte Enrico Fermi, der

Professor in Florenz war. Die Physiker hatten bei ihrer Wahl offenbar wenig
Probleme und votierten einstimmig für Fermi als neuen Lehrstuhlinhaber.

So zog Fermi nach Rom, seinen Geburtsort, und sammelte eine kleine,
aber erlesene Schar junger Physiker um sich. Zwölf Jahre später zwang
Mussolinis Politik Fermi und seine jüdische Frau Laura, Rom zu verlassen
und in die USA zu emigrieren. Dort gelang ihm das Experiment, für das er
wahrscheinlich am bekanntesten wurde, nämlich die erste von Menschen
hervorgerufene nukleare Kettenreaktion.

Weit weniger beachtet, doch unbestreitbar bedeutender war eine Theorie, die Fermi noch während seiner Zeit in Rom entwickelte: die Theorie,
die das Bild eines aus Protonen und Neutronen zusammengesetzten Kernes endgültig etablierte und einen Schlußpunkt unter das alte Problem des
Betazerfalls setzte. Diese Theorie schloß nicht nur Protonen und Elektronen
ein, sondern auch das Neutron und Paulis Teilchen, das Neutrino. Zudem
vereinte sie in sich die alte Quantenmechanik und Heisenbergs Verbindung
zwischen Protonen und Neutronen sowie Diracs Idee von der Teilchenerzeugung.

Fermis erste „Entlarvung" von Paulis hypothetischem Teilchen erfolgte
auf der Konferenz für Kernphysik in Rom im Oktober 1931. Fermi hatte
Pauli offensichtlich gebeten, auf der Konferenz über seine neue Theorie zu
sprechen; aber Pauli war immer noch vorsichtig und zog es vor, mit Fermi
darüber nur privat zu reden. Etwa um diese Zeit führte Fermi auch den
Namen „Neutrino" ein, der „kleines neutrales Objekt" bedeutet. Diese
Bezeichnung setzte sich unter den in Rom tagenden Physikern und später
in der ganzen Welt durch.

Dann kam die Entdeckung des Neutrons. In Rom hatte Ettore Majorana,
ein brillanter, aber sehr eigenwilliger Kollege Fermis, nach dem Bekannt-
werden der Ergebnisse der Joliot-Curies sofort vermutet, daß diese das
„neutrale Proton" oder Neutron entdeckt hatten, und hatte begonnen, ein
Modell des Kernes zu entwickeln, das Protonen und Neutronen enthielt,
aber keine Elektronen. Majorana scheute sich jedoch, seine Ideen zu veröffentlichen oder Fermi zu erlauben, sie weiter voranzutreiben, und bald
stellten andere Forscher wie Dmitrij Iwanenko ähnliche Theorien auf. Aber
auch bei Fermi war die Idee auf fruchtbaren Boden gefallen.

Ihre Früchte trug diese Saat im folgenden Jahr 1933 im Anschluß an die
7. Solvay-Konferenz, die im Oktober in Brüssel stattfand. Das Treffen vereinte die meisten bedeutenden Forscher auf dem Gebiet der Kernphysik
einschließlich der Hauptpersonen der Geschichte des Betazerfalls – Bohr,
Chadwick, Ellis, Meitner und Pauli – und die jungen „Gurus" der Quantentheorie: Dirac und Heisenberg. Hier waren praktisch alle Leute versammelt,
die die entscheidenden Elemente zu Fermis Theorie des Betazerfalls beigetragen hatten. Es bedurfte Fermis Genie, diese Teile zusammenzufügen.

Iwanenko hatte 1932 die Analogie zwischen dem Betazerfall und der
Strahlung des Plutoniums erkannt, als er erklärte, die Elektronen würden
in dem Prozeß „geboren" und seien „absorbierten Photonen auch insofern

Enrico Fermi (links), Werner Heisenberg (Mitte) und Wolfgang Pauli am Comer See, 1927. Sechs Jahre später verschmolz Fermi Heisenbergs Vorstellungen von den nuklearen Wechselwirkungen mit Paulis hypothetischem Neutrino zu einer sehr erfolgreichen Theorie des Betazerfalls (AIP Niels Bohr Library, Segré Collection. Photo von F.D. Rasetti).

sehr ähnlich, als sie keinerlei Individualität besäßen." (29) Francis Perrin, der gleichfalls auf der Konferenz war, verfolgte dieselbe Spur. In einer im Dezember der Französischen Akademie der Wissenschaften vorgelegten Arbeit stellte er fest:

> *Wenn das Neutrino die Masse null besitzt, kann man sich auch vorstellen, daß es vorher im Atomkern nicht existiert, sondern wie ein Photon erst zum Zeitpunkt der Emission erzeugt wird.* (30)

Die gleiche Grundidee hatte Fermi; bei ihm entwickelte sie sich nun zu einer ebenso eleganten wie mächtigen Theorie. Wie Perrin schrieb auch er im Dezember eine Arbeit und sandte sie an die britische Zeitschrift „Nature". Der Herausgeber wies die Arbeit aber als zu weit von der Realität entfernt zurück. Statt dessen erschien in „La Ricerca Scientifica" eine kurze Notiz in italienischer Sprache, und im Januar sandte Fermi eine vollständige Darstellung seiner Theorie an die italienische Zeitschrift „Nuovo Cimento" und an die deutsche „Zeitschrift für Physik". Die Arbeit wurde in beiden Organen abgedruckt. Diese Doppelveröffentlichung stand im

Einklang mit einer von Fermi konsequent verfolgten Taktik: Das faschisti-
sche Regime verlangte, daß alle wissenschaftlichen Arbeiten in Italienisch
veröffentlicht wurden. Da nur wenige Wissenschaftler in anderen Ländern
italienische Zeitschriften lasen, veröffentlichte Fermi wichtige Arbeiten
zusätzlich in Deutsch.

Diese Publikation gehört zu den klassischen Arbeiten in der Physik. In
ihr weicht Fermi nicht vor den neuen Ideen der Kernphysik zurück, sondern greift sie auf und verwandelt sie in ein machtvolles theoretisches
Werkzeug, das die experimentellen Ergebnisse des Betazerfalls zutreffend
wiedergibt. Noch 60 Jahre danach wird seine Theorie der Behandlung des
niederenergetischen Betazerfalls von keiner anderen übertroffen.

Versuchen wir Fermis Gedankengänge nachzuvollziehen. In der Einlei-
tung zu seiner Arbeit legt er klar die Probleme dar, die beim Verständnis
des kontinuierlichen Betaspektrums entstehen, wenn man annimmt, daß
der Kern Elektronen enthält. Mit gleicher Deutlichkeit legt er seine Lö-
sungsvorschläge vor: Er will Paulis These folgen, nach der beim Betazerfall
ein leichtes neutrales Teilchen – das Neutrino – zusammen mit dem Elektron emittiert wird, und er will Heisenbergs Annahme übernehmen, daß
der Kern nur aus schweren Teilchen – Protonen und Neutronen – besteht.
Er schreckt also in der Tat nicht vor neuen Ideen zurück.

Dann führt Fermi einige zusätzliche Hypothesen ein. Zunächst postuliert er, daß „die Gesamtzahl von Elektronen und Neutrinos nicht notwen-
digerweise konstant ist" (31). Mit anderen Worten: Elektronen und Neutrinos können genauso wie Photonen entstehen oder verschwinden. Weiterhin stellt er fest, daß „jeder Übergang von einem Neutron zu einem Proton
mit der Erzeugung eines Neutrinos verknüpft ist ... Man beachte, daß
dadurch die Erhaltung der Ladung sichergestellt wird." (32)

Es gibt in der Arbeit noch eine weitere wichtige Annahme. Fermi
benutzt für die schweren Teilchen eine „innere Koordinate": eine Quantenzahl, die nur zwei Werte annehmen kann, und zwar 1 für ein Neutron
und –1 für ein Proton. Damit folgt er Heisenberg, der die Vorstellung
eingeführt hatte, daß Protonen und Neutronen verschiedene Quantenzustände ein und desselben Teilchens seien. In der modernen Physik haben
diese Quantenzahlen für Protonen den Wert 1/2 und für Neutronen den
Wert –1/2.

Fermis nächster Schritt besteht in der Formulierung der Gleichung,
welche die Energie des „Gesamtsystems" beschreibt, also der schweren
Teilchen (Protonen und Neutronen), der leichten Teilchen (Elektronen und
Neutrinos) und der Wechselwirkung zwischen schweren und leichten
Teilchen. Der Ausdruck für die Wechselwirkungsenergie muß die mögliche
Umwandlung eines Neutrons in ein Proton berücksichtigen, bei der ein
Elektron und ein Neutrino entstehen; er muß aber auch den umgekehrten
Prozeß einbeziehen, bei dem ein Proton in ein Neutron und ein Elektron
umgewandelt wird, wobei ein Neutrino vernichtet wird. Darüber hinaus

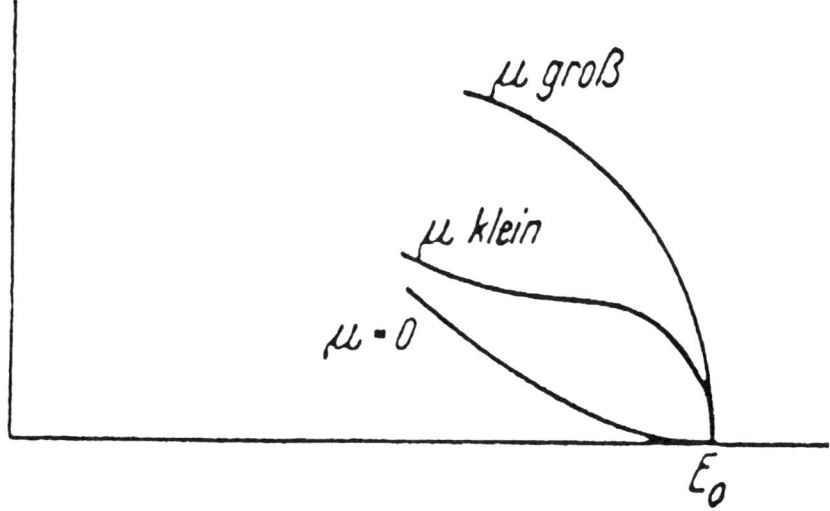

Fig. 1.

Die Abbildung 1 aus Fermis Arbeit über die Theorie des Betazerfalls mit dem Titel „Versuch einer Theorie der Betastrahlen I", erschienen in der „Zeitschrift für Physik", Bd. 88 (1934), S. 161. Die Abbildung zeigt, wie sich die berechnete Form des hochenergetischen Endes des Elektronenspektrums mit der hypothetischen Masse des Neutrinos verändert, das gleichzeitig mit dem Elektron emittiert wird. Die Ermittlung dieser Kurve bildet die Grundlage vieler moderner Experimente zur Bestimmung der Neutrinomasse – falls das Neutrino überhaupt eine Masse besitzt.

nimmt Fermi an, daß diese Wechselwirkung an einem bestimmten Punkt des Raumes stattfindet, nämlich am Ort des schweren Teilchens.

Nun kommt die Analogie zur Diracschen Strahlungstheorie ins Spiel. In dieser hat die Energiegleichung ebenfalls drei Anteile: die Energie des Atoms, die Energie der Strahlung und die Wechselwirkungsenergie. Dirac hatte die Wechselwirkung als eine Störung der anderen beiden Komponenten behandelt, da ihm dies die Anwendung bestimmter Näherungen erlaubte, die für die Ausführung seiner Berechnungen erforderlich waren.

Fermi folgt Dirac so weit wie möglich. Er behandelt die Wechselwirkung als eine Störung der Energien der schweren und der leichten Teilchen. Mit Hilfe von Standardmethoden gelangt er zu einer Gleichung, die alle möglichen Übergänge zwischen den Quantenzuständen der beteiligten Teilchen einschließt. Dies ist der entscheidende Punkt bei der Voraussage: Nun kann er die Wahrscheinlichkeit für das Auftreten eines bestimmten Übergangs berechnen und – was noch wichtiger ist – den Verlauf des Betaspektrums reproduzieren.

Das Energiespektrum des Betazerfalls hatte die Experimentalphysiker mehr als 20 Jahre lang genarrt, bis es sich definitiv als kontinuierlich erwies.

Nun – zwei Jahre nachdem Pauli zögernd das Neutrino in die Welt gesetzt hatte – konnte Fermi seine Theorie dazu benutzen, aus dem hochenergetischen Ausläufer des Betaspektrums eine Aussage über die Masse des Neutrinos abzuleiten. In seiner Arbeit zeigte er drei Kurven: für eine Neutrinomasse null sowie für eine kleine und eine große Neutrinomasse. Er kommentierte:

> *Die größte Ähnlichkeit mit den empirischen Kurven zeigt die theoretische Kurve für die Masse null. Wir kommen daher zu dem Schluß, daß die Ruhemasse des Neutrinos entweder null oder sehr klein im Vergleich mit der Masse des Elektrons ist.* (33)

Das Neutrino war geboren.

3. Was ist ein Neutrino?

„Nicht jedermann würde zugeben, daß er an die Existenz des Neutrinos glaubt; fest steht aber auch, daß es kaum jemanden unter uns gibt, der sich nicht der Neutrino-Hypothese als eines Hilfsmittels bedient, wenn er über den Betazerfall nachdenkt." (1)

H. Richard Crane, 1948

Markierte Paulis Brief an die „radioaktiven Damen und Herren" die „Empfängnis" des Neutrinos, so verkündete Fermis Arbeit über den Betazerfall seine Geburt. Chadwicks Entdeckung des Neutrons hatte bereits einige der Schwierigkeiten beseitigt, zu deren Lösung Pauli das „Neutron" ursprünglich eingeführt hatte. Nun brachte Fermis Theorie Klarheit über die Rolle des zweiten neutralen Teilchens, des Neutrinos. Anders als das Neutron sitzt es nicht im Kern, sondern wird unmittelbar beim Betazerfall erzeugt. Die Physiker, die das Neutrino von nun an mit größerem Respekt betrachteten, fragten sich sehr bald, wie man die Existenz dieses Teilchens nachweisen könnte.

Subatomare Teilchen werden prinzipiell durch ihre Wirkung auf die Umgebung entdeckt. Elektrisch geladene Partikel – Protonen und Elektronen – ionisieren die von ihnen durchdrungene Materie. Mit anderen Worten: sie schlagen auf Grund der elektromagnetischen Wechselwirkung Elektronen aus den Atomen heraus. In bestimmten Detektoren erzeugen diese Teilchen Spuren aus Ionen und Elektronen, die wie Fußabdrücke im Schnee sichtbar gemacht werden können. Andere Detektoren registrieren einen Ionisationsstoß und zeigen dadurch an, daß sie von einem Teilchen passiert wurden (ähnlich wie Drehkreuze die Zahl der Besucher eines Fußballspiels ermitteln). Solche Detektoren eignen sich besonders gut dafür, Teilchen zu zählen.

Neutrale Teilchen – Neutronen und Photonen – hinterlassen keine direkten Ionisationsspuren in Materie, können dagegen indirekt nachgewiesen werden. Ein Photon kann ein Elektron aus einem Atom herausschlagen und dabei Energie übertragen, so daß das Elektron eine nachweisbare Ionisationsspur hinterläßt. Neutronen können Protonen aus Kernen herausschlagen; danach verrät die Ionisation, die durch die geladenen Protonen hervorgerufen wird, die Existenz der Neutronen. Können Neutrinos durch ähnliche Effekte nachgewiesen werden?

Natürlich hatte sich auch Pauli diese Frage von Anfang an gestellt. Er war sicher, daß seine „Neutronen", sollten sie existieren, durchdringender (also weniger ionisierend) als Gammastrahlen sein mußten; andernfalls wären sie bereits bei den Untersuchungen des Betazerfalls entdeckt worden. Aber um wieviel durchdringender waren sie?

Bald nach der Veröffentlichung der Arbeit Fermis im Jahre 1934 begann James Chadwick am Cavendish-Laboratorium in Cambridge zusammen mit D.E. Lea die Durchschlagskraft des Neutrinos zu untersuchen. Die beiden Forscher plazierten eine Lösung, die Radium-E enthielt, etwa 6 cm vor den Detektor und stellten unterschiedlich starke Bleiplatten (bis zu 5,8 cm dick) dazwischen. Dann maßen sie die Ionisation, die von den Teilchen hervorgerufen wurde, die durch diese Abschirmung hindurchtraten.

Das Radium sollte bei seinem Betazerfall Elektronen aussenden, die im Blei absorbiert würden. Nach den Vorstellungen von Pauli und Fermi sollte es aber auch Neutrinos emittieren. Die Idee war, daß die Neutrinos nach ihrer Abbremsung im Blei auf irgendeine Art und Weise indirekt zu einer Ionisation führen könnten. Chadwick und Lea fanden selbst hinter der dicksten Bleiabschirmung so gut wie keine Ionisation. Daraus berechneten sie, daß jedes aus dem Betazerfall stammende Neutrino in der Lage sein mußte, vor der Ionisation eines einzigen Teilchens eine mindestens 150 km dicke Luftschicht zu durchqueren. Im darauffolgenden Jahr wurde diese Strecke nach einem ähnlichen Experiment, das M.E. Nahmias in der Londoner U-Bahn-Station Holborn 30 m unter der Erdoberfläche durchführte, auf 31'000 km heraufgesetzt.

Aber kann das Neutrino überhaupt mit Materie wechselwirken? Durch die Arbeit Fermis angeregt, erwogen die deutschen Physiker Hans Bethe und Rudolf Peierls die einzige Möglichkeit, die sich dafür zu bieten schien: Wenn ein Neutrino bei einem Betazerfall erzeugt wird, kann es dann nicht auch bei dem umgekehrten Prozeß absorbiert werden, analog der Bildung und Absorption eines Photons? Kann ein Kern ein Neutrino einfangen, um einen neuen Kern zu bilden, und gleichzeitig ein negatives oder positives Elektron emittieren?

Das positive Elektron oder „Positron" ist ein weiteres Teilchen, das 1932 entdeckt wurde, nur einige Monate nach Chadwicks Neutron. Das Positron hat die gleiche Masse wie das Elektron, aber eine positive Ladung. Seine Existenz konnte sofort nach seiner Entdeckung mit Hilfe theoretischer Arbeiten erklärt werden, die Paul Dirac etwa fünf Jahre zuvor veröffentlicht hatte.

Dirac hatte in seiner 1927/28 in Cambridge entwickelten Theorie des Elektrons die Quantentheorie und die Spezielle Relativitätstheorie miteinander verknüpft. Dies führte zu der heute als „Dirac-Gleichung" bekannten Beziehung, die die Energie eines Elektrons korrekt beschreibt, das sich mit „relativistischer" Geschwindigkeit nahe der Lichtgeschwindigkeit bewegt. Auf den ersten Blick hatte diese Theorie einen großen Nachteil: Sie schien die Existenz von Elektronen mit negativen Energiewerten zu erlauben, was offensichtlich absurd ist. Mit der Entdeckung des Positrons wurde klar, daß dieses positive Teilchen mit seiner realen, positiven

Im Jahre 1934, bald nachdem Fermi seine Theorie des Betazerfalls veröffentlicht hatte, berechneten Hans Bethe und Rudolf Peierls die extrem kleine Wahrscheinlichkeit für die Wechselwirkung eines niederenergetischen Neutrinos mit Materie. Das linke Bild zeigt Bethe 1935 in Ann Arbor. Auf der rechten Aufnahme sind (von links nach rechts Dirac, Pauli und Peierls) abgebildet (Bethe: AIP Niels Bohr Library, Goudsmit Collection; Peierls: AIP Niels Bohr Library).

Energie etwas mit dem negativen Teilchen negativer Energie zu tun hat, das in Diracs Theorie auftrat. Diese war also in der Tat gleichermaßen eine Theorie des Elektrons wie des Positrons beziehungsweise „Antielektrons".

Anfang 1934 stellten Irène und Frederick Joliot-Curie (die beide die Entdeckung des Neutrons knapp verpaßt hatten) fest, daß beim radioaktiven Zerfall bestimmter leichter, künstlich erzeugter Kerne Positronen ausgesandt werden. Dies zeigte, daß beim Betazerfall je nach der Art der beteiligten Kerne sowohl negative als auch positive Elektronen produziert werden können. Als Bethe und Peierls über die Absorption eines Neutrinos durch einen Kern nachdachten – einen Prozeß, der oft als „inverser Betazerfall" bezeichnet wird –, nahmen sie daher an, daß dabei abhängig von der Art des Kernes entweder Positronen oder Elektronen emittiert werden.

Die beiden Theoretiker fanden heraus, daß die Wahrscheinlichkeit für eine Neutrinoabsorption weit geringer ist als für jeden anderen damals bekannten Prozeß. In der Kern- und Teilchenphysik werden solche Wahrscheinlichkeiten als Flächen oder „Wirkungsquerschnitte" angegeben: Je größer die Wahrscheinlichkeit für eine Reaktion ist, desto größer ist der Querschnitt. Bethe und Peierls fanden den „phantastisch kleinen Wert" von 10^{-44} cm^2 (2) und zogen den Schluß, daß „dies bedeutet, daß man offensichtlich niemals in der Lage sein wird, ein Neutrino zu beobachten".

Machen wir uns klar, was ein Querschnitt von 10^{-44} cm^2 bedeutet. Ein Wassermolekül besteht aus einem Sauerstoff- und zwei Wasserstoffatomen. Jeder Wasserstoffkern ist ein einzelnes Proton – ein „Ziel" für Neutrinos, die zum Beispiel aus einer radioaktiven Quelle stammen. Die Wahrscheinlichkeit dafür, daß ein Neutrino von einem dieser Zielprotonen absorbiert wird, ist durch das Produkt aus dem Wirkungsquerschnitt für diesen Prozeß und der Anzahl der Ziele auf einer Einheitsfläche von 1 Quadratzentimeter gegeben: Reaktionswahrscheinlichkeit = Querschnitt × Anzahl der Ziele pro Flächeneinheit. In einem Kubikzentimeter Wasser befinden sich etwa 7×10^{22} „freie" Protonen, d.h. Wasserstoffkerne („frei" im Gegensatz zu den Protonen, die zusammen mit Neutronen in den Sauerstoffkernen gebunden sind). Nach den Berechnungen von Bethe und Peierls ist die Wahrscheinlichkeit für ein Neutrino, von einem dieser Protonen absorbiert zu werden, gleich 10^{-44} multipliziert mit 7×10^{22}, also 7×10^{-22}. Mit anderen Worten: die Chance, daß ein Neutrino von einem freien Proton auf einer Strecke von 1 cm in Wasser absorbiert wird, ist gleich

Betazerfall des Neutrons

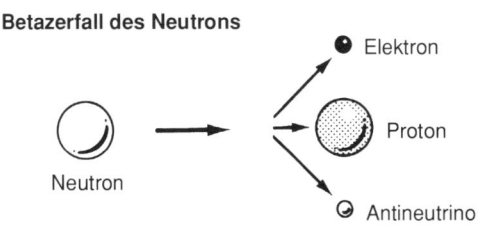

Inverser Betazerfall

Das Neutron wandelt sich beim Betazerfall unter Aussendung eines Elektrons und eines Antineutrinos in ein Proton um. Beim inversen Betazerfall absorbiert ein Proton ein Antineutrino und wandelt sich unter Aussendung eines „Anti-Elektrons" (Positrons) in ein Neutron um.

7 pro 10^{22} oder ungefähr 1 pro 10^{21}. Zur Absorption eines Neutrinos würde man daher eine Wasserschicht der Dicke 10^{21} cm benötigen.

Das ist eine Länge von astronomischem Ausmaß. Sie entspricht ungefähr 1000 Lichtjahren oder etwa 63 millionenmal der Entfernung der Erde von der Sonne. „Offensichtlich" würde daher, wie Bethe und Peierls geschlossen hatten, niemand jemals ein Neutrino mit Hilfe des inversen Betazerfalls nachweisen können. Wie Peierls beinahe 50 Jahre später anmerkte, hatten er und Bethe allerdings weder mit der „Existenz von Kernreaktoren, die Neutrinos in riesigen Mengen produzieren", noch mit dem „Erfindungsreichtum der Experimentatoren" gerechnet (3). Sie konnten sich auch nicht vorstellen, daß die Physiker eines Tages über Neutrinos mit Energien vom Vieltausendfachen der für Kernreaktionen charakteristischen Energie verfügen und daß solche Neutrinos wesentlich bereitwilliger mit Materie reagieren würden. Aber diese Geschichte gehört in die Kapitel 4 und 5.

Neutrinos in Hülle und Fülle

> „Ich bin von der Neutrino-Theorie sehr beeindruckt, aber unter normalen Umständen würde ich sagen, daß ich nicht an Neutrinos glaube … Könnte es sein, daß die Experimentalphysiker nicht findig genug sind, Neutrinos zu erzeugen?" (4)
>
> *Arthur Eddington, 1939*

Als der berühmte britische Astrophysiker Arthur Eddington diese Sätze in seinem Buch „The Philosophy of Physical Science" (dt: „Die Philosophie der Naturwissenschaft") veröffentlichte, wurden gerade die Voraussetzungen für die Erzeugung enormer Mengen von Neutrinos geschaffen. Ende 1938 entdeckten Otto Hahn und Fritz Straßmann in Berlin, daß beim Beschuß von Uran mit Neutronen die viel kleineren Bariumkerne entstanden, die nur etwa halb so groß wie die Urankerne sind.

Im Sommer 1938 war Hahns langjährige Kollegin Lise Meitner, damals knapp 60 Jahre alt, nach dem Einmarsch Hitlers in Österreich aus Deutschland geflohen. Sie war jüdischer Herkunft, und ihre österreichische Staatsangehörigkeit schützte sie nicht länger vor den antisemitischen Gesetzen der Nazis. Sie fand sichere Unterkunft in Stockholm, wohin ihr Hahn am 19. Dezember einen Brief schrieb, der eine erstaunliche Nachricht enthielt. Zu Weihnachten wurde Meitner von ihrem Neffen Otto Frisch besucht, der ebenfalls Physiker war; gemeinsam besprach man die merkwürdigen neuen Ergebnisse und kam zu dem Schluß, daß die Urankerne durch die Absorption von Neutronen instabil würden und in zwei kleinere, ungefähr gleich große Fragmente zerfielen. Meitner und Frisch bezeichneten diesen Prozeß als „Spaltung".

Die beiden neuen Kerne waren aber nicht die einzigen Produkte der Kernspaltung. Wie Meitner und Frisch erkannten, muß jede Spaltung einen großen Energiebetrag freisetzen, der millionenfach über der Energiemenge liegt, die bei chemischen Reaktionen – etwa Verbrennungen – abgegeben wird. Außerdem hatten Frederick Joliot-Curie und seine Kollegen vier Monate zuvor in Paris entdeckt, daß bei jeder Spaltung auch einige Neutronen entstehen. Erst viel später stellten die Physiker fest, daß diese Neutronen selbst dazu dienen können, in einem Stück Uran weitere Spaltungsprozesse anzuregen, das heißt eine Kettenreaktion auszulösen und damit einen wahrhaft riesigen Energiebetrag aus einer relativ kleinen Uranmenge zu erzeugen.

Im September 1939 brach der Zweite Weltkrieg aus, und bald erkannten die Kernphysiker, daß ihre Arbeiten für einen weit größeren Kreis als zuvor interessant waren. Rund drei Jahre später, am 2. Dezember 1942, erzielte Enrico Fermi mit seinem Team, das von der US-amerikanischen Regierung unterstützt wurde, die erste von Menschen hervorgerufene Kettenreaktion in einem „Atommeiler", der unter den Squash-Plätzen der Universität errichtet worden war. Das war der entscheidende Schritt, der es den USA ermöglichte, in einem abgelegenen Laboratorium in Los Alamos, New Mexico, die erste Atombombe der Welt zu bauen. Sie explodierte am 16. Juli 1945 bei dem sogenannten „Trinity-Test" in der Wüste von New Mexico. Nur vier Wochen später wurden Atombomben über den japanischen Städten Hiroshima und Nagasaki gezündet.

In einer Atombombe läuft die Kettenreaktion unkontrolliert ab, so daß die Energie in einem explosiven Ausbruch von gewaltiger Zerstörungskraft freigesetzt wird. Im Gegensatz dazu wird in Kernreaktoren die Kettenreaktion vorsichtig gesteuert, so daß die Energie allmählich abgegeben wird. In beiden Fällen entweicht noch ein weiteres Produkt der Uranspaltung, das allerdings kaum jemals bemerkt wird und auch schwerlich bemerkt werden kann: Bei jeder Kernspaltung werden einige Neutrinos emittiert.

Die Neutrinos stammen nicht direkt aus der Spaltungsreaktion, sondern werden von den Spaltprodukten erzeugt. Diese Produkte bestehen gewöhnlich aus radioaktiven Kernen, die sich über eine Reihe von Betazerfällen in stabilere Teilchen umwandeln, wobei jeweils ein Neutrino ausgesandt wird. Da eine Atombombe oder ein Reaktor eine beträchtliche Menge an Uran enthält, entsteht schließlich eine riesige Anzahl von Neutrinos.

Gegen Ende des Jahres 1945 begannen die Wissenschaftler, die an dem amerikanischen Bombenprojekt mitgearbeitet hatten, wieder ihre eigenen Wege zu gehen und zu den Arbeiten zurückzukehren, die sie vor dem Krieg betrieben hatten. Einige aber blieben in Los Alamos, und im Jahre 1951 ertappte sich einer von ihnen dabei, wie er „die nackte Wand anstarrte und nach einer Frage suchte, deren Lösung zu einer Lebensaufgabe werden könnte." (5) Der damals 33jährige Fred Reines hatte Urlaub genommen, um darüber nachzudenken, welches grundlegende physikalische Problem abseits vom Bau tödlicher Atombomben eine Untersuchung wert sein könnte.

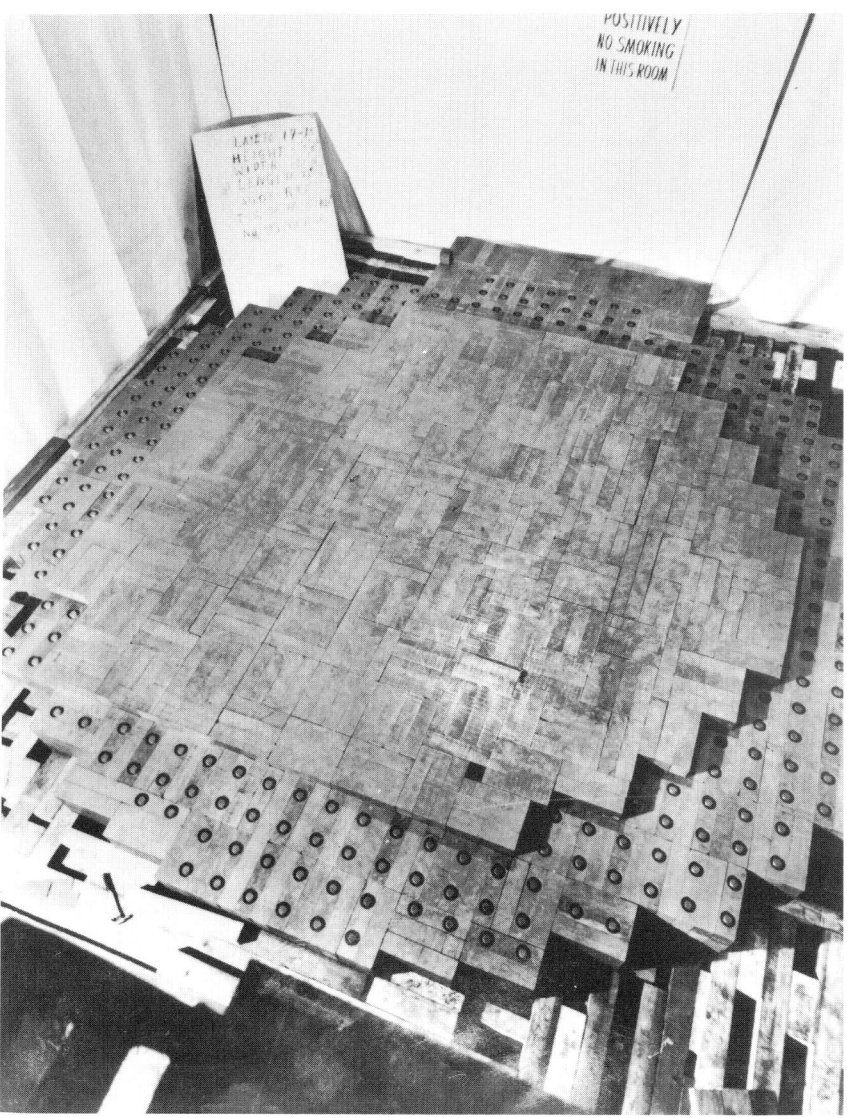

Eine ergiebige Neutrinoquelle ist im Entstehen: der erste Kernreaktor der Welt, errichtet an der Universität Chikago. Dieses Photo wurde während des Baus im November 1942 aufgenommen (Argonne National Laboratory, AIP Niels Bohr Library).

Gute Ideen hierzu flogen ihm dabei allerdings nicht gerade zu, und er mußte feststellen: „Alles, was ich aus dem Unterbewußtsein heraufbefördern konnte, war die Möglichkeit, diese Bomben-Neutrinos für einen direkten Neutrinonachweis zu verwenden." (6)

Diese etwas vage Idee gewann an Substanz, als Reines eines Tages auf

dem Flughafen von Kansas City zufällig Clyde Cowan traf, einen anderen
Physiker aus Los Alamos. Um sich die Zeit zu vertreiben, diskutierten die
beiden über die aufregenden Probleme der Physik und kamen übereinstimmend zu dem Urteil, daß der Nachweis des Neutrinos eine „Herausforderung ersten Grades" bedeutete. So beschlossen sie, mit vereinten Kräften
herauszufinden, wie man die bei Atombombentests freigesetzten Neutrinos nachweisen könnte.

Die Absicht war, „eine Wechselwirkung des Neutrinos in einer bestimmten Entfernung von seinem Entstehungsort nachzuweisen". (7) Als
„offensichtliche" Wechselwirkung stand der inverse Betazerfall zur Wahl;
das Problem bestand nur darin, diese Wechselwirkung sichtbar zu machen.
Beim inversen Betazerfall absorbiert ein Proton ein Neutrino und wandelt
sich unter Aussendung eines Positrons in ein Neutron um. Das Positron
tritt fast unmittelbar danach mit einem benachbarten Elektron in Wechselwirkung, wobei sich Teilchen und Antiteilchen in pure Energie umwandeln
und verschwinden – ein Prozeß, der als „Zerstrahlung" oder „Annihilation" bezeichnet wird. Das Endergebnis sind zwei Gammastrahlen, also
zwei hochenergetische Photonen, die in entgegengesetzte Richtungen entweichen.

Cowan und Reines glaubten zu wissen, wie man die Positronen über
die abgegebenen Gammastrahlen nachweisen könnte, und hielten diesen
Nachweis für ausreichend. Dagegen würden die erzeugten Neutronen
schwieriger dingfest zu machen sein. Genauer gesagt nimmt man heute
allgemein an, daß bei der Reaktion ein Antineutrino vom Proton absorbiert
wird. Entsprechend ist das entstehende Teilchen ein Antielektron. Wir
werden darauf in diesem Kapitel noch zurückkommen; für den Augenblick
wollen wir weiterhin einfach von „Neutrinos" sprechen.

Im Jahre 1950 hatten mehrere Forschergruppen organische Flüssigkeiten entdeckt, die „szintillieren", das heißt Lichtblitze aussenden, unmittelbar nachdem sie von geladenen Teilchen durchdrungen wurden, die dabei
einige Flüssigkeitsatome ionisierten. Das emittierte Licht kann in ein elektrisches Signal umgewandelt werden, und zwar mit Hilfe von „Photomultipliern". Das sind Detektoren, in denen beim Auftreffen von Lichtphoto-
nen eine Elektronenlawine ausgelöst wird. Da Gammastrahlen indirekt zu
einer Ionisation führen können, würde eine Szintillation die Vernichtung
eines Positrons infolge Zerstrahlung im szintillierenden Material anzeigen.
Dieses Material könnte daher als Ziel des Neutrinobeschusses dienen und
Protonen für den inversen Betazerfall bereitstellen sowie gleichzeitig die
Funktion des Detektors übernehmen.

Reines und Cowan beschlossen, einen Behälter mit einer flüssigen
Szintillatorsubstanz zu verwenden, der von mehreren Photomultipliern
überwacht wurde, und diesen unterirdisch in einem vertikalen Schacht
etwa 40 m entfernt von dem Turm zu installieren, auf dem die Bombe
explodieren sollte. Der Schacht sollte luftleer gepumpt werden, so daß der
Detektor nach der Detonation der Bombe unbeeinflußt durch die Stoßwelle

der Explosion frei durch das Vakuum fallen konnte. Nach dem Durchgang der Stoßwelle sollte der Detektor weich auf einer Unterlage aus Federn und Schaumgummi landen. Dann würde er die Szintillationen messen, die von den Positronen herrührten, die beim Durchtritt der aus der Bombe stammenden Neutrinos durch die Flüssigkeit entstanden. Die umgebende Erdschicht würde dazu dienen, andere bei der Explosion entweichende Teilchen zu absorbieren.

Das war in der Tat ein tollkühner Vorschlag, doch die beiden Physiker gaben sich unerschrocken:

> *Die Vorstellung, eine derart empfindliche Apparatur in der unmittelbaren Nähe (innerhalb einiger 100 m) der gewaltigsten von Menschen erzeugten Explosion arbeiten zu lassen, erschien etwas bizarr, aber wir hatten viel mit Bomben gearbeitet und waren davon überzeugt, ein entsprechendes System entwickeln zu können. (8)*

Diese Zuversicht sollte sich als gerechtfertigt erweisen – allerdings nicht deswegen, weil dieses Experiment funktioniert hätte, denn es wurde nie-

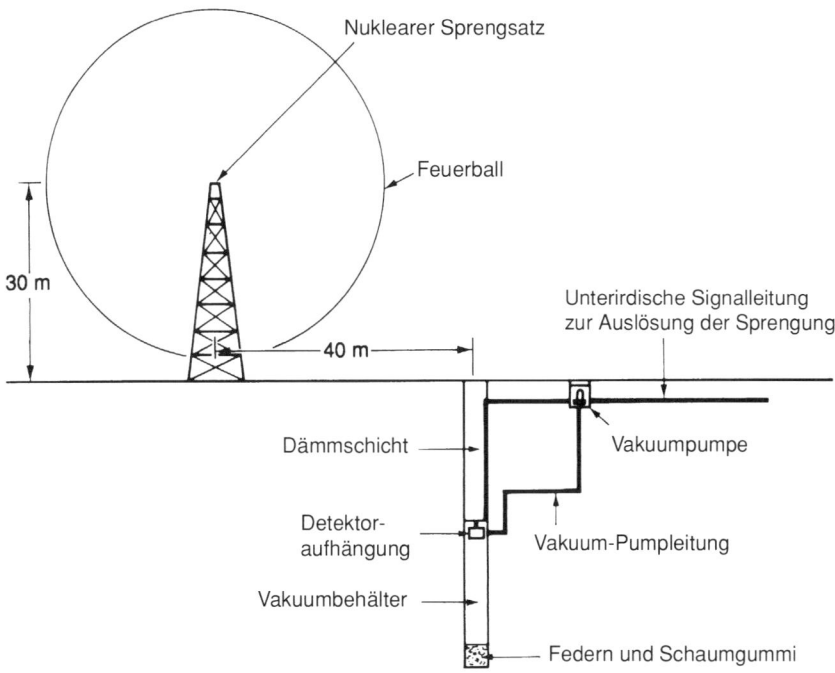

In ihrem ersten Konzept zum Nachweis von Neutrinos planten Fred Reines und Clyde Cowan, einige der Milliarden von Neutrinos einzufangen, die bei der Explosion einer Atombombe emittiert werden (Smithsonian Institute, Smithsonian Report 1964, S. 419).

mals realisiert. Bei der genaueren Durcharbeitung ihres Konzeptes kamen Cowan und Reines nämlich auf die Idee, eine weniger spektakuläre Neutrinoquelle zu benutzen: einen Kernreaktor.

Das beim inversen Betazerfall gemeinsam mit dem Positron emittierte Neutron ist, wie jedes freie Neutron, ein schwer faßbares Objekt. Es bewegt sich durch die Materie wie ein Betrunkener durch eine Menschenmenge: Es stößt mit einem Kern nach dem anderen zusammen und verliert bei jedem Stoß etwas Energie, bis es schließlich absorbiert wird. Dieses Ereignis macht sich durch die Reorganisation des Kernes bemerkbar, der das Neutron absorbiert: Um die überschüssige Energie loszuwerden, sendet er Gammastrahlen aus. Daher können Szintillationen, die durch einen zweiten Ausbruch von Gammastrahlen verursacht werden, den Einfang des Neutrons signalisieren, so wie der erste Ausbruch die Zerstrahlung des Positrons verrät.

Als entscheidender Faktor bei der Anwendung dieser Technik in einem Neutrinodetektor erweist sich der Irrweg des „betrunkenen" Neutrons zwischen seiner Entstehung und seinem Ende. Für diesen Weg braucht das Neutron eine charakteristische Durchschnittszeit, ungefähr so wie bei einem Betrunkenen eine bestimmte Zeitspanne zwischen dem Verlassen der Kneipe und einem Sturz auf die Straße verstreicht. Daher sind die beiden durch den inversen Betazerfall erzeugten Lichtausbrüche im Szintillator zeitlich miteinander korreliert: Der vom Neutron verursachte Blitz muß dem durch das Positron hervorgerufenen Blitz mit einer bestimmten Zeitverzögerung folgen, die man berechnen kann, wenn man weiß, in welcher Weise die Neutronen mit Materie wechselwirken. Für Neutronen, die bei einem inversen Betazerfall ausgesandt werden und eine Szintillatorflüssigkeit durchlaufen, beträgt diese Verzögerung etwa 5 Mikrosekunden.

Reines und Cowan erkannten, daß die Verzögerung zwischen Positronen- und Neutronenblitz in der Szintillatorflüssigkeit eine typische „Signatur" für den inversen Betazerfall darstellt. Indem sie nach Paaren von Blitzen suchten, die mit der richtigen Zeitverzögerung von rund 5 Mikrosekunden auftraten, konnten sie eine große Anzahl irrelevanter Blitze aussondern, die durch den Einfall anderer Teilchen in den Detektor verursacht wurden; denn diese Blitze erschienen in zufälligen Intervallen.

Bei ihrer Arbeit am Konzept des Nachweises von Neutrinos aus einer Bombenexplosion wurde den beiden Physikern – wie schon erwähnt – plötzlich klar, daß sie das Experiment auch ohne Bombe durchführen konnten: Die charakteristische Zeitverzögerung könnte ebenso zur Unterscheidung eines inversen Betazerfalls von anderen Reaktionen dienen, wenn der Detektor in der Nähe eines Atomreaktors stünde.

Neutrinos nachgewiesen!

> „Die Tage in Hanford waren gleichermaßen anstrengend wie
> stimulierend. Mehrere Monate hindurch errichteten und zerleg-
> ten wir Berge aus Hunderten von Tonnen Blei und Bor-Paraffin.
> Wir arbeiteten rund um die Uhr und kämpften mit verschmutz-
> ten Szintillatorröhren und mit weißer Reflexionsfarbe, die unter
> der Wirkung des Szintillators, der auf der Basis von Toluol arbei-
> tete, und des aus Cadmiumpropionat bestehenden Neutronen-
> Einfangmaterials von den Wänden fiel …" (9)
>
> *Fred Reines, 1982*

Cowan und Reines begannen die Arbeit mit ihrem ersten Neutrinodetektor
an einem der Reaktoren der Hanford-Maschinenfabrik im Staat Washington. Das Projekt trug den Namen „Poltergeist". Mit dieser Bezeichnung
sollte die Flüchtigkeit des Neutrinos charakterisiert werden. Der Detektor
selbst bestand aus einem zylindrischen Rohr, das etwa 300 Liter Szintillatorflüssigkeit enthielt, die von 90 an den Rohrwänden installierten Photomultipliern überwacht wurde. Der Detektor war von Blei und Bor-Paraffin
umgeben, um ihn von dem Strom aus Neutronen und geladenen Teilchen
abzuschirmen, die bei den Spaltprozessen im Reaktorkern freigesetzt wurden. Dem Szintillator wurde Cadmiumpropionat zugesetzt, um die Chance für den Einfang von Neutronen zu erhöhen, die durch einen inversen
Betazerfall im Szintillator entstanden.
  Die Hauptschwierigkeit bildete der „Hintergrund" aus Paaren von Blitzen, welche zwar die korrekte Zeitdifferenz aufwiesen, aber unabhängig
davon auftraten, ob der Reaktor in Betrieb war oder nicht. Der Hintergrund
schien hauptsächlich auf die Kosmische Strahlung zurückzugehen, die
Neutronen enthielt, die während des 5-Mikrosekunden-„Fensters" Wechselwirkungen hervorriefen. (Die Kosmische Strahlung führt zu durchdringenden subatomaren Teilchen, die durch die Erdatmosphäre herabregnen
und gebildet werden, wenn hochenergetische Teilchen aus dem Weltraum
mit Atomkernen in der oberen Atmosphäre zusammenstoßen.)
  Berechnungen hatten ergeben, daß der inverse Betazerfall ungefähr alle
5 bis 10 Minuten zu einem Paar von Blitzen mit der passenden 5-Mikrose-
kunden-Verzögerung (einer „verzögerten Koinzidenz") führen sollte. Dagegen entdeckte das Experiment etwa fünf Koinzidenzen pro Minute,
gleichgültig, ob der Reaktor lief oder nicht. Allerdings gab es bei arbeiten-
dem Reaktor einen zwar kleinen, aber erkennbaren Anstieg der Zählrate,
der ungefähr den richtigen Betrag hatte.
  Reines und Cowan fühlten sich ermutigt. In einer Ende 1953 veröffentlichten Arbeit erklärten sie: „Es scheint, daß dieses Ziel (der Nachweis von
Neutrinos) erreicht worden ist." (10) Doch waren sie sich über die Notwendigkeit eines überzeugenderen Beweises im klaren und entwarfen einen
neuen Detektor, der das „Signal" einer durch inversen Betazerfall verur-

sachten Koinzidenz besser vom statistischen Hintergrund der Reaktionen durch Kosmische Strahlung trennen konnte.

Von dem hervorragenden amerikanischen Theoretiker John Wheeler ermutigt, setzten Cowan und Reines im Herbst 1955 ihren verbesserten Detektor an dem damals neu errichteten leistungsstarken Reaktor am Savannah River in South Carolina ein. Sie konnten den Detektor an einer Stelle plazieren, die 11 m vom Reaktorkern entfernt und 12 m unter der Erdoberfläche lag – eine Voraussetzung für die Reduktion des unerwünschten Hintergrundes der Kosmischen Strahlung. Zudem erzeugte der stärkere Reaktor pro Sekunde viel mehr Spaltprozesse als die Anlage in Hanford, so daß wesentlich mehr Neutrinos den Detektor erreichten, nämlich in jeder Sekunde über 10 Millionen pro Quadratzentimeter.

Beim Entwurf des neuen Detektors hatten Cowan und Reines die Tatsache genutzt, daß die beiden Gammastrahlen, die bei der Zerstrahlung eines Positrons mit einem Elektron in Materie entstehen, den „Tatort" in nahezu entgegengesetzten Richtungen verlassen; dies ist eine Folge der Impulserhaltung. Da sich die beim Einfang eines Neutrons durch einen Kern ausgesandten Gammastrahlen vom neu gebildeten Kern weg bewegen, ist der Nachweis von Blitzen, die von Teilchenpaaren auf gegenüberliegenden Seiten des „Zieles" stammen, eine zusätzliche Möglichkeit zur Unterscheidung von unerwünschten Hintergrundreaktionen.

In ihrer endgültigen Form erinnerte die Apparatur an ein riesiges Sandwich: Sie bestand aus drei Behältern mit Szintillatorflüssigkeit, zwischen denen zwei „Zielbehälter" lagen, die mit Wasser gefüllt waren. Sobald ein Proton im Wasser ein Neutrino aus dem Reaktor absorbierte, würde das dabei erzeugte Positron durch Annihilation sofort die Aussendung von zwei Gammastrahlen verursachen. Diese würden Rücken an Rücken in die beiden Szintillatorbehälter unmittelbar über und unter dem Zielkern auseinanderfliegen und in jedem der beiden Behälter gleichzeitig Blitze erzeugen, die von Photomultipliern entdeckt werden könnten. Fünf Mikrosekunden später würde ein weiteres Paar synchroner Blitze in denselben beiden Szintillatorbehältern auftreten – diesmal verursacht durch die nach dem Einfang des Neutrons ausgesandten Gammastrahlen. Der Einfang des Neutrons würde durch im Wasser gelöstes Cadmiumchlorid sichergestellt.

Die Apparatur wog ohne Abschirmung insgesamt 10 Tonnen und war etwa 2 Meter hoch. Jeder Szintillatortank enthielt 1400 Liter Flüssigkeit, die von 110 Photomultipliern überwacht wurde. Die Behälter waren aus Stahl und besaßen oben und unten kleine Öffnungen zum Durchtritt niederener-

< (a) Clyde Cowan (ganz links) und Fred Reines (ganz rechts) mit ihrem Team für das „Projekt Poltergeist", den Prototyp eines Neutrino-Detektors, der die Möglichkeiten der verwendeten Technik demonstrierte.
(b) Der Detektor – ein 300-Liter-Behälter – war mit einer Szintillatorflüssigkeit gefüllt und von 90 Photomultipliern umgeben. Vor diesem Projekt galten schon 20 Liter dieser Flüssigkeit als eine gewaltige Menge (Los Alamos National Laboratory).

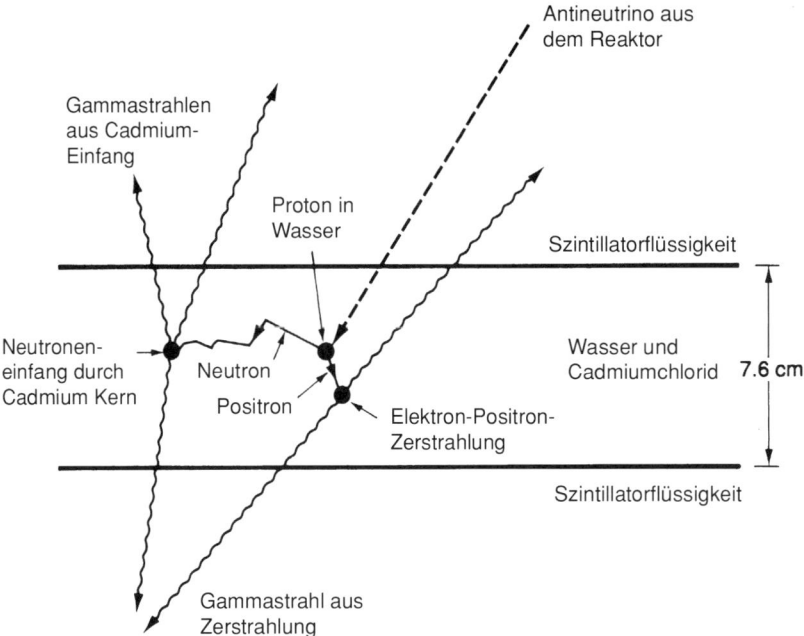

Die von Reines und Cowan zum Nachweis von Neutrinos angewandte Methode
beruhte auf einem Drei-Stufen-Prozeß: Zuerst wird ein Neutrino von einem Proton im
Wasser absorbiert, wobei sich ein Neutron und ein Positron bilden; fast unmittelbar
danach zerstrahlt das Positron zusammen mit einem Elektron, wobei zwei
Gammastrahlen in entgegengesetzte Richtungen emittiert werden, die in den
angrenzenden Szintillatorschichten nachgewiesen werden, und schließlich wird das
Neutron etwa 5 ms nach dem Entweichen der Gammastrahlen von einem
Cadmiumkern eingefangen, der daraufhin mehrere weitere Gammastrahlen emittiert.

getischer Gammastrahlen. Die Zielbehälter waren aus Polyäthylen und
enthielten jeweils 200 Liter Wasser.

Mit der Unterstützung von Francis Harrison, Herald Kruse und Austin
McGuire betrieben Cowan und Reines den Detektor über ein Jahr lang an
insgesamt 100 Tagen. Während dieser Zeit sahen sie bei laufendem Reaktor
pro Stunde durchschnittlich drei „verzögerte Koinzidenzen", also in zwei
Szintillatorbehältern zwei Blitzpaare, die durch die richtige Zeitspanne
voneinander getrennt waren. Sie führten eine Reihe von Tests durch, wobei
sie beispielsweise überprüften, ob das erste Paar von Pulsen des Photomul-
tipliers den Pulsen aus einer Positronenquelle (Kupfer-64) ähnlich sah, die
für den Testlauf in das Wasser eingebracht worden war. Weiterhin verdop-
pelten sie die Menge des Cadmiums im Wasser, um festzustellen, ob die
Zeitverzögerung bis zum zweiten Pulspaar abnahm, wie man erwartet,
wenn die Pulse tatsächlich mit einem Neutroneneinfang verknüpft sind.
Schließlich verwendeten sie auch Wasser ohne Cadmium, um zu zeigen,
daß kein Signal mehr nachweisbar war, auch wenn der Reaktor lief.

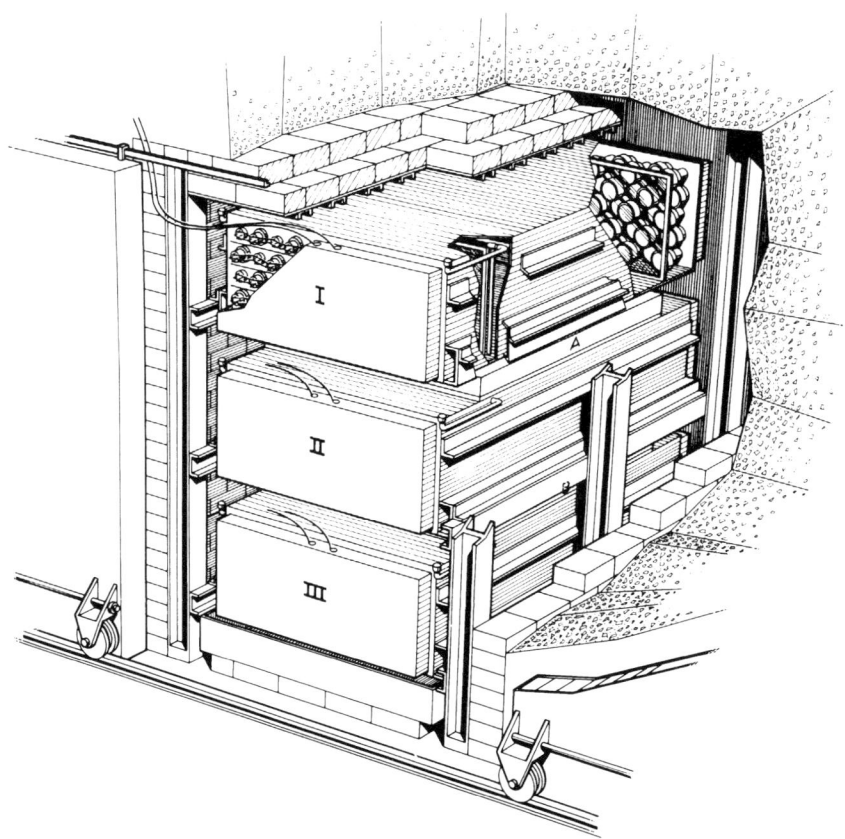

Die endgültige Anordnung, die Cowan und Reines zum Nachweis von Neutrinos aus dem leistungsstarken Kernreaktor von Savannah River in South Carolina benutzten. Die großen, mit I, II und III bezeichneten Behälter enthielten Szintillatorflüssigkeit und wurden von jeweils 110 Photomultipliern überwacht; die zwischen ihnen angebrachten kleineren Behälter A und B enthielten Wasser, in dem Cadmiumchlorid gelöst war (Physical Review, Bd. 117 (1960), S. 160).

Schließlich waren sie nach all diesen Überprüfungen von ihrer Sache überzeugt. Reines erinnerte sich: „Es war ein großartiges Gefühl, so unmittelbar an einer neuen Entdeckung beteiligt zu sein." (11) Am 14. Juni 1956 sandten er und Cowan ein Telegramm an Pauli, um ihm ihren Erfolg mitzuteilen:

Wir freuen uns, Sie darüber informieren zu können, daß wir über die Beobachtung des inversen Betazerfalls Neutrinos unter den Bruchstücken der Kernspaltung nachgewiesen haben. Der beobachtete Wirkungsquerschnitt stimmt gut mit dem erwarteten Wert von 6×10^{-44} Quadratzentimetern überein. (12)

Der Tod der Parität

> „Die Symmetrie zwischen links und rechts ist so alt wie die
> menschliche Zivilisation … und ist von den Philosophen der
> Vergangenheit ausführlich diskutiert worden." (13)
> Chen-Ning Yang, Nobelpreis-Vortrag, 1957

Zur gleichen Zeit, als Cowan und Reines in Los Alamos ihr Telegramm an
Pauli sandten, waren zwei junge Chinesen in New York im Begriff, ein
heiliges Prinzip der Physik auf den Kopf zu stellen. Ihre Ideen sollten nach
über 20 Jahren zur ersten bedeutenden Veränderung der Fermi-Theorie
vom Betazerfall führen. Sie wagten es, den lange gehegten Glauben in
Zweifel zu ziehen, die grundlegenden physikalischen Prozesse seien links-
rechts-symmetrisch.

In menschlichen Maßstäben unterscheidet die Natur klar zwischen
rechts und links. Das Herz liegt bei jedem Menschen auf der linken Seite
des Körpers, und viele Leute können die eine Hand besser als die andere
benutzen. Vor dem Jahr 1957 sahen die meisten Physiker keinen Grund zu
der Annahme, die Natur würde grundsätzlich zwischen rechts und links
unterscheiden.

Man kann sich die Überraschung vorstellen, als sie 1957 ein Phänomen
entdeckten, das auf die angenommene räumliche Symmetrie keine Rücksicht nahm. Ein bestimmtes Experiment lieferte bei der Vertauschung von
rechts und links unterschiedliche Ergebnisse. Noch überraschender war,
daß der Effekt in einem wohlbekannten Gebiet der Physik auftrat, das
mehrere Jahrzehnte lang untersucht worden war, nämlich beim nuklearen
Betazerfall.

Im April 1956 begannen Tsung-Dao (T.D.) Lee von der Columbia University, New York, und Chen-Ning („Frank") Yang vom Institute for Advanced Study in Princeton, New Jersey, einige Rätsel zu untersuchen, die
den Zerfall der sogenannten „seltsamen" Teilchen betrafen, der kurzlebigen Teilchen, die man bei hochenergetischen Wechselwirkungen der Kosmischen Strahlung entdeckt hatte. Zu Beginn des Sommers waren sie zu
einem bemerkenswerten Schluß gelangt: Sie konnten die verwirrenden
Effekte nur verstehen, wenn sie die Links-Rechts-Symmetrie aufgaben.

In den 50er Jahren zeigte die Forschung, daß der Zerfall einer Reihe von
subatomaren Teilchen fast in der gleichen Weise wie der nukleare Betazerfall verläuft. Das führte zu der Annahme, daß bei den Zerfällen eine zuvor
unbekannte Kraft wirkte, ähnlich wie die elektromagnetische Kraft den
Wechselwirkungen geladener Teilchen zugrunde liegt. (Darauf werden wir
in Kapitel 4 zurückkommen.) Diese Zerfälle sowie verwandte Reaktionen
wie die Absorption von Neutrinos beim inversen Betazerfall verlaufen im
Vergleich zu den elektromagnetischen Wechselwirkungen sehr langsam;
daher wurde die neuentdeckte Kraft als „schwache Kraft" bezeichnet.
Durch diese Erkenntnisse bekam Fermis Theorie eine neue Bedeutung als

Tsung-Dao Lee (links) und Chen-Ning Yang, die 1956 vermuteten, daß
Wechselwirkungen über die schwache Kraft nicht – wie lange angenommen –
links-rechts-symmetrisch sind. Ein Jahr später erhielten sie für ihre Arbeit den
Nobelpreis (AIP Niels Bohr Library. Photo von Alan W. Richard).

erste Theorie der schwachen Kraft. Hiermit hing auch die Entdeckung von
Lee und Yang zusammen.

Die beiden hatten den Verdacht, daß bei Wechselwirkungen, die von der
schwachen Kraft vermittelt werden (beispielsweise beim Zerfall der seltsamen Teilchen), die Links-Rechts-Symmetrie nicht gültig ist. Diese Vermutung war jedoch mit einem großen Fragezeichen versehen. Warum sollte
sich die schwache Kraft in dieser Hinsicht von anderen physikalischen
Kräften unterscheiden, und warum hatte noch niemand dies zuvor bemerkt? Es existierte bereits eine große Sammlung von Daten über die
„archetypische" schwache Reaktion – den Betazerfall; daher gingen Lee
und Yang sorgfältig alle wichtigen Ergebnisse durch. Sie fanden keinen
Beweis für irgendeine „Verletzung" der räumlichen Symmetrie. Aber sie

spürten den Grund dafür auf: Man hatte bei keinem der Experimente zum Betazerfall solche Effekte untersucht, die von der Links-Rechts-Symmetrie abhingen.

Ein Jahr später, als er Lee zur Entgegennahme des Nobelpreises nach Stockholm begleitete, beschrieb Yang seine Gefühle über ihre Entdeckung:

> *Die Tatsache, daß man so lange an die Links-Rechts-Symmetrie geglaubt hatte, ohne Beweise dafür zu haben, war sehr erstaunlich. Noch überraschender war aber die Möglichkeit, daß ein Gesetz über die Symmetrie der Raumzeit, an das sich die Physiker so gewöhnt hatten, verletzt werden könnte. Auch uns gefiel diese Möglichkeit nicht, und wir wurden zu diesem Schritt eher durch die Frustration über die vielen anderen Versuche getrieben, die man unternommen hatte, um das Rätsel der seltsamen Teilchen zu lösen. (14)*

Am 22. Juni 1956 sandten Lee und Yang ihre berühmte Arbeit über die „Frage der Paritätserhaltung bei schwachen Wechselwirkungen" an die Zeitschrift „The Physical Review". Mit der Bezeichnung „Parität" werden räumliche Symmetrieeigenschaften physikalischer Prozesse ausgedrückt. Man spricht von der Erhaltung der Parität, wenn die physikalischen Gesetze, die den betreffenden Prozeß bestimmen, nicht zwischen rechts und links unterscheiden. In ihrer Publikation schrieben Lee und Yang:

> *Um eindeutig zu entscheiden, ob die Parität bei schwachen Wechselwirkungen erhalten bleibt, muß man ein Experiment durchführen, das darüber entscheidet, ob die schwache Wechselwirkung zwischen rechts und links unterscheiden kann. (15)*

Dann machten sie Vorschläge für mögliche Tests; die erste Empfehlung lautete:

> *Eine relativ einfache Möglichkeit ist die Messung der Winkelverteilung der Elektronen, die beim Betazerfall ausgerichteter Kerne emittiert werden ... Eine Asymmetrie in der Verteilung ist ein eindeutiger Beweis dafür, daß die Parität beim Betazerfall nicht erhalten bleibt. (16)*

Yang und Lee standen in ständigem Kontakt mit einer Reihe erfahrener Experimentatoren. Yang besuchte häufig das Brookhaven National Laboratory auf Long Island, während andererseits die Abteilung der Columbia University, an der Lee arbeitete, viele der besten Physiker anzog. Einige Stockwerke über Lees Büro arbeitete Chien-Shiung Wu, eine anerkannte Expertin für den Betazerfall. Sie war von dem Vorschlag der beiden Theoretiker fasziniert und erdachte ein Experiment, bei dem Kobalt-60 verwendet werden sollte, das dem Betazerfall unterliegt. Die Idee bestand darin, die Kobaltkerne zu polarisieren, sie also einem magnetischen Feld

Chien-Shiung Wu in ihrem Labor an der Columbia University, 1957. Dieses Jahr begann mit der Publikation ihrer Entdeckung, daß der Betazerfall nicht links-rechts-symmetrisch ist, sondern tatsächlich die räumliche Symmetrie (die „Parität") verletzt (AIP Niels Bohr Library).

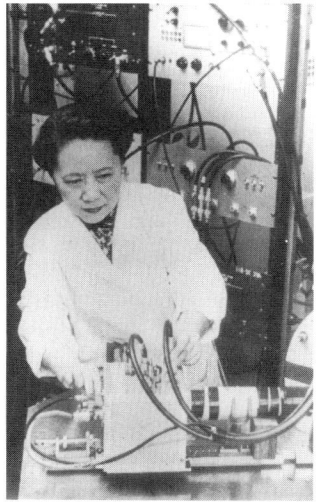

so auszusetzen, daß ihre Spinachsen parallel zueinander ausgerichtet werden. (Wir erinnern uns, daß man viele Kerne gefunden hatte, die sich so verhielten, als ob sie einen Spin besäßen; dies wurde in Kapitel 2 erläutert.)

Um Kobalt-60 auf diese Weise zu polarisieren, mußte bei sehr niedrigen Temperaturen gearbeitet werden, und zwar unterhalb von 1 K, das heißt nicht mehr als den Bruchteil von einem Grad Celsius über dem absoluten Nullpunkt der Temperatur. Dabei ist die thermische Bewegung der Kerne verringert, die sonst deren Ausrichtung stören würde. Wu setzte sich mit Ernest Ambler und dessen Team im Tieftemperatur-Laboratorium des National Bureau of Standards in Washington in Verbindung. Gemeinsam entwickelten sie ein Verfahren zum Test der Links-Rechts-Symmetrie beim Betazerfall – eine Aufgabe, die fast die gesamte zweite Hälfte des Jahres 1956 beanspruchen sollte.

Am 29.Dezember erhielt Lee einen bedeutsamen Telefonanruf von Wu:

Sie erzählte mir, daß ihr Kobalt-60-Resultat tatsächlich die Nichterhaltung der Parität anzeigte, daß jedoch noch weitere Überprüfungen notwendig wären, um das genaue Ausmaß der Verletzung zu ermitteln. (17)

Fünf Tage später, am 3. Januar 1957, erschien Wu in Lees Büro:

Sie sagte, daß sie alle Korrekturen überprüft habe und daß der Effekt der Paritätsverletzung sehr groß sei. Ich versicherte ihr, daß das ganz ausgezeichnet sei … Danach rief ich sofort Yang in Princeton an. (18)

Wu, Ambler und ihre Kollegen hatten den größten Teil der erwähnten sechs Monate mit dem Aufbau des heiklen Experiments verbracht. Als es dann lief, brauchten sie für ihre Entdeckung nicht mehr als ein paar Minuten. Sie fanden, daß die Betastrahl-Elektronen nicht länger in alle möglichen Richtungen entwichen, wenn die Kobalt-60-Kerne (mit Spin) parallel ausgerichtet waren. Statt dessen traten mehr Elektronen in Richtung des magnetischen Feldes aus. Sobald Ambler und Wu das Magnetfeld umpolten, kehrte sich auch die Flugrichtung der Elektronen um. Diese Asymmetrie war der „eindeutige Beweis", den Lee und Yang gefordert hatten. Die Paritätserhaltung beim Betazerfall war widerlegt, und die physikalische Welt war äußerst verblüfft.

Als er zum ersten Mal von dem Experiment von Wu und Ambler hörte, schrieb Wolfgang Pauli in einem Brief an Victor Weißkopf, er wäre bereit, eine große Geldsumme darauf zu wetten, daß die Ergebnisse symmetrisch sein würden. Nachdem ihn die Nachricht von der gemessenen deutlichen Asymmetrie erreicht hatte, schrieb er erneut an Weißkopf:

> *Der erste Schock ist nun vorüber, und ich beginne mich wieder zu sammeln …*
> *Nur gut, daß ich keine Wette eingegangen bin. Sie hätte zu einem schweren*
> *finanziellen Verlust geführt (was ich mir nicht leisten könnte). Ich habe mich*
> *selbst zum Narren gemacht; und (ich glaube, das kann ich mir eher leisten) …*
> *die anderen haben das Recht, mich auszulachen.* (19)

Das Neutrino als Vampir

> „Wenn man ein Neutrino an einem Spiegel reflektiert, sieht man nichts." (20)
>
> *Abdus Salam, 1957*

Im September 1956 – drei Monate, bevor Wu und ihre Kollegen zum ersten Mal die Verletzung der Parität beobachtet hatten – hielt Yang auf der Internationalen Konferenz für Theoretische Physik in Seattle einen Vortrag unter dem Titel „Der gegenwärtige Stand des Wissens über die neuen Teilchen". Darin diskutierte er das Problem der seltsamen Teilchen und kam auch auf das Gespenst der Nichterhaltung der Parität zu sprechen. Unter den Zuhörern befand sich ein Mann, dem diese Idee auch dann noch im Kopf herumspukte, als er sich in einer Maschine der amerikanischen Luftwaffe auf dem Rückflug nach London befand. Abdus Salam, ein Physiker aus Pakistan, arbeitete in England am Cavendish-Laboratorium. Er erinnert sich:

> *Im Flugzeug war es sehr ungemütlich; es war voller weinender Kinder von*
> *Armeeangehörigen. Ich konnte nicht schlafen und dachte ständig darüber nach,*
> *warum die Natur bei der schwachen Wechselwirkung die Links-Rechts-Sym-*
> *metrie verletzen sollte.* (21)

Pauli, hier 1957 zusammen mit Wu aufgenommen, glaubte zuerst nicht an die
Verletzung der Parität durch die schwache Wechselwirkung. Die Ergebnisse von Wu
und ihren Kollegen bewiesen jedoch, daß er damit Unrecht hatte (AIP Niels Bohr
Library, Physics Today Collection).

Salam glaubte, daß das Neutrino, „das Markenzeichen der meisten schwachen Wechselwirkungen", den Schlüssel für alle diese Fragen darstellte. Er
kam damit auf eine Frage zurück, die man ihm in seiner Doktorprüfung
gestellt hatte: warum das Neutrino – wie dies offenkundig der Fall war –
die Masse null besitzt.

Während der unbequemen Nacht kam ich auf die Antwort: Die Natur hat die Wahl zwischen einer ästhetisch befriedigenden Theorie, in der die Links-Rechts-Symmetrie verletzt ist und in der sich ein Neutrino exakt mit Lichtgeschwindigkeit bewegt, und einer Theorie, in der die Links-Rechts-Symmetrie erhalten bleibt, das Neutrino aber eine winzige Masse besitzt ... Es schien mir zu diesem Zeitpunkt klar zu sein, welche Wahl die Natur getroffen haben mußte ... Am nächsten Morgen verließ ich das Flugzeug natürlich in sehr gehobener Stimmung. (22)

Salam hatte erkannt, daß die Dirac-Gleichung für das Elektron die Links-Rechts-Symmetrie verletzt, wenn sie auf masselose Teilchen angewendet wird. Er eilte zurück zum Cavendish-Laboratorium in Cambridge und rechnete alle möglichen Konsequenzen durch, bevor er Rudolf Peierls in Birmingham aufsuchte, der ihm die bewußte Frage in seiner Doktorprüfung gestellt hatte. Peierls war von der neu gefundenen Antwort allerdings nicht begeistert:

Ich glaube nicht, daß die Links-Rechts-Symmetrie bei der schwachen Kernkraft überhaupt verletzt ist. Ich würde solche Ideen nicht weiter verfolgen. (23)

Später wurde Salam auf ähnlich freundliche Weise noch einmal von Pauli entmutigt:

Grüßen Sie meinen Freund Salam und sagen Sie ihm, er soll sich etwas Besseres ausdenken. (24)

Dann aber kam die erstaunliche Nachricht von Wu und Ambler. Die Natur schien sich tatsächlich für die Paritätsverletzung bei schwachen Wechselwirkungen entschieden zu haben.

Lee und Yang hatten auch darüber nachgedacht, welche Konsequenzen die Paritätsverletzung für das Neutrino mit sich brachte. Am 10. Januar 1957 – weniger als eine Woche nach Wus telefonischem Bericht über die ersten Beweise für die Paritätsverletzung – sandten sie eine Arbeit über ihre Neutrinotheorie an „The Physical Review". Wie Salam hatten sie erkannt, daß sich die Paritätsverletzung aus der Dirac-Gleichung mit der Neutrinomasse null ergab. Sie vereinfachten die Darstellung des Neutrinos, indem sie nur zwei „Komponenten" statt der vier verwendeten, die für massebehaftete Teilchen wie das Elektron benötigt werden. Daraus ging sofort hervor, daß das Neutrino nur in zwei Zuständen existieren kann: entweder als „Neutrino" mit einer bestimmten Orientierung des Spins in bezug auf die Bewegungsrichtung oder als „Antineutrino" mit entgegengesetztem Spin. Es ist nicht möglich, daß ein Neutrino (oder Antineutrino) beide Spinrichtungen aufweist.

Dies schien die Asymmetrie zu sein, die den Kern der Paritätsverletzung bei schwachen Wechselwirkungen bildete. Man betrachte ein Neutrino in einem Spiegel, der links und rechts vertauscht – was wird man sehen? Ein Teilchen, das sich in die gleiche Richtung bewegt, jedoch den umgekehrten Spin besitzt. Aber dabei kann es sich nicht um ein Neutrino handeln, denn dieses kann relativ zu seiner Bewegungsrichtung nur eine einzige Spinrichtung besitzen. Das Neutrino ähnelt sozusagen den Vampiren der Gruselromane: Es hat kein Spiegelbild!

Das linkshändige Neutrino

> „Es schien weiter die vage Vorstellung zu bestehen, man könne eine doppelte Definition benutzen: Das Antineutrino wäre entweder ein Teilchen, das zusammen mit einem negativen Elektron beim Betazerfall emittiert wird, oder ein Teilchen mit einem linkshändigen Schraubensinn. Eine Zeitlang sah es so aus, als habe eine Definition die Messungen ersetzt!" (25)
>
> *Maurice Goldhaber, 1958*

Einem subatomaren Teilchen, das einen Spin aufweist, kann eine bestimmte „Händigkeit" oder „Helizität" zugeschrieben werden. Wenn es relativ zu seiner Bewegungsrichtung im Uhrzeigersinn rotiert, so entspricht es einer Schraube mit Rechtsgewinde; rotiert es relativ zu seiner Bewegungsrichtung entgegen dem Uhrzeigersinn, entspricht es einer Schraube mit Linksgewinde.

Die Theorie des „zweikomponentigen", masselosen Neutrinos ging von der Vorstellung aus, daß ein Neutrino entweder links- oder rechtshändig

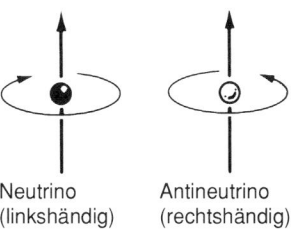

Neutrino   Antineutrino
(linkshändig)   (rechtshändig)

Ein Neutrino rotiert mit einem bestimmten Drehsinn um seine Bewegungsrichtung – im Gegenuhrzeigersinn, entsprechend einer Linksschraube. Das Antineutrino hat den entgegengesetzten Drehsinn. Bei der Reflexion eines Neutrinos in einem „Paritätsspiegel" kehrt sich die Spinrichtung um, während die Bewegungsrichtung unverändert bleibt. Das reflektierte Neutrino hat nun eine falsche „Händigkeit" oder Helizität.

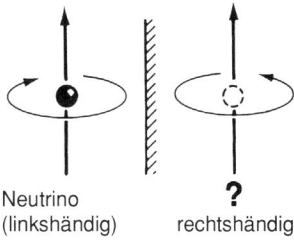

Neutrino   **?**
(linkshändig)   rechtshändig

sein kann, aber nicht beides gleichzeitig. Die Theorie sagte aber nicht voraus, welchen Spin beispielsweise das Neutrino besitzt, das beim Betazerfall entsteht. Diese Frage mußte vom Experiment entschieden werden; so geschah es auch, und zwar am Brookhaven National Laboratory.

Yang und Lee hatten dort den Sommer 1956 verbracht und häufig mit Experimentalphysikern über ihre Ideen bezüglich der Parität gesprochen, speziell mit Maurice Goldhaber, einem erfahrenen Kernphysiker. Nach der Machtergreifung der Nazis 1933 hatte er seine Arbeit in Berlin abgebrochen und war nach Cambridge gegangen. Dort begann er zusammen mit James Chadwick eine Forschungsarbeit am Cavendish-Laboratorium und wies erstmals nach, daß das Neutron schwerer als das Proton ist und demzufolge instabil sein muß. 1938 ging Goldhaber in die USA und dort 1950 an das neu errichtete Brookhaven National Laboratory in Long Island, New York.

Im Herbst 1957 unternahmen Goldhaber und seine Kollegen Lee Grodzins und Andrew Sunyar ein Experiment zur Messung der Händigkeit des Neutrinos. Es handelte sich dabei um eine Glanzleistung, die auch heute noch die Bewunderung der Physiker hervorruft.

Die Idee bestand darin, den Prozeß des Elektroneneinfangs zu untersuchen, der dem inversen Betazerfall sehr ähnlich ist. Bestimmte instabile Kerne können ein Elektron aus seiner Bahn um einen benachbarten Kern heraus einfangen, wobei ein Neutrino entweicht und ein Proton im Kern sich in ein Neutron umwandelt. Auf diese Weise wandelt sich (aufgrund des Verlustes eines Protons) das chemische Element in ein anderes um. Wegen der Erhaltung von Impuls und Drehimpuls fliegen Kern und Neutrino nicht nur in entgegengesetzte Richtungen davon, sondern haben auch entgegengesetzte Spins. Das bedeutet aber, daß sie die gleiche Händigkeit bzw. Helizität besitzen. Wenn man daher – so die Argumentation von Goldhaber und seinen Kollegen – den Spin und die Bewegungsrichtung des rückstoßenden Kernes messen könnte, so würde man die Helizität des Neutrinos wissen.

Wie aber konnte man die Messung an dem Kern vornehmen? Die Lösung dieser Frage bestand darin, einen Kern auszuwählen, der nach dem Einfang des Elektrons einen zu großen Spin besitzt und sich des überschüssigen Drehimpulses rasch durch die Aussendung eines Gammaquants entledigt. Der Spin des entweichenden Gammaquants entspricht dem unerwünschten Rückstoß-Spin des Kernes. Die Aufgabe der Experimentatoren bestünde also darin, nach Gammastrahlen zu suchen, die genau in der Richtung des rückstoßenden Kernes entweichen, und ihren Spin (d.h. ihre Polarisation) zu messen. Daraus könnte man auf die durch den Elektroneneinfang erzeugte Helizität des Kernes und damit auf die Helizität des emittierten Neutrinos schließen.

Das erste Problem bestand darin, einen Kern zu finden, der die entsprechende Folge von Ereignissen durchlaufen kann. Der einzig geeignete Kern, den die Forscher fanden, war der des Europium-152m, einer radioaktiven Form des seltenen metallischen Elements Europium; hier bezeich-

Bei ihrem eleganten Experiment zum Nachweis der Helizität des Neutrinos bestimmten Goldhaber, Grodzins und Sunyar die Helizität von Gammastrahlen, die von einem Kern emittiert werden, der sich danach infolge des Rückstoßes in die entgegengesetzte Richtung bewegt. Der Kern wandelt sich nach dem Einfang eines Atomelektrons um; der neue Kern und das Neutrino bewegen sich wegen der Impulserhaltung in entgegengesetzte Richtungen.

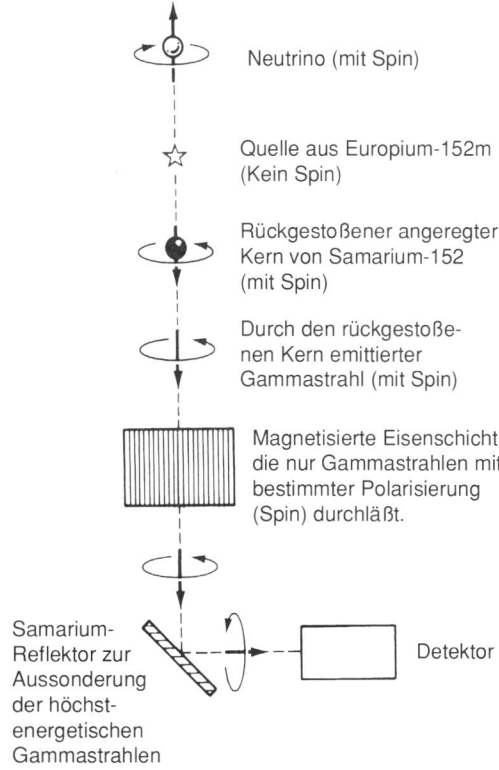

Neutrino (mit Spin)

Quelle aus Europium-152m (Kein Spin)

Rückgestoßener angeregter Kern von Samarium-152 (mit Spin)

Durch den rückgestoßenen Kern emittierter Gammastrahl (mit Spin)

Magnetisierte Eisenschicht, die nur Gammastrahlen mit bestimmter Polarisierung (Spin) durchläßt.

Samarium-Reflektor zur Aussonderung der höchstenergetischen Gammastrahlen

Detektor

net das m eine bestimmte Art Metastabilität, und 152 ist die Gesamtzahl von Protonen (63) und Neutronen (89) im Kern. Wenn der Kern des Europium-152m ein Elektron einfängt, entsteht das Element Samarium-152 (mit 62 Protonen und 90 Neutronen). Der auf diese Weise gebildete Samariumkern besitzt zu viel Spin und emittiert umgehend ein Gammaquant, um in eine stabile Form überzugehen.

Goldhaber, Grodzins und Sunyar konnten das radioaktive Europium im Kernreaktor von Brookhaven durch den Beschuß von Europiumoxid mit Neutronen aus dem Reaktor herstellen. Europium-152m ist instabil und zerfällt mit einer Halbwertszeit von 9,3 Stunden zu Samarium-152 (die Halbwertszeit ist die Zeit, in welcher die Hälfte der Kerne einer Probe zerfallen ist). Daher hatten die Forscher nur wenige Stunden Zeit, mit dem Europium-152m zu arbeiten, bis sich so viel davon zu Samarium umgewandelt hatte, daß keine Messungen mehr möglich waren.

Die Experimentatoren sahen sich noch einer zweiten Schwierigkeit gegenüber: Sie durften nur Gammastrahlen erfassen, die in die Richtung emittiert wurden, in die sich auch der rotierende Kern bewegte, das heißt nur solche Gammaquanten, die keine Energie für die Änderung der Bewegungsrichtung des Kernes aufgewandt hatten. Um dies zu erreichen, benutzten die Forscher einen „Reflektor" aus Samariumoxid. Ein Samari-

umkern in diesem Reflektor würde bereitwillig jedes Gammaquant absorbieren, das genau die richtige Energie besaß, um ihn in Rotation zu
versetzen. Fast unmittelbar danach würde er ein Gammaquant aussenden
und in seinen normalen, spinlosen Zustand zurückkehren. Auf diese
Weise hätte er das Gammaquant sozusagen reflektiert. Gammastrahlen
mit der falschen Energie würden dagegen den Samariumreflektor einfach
passieren.

Ein dritter wesentlicher Teil des Experiments bestand in der Messung
des Spins der emittierten Gammaquanten. Dieses Problem ließ sich aller-
dings relativ unkompliziert lösen: Man schickte die Gammastrahlen durch
magnetisiertes Eisen. Die Fähigkeit der Gammastrahlen, das magnetisierte
Eisen zu durchqueren, hängt von der Richtung ihres Spins relativ zur
Magnetfeldrichtung ab. Daher konnten die Forscher die Polarisation oder
„Händigkeit" der Gammaquanten ermitteln, indem sie die Richtung des
Magnetfeldes änderten und feststellten, in welcher Richtung die meisten
Gammastrahlen auftraten.

Goldhaber, Grodzins und Sunyar nahmen neun getrennte Messungen
vor, von denen sich einige in bestimmten Details von den übrigen unterschieden. Trotzdem war das Ergebnis eindeutig: Die Gammastrahlen waren linkshändig; daher waren auch die Neutrinos linkshändig.

Die Masse des Neutrinos

> „Der Nachweis einer von Null verschiedenen Neutrinomasse
> würde Licht auf die über das Standardmodell hinausgehende
> Theorie werfen und gehört daher zu den wichtigen Fragen, mit
> denen sich die Experimentatoren beschäftigen müssen." (26)
>
> *Jean-Luc Vuilleumier, 1968*

Jeremy Bernstein, ein theoretischer Physiker und talentierter Buchautor,
hat die Ereignisse der Jahre 1956/57 als eine „glorreiche Revolution"
bezeichnet. Die Umwälzung begann mit der Behauptung von Lee und
Yang, daß die schwache Wechselwirkung nicht der Links-Rechts-Symmetrie gehorcht, und führte zu einer neuen Theorie masseloser linkshändiger
Neutrinos (und rechtshändiger Antineutrinos). In dieser Theorie besitzt
das beim Betazerfall ausgesandte Neutrino keine Masse. Wo aber war der
experimentelle Beweis dafür? Natürlich zeigten die Messungen, daß die
Masse des Neutrinos sehr klein sein muß; doch ist sie wirklich null?

Als Pauli 1930 zum ersten Mal versuchsweise die Existenz des Neutrinos vorschlug, war bereits klar, daß dessen Masse nicht sehr groß sein
konnte, da das beim Betazerfall emittierte Elektron den größten Teil der
Energie davonträgt, der bei der Kernumwandlung frei wird. In seinem
berühmten Brief an die „radioaktiven Damen und Herren", in dem er die
Idee des Neutrinos einführte (das er noch „Neutron" nannte), bemerkte er:

Die Masse der Neutronen sollte von gleicher Größenordnung wie die Elektro-
nenmasse sein und auf keinen Fall mehr als das 0,01fache der Protonenmasse
betragen. (27)

Drei Jahre später ging Francis Perrin noch weiter. Aus dem Vergleich seiner
Berechnungen mit dem Experiment schloß er, daß das Neutrino die Masse
null besitzen müsse. Dann widmete Fermi das 7. Kapitel seiner historischen
Abhandlung „Versuch einer Theorie der Betastrahlen" der Masse des
Neutrinos. Dort schrieb er:

Die Form des kontinuierlichen Betaspektrums wird durch die Übergangswahr-
scheinlichkeit bestimmt. Wir wollen zuerst erörtern, wie die Form von der
Ruhemasse m des Neutrinos abhängt, um diese Konstante aus einem Vergleich
mit den empirischen Kurven zu bestimmen ... Die Abhängigkeit ist am deut-
lichsten in der Umgebung der Endpunkte der Verteilungskurve ausgeprägt ...
In Abbildung 1 ist das Ende der Verteilungskurve für m = 0 sowie für einen
kleinen und einen großen Wert von m dargestellt. Die größte Ähnlichkeit mit
den empirischen Kurven zeigt die theoretische Kurve für m = 0. Wir kommen
daher zu dem Schluß, daß die Ruhemasse des Neutrinos entweder null oder
jedenfalls sehr viel kleiner als die Elektronenmasse ist. (28)

Fermi fügte hinzu, daß Perrin zu der gleichen Schlußfolgerung gekommen sei.

In den folgenden Jahren wurden die Endpunkte der Betazerfallsvertei-
lung von den Experimentatoren immer genauer erforscht. Durch ihre
Ergebnisse wurde die obere Grenze für die Neutrinomasse unerbittlich
immer weiter nach unten bis auf einen winzigen Bruchteil der Elektronenmasse verschoben. Die Experimente lieferten stets nur einen maximal
möglichen Wert für die Masse; man konnte dagegen keine untere Grenze
ermitteln und daher auch nicht die Frage klären, ob das Neutrino überhaupt eine Masse besitzt.

Im Jahre 1980 drang aus dem Institut für Theoretische und Experimen-
telle Physik (ITEP) in Moskau das Gerücht nach außen, ein Team dieses
Instituts habe eine sehr kleine, aber von Null verschiedene Masse für das
Neutrino nachgewiesen. Der Zeitpunkt dafür war genau der richtige: Die
Welt der theoretischen Physik war bereit, eine solche Entdeckung begeistert
aufzunehmen.

In den vorangegangenen Jahren hatte die „elektroschwache Theorie"
einen stetigen Aufschwung erlebt, eine Theorie, die gleichzeitig die Wirkung von zwei grundlegenden Naturkräften beschreibt: der elektromagnetischen und der schwachen Kraft. In einer der bedeutendsten Entwicklungen seit Fermis Theorie des Betazerfalls hatten Abdus Salam, Sheldon
Glashow und Steven Weinberg unabhängig voneinander ein beeindruk-
kendes, konsistentes Bild der schwachen und der elektromagnetischen

Wechselwirkungen für alle Arten subatomarer Teilchen entworfen, und ab 1980 hatten die Experimente dessen Gültigkeit Stück für Stück bestätigt.

Nach diesem großen Durchbruch gingen die Theoretiker daran, eine noch umfassendere „Große Vereinigte Theorie" zu schaffen, welche auch die starke Kernkraft unter das gleiche mathematische Dach wie die elektromagnetische und die schwache Kraft bringen sollte. Mit dieser Aufgabe hing auch das Interesse an der Neutrinomasse zusammen. In der elektroschwachen Theorie braucht das Neutrino nicht mehr das masselose, linkshändige Teilchen zu sein, als das es in der „Zweikomponententheorie" auftritt. Große Vereinigte Theorien können ohne weiteres Neutrinos mit kleinen Massen einschließen, und einige von ihnen verlangen sie sogar. Die Masse des Neutrinos wurde daher als Testgröße sowohl für die elektroschwache Theorie als auch für die Großen Vereinigten Theorien sehr bedeutsam.

Die Nachrichten, die im Frühjahr 1980 aus Moskau kamen, waren daher außerordentlich aufregend: Valentin Ljubimow und seine Kollegen erklärten, sie hätten gefunden, daß die Masse des Neutrinos zwischen 14 und 46 Elektronenvolt (eV) betragen müsse – sehr viel weniger als die Elektronenmasse von 511 keV (d.h. 511'000 Elektronenvolt), aber mehr als null. Sofort brach unter den Theoretikern in der ganzen Welt eine hektische Aktivität aus, und sie analysierten die Konsequenzen, die dieses Ergebnis sowohl für die Vereinigten Theorien als auch für die Kosmologie und die Astrophysik besaß. Die Existenz von Neutrinos mit einer von Null verschiedenen – wenn auch außerordentlich kleinen – Masse konnte das Gleichgewicht der Materie im kosmischen Maßstab drastisch verändern (vergleiche Kapitel 8). Schließlich wurden alle diese Arbeiten von einer Frage überschattet, die für lange Zeit nicht verstummen sollte: Waren die Ergebnisse aus Moskau korrekt?

Die Wägung des Neutrinos

> „Damit ein Ergebnis von so großer Bedeutung, das aus einer
> derart schwierigen Messung stammt, allgemein anerkannt werden
> kann, muß es durch mindestens ein weiteres Experiment
> bestätigt werden." (29)
>
> *Jean-Luc Vuilleumier, 1986*

Die Messung der Neutrinomasse stellt nicht nur ein sehr schwieriges Experiment, sondern in gewisser Hinsicht auch eine undankbare Aufgabe dar. Wenn die Neutrinomasse tatsächlich genau null ist, wird sich dies niemals experimentell beweisen lassen. Man kann höchstens zeigen, daß sie kleiner als ein bestimmter Wert ist; das aber ist in den Augen vieler Physiker keine ausreichende Belohnung für jahrelange harte Arbeit. Andererseits ist es für unser Verständnis des Neutrinos wichtig, so viel wie möglich über dieses Teilchen herauszufinden. Daß Ljubimows Team eine von Null verschiedene Masse gefunden zu haben schien, machte es noch wichtiger, daß andere diese Arbeit überprüften.

Der direkteste Weg, die Neutrinomasse zu messen, besteht darin, Perrin und Fermi zu folgen und das Energiespektrum der beim Betazerfall ausgesandten Elektronen zu untersuchen. Dabei muß man sich besonders genau den „Endpunkt" des Spektrums ansehen, in dem die Elektronenenergie ihr Maximum besitzt. Wie Fermi erläutert hatte, hängt die Form des Spektrums in dem Bereich, in dem die Zahl der Elektronen gegen null geht, ganz entscheidend von der Neutrinomasse ab. Bei dem Versuch, diese Form zu messen, sieht sich der Experimentator allerdings außergewöhnlichen Schwierigkeiten gegenüber.

Erstens entweichen nur sehr wenige Elektronen mit einer Energie, die in der Nähe des Maximums liegt; die Apparatur wird vielmehr von unerwünschten Elektronen niedrigerer Energie überschwemmt: Die Zählrate in der Nähe des Endpunktes beträgt nur etwa ein Milliardstel der Gesamtzählrate! Zweitens muß die Energie der Elektronen sehr exakt ermittelt werden, da dieser Energiewert den Schlüssel für die Bestimmung der Neutrinomasse bildet. Dies setzt voraus, daß man genau weiß, was mit Elektronen einer bestimmten Energie geschieht, wenn sie die Apparatur durchlaufen. Drittens muß die Quelle der Beta-Elektronen möglichst dünn sein, da die Teilchen beim Entweichen aus dem Material Energie verlieren; sie muß aber andererseits eine möglichst hohe Rate liefern, um den Nachteil zu kompensieren, daß man nahe beim Ende des Spektrums arbeitet. Außerdem muß man wissen, was mit den Atomen oder Molekülen geschieht, welche die beta-emittierenden Kerne enthalten. Kann Energie durch die „Anregung" von Atomelektronen in verschiedene energetische Zustände verlorengehen, von denen jeder zu etwas anderen Betaspektren mit leicht abweichenden „Endpunkt-Energien" führt?

Eine weitere Überlegung betrifft die Wahl des Betastrahlers. Der Anteil der emittierten Elektronen mit Energien nahe dem Endpunkt ist um so größer, je kleiner die Endpunkt-Energie ist. Deswegen untersuchte man im Hinblick auf die Ermittlung der Neutrinomasse vor allem den Zerfall von Tritium, einer schweren Form des Wasserstoffs, in dessen Kern zwei Neutronen und ein Proton miteinander verbunden sind. Tritium unterliegt dem Betazerfall mit einer Halbwertszeit von 12,3 Jahren. Für die „Wägung" des Neutrinos am interessantesten ist die Energie am Ende des Spektrums, die hier mit 18,6 keV einen ungewöhnlich niedrigen Wert besitzt.

Das Herzstück des Experiments zur Bestimmung der Neutrinomasse ist das Spektrometer – das Instrument, das zur Messung der Energien der emittierten Elektronen benutzt wird. In einem einfachen Magnetspektrometer wird die Bahn der Elektronen durch ein magnetisches Feld gekrümmt, so daß sie je nach ihrer Energie mehr oder weniger stark abgelenkt werden, so wie ein Prisma einen Lichtstrahl zerlegt (vergleiche Kapitel 2).

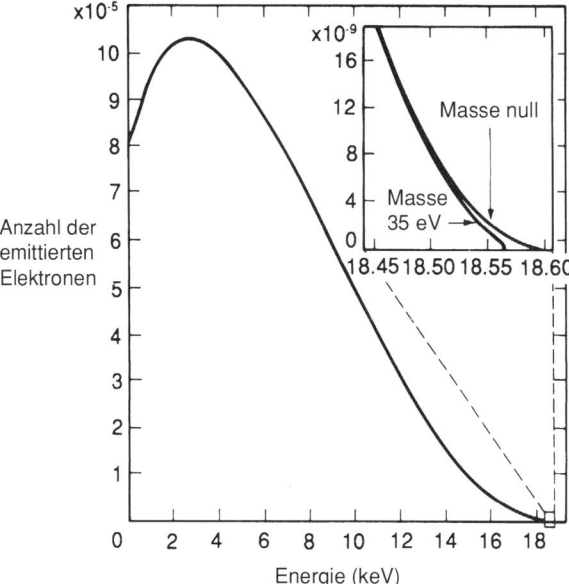

Das Energiespektrum der Elektronen, die beim Betazerfall des Tritiums emittiert werden. Das kleinere Bild zeigt das hochenergetische Ende des Spektrums in 2500facher Vergößerung; nur dadurch ist der winzige Effekt darzustellen, der für eine kleine Neutrinomasse zu erwarten ist (W. Kündig, Universität Zürich).

Eine kleine Austrittsblende („Apertur") gestattet nur Teilchen mit einem schmalen Energiebereich das Auftreffen auf den Detektor. Dieser ist dort angebracht, wo das Magnetfeld Teilchen gleicher Energie wieder in einem Brennpunkt vereinigt. Allerdings ist eine genauere Energiemessung nur auf Kosten der Intensität möglich, also durch Verkleinern der Apertur und der Abmessung der Quelle, wodurch die Ausgangsstreuung der Teilchen verringert wird.

In den 60er Jahren entwickelte Karl-Erik Bergkvist an der Universität Stockholm ein verbessertes Spektrometer, das wesentlich höhere Intensitäten als zuvor ermöglichte. Sein Entwurf sah elektrische Felder vor; durch diese konnten großflächige Quellen anstelle von „Punktquellen" verwendet werden. Ein Merkmal der Methode war, daß ein veränderliches elektrisches Feld über der Quelle wirkte. Dadurch wurde die Energie der Elektronen so verändert, daß alle Teilchen, die mit gleicher Energie aus der Quelle austraten, durch das Magnetfeld auf ein und dieselbe Stelle fokussiert wurden. Auf diese Weise wurde eine rechteckige Quelle in eine schmale Linie im Spektrometerbrennpunkt abgebildet, an dem der Detektor angebracht war.

Vorangegangene Messungen hatten ergeben, daß die Masse des Neutrinos weniger als 400 bis 500 eV betragen mußte. Mit Hilfe seiner extrem sorgfältigen Arbeiten konnte Bergkvist diesen Wert um nahezu eine Größenordnung präzisieren – eine bemerkenswerte Leistung. Seine 1972 veröffentlichten Ergebnisse zeigten, daß die Neutrinomasse kleiner als 60 eV ist.

1975 schlug E.F. Tretjakow vom ITEP in Moskau ein noch raffinierteres Spektrometer vor, bei dem die Elektronen viermal nacheinander gebeugt und wieder fokussiert wurden und dabei eine Reihe von Blenden durchliefen, die unerwünschte Elektronen abfingen. Ein besonderer Vorteil dieser Methode bestand darin, daß sie einen relativ großen Abstand von etwa 2 m zwischen der radioaktiven Quelle und dem Detektor erlaubte. Dies half dabei, den Untergrund aus unerwünschten Teilchen im Detektor zu reduzieren – ein entscheidender Punkt, wenn man es mit einer kleinen Zahl von Elektronen am Ende des Betaspektrums zu tun hat.

Im März 1980 trugen fünf Jahre Arbeit am ITEP ihre Früchte, als Ljubimow, Tretjakow und ihre Kollegen ihre Ergebnisse veröffentlichen konnten. Sie hatten Hinweise darauf gefunden, daß die Neutrinomasse zwischen 14 und 46 eV liegt. Die Physiker in der ganzen Welt waren überrascht, und es begann eine intensive Debatte. Gab es Fehler in der experimentellen Methode oder bei der Analyse der Daten durch Ljubimow und seine Kollegen? Die Konsequenzen einer Neutrinomasse waren in jedem Fall viel zu wichtig, um das Ergebnis ungeprüft anzuerkennen. Es mußte durch weitere Experimente entweder gestützt oder widerlegt werden.

Walter Kündig und seine Kollegen von der Universität Zürich publizierten als erste neue Ergebnisse, die denen aus Moskau widersprachen. Die Gruppe hatte ein Spektrometer gebaut, das Tretjakows ursprünglichem Entwurf ähnelte, doch einige Modifikationen aufwies. Insbesondere wurden die Elektronen nach dem Verlassen der Quelle durch ein elektrisches Feld abgebremst, so daß sie nur noch etwa 10 % ihrer ursprünglichen Energie besaßen. Dies bedeutete, daß das Spektrometer bei gleichem Magnetfeld eine höhere Auflösung besaß und somit einen engeren Bereich von Elektronenenergien aussondern konnte. Um die zentral gelegene Energie zu variieren, veränderte das Team lediglich das bremsende elektrische Feld, nicht dagegen das Magnetfeld. So hatte man den Vorteil, den größten Teil des Instrumentes in einem stabilen Zustand halten zu können.

Ein weiterer Unterschied zwischen der Arbeit in Zürich und der in Moskau betraf die Quelle. Kündig und seine Kollegen benutzten Tritium, das in Kohlenstoff eingebettet war, der auf eine Aluminiumfolie aufgedampft wurde. Um eine möglichst große Quelle zu erzeugen, benutzten sie zehn Ringe in einer mehrere Zentimeter langen Halterung.

Im Mai 1986 konnte Kündigs Gruppe ihre Ergebnisse bekanntgeben:

Die ermittelte Neutrinomasse ist mit einem Wert von null bis zu einer oberen Grenze von 18 eV verträglich. (30)

Die Arbeit endet:

Abschließend stellen wir fest, daß wir keine Anzeichen für eine von Null verschiedene Masse finden können …, in starkem Gegensatz zu den Resultaten

*(aus Moskau). Wir können in unserem Experiment keine mögliche Fehlerquelle
erkennen, die groß genug wäre, diese Diskrepanz zu erklären.* (31)

In der Zwischenzeit waren die Forscher in Moskau mit der Verbesserung
ihrer Apparatur beschäftigt und hatten diese so modifiziert, daß sie ebenfalls das Magnetfeld konstant halten konnten, indem sie mit einem elektrischen Feld Elektronen unterschiedlicher Energie aussonderten. Im November 1986 sandten sie ihre neuen Ergebnisse an die „Physical Review Letters":

*Die Kombination der Analyse dieser Daten mit der Analyse der vorangegan-
genen Meßreihe ergibt eine Neutrinomasse von 30,3 (+2, –8) eV.* (32)

Die Diskrepanz zwischen den Moskauer und den Züricher Werten blieb
bestehen.

Fünf Tage vor der Arbeit aus Moskau war in der Redaktion der „Physical Review Letters" eine weitere Publikation eingegangen. Sie berichtete
über die Ergebnisse eines Teams unter Führung von Hamish Robertson
und Tom Bowles, das am Los Alamos National Laboratory in New Mexico
mit einem ähnlichen Spektrometer gearbeitet hatte. Der Hauptvorteil seiner Methode bestand darin, daß eine Quelle aus Tritiumgas verwendet
wurde. Die Forscher erklärten:

*Die Effekte, die in molekularem Tritium auftreten können, sind genau bekannt.
Die Daten liefern daher für die Neutrinomasse eine im wesentlichen modellun-
abhängige obere Grenze von 27 eV mit einer Vertrauenswahrscheinlichkeit von
95%.* (33)

Das Tritium-Molekül stellt ein relativ einfaches System dar; es besteht aus
zwei Atomen mit je einem Elektron. Mit Hilfe leistungsfähiger Computer
kann man genau berechnen, in welchen Energiezustand das Molekül übergeht, wenn einer der Tritiumkerne einem Betazerfall unterliegt. Zudem ist
es bei einem Gas wesentlich leichter als bei einem Festkörper, festzustellen,
wieviel Energie die Elektronen bei ihrem Entweichen durch das Quellen-
material verlieren, weil ein Gas eine viel geringere Dichte besitzt. Bowles,
Robinson und ihre Kollegen mußten jedoch den Nachteil in Kauf nehmen,
daß eine kleine Dichte auch eine niedrige Zerfallsrate zur Folge hat. Es
dauert also länger, bis eine ausreichende Menge an Daten gesammelt ist.

In diesem Stadium konnten auch die Ergebnisse aus Los Alamos die
Differenzen zwischen Moskau und Zürich nicht vollständig bereinigen.
Man konnte beispielsweise erklären, die Daten aus Moskau wie die aus Los
Alamos würden eine Neutrinomasse von etwas weniger als 27 eV erlauben
– im Gegensatz zu den Ergebnissen aus Zürich. Um diese Frage zu klären,
waren noch mehr Daten erforderlich. Zu dieser Zeit hatten mehrere Gruppen in der ganzen Welt die Herausforderung der Neutrinomassen-Bestim-

mung angenommen, wobei sie eine Vielzahl von Spektrometervarianten und Tritiumquellen verwendeten. Ihr Hauptziel bestand in der Entwicklung von Apparaturen, die in der Lage sein sollten, die Neutrinomasse bis herunter zu etwa 10 eV zu ermitteln. Ausreichende Beweise für eine kleinere Masse würden die Behauptungen der Gruppe von Ljubimow widerlegen, auch wenn sie die Frage nicht beantworten konnten, ob das Neutrino überhaupt eine Masse besitzt.

Im Sommer 1990 begann die Last der Beweise gegen Ljubimows Ergebnis stark anzuwachsen. Im Juni präsentierten die Gruppe aus Zürich und die aus Los Alamos auf der „Neutrino-90"-Konferenz in Genf ihre neuesten Resultate. Die Physiker in Zürich hatten mit einer neuen Quelle gearbeitet, die aus einer Schicht aus tritiumhaltigen Kohlenwasserstoffen bestand, die nur einen Moleküldurchmesser dick und auf einer glatten Oberfläche aufgetragen war. Mit den neuen Daten war die obere Grenze der Neutrinomasse auf 15,4 eV mit einer Vertrauenswahrscheinlichkeit von 95% gesunken. Das Team aus Los Alamos berichtete inzwischen über eine obere Grenze von nur 9,4 eV.

Zur gleichen Zeit wurden in Japan weitere Bestätigungen für diese neuen Werte zusammengetragen. Hier hatte ein Team am Kernphysikalischen Institut der Universität Tokio ein Spektrometer jenes Typs gebaut, den Bergkvist bei seinem bahnbrechenden Experiment benutzt hatte. Die Stärke der japanischen Methode lag in der Verwendung ein und desselben Materials sowohl bei der Messung des Endpunktes des Tritiumspektrums als auch bei der Messung der Wirkung von Elektronen bekannter Energie. Die Forscher setzten das Cadmiumsalz einer bestimmten Säure ein. Zur Erzeugung der Tritiumquelle wurde etwas von dem normalen Wasserstoff der Säure durch Tritium ersetzt, während zur Erzeugung der Referenzquelle das normale Cadmium durch radioaktives Cadmium ersetzt wurde. Die Quellen waren bemerkenswert dünn: Sie bestanden aus nur zwei Molekülschichten.

Im Februar 1991 veröffentlichte die Zeitschrift „Physics Letters B" die neuesten Werte Kawakamis und seiner Kollegen in Tokio. Nach der sorgfältigen Analyse von 150'000 Zerfällen errechneten sie, daß die Neutrinomasse weniger als 13 eV bei einer Vertrauenswahrscheinlichkeit von 95% betragen muß. In jüngster Zeit haben zwei weitere Experimente – das eine an der Universität Mainz, das andere am Lawrence-Livermore-Laboratorium in den USA – die obere Grenze der Neutrinomasse zu 7,2 eV bzw. 8,0 eV bei einer Vertrauenswahrscheinlichkeit von ebenfalls 95% ermittelt. Alle diese Werte liegen deutlich unter der von Ljubimows Gruppe 1987 behaupteten oberen Grenze von 22 eV, die demnach wohl falsch ist. Mehrere Fachleute einschließlich des Pioniers Bergkvist haben auf zweifelhafte Aspekte der Methode hingewiesen, nach der das Moskauer Team bei der Datenanalyse verfuhr. Heute wird als sicher angenommen, daß die Neutrinomasse unter 15 eV liegt. Es bleibt nur die Frage: um wieviel niedriger?

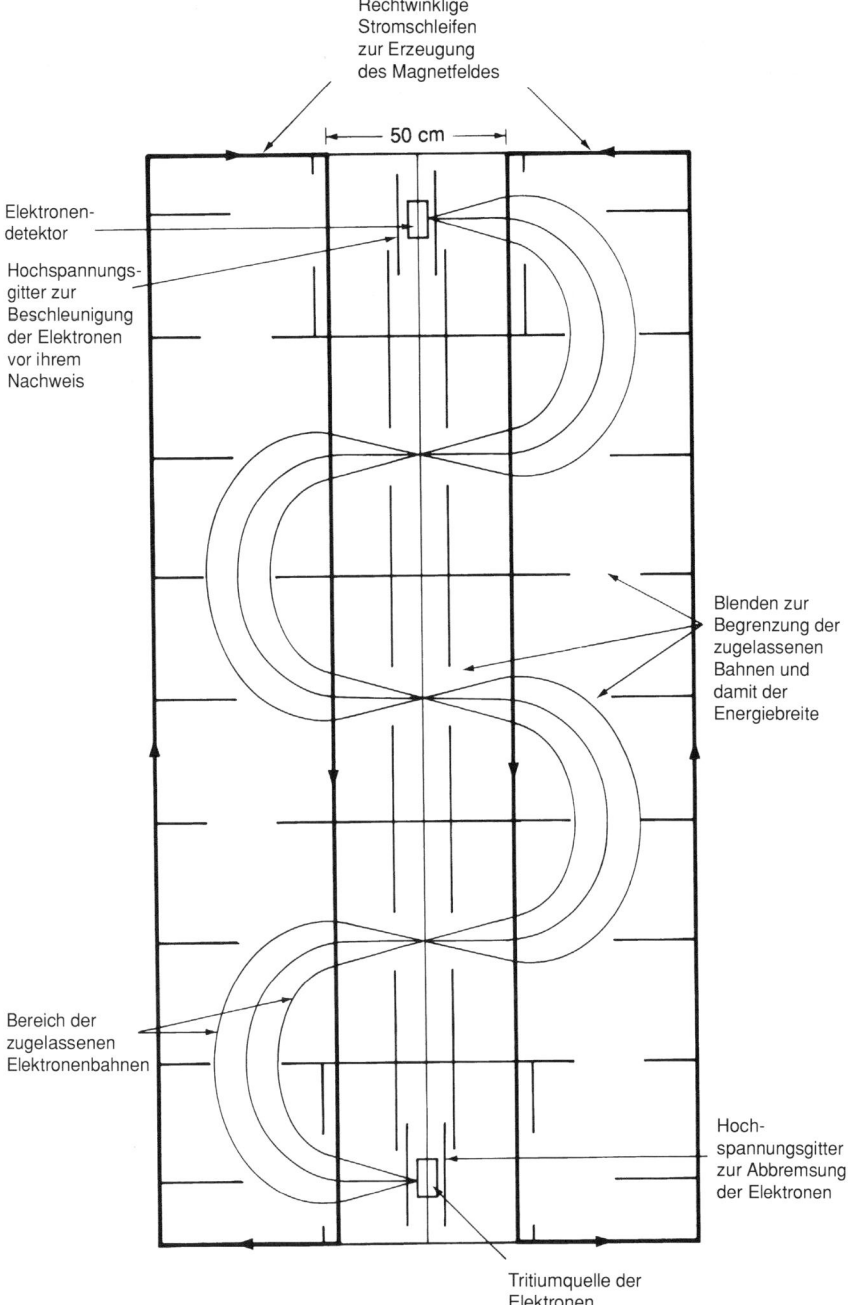

Rechtwinklige
Stromschleifen
zur Erzeugung
des Magnetfeldes

|←—— 50 cm ——→|

Elektronen-
detektor

Hochspannungs-
gitter zur
Beschleunigung
der Elektronen
vor ihrem
Nachweis

Blenden zur
Begrenzung der
zugelassenen
Bahnen und
damit der
Energiebreite

Bereich der
zugelassenen
Elektronenbahnen

Hoch-
spannungsgitter
zur Abbremsung
der Elektronen

Tritiumquelle der
Elektronen

Das Spektrometer, das von dem Team an der Universität Zürich zur Ermittlung der Masse der Neutrinos benutzt wurde, die beim Betazerfall von Tritium emittiert werden. Links ist ein Querschnitt durch den zylindrischen Aufbau des Spektrometers abgebildet. Man erkennt, daß diese auf Tretjakow zurückgehende Konstruktion im Prinzip aus einer Reihe aneinander angrenzender Spektrometer besteht. Bei ihrem Flug durch die verschiedenen Bereiche des Magnetfeldes werden die Elektronen viermal abwechselnd auf getrennte Bahnen gelenkt und wieder fokussiert. Dabei passieren sie mehrere Blenden, bevor sie schließlich den Detektor erreichen, der 2,65 m von der Tritiumquelle entfernt ist (Universität Zürich).

Tom Bowles (Mitte) und seine Kollegen in Los Alamos überprüfen ihre Apparatur zur Messung des Energiespektrums von Elektronen, die beim Betazerfall von Tritium ausgesandt werden. Die Elektronen werden durch einen langen supraleitenden Magneten geführt (im Bild vorn) und treten dann in ein dahinter liegendes Spektrometer ein, das von einem Drahtkäfig umgeben ist; dieser dient zur Abschirmung des Erdmagnetfeldes (Los Alamos National Laboratory).

Vielleicht könnte eine neue Generation von Experimenten die Grenze auf einige Elektronenvolt herunterdrücken. Unglücklicherweise wird die Untersuchung des Betazerfalls von Tritium für eine Neutrinomasse unterhalb dieses Limits nahezu unmöglich, weil die Auswirkungen auf das Spektrum dann sehr klein werden. Ein Experiment, das beispielsweise zwei Jahre benötigt, um die obere Grenze für die Masse auf 10 eV herabzusetzen, würde zwei Millionen Jahre benötigen, um 1 eV zu erreichen! Es gibt noch ein anderes Experiment, das paradoxerweise darauf beruht, gerade keine Neutrinos zu beobachten, und dennoch dabei hilft, das Problem der Neutrinomasse zu klären und Licht in die verwirrende Frage zu bringen, welche Art von Neutrino dabei eigentlich vorliegt.

Wohin gehört das Neutrino?

> „In den späten 50er und in den 60er Jahren konnte man vielfach die Meinung hören, daß Neutrinos à la Majorana zwar wunderbare und interessante Objekte, aber in der Natur nicht realisiert seien … Seitdem ist die von Majorana aufgeworfene Frage immer wichtiger geworden und stellt heute in der Tat das zentrale Problem in der Neutrinophysik dar." (34)
>
> *Bruno Pontecorvo, 1982*

Bei dem geladenen Teilchen, das beim Betazerfall emittiert wird, handelt es sich um ein Elektron. Dementsprechend ist das gleichzeitig entweichende neutrale Teilchen ein Antineutrino; denn nach Konvention gilt das Prinzip der „Leptonenerhaltung". Elektron und Neutrino gehören einer Klasse von Teilchen an, die man „Leptonen" nennt; sie unterliegen nicht der starken Kraft, die im Kern wirksam ist. Der Grundsatz der Leptonenerhaltung beruht auf der Erfahrung und besagt, daß die Differenz von Leptonen- und Antileptonenzahl bei jedem Prozeß konstant bleibt. Vor dem Zerfall eines Tritiumkernes sind die Atomelektronen die einzig vorhandenen Leptonen. Durch den Zerfall wird ein zusätzliches Lepton erzeugt, nämlich ein Elektron. Um die Bilanz auszugleichen, muß das andere entstandene Teilchen daher ein Antilepton sein, also ein Antineutrino.

Natürlich handelt es sich bei Elektronen und Antielektronen (Positronen) um verschiedene Teilchen mit entgegengesetzten elektrischen Ladungen. Nicht so offenkundig ist dagegen, daß es ähnliche Unterschiede zwischen elektrisch neutralen Teilchen geben soll. Wie sich herausgestellt hat, besitzt das Neutron ein von ihm verschiedenes Antiteilchen, das Antineutron. Wir wissen aber, daß ein Neutron kein echtes Elementarteilchen, sondern eher eine Ansammlung elektrisch geladener Quarks ist. Was also ist mit dem Neutrino?

Diese Frage wurde erstmals 1937 von Ettore Majorana aufgeworfen, Fermis ebenso brillantem wie exzentrischem Kollegen an der Universität Rom. Bruno Pontecorvo, der seit 1931 bei Fermi studiert hatte, erinnerte sich an dessen Bewunderung für Majorana und zitiert ihn wie folgt:

Sobald eine physikalische Frage erst einmal formuliert ist, kann kein Mensch sie besser und schneller beantworten als Majorana. (35)

Majorana, der 1906 geboren wurde, war schon mit 25 Jahren für sein tiefschürfendes Denken bekannt; laut Pontecorvo war er ein Pessimist, der ständig unglücklich war. Seit 1934 wurde er immer mehr zum Einsiedler und verschwand 1938 – wahrscheinlich beging er Selbstmord. Majorana machte sich nicht viel aus Veröffentlichungen, bewarb sich aber im Jahr vor seinem Verschwinden um einen Lehrstuhl an der Universität und verfaßte eine Publikation, um seine Chancen dafür zu erhöhen. Fünfzig Jahre später sollte seine Arbeit berühmt werden, weil sie die Frage aufwirft, die Pontecorvo als „das zentrale Problem der Neutrinophysik" bezeichnete: Ist das Neutrino mit seinem eigenen Antiteilchen identisch?

In der Zusammenfassung seiner Arbeit schrieb Majorana:

Es wurde die Möglichkeit aufgezeigt, mit Hilfe eines neuen Quantisierungs-prozesses eine vollständige formale Symmetrisierung der Quantentheorie des Elektrons und des Positrons zu erreichen. Dies verändert etwas die Bedeutung der Dirac-Gleichung in dem Sinne, daß es keine Gründe mehr dafür gibt ..., die Existenz von „Antiteilchen" ... für neue Teilchenarten, insbesondere neu-trale Partikel, anzunehmen. (36)

Das wesentliche Ergebnis der Arbeit Majoranas bestand darin, daß seine neue Methode die Beziehung zwischen Elektron und Positron unverändert ließ, aber die Situation für neutrale Teilchen vereinfachte. Während Diracs Theorie zu vier möglichen Zuständen führte – Teilchen und Antiteilchen, jeweils rechts- oder linkshändig –, beschrieb Majoranas Theorie nur zwei

Ettore Majorana vermutete, Neutrino und Antineutrino könnten ununterscheidbar sein. Diese Aufnahme zeigt ihn zusammen mit seinen Schwestern 1932 in Abbazia, Jugoslawien (AIP Niels Bohr Library, zur Verfügung gestellt von Erasmo Recami).

Zustände, nämlich die rechts- und die linkshändige Version eines einzigen Teilchens. Wie Giulio Racah bald darauf zeigte, läßt sich Majoranas Theorie tatsächlich nur auf das Neutrino anwenden, aber nicht auf Elektron und Positron, wie Majorana ursprünglich annahm.

Majorana stellte in seiner Arbeit fest, daß „es heute vermutlich nicht möglich ist, mit Hilfe des Experiments eine Entscheidung zwischen den Theorien zu treffen" (37); wie Pontecorvo jedoch anmerkt, war der Nachweis von Neutrinos damals „kein anständiges Gesprächsthema", und erst die Entwicklung von Kernreaktoren mit ihrer gewaltigen Emission von Neutrinos machte solche Experimente möglich.

Als Pontecorvo 1946 am Chalk-River-Laboratorium in Ontario arbeitete, wurde ihm klar, daß „die Existenz leistungsfähiger Kernreaktoren den Nachweis freier Neutrinos zu einer völlig anständigen Beschäftigung machte". (38) Er kam zu dem Schluß, daß die beste Methode darin bestünde, nach einer Form des inversen Betazerfalls zu suchen, die einen radioaktiven Kern erzeugt; die Zahl der Neutrinoreaktionen könnte dann durch die dabei produzierte Radioaktivität ermittelt werden. Als dafür am besten geeignete Reaktion ermittelte er diejenige, bei der Chlor ein Neutrino absorbiert und zu einer radioaktiven Form des Argons wird, während es gleichzeitig ein Elektron emittiert.

Wegen des Prinzips der „Leptonenerhaltung" tritt diese Reaktion nur auf, wenn Neutrinos anwesend sind; im Endeffekt wird ein Lepton (das Neutrino) in ein anderes (das Elektron) umgewandelt. Aufgrund desselben Prinzips sendet ein Kernreaktor beim Betazerfall neben Elektronen auch Antineutrinos aus. Im Jahre 1946 war allerdings noch völlig unklar, ob sich Neutrinos und Antineutrinos tatsächlich unterschieden. Pontecorvo erzählte Pauli von seiner Idee:

Prinzipiell gefiel ihm die Idee sehr; er bemerkte dazu, daß nicht klar sei, ob „Reaktorneutrinos" tatsächlich wirksam genug sein würden, die Reaktion (mit Chlor) hervorzurufen, aber er hielt es für möglich … (39)

Im Jahre 1949 untersuchte Luis Alvarez am Lawrence-Berkeley-Laboratorium in Kalifornien unabhängig davon sehr detailliert die gleiche Reaktion. Am Ende war es aber weder Pontecorvo noch Alvarez beschieden, die Idee in die Praxis umzusetzen; statt dessen wurde sie von einem Chemiker am Brookhaven-Laboratorium aufgegriffen.

Im Jahre 1955 installierte Raymond Davis einen Detektor in der Nähe des Reaktors von Savannah River, der 4 Tonnen Tetrachlorkohlenstoff (ein häufig verwendetes Lösungsmittel) enthielt. Er folgte dabei einem Vorschlag von Reines, der am gleichen Ort an dem berühmten Experiment arbeitete, mit dem das Neutrino nachgewiesen wurde. In Kapitel 6 wird eingehend beschrieben, wie Davis die bei diesem Versuch angewandte bemerkenswerte Methode später vervollkommnete, um Neutrinos von der Sonne nachzuweisen. Im Jahre 1955 fand er noch keinen Beweis dafür, daß

Antineutrinos aus dem Reaktor im Chlordetektor absorbiert wurden. Es schien, als ob das beim Betazerfall zusammen mit dem Elektron emittierte Teilchen beim inversen Prozeß keine Emission eines Elektrons hervorrufen konnte. Neutrinos und Antineutrinos schienen verschiedene Teilchenarten zu sein; dies war eher mit der Theorie von Dirac als mit der von Majorana vereinbar.

Allerdings erlaubte die Entdeckung der Paritätsverletzung eine alternative Erklärung für das von Davis erzielte Ergebnis. Die neutralen Teilchen, die beim Betazerfall ausgesandt werden, sind rechtshändig, während die für den inversen Betazerfall des Chlors erforderlichen Teilchen linkshändig sein müssen – ohne Rücksicht darauf, ob es sich bei Neutrinos und Antineutrinos um verschiedene Partikel handelt oder nicht. Das Chlor-Experiment kann nur links- von rechtshändigen Teilchen unterscheiden, aber über den Unterschied zwischen Diracs und Majoranas Neutrinos kann es nichts aussagen.

Mit dem Erfolg der „Zweikomponententheorie" des Neutrinos schwand nach 1957 das Interesse an Majoranas Neutrinos. Doch Ende der 70er Jahre, mit dem Aufkommen der Großen Vereinigten Theorien, holten die Theoretiker Majoranas Idee der Neutrinos mit kleinen Massen wieder aus der Versenkung hervor. Gab es irgendeine Hoffnung auf ein Experiment, das die wahre Natur des Neutrinos enthüllen könnte?

Wenn das Neutrino keine Masse besitzt, werden wir niemals etwas darüber sagen können. Die Theorien von Dirac und von Majorana werden dann stets die gleichen Ergebnisse liefern. Besitzt das Neutrino aber, wie von Majorana postuliert, eine kleine Masse und ist es wirklich sein eigenes Antiteilchen, so gibt es einen experimentellen Test, der diesen Sachverhalt enthüllen kann: die Beobachtung eines Prozesses, der als „neutrinoloser doppelter Betazerfall" bekannt ist.

Virtuelle Neutrinos

> „Nach all dem würde man naiverweise annehmen, daß sich der Unterschied zwischen Diracs und Majoranas Neutrinos experimentell so deutlich bemerkbar macht wie ein schlimmer Finger; tatsächlich aber wissen wir bis heute nicht, welche Arten von Neutrinos wirklich existieren." (40)
>
> *Jeremy Bernstein, 1984*

Bereits 1935 hatte Maria Goeppert-Mayer an der John-Hopkins-Universität in Baltimore die Möglichkeit einer ungewöhnlichen Form des Betazerfalls untersucht, bei der sich zwei Neutronen beinahe gleichzeitig in Protonen umwandeln. Dieser „doppelte Betazerfall" kann nur in Kernen auftreten, die eine gerade Anzahl sowohl von Protonen als auch von Neutronen enthalten. Einige dieser „gerade-gerade"-Kerne können nicht durch den

Im Jahre 1935 untersuchte Maria Goeppert-Mayer, auf diesem Bild zusammen mit Enrico Fermi, die Möglichkeit des doppelten Betazerfalls und kam zu dem Schluß, daß dieser Prozeß sehr selten sein muß (AIP Niels Bohr Library).

normalen Betazerfall zerfallen, weil der dabei entstehende Kern nicht leichter, sondern eher schwerer als der Ausgangskern wäre. Die Gesamtmasse eines Kernes hängt nicht nur von der Zahl der Teilchen ab, die er enthält, sondern auf etwas komplizierte Weise auch von dem zwischen ihnen herrschenden Kräftegleichgewicht. Durch die Umwandlung von zwei Neutronen in Protonen können aber auch diese gerade-gerade-Kerne leichtere Zustände erreichen. Also sollte der doppelte Betazerfall erlaubt sein, bei dem zwei Elektronen und zwei Antineutrinos emittiert werden. Wie Goeppert-Mayer berechnete, muß er allerdings sehr selten sein, weil er das zweimalige Wirken der schwachen Kraft erfordert, und der Gesamteffekt muß wesentlich kleiner als der beim normalen Betazerfall sein.

Vier Jahre nach Goeppert-Mayers Arbeit erkannte ein anderer amerikanischer Theoretiker, Wendell Furry, daß es noch eine andere Form des doppelten Betazerfalls geben muß, wenn das Neutrino ein Majorana-Teilchen ist. Furrys Idee war: Das Neutrino – sollte es sein eigenes Antiteilchen sein – könnte nach seiner Emission durch ein Neutron (wie beim Betazerfall) von einem anderen Neutron wieder absorbiert werden (wie beim inversen Betazerfall), so daß das Gesamtergebnis aus zwei Protonen und zwei Elektronen ohne Neutrinos bestünde. Die Neutrinos würden dabei nur eine „virtuelle" Rolle spielen und an dem Prozeß nur auf einer nicht beobachtbaren Quantenebene teilnehmen. Weiterhin zeigte Furry, daß der Prozeß viel schneller abliefe als der ursprünglich vorgeschlagene Betazerfall, weil die Neutrinos nicht als reale Teilchen in Erscheinung träten.

a) Doppelter Betazerfall mit zwei Neutrinos

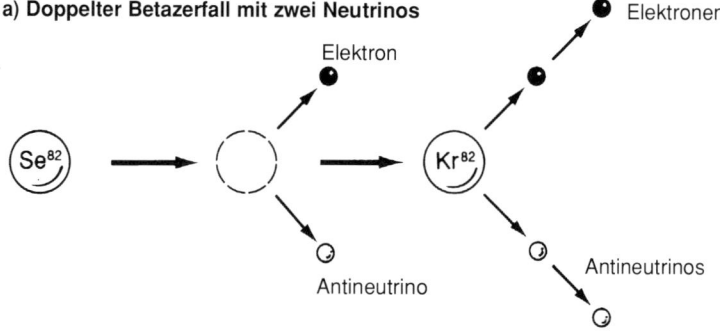

b) Neutrinoloser doppelter Betazerfall

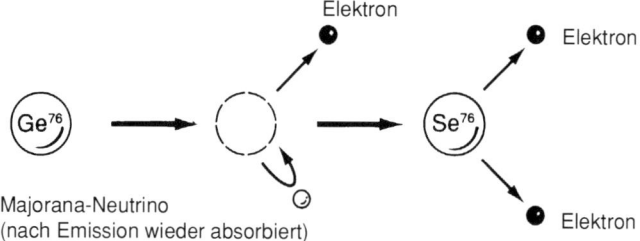

(a) Beim doppelten Betazerfall kann ein Kern mit einer geraden Anzahl von Protonen und Neutronen durch Betazerfall über einen massereicheren Zwischenzustand zweimal rasch hintereinander zerfallen. Dabei werden insgesamt zwei Elektronen und zwei Antineutrinos emittiert. Im hier dargestellten Beispiel zerfällt Selen-82 zu Krypton-82.
(b) Wenn Neutrino und Antineutrino – wie von Majorana vermutet – nicht voneinander zu unterscheiden sind, so wird das beim ersten Betazerfall emittierte Neutrino vom Zwischenkern fast sofort wieder absorbiert, und zwar durch einen Prozeß, der dem Betazerfall ähnelt und zur Emission eines zweiten Elektrons führt. Das Gesamtergebnis ist ein neutrinoloser Betazerfall, hier demonstriert am Beispiel des Zerfalls von Germanium-76 zu Selen-76.

Mit der Entdeckung der Paritätsverletzung schien Ferrys Argumentation den gleichen Rückschlag erlitten zu haben, der bereits die Ergebnisse des Experimentes von Davis ereilt hatte. Wenn das von einem Neutron ausgesandte Teilchen rechtshändig ist, wird es niemals von einem anderen Neutron absorbiert werden, so daß ein neutrinoloser doppelter Betazerfall sich niemals ereignen kann.

Oder vielleicht doch? Was ist, wenn das Neutrino irgendeine Möglichkeit hat, seine Händigkeit zu ändern? Wie sich herausstellt, kann das geschehen, wenn das Neutrino eine – wenn auch sehr kleine – Masse besitzt. Besitzt das Neutrino eine Masse, dann muß es als eine Mischung aus beiden Versionen existieren – der rechtshändigen und der linkshändigen. Diese Aussage kann man sich folgendermaßen veranschaulichen: Ein Neutrino mit Masse kann sich niemals mit Lichtgeschwindigkeit bewegen, so daß es prinzipiell überholt werden kann. Blickt man danach auf ein ursprünglich linkshändiges Neutrino zurück, so sieht man ein rechtshändiges Teilchen.

In diesem neuen Modell hat das von einem Neutron emittierte Neutrino eine kleine Chance, von einem anderen Neutron wieder absorbiert zu werden, und es gibt tatsächlich einen neutrinolosen doppelten Betazerfall. Noch interessanter ist, daß die Wahrscheinlichkeit für diesen Prozeß von der Neutrinomasse abhängt: Je schwerer das Neutrino ist, desto wahrscheinlicher ist es, daß sich ein neutrinoloser doppelter Betazerfall ereignet.

Die Argumentation ist anscheinend kompliziert und enthält viele „Wenn" und „Aber". Die Konsequenzen sind gleichwohl schwerwiegend genug, um die experimentelle Suche nach dem seltenen Prozeß des neutrinolosen doppelten Betazerfalls zu rechtfertigen. Sollte sich der Prozeß im Experiment nachweisen lassen, so hieße dies sowohl, daß Neutrinos ununterscheidbar von ihren Antiteilchen sind (das heißt, daß es Majorana-Teilchen sind), als auch, daß sie eine bestimmte Masse besitzen, deren Betrag sich aus der Häufigkeit ableiten läßt, mit der der Prozeß auftritt. (In Wirklichkeit gibt es mehr als einen Weg, das Problem der „Händigkeit" zu lösen, aber die Möglichkeit der Existenz von „Majorana-Neutrinos" ist unbestreitbar die aufregendste.) Sollte der Versuch den Prozeß nicht nachweisen, dann wird man zumindest sagen können, daß der neutrinolose doppelte Betazerfall nicht häufiger auftritt als ein bestimmter oberer Grenzwert angibt und daß die Neutrinomasse kleiner als ein bestimmter Wert sein muß, wenn das Neutrino tatsächlich ein Majorana-Teilchen sein sollte.

Um einen doppelten Betazerfall zu entdecken, muß man die beiden Elektronen nachweisen, die bei diesem Prozeß ausgesandt werden. Wie kann man aber herausfinden, ob gleichzeitig zwei unsichtbare Neutrinos emittiert wurden? Die Antwort liegt – wie beim Nachweis der ursprünglichen Hypothese von der Neutrino-Existenz – in der Analyse des Energiespektrums der Elektronen. Wenn der doppelte Betazerfall zwei Neutrinos erzeugt, so wird sich ein breites Spektrum von Elektronenenergien ausbilden. Gibt es aber keine Neutrinos, dann können die Elektronen wegen der Erhaltung von Energie und Impuls nur mit einer einzigen Energie entweichen, und das Spektrum wird eher einer Spitze als einem breiten Kontinuum gleichen.

Der doppelte Betazerfall tritt tatsächlich auf. Untersuchungen von Felsgestein haben gezeigt, daß der Prozeß während der Lebensdauer der Erde (etwa 4,5 Milliarden Jahre) Kerne von Edelgasen erzeugt hat. So hat sich beispielsweise Xenon-130 (mit 54 Protonen und 76 Neutronen) durch den Zerfall von Tellur-130 (mit 52 Protonen und 78 Neutronen) gebildet. Solche Zerfälle sind sehr selten. Die Halbwertszeit von Tellur-130 wird auf etwa $1,5 \times 10^{21}$ Jahre geschätzt. In einer kleinen Probe aus festem Tellur-130 ereignen sich nur einige Zerfälle pro Jahr.

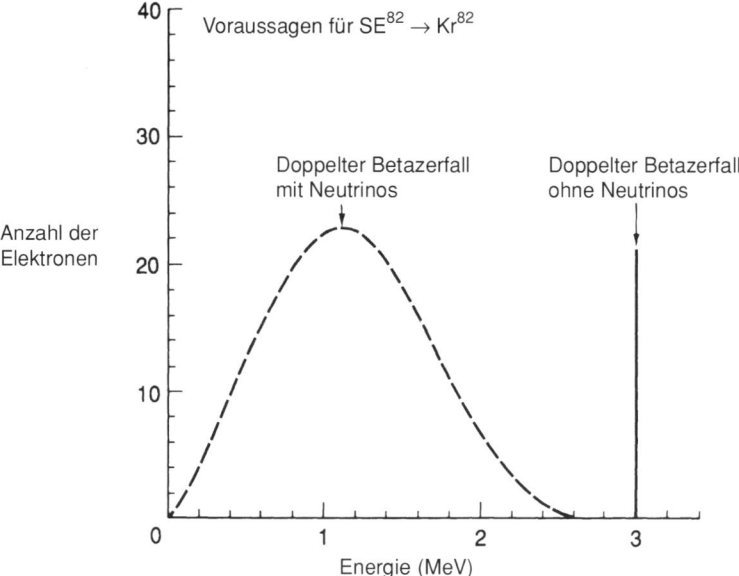

Wenn der doppelte Betazerfall zur Emission von zwei Neutrinos führt, müssen sich diese die freigesetzte Energie mit den beiden Elektronen teilen, und das Energiespektrum der Elektronen ist kontinuierlich, wie wie beim normalen Betazerfall. Wenn aber keine Neutrinos emittiert werden, fliegen die beiden Elektronen in entgegengesetzte Richtungen auseinander und teilen die Energie gleichmäßig unter sich auf; dann besteht das Spektrum aus einer einzigen Linie.

Wie kann man nun feststellen , ob sich dieser doppelte Betazerfall mit oder ohne Beteiligung von Neutrinos ereignet? Bei den geologischen Proben besteht die einzige Zuflucht in der Theorie, nach der die Halbwertszeit eher mit einem Zerfall unter Beteiligung von Neutrinos verträglich ist als mit einem ohne Neutrinos. Bei einem Laborexperiment dagegen ruht die Hoffnung auf der Messung des Spektrums der emittierten Elektronen.

Michael Moe und seine Kollegen Steve Elliot und Alan Hahn von der Universität Irvine, Kalifornien, haben gerade eine solche Versuchsreihe mit einer Apparatur unternommen, die sie als „Zeitprojektionskammer" bezeichnen. Es handelt sich dabei um eine zylindrische, mit einem Gas gefüllte Kammer. Zwischen der Mittelebene und den Enden der Kammer wird ein elektrisches Feld und parallel dazu zusätzlich ein Magnetfeld angelegt. Auf eine quer über die Mittelebene des Zylinders gespannte Plastikfolie (Mylar) wird eine Schicht der zu untersuchenden Substanz aufgebracht. Alle Elektronen, die von der Mittelebene aus emittiert werden, bewegen sich zu den Enden (den Anoden), wobei sie sich im Magnetfeld auf Spiralbahnen bewegen. Dabei hinterlassen sie im Gas Ionisationsspuren, die durch das elektrische Feld driften und in Drähten, die am Ende der Kammer angebracht sind, ein bestimmtes Signalmuster erzeugen.

Durch die Korrelation der Zeit mit der Position dieser Signale können Moe und seine Kollegen genau bestimmen, von welcher Stelle der Folie eine Spur herrührt. Damit steht den Forschern eine sehr effektive Methode für die Suche nach dem doppelten Betazerfall zur Verfügung, da sie die Elektronenpaare herausfinden können, die von derselben Stelle ausgehen. Darüber hinaus läßt sich aus der Krümmung der Spuren im Magnetfeld – übersetzt in das Spiralmuster der Signale an den Enden der Kammer – der Impuls der Elektronen bestimmen.

Das Team in Irvine arbeitete zuerst mit Selen-82, das sich über den doppelten Betazerfall zu Krypton-82 umwandeln kann. Im Jahre 1987 konnte die Erzeugung von Elektronenpaaren beobachtet werden, die anzeigte, daß der seltene Prozeß des doppelten Betazerfalls tatsächlich abläuft. Das breite Energiespektrum der Elektronenpaare ließ auf die Anwesenheit des unsichtbaren Neutrinos schließen. Damit war bewiesen, daß Moe und seinen Kollegen die erste direkte Beobachtung des doppelten Betazerfalls unter Neutrinobeteiligung gelungen war.

Nachdem sie ihren Detektor verbessert und ihn durch seine unterirdische Installation am Hoover-Damm vor der Kosmischen Strahlung geschützt hatten, veröffentlichten die Forscher 1992 einen Wert für die Halbwertszeit des doppelten Betazerfalls mit Neutrinos in Selen-82 von $1,08 \times 10^{20}$ Jahren. Es gab jedoch immer noch keinen Hinweis auf das Maximum, das einen doppelten Betazerfall ohne Neutrinos angezeigt hätte, der nach den Berechnungen der Forscher bei Selen-82 eine Halbwertszeit von über $2,7 \times 10^{22}$ Jahren besitzen sollte.

Moe und seine Kollegen haben ihren Detektor seitdem auch zur Untersuchung des doppelten Betazerfalls in Molybdän-100 und in Neodym-150 eingesetzt. Wie Selen zeigen auch diese Kerne deutliche Anzeichen für den doppelten Betazerfall mit Neutrinobeteiligung, aber keine für den neutrinolosen Betazerfall. Die gleichen und noch weitere Kerne wurden auch von anderen Forschergruppen untersucht. Im Jahre 1992 waren etwa 30 Experimente mit dem doppelten Betazerfall entweder bereits in Betrieb oder in der Konstruktions- bzw. Planungsphase – ein Zeichen für das große Interesse an diesem ebenso seltenen wie schwer nachweisbaren Prozeß.

Die empfindlichste Methode der Suche nach dem neutrinolosen doppelten Betazerfall besteht in der Untersuchung des Zerfalls von Germanium-76 (mit 32 Protonen und 44 Neutronen) zu Selen-76 (mit 34 Protonen und 42 Neutronen). Germanium ist ein Halbleitermaterial, das in sehr reiner Form für die Mikroelektronik-Industrie hergestellt wird und sich außerdem sehr gut zum Teilchennachweis eignet. Natürliches Germanium enthält 7,8% Germanium-76 und vereinigt in sich daher automatisch die Eigenschaften einer Quelle und eines Detektors.

Der Zerfall von Germanium-76 zu Selen-76 setzt eine Energie von 2,04 MeV frei. Bei einem neutrinolosen Zerfall würde diese Energie vollständig auf die zwei Elektronen übergehen. Sollten aber auch Neutrinos entweichen, müßten die Elektronen weniger Energie unter sich aufteilen. Die bei

Michael Moe vor seiner „Zeitprojektionskammer", die von Spulen zum Erzeugen des Magnetfeldes umgeben ist. Moe und seine Kollegen an der Universität Irvine benutzten diesen Detektor zur ersten Messung des Energiespektrums der beim doppelten Betazerfall emittierten Elektronen (M. Moe, Universität von Kalifornien, Irvine).

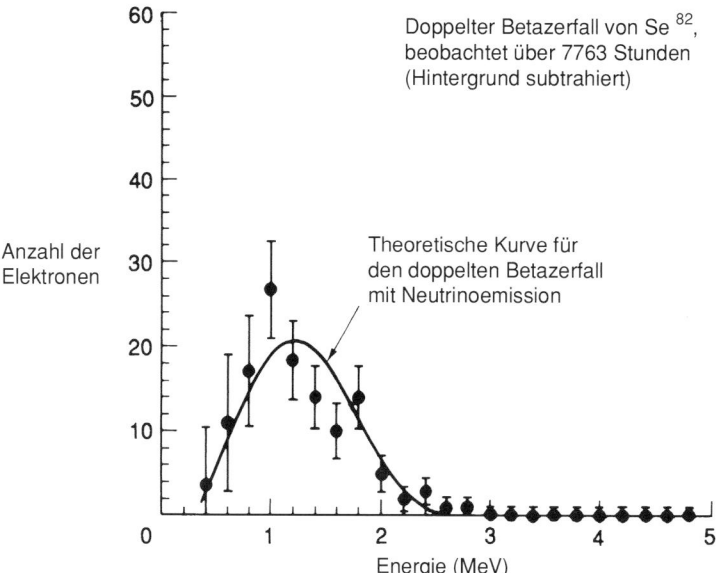

Das von Moe und seinen Kollegen ermittelte Energiespektrum der von Selen-82 emittierten Elektronen zeigt einen kontinuierlichen Verlauf. Diesen erwartet man, wenn beim doppelten Betazerfall Neutrinos zusammen mit Elektronen emittiert werden (M. Moe, Universität von Kalifornien, Irvine).

dem Germaniumdetektor verwendete Methode besteht daher darin, im Energiespektrum nach einer Spitze bei 2,04 MeV zu suchen.

Die besten Ergebnisse mit natürlichem Germanium stammen bisher von einem Experiment, das im Maschinenhaus des Oroville-Damms in den Sierra-Vorbergen in Kalifornien betrieben wird. Hier hat ein Team von der Universität Santa Barbara sowie von den Lawrence-Berkeley-Laboratorien 200 m unter der Erdoberfläche Detektoren installiert, um den Einfall der kosmischen Strahlen auf den Germaniumdetektor zu reduzieren. David Caldwell und seine Kollegen verwenden acht Germaniumkristalle von je 160 Kubikzentimetern in einem Kryostaten, in dem das Germanium zur Herabsetzung thermischer Effekte auf der Temperatur des flüssigen Stickstoffs gehalten wird. Zusätzlich ist das Germanium von Detektoren aus Natriumjodid umgeben, mit denen unerwünschte geladene Teilchen und Gammastrahlen entdeckt werden.

Caldwells Team konnte nicht den geringsten Hinweis auf den neutrinolosen doppelten Betazerfall finden; das Spektrum zeigt bei 2,04 MeV keinen über die üblichen statistischen Fluktuationen hinausragenden Anstieg. Dies erlaubte es den Forschern, eine untere Grenze für die Halbwertszeit des neutrinolosen doppelten Betazerfalls abzuleiten, die ihren Angaben zufolge mehr als $2,4 \times 10^{24}$ Jahre betragen muß. Damit konnten sie die obere Grenze für die Masse des Neutrinos zu etwa 1 eV festlegen. Das bedeutet: Das Neutrino besitzt – falls es ein Majorana-Teilchen (sein eigenes Antiteilchen) ist – eine Masse von weniger als 1 eV. Sind Neutrino und Antineutrino dagegen, wie von Dirac angenommen, voneinander verschieden, so ermöglicht das Experiment keine Aussage über die Neutrinomasse.

Das Team um Caldwell verwendete natürliches Germanium, das 7,8% Germanium-76 enthält, in dem der doppelte Betazerfall möglich ist. Seither wurden noch empfindlichere Experimente begonnen, bei denen der Prozentsatz an Germanium-76 über den natürlichen Anteil hinaus erhöht wurde. Bei derartigen Versuchen gelangen einer Gruppe vom ITEP in Moskau und vom Physikalischen Institut in Eriwan, Armenien, erstmals Messungen der Halbwertszeit des Zwei-Neutrino-Betazerfalls in Germanium-76. Mit Hilfe eines „angereicherten" Detektors mit 85% Germanium-76 ermittelte sie eine Halbwertszeit von etwa 9×10^{20} Jahren.

Dieses Team hat sich nun mit anderen Gruppen zum „Internationalen Germanium-Experiment" (IGEX) zusammengeschlossen. Zumindest in der ersten Phase werden drei Germaniumdetektoren eingesetzt – jeder gefüllt mit Germanium-76, das auf 87% angereichert wurde –, die in unterirdischen Laboratorien in verschiedenen Kontinenten untergebracht sind. Experimente dieser Art könnten empfindlich genug sein, um die Masse eines „Majorana-Neutrinos" nachzuweisen, sofern sie nicht mehr als 0,1 eV beträgt. Große Detektoren, die mit ähnlich gut geeigneten, aber weniger kostspieligen Kernen arbeiten, könnten diese Grenze letzten Endes bis auf 0,01 eV herunterdrücken.

Wie so oft, wenn es um Neutrinos geht, scheint auch die Suche nach dem doppelten Betazerfall ein verrücktes Spiel zu sein, das sich für viele Physiker dennoch lohnt, weil die Einsätze so hoch sind. Beweise für eine Neutrinomasse würden über die elektroschwache Theorie hinausführen und vielleicht den Weg für den nächsten bedeutenden theoretischen Durchbruch bahnen. Vorläufig bleiben die Physiker trotz der ungeklärten Natur des Neutrinos dabei, die linkshändige Variante als Neutrino und die rechtshändige als Antineutrino zu bezeichnen. Wir wollen für den Rest des Buches ebenso verfahren, sofern diese Unterscheidung erforderlich wird. Im nächsten Kapitel werden wir entdecken, daß sogar diese Differenzierung nicht ausreichend ist, denn es wird sich erweisen, daß es mehr als einen Neutrino-Typ gibt.

4. Wieviele Neutrinos?

> „Die durchdringenden Teilchen der Kosmischen Strahlung, die
> in Meereshöhe beobachtet wurden, zeigten ein paradoxes Verhal-
> ten. Sie schienen weder Elektronen noch Protonen zu sein. Wenn
> wir untereinander diskutierten, lösten wir dieses Paradoxon,
> indem wir von 'grünen' und 'roten' Elektronen sprachen, wobei
> die grünen zum durchdringenden und die roten zum absorbier-
> baren Typ gehörten." (1)
>
> *Carl Anderson, 1983*

Während der 22 Jahre zwischen Fermis „vorläufiger" Theorie des Betazerfalls, die den Neutrinos zu allgemeiner Anerkennung verhalf, und dem
Experiment von Cowan und Reines, das ihre Existenz nachwies, indem es
sie dazu zwang, etwas zu tun, war auf dem Gebiet der subatomaren
Teilchen eine Menge geschehen. In der Tat war ein neues Zeitalter der
Physik angebrochen: Die Untersuchungen von Protonen, Neutronen und
anderen Partikeln hatten immer weniger mit der Physik der Atomkerne
und immer mehr mit der Natur der Teilchen selbst zu tun. In den 30er und
40er Jahren wurde die Teilchenphysik geboren.

Viele der frühen Entdeckungen stammten aus experimentellen Untersuchungen der Kosmischen Strahlung, eines permanenten Regens von im
Weltraum erzeugten Teilchen. Diese hochenergetischen Partikel – größtenteils Protonen – erreichen die Erdatmosphäre nach einer langen Reise von
entfernten Sternen, vielleicht sogar von anderen Galaxien. Beim Zusammenstoß der Teilchen mit Atomkernen in der oberen Atmosphäre laufen
heftige Reaktionen ab und erzeugen manchmal große Teilchenschauer, die
sich kaskadenartig bis hinunter auf die Erdoberfläche ausbreiten. Bis zum
Erreichen der Meereshöhe werden viele Teilchen in der Atmosphäre absorbiert; andere überleben jedoch, durchdringen auch unsere Körper und
gelangen in die Erde. Tatsächlich durchqueren viele Neutrinos in kosmischen Regen schnurstracks die Erde, um auf der gegenüberliegenden Seite
wieder auszutreten!

Unter den Teilchen, die mit diesem kosmischen Regen an der Erdoberfläche ankommen, befindet sich ein „Außerirdischer" – ein Teilchen, das
für den Aufbau der Materie auf der Erde anscheinend nicht nötig ist. Mitte
der 30er Jahre schien die Liste der für die irdische Materie erforderlichen
Teilchen keinen Anlaß zur Beanstandung zu bieten: Atome enthalten Elektronen, Protonen und Neutronen. Diese können miteinander wechselwirken, wobei sie Photonen absorbieren bzw. emittieren. Beispielsweise wandeln sich beim Betazerfall die Atomkerne durch gleichzeitige Emission von

Elektronen und Neutrinos in andere Kerne um. Im Jahre 1937 entdeckten die amerikanischen Physiker Carl Anderson und Seth Neddermeyer ein Teilchen, das wir heute „Myon" nennen.

Was ist ein Myon? Die beste Antwort auf diese Frage lautet vielleicht, daß es sich dabei um ein „schweres Elektron" handelt. Im Prinzip verhält sich ein Myon sehr ähnlich wie ein Elektron, ist aber 210mal schwerer. Da das Myon massereicher als das Elektron ist, existiert es nicht unbegrenzte Zeit; vielmehr zerfällt es nach einer mittleren Lebensdauer von 2,2 Mikrosekunden in ein Elektron und ein Neutrino, und zwar auf die gleiche Weise, in der ein Neutron in ein Proton, ein Elektron und ein Neutrino zerfällt. Dieser Sachverhalt ist von großer Bedeutung; denn er enthält den Schlüssel für einen der großen Wendepunkte in der Teilchenphysik. Zunächst sind einige geschichtliche Anmerkungen angebracht.

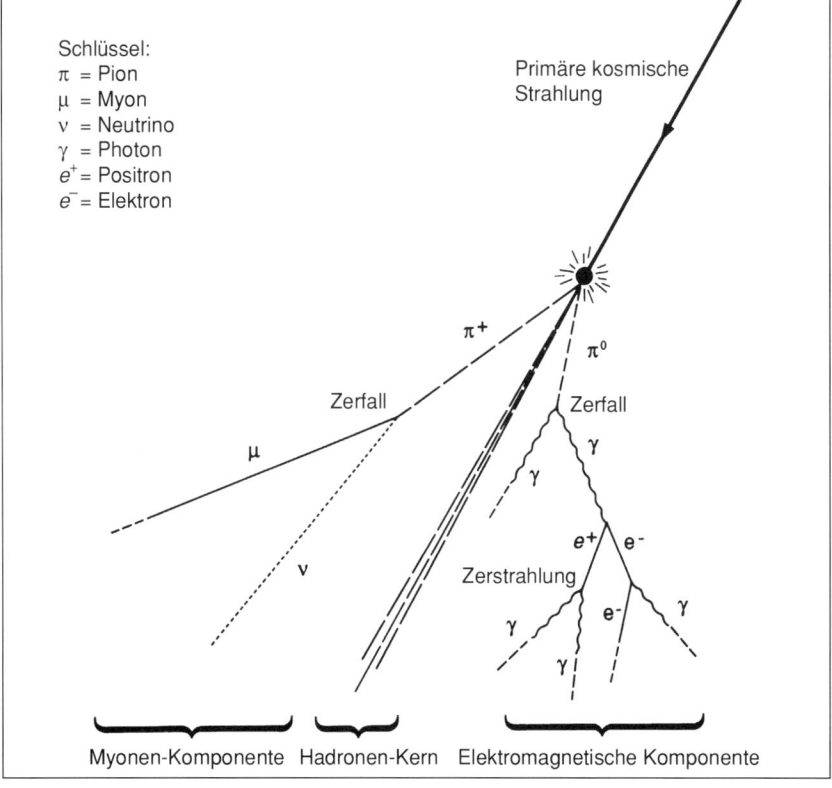

Aus dem Weltraum kommende hochenergetische Teilchen der primären Kosmischen Strahlung – größtenteils Protonen – bombardieren ständig die obere Erdatmosphäre. Bei ihren Wechselwirkungen erzeugen sie dort Schauer sekundärer kosmischer Strahlungspartikel, darunter Pionen und Myonen.

Carl Anderson, der zusammen mit Seth Neddermeyer das Myon entdeckte, hier im
Jahre 1935 vor der Kontrolltafel seiner Blasenkammer am Pike's Peak (AIP Niels Bohr
Library).

Schon bald nach seiner Entdeckung schien es so, als käme dem Myon
eine bestimmte Rolle zu. Ende 1934 hatte ein japanischer Theoretiker die
Ideen von Dirac, Heisenberg und Fermi miteinander zu einem Modell
verschmolzen, das sowohl die Bindungskraft zwischen Protonen und Neutronen als auch den Prozeß des Betazerfalls erklärte. Hideoki Yukawa,
damals junger Dozent an der Universität Osaka, versuchte eine Theorie der
Kernkraft zu entwickeln – ein schwieriges Problem, das ihn „viele Tage des
Leidens" und „die schwersten Jahre seines Lebens" kostete (2).

In der Quantentheorie des Elektromagnetismus wird das elektromagnetische Feld als eine Schar von Photonen betrachtet; zwei geladene
Teilchen treten miteinander in Wechselwirkung, indem das eine ein Photon
aussendet, das von dem anderen absorbiert wird. Yukawa versuchte 1932,
eine ähnliche Erklärung für das nukleare Kraftfeld zu geben, und argumentierte wie folgt:

*Es schien so, als wäre die Kernkraft eine dritte fundamentale Kraft, die keine
Beziehung zur Gravitation oder zum Elektromagnetismus besitzt …, und die
ebenfalls in Form eines Feldes ausgedrückt werden kann … Würde man sich
nun das Kraftfeld als ein 'Fangspiel' zwischen Protonen und Neutronen*

vorstellen, so wäre das entscheidende Problem, die Art des dazu benutzten 'Balles' oder Teilchens herauszufinden. (3)

Zunächst folgte Yukawa der Arbeit Heisenbergs und erklärte mit Hilfe eines Feldes aus Elektronen die Kernkraft zwischen Protonen und Neutronen. Dieser Ansatz führte zu Problemen, die unter anderem den Spin des

Im Jahre 1935 sagte Hideoki Yukawa die Existenz eines Teilchens voraus, das zwischen Protonen und Neutronen im Atomkern bei einer Art „Quanten-Fangspiel" hin und her fliegt. Dieses Teilchen, das heute als Pion bezeichnet wird, wurde schließlich 1947 entdeckt (Associated Press).

Elektrons betrafen. Im Jahre 1934 entschloß sich Yukawa daher, nicht weiter unter den bekannten Partikeln nach dem für das Kernfeld verantwortlichen Teilchen zu suchen:

> *Die entscheidende Idee kam mir … in einer Nacht im Oktober. Die Kernkraft ist auf extrem kleinen Entfernungen wirksam, die in der Größenordnung von 0,02 Trillionsteln eines Zentimeters liegen. Meine neue Idee besagte, daß diese Entfernung und die Masse des von mir gesuchten neuen Teilchens einander umgekehrt proportional sind.* (4)

Yukawa erkannte, daß er die Reichweite der Kernkraft nur dann korrekt angeben konnte, wenn er dem beim „Fangspiel" benutzten Ball eine große Masse zuschrieb – etwa das 200fache der Elektronenmasse. Obwohl ein solches Teilchen noch nicht entdeckt worden war, hatte Yukawa das Gefühl, daß seine Leidenszeit nun vorüber war, wie bei einem „Wanderer, der sich auf dem Gipfel eines Berges ausruht." (5)

Die Masse des Yukawa-Teilchens entsprach genau der Masse des neuen Teilchens, das Anderson und Neddermeyer drei Jahre später in der Kosmischen Strahlung entdeckten und das zuerst den Namen „Mesotron" erhielt. Als die Physiker in Europa und in den USA von Yukawas Theorie erfuhren, vermuteten sie sofort, daß es sich bei dem Mesotron um das von der Theorie geforderte Teilchen handelte.

In Yukawas Theorie war das Feldteilchen auch für den Betazerfall verantwortlich, den Yukawa im Gegensatz zu Fermis einstufigem Prozeß als eine zweistufige Reaktion beschrieb. Nach Yukawa wird ein Neutron zu einem Proton, wenn es ein Feldteilchen aussendet; dieses wandelt sich dann in ein Elektron und ein Neutrino um. Wenn das Mesotron daher wirklich Yukawas Teilchen war, sollte es in ein Elektron und ein Neutrino zerfallen; eine Zeitlang sah es so aus, als wäre das wirklich der Fall.

Anfang der 40er Jahre veröffentlichten E.J. Williams und G.E. Roberts einige photographische Aufnahmen, die den Zerfall von Mesotronen aus der Kosmischen Strahlung zu Elektronen zu zeigen schienen. Sie hatten die Spuren von Teilchen aufgezeichnet, die eine Blasenkammer passiert hatten; dies ist ein Gerät, in dem Wassertropfen an Ionisationsspuren kondensieren, wenn das übersättigte Gas in der Kammer schlagartig expandiert wird. Es war aber schwierig, die Spuren von Elektronen nachzuweisen, die nur eine geringfügige Ionisation erzeugen. Daher stand ein überzeugender Beweis für den Zerfall des Mesotrons immer noch aus.

In den folgenden Jahren wandte sich eine Reihe von Physikern in der ganzen Welt trotz des Zweiten Weltkrieges dem Studium der Mesotronen zu. Mehrere Experimente bestätigten, daß das Mesotron tatsächlich mit einer Halbwertszeit von etwas mehr als 2 Mikrosekunden zerfällt. Das wohl bedeutendste Ergebnis kam von einer Gruppe von Italienern, die nach der deutschen Okkupation im Verborgenen weitergeforscht hatte.

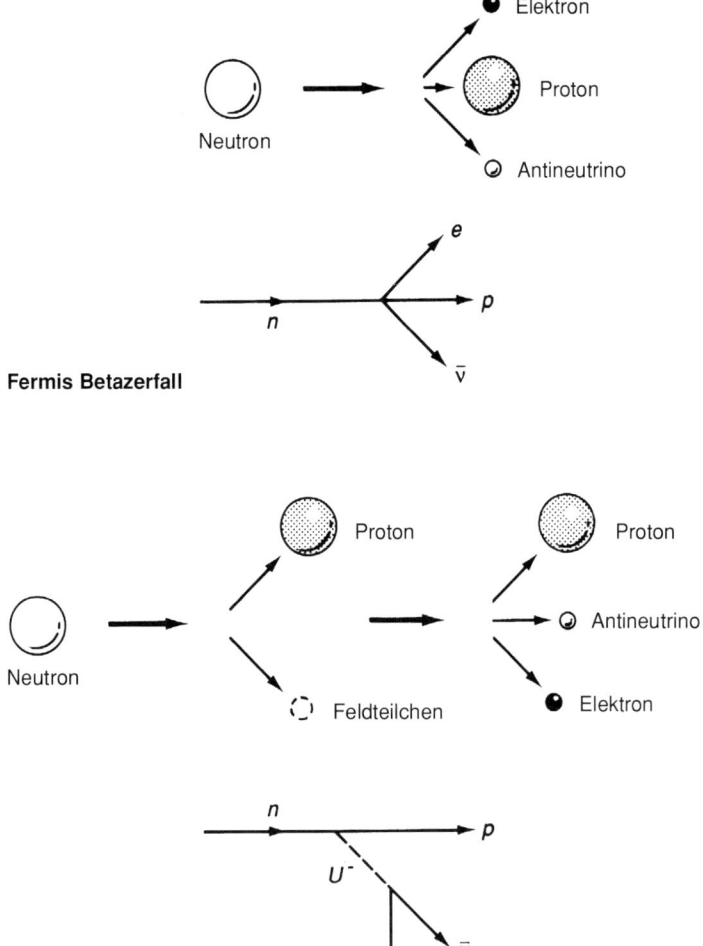

Fermis Betazerfall

Yukawas Betazerfall

In Fermis Theorie des Betazerfalls emittiert ein Neutron bei seiner Umwandlung in
ein Proton direkt ein Elektron und ein Antineutrino. Yukawa nahm dagegen an, daß
das Neutron bei seiner Umwandlung in ein Proton ein intermediäres Teilchen
emittiert (er nannte es U^-), das sofort in ein Elektron und ein Antineutrino zerfällt,
was zum gleichen Endergebnis führt. Aus den vereinfachten Zeichnungen, bei denen
die Teilchen als Pfeile dargestellt sind, geht die Beteiligung des U^- noch deutlicher
hervor.

Bei der Fortsetzung ihrer Arbeiten, nach der Befreiung Roms durch die
Alliierten im Jahre 1945, entdeckten Marcello Conversi, Ettore Pancini und
Oreste Piccione, daß es sich bei dem Mesotron aus der Kosmischen Strahlung möglicherweise nicht um das Feldteilchen der Yukawa-Theorie handelte. Kurz gesagt: negativ geladene Versionen des Yukawa-Teilchens soll-

ten von den Atomkernen jeder Art von Materie rasch eingefangen werden, in die die Teilchen eindrangen. Da es durch den positiven Kern elektrisch angezogen wurde, sollte das negative Mesotron infolge der starken Kernkraft vom Kern schnell geschluckt werden. Das Experiment zeigte dagegen, daß dieser Effekt nicht auftrat. Was die Mesotronen auch immer waren, sie wurden von der starken Kernkraft nicht beeinflußt. Deshalb konnten sie nicht die Teilchen sein, die Yukawa eingeführt hatte, um Protonen und Neutronen aneinander zu binden.

Bald nachdem die drei Italiener ihre Arbeit veröffentlicht hatten, entdeckte ein Team der Universität Bristol bei einem Experiment auf einem hochgelegenen Pyrenäengipfel einen weiteren Teilchentyp in der Kosmischen Strahlung, und nun erst kam die ganze Sache in Ordnung. Wie sich herausstellte, verhielt sich das neue Teilchen genau so, wie man es vom Yukawa-Teilchen erwartete. Zudem wandelte es sich offenbar in das durchdringendere Mesotron um, das man so oft in geringeren Höhen gefunden hatte.

Das schwere Elektron

> „Die Tatsache, daß der große Massenunterschied zwischen Myon und Elektron keine Unterschiede in den anderen Eigenschaften dieser Teilchen zur Folge hat, gehört zu den faszinierendsten Ergebnissen der gegenwärtigen Physik." (6)
>
> *Leon Lederman, 1963*

Heute bezeichnen wir das Teilchen, das Cecil Powell und sein Team in Bristol gefunden hatten, als Pion; das Teilchen, das es bei seinem Zerfall erzeugt, nennen wir Myon. Wir wissen heute auch, daß sich die beiden Partikel – wie erstmals von Conversi und seinen Kollegen gezeigt – sehr stark voneinander unterscheiden. Das Pion unterliegt wie das Proton und das Neutron der im Kern wirksamen starken Kraft, das Myon und das Elektron dagegen sind ihr nicht ausgesetzt. Andererseits zerfällt das Myon ähnlich wie das Neutron.

Die Frage, ob es genau wie das Neutron zerfällt, wurde Ende der 40er Jahre geklärt, nachdem Conversi, Pancini und Piccione ihre Ergebnisse publiziert hatten. Unter den Physikern, die diese Entdeckungen aufregend fanden, war auch ein ehemaliges Mitglied der Gruppe Fermis an der Universität Rom, Bruno Pontecorvo, der inzwischen in Kanada arbeitete. Er schrieb:

Sobald ich die Arbeit gelesen hatte, war ich von dem Teilchen fasziniert, das wir heute Myon nennen. Es handelte sich in der Tat um ein erstaunliches Objekt: Von Yukawa 'bestellt', von Anderson entdeckt sowie von Conversi und anderen eines schlechten Benehmens überführt, da es nichts mit dem Yukawa-Teilchen zu tun hatte! Ich befand mich plötzlich in einer antidogmatischen Strömung

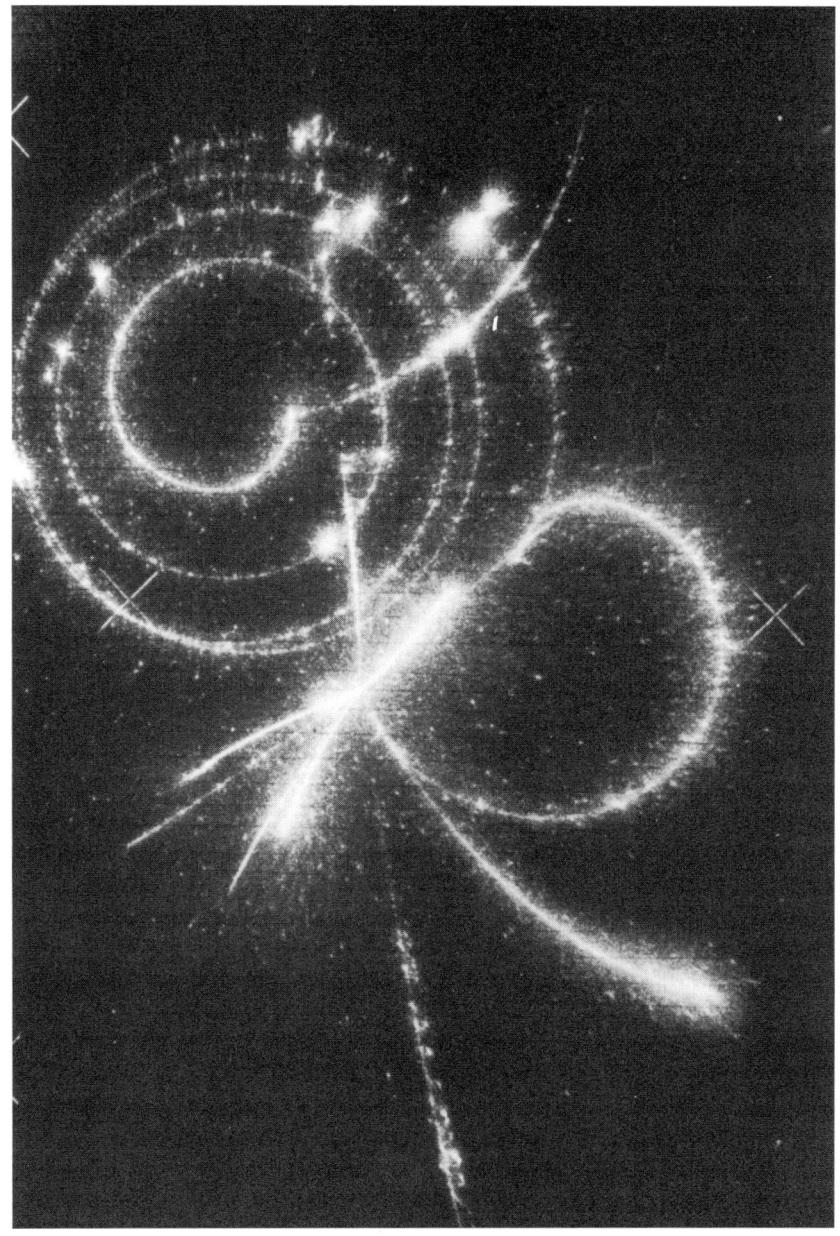

Auf der Photographie von Teilchenspuren in einer Blasenkammer (linke Seite) ist der vollständige Prozeß zu erkennen, bei dem ein positives Pion (π^+) in ein positives Myon (μ^+) zerfällt, das wiederum in ein Positron (e^+) zerfällt. Das Pion wurde durch die Zerstrahlung eines Protons mit einem Antiproton in einem Teilchenstrahl in der Bildmitte erzeugt. Die Teilchenbahnen sind gekrümmt, da die Teilchen von einem Magnetfeld abgelenkt werden. Abrupte Richtungsänderungen zeigen einen Zerfall an, bei dem auch unsichtbare Neutrinos emittiert werden (G. Piragino, Experiment PS179 am CERN) (© 1994 Science foto Library, London).

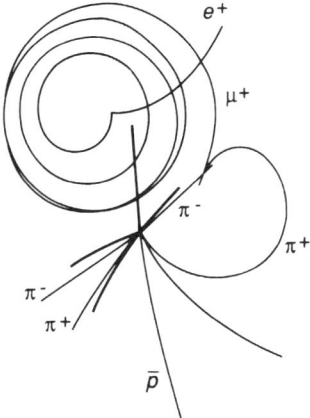

und begann eine Menge Fragen zu stellen: Wer sagte eigentlich, daß das Myon in ein Elektron und ein Neutrino zerfallen muß und nicht in ein Elektron und zwei Neutrinos oder in ein Elektron und ein Photon? Handelte es sich bei dem geladenen Teilchen, das beim Myonenzerfall emittiert wird, tatsächlich um ein Elektron? (7)

Pontecorvo hatte sofort die große Übereinstimmung der Werte für die Häufigkeit bemerkt, mit der Elektronen und Myonen von Kernen eingefangen werden. Der Prozeß des Elektroneneinfangs ähnelt dem inversen Betazerfall: Ein im Kern sitzendes Proton fängt ein benachbartes Elektron ein und verwandelt sich unter gleichzeitiger Aussendung eines Neutrinos in ein Neutron. So postulierte Pontecorvo in seiner Arbeit, die er im Juni 1947 an „The Physical Review" sandte, daß ein Proton nach dem Einfang eines Myons unter Emission eines Neutrinos zu einem Neutron wird.

Im folgenden Jahr stellten auch Gianpietro Puppi in Italien und Oskar Klein in Stockholm unabhängig voneinander fest, daß Einfang und Zerfall von Myonen sehr ähnlich dem Beta-Zerfallsprozeß zu verlaufen schienen. Sie fanden, daß sie Fermis Theorie für den Betazerfall so anpassen konnten, daß sie auch für das Teilchen gilt, das an den Myon-Wechselwirkungen beteiligt ist. Der interessanteste Punkt betraf die „Kopplungskonstante", welche die Stärke der Wechselwirkung zwischen den ursprünglich vorhandenen und den schließlich erzeugten Partikeln angibt.

Wie sich erwies, ist die Kopplungskonstante für den Myonenzerfall nahezu gleich der Konstanten, die für den Betazerfall berechnet worden war. Dieses Ergebnis besagt, daß dieselbe grundlegende Wechselwirkung stattfindet und daß die gleiche Kraft für den Zerfall des Neutrons und den des Myons verantwortlich ist. Das legt die Existenz einer neuen Kraft nahe, die in gleicher Weise auf verschiedene Teilchen wirkt. Diese Kraft wird als „schwache Kraft" bezeichnet, weil die durch sie hervorgerufenen Vorgänge viel langsamer verlaufen als die Reaktionen, die etwa durch die elektromagnetische Kraft zwischen verschiedenen Teilchen ausgelöst werden. Der langsame Ablauf dieser Wechselwirkungen spiegelt die relative Kleinheit der Kopplungskonstanten und diese wiederum die Schwäche der Kraft wider.

Inzwischen war Pontecorvo der Faszination der Myonen vollständig erlegen. Er hatte so viel wie möglich über die Physik der Kosmischen Strahlung gelernt und mit Ted Hinks eine „sehr freundschaftliche, unvergeßliche und anregende experimentelle Zusammenarbeit" begonnen (8). Innerhalb kurzer Zeit bereiteten die beiden ein Experiment vor, mit dem die Myonen erforscht und die Fragen beantwortet werden sollten, die Pontecorvo so interessierten.

Die beiden Physiker hatten sich zuvor am Chalk-River-Laboratorium in Ontario mit Reaktorphysik beschäftigt und „wegen der Forschungen auf dem Gebiet der Kosmischen Strahlung eine Art Schuldgefühl entwikkelt". (9) Dennoch fanden sie die Antworten auf ihre Fragen. Jawohl: das geladene Teilchen, das beim Myonenzerfall ausgesandt wird, ist ein Elektron; nein: das Myon zerfällt nicht in ein Elektron und ein Photon; nein: das Myon zerfällt auch nicht in ein Elektron und ein Neutrino. In Wirklichkeit zerfällt das Myon ebenso wie das Neutron in drei Teilchen. Pontecorvo und Hinks folgerten dies aus dem gemessenen Spektrum der emittierten Elektronen, das genauso kontinuierlich wie das beim Betazerfall war. Andere Forscher erzielten ähnliche Ergebnisse. In den USA fand insbesondere Jack Steinberger an der Universität Chikago, daß das Myon in drei Teilchen zerfällt. Mehr über Steinberger aber später.

Ein oder zwei Neutrinos?

> „Im Jahre 1956 machten Cowan und ich den Vorschlag, einen Beschleuniger zu benutzen, um die Identität der beiden Neutrinos zu überprüfen. Die Reaktion aus Los Alamos war schwer zu verstehen: 'Ihr beiden habt genug Spaß gehabt. Warum geht ihr nicht an eure Arbeit zurück?'" (10)
>
> *Fred Reines, 1982*

Zehn Jahre nach den Experimenten mit Hinks arbeitete Bruno Pontecorvo am Vereinigten Institut für Kernforschung in Dubna südlich von Moskau, nachdem er 1950 Kanada verlassen hatte und in die Sowjetunion gezogen war. Zu Beginn des Jahres 1959 dachte er darüber nach, welche Forschungen am Protonenbeschleuniger möglich wären, dessen Bau vom Institut geplant war. Eine Idee bestand dabei in der Erzeugung von Neutrinos.

Die ersten Teilchenbeschleuniger waren Anfang der 30er Jahre entstanden. In diesen Geräten wird wiederholt Energie auf Scharen von Teilchen (meist Elektronen oder Protonen) übertragen. Das Ergebnis ist eine intensive, kontrollierbare Quelle für Teilchen, die eine weit höhere Energie als

Bruno Pontecorvo (hier auf einer Photographie aus dem Jahre 1948) trug mit mehreren Ideen zum Verständnis der Neutrinos bei: von Experimenten zum Myonenzerfall über Vorschläge zur Untersuchung von Neutrinos aus Kernreaktoren und Beschleunigern bis zur Hypothese, Neutrinos könnten zwischen verschiedenen Zuständen hin und her oszillieren (Niels Bohr Library, Physics Today Collection).

die von radioaktiven Substanzen ausgesandten Partikel besitzen und daher – mit Ausnahme der höchsten Energien – mehr der Kosmischen Strahlung ähneln.

Noch während seines Aufenthaltes in Kanada erkannte Pontecorvo im Jahre 1946, daß ein Kernreaktor eine ergiebige Neutrinoquelle darstellen würde, und er dachte darüber nach, wie man Neutrinos nachweisen könnte. Er schlug Chlor-37 als Neutrinodetektor vor; dieses Experiment wurde später, wie in Kapitel 3 geschildert, von Raymond Davis durchgeführt. Cowan und Reines kamen – offensichtlich in Unkenntnis der Arbeit Pontecorvos – einige Jahre später ebenfalls auf die Idee, einen Reaktor als Neutrinoquelle zu benutzen. Sie verwendeten in ihrem Detektor eine erst kurz zuvor entdeckte Szintillatorflüssigkeit. Mit seiner Übersiedlung nach Dubna hatte Pontecorvo die Physik der Kernreaktoren hinter sich gelassen. Im Jahre 1959 dachte er dann erneut über Neutrinos nach, diesmal über solche, die von einem Reaktor erzeugt wurden.

Ende der 50er Jahre war die Produktion von Pionen in Beschleunigern zur Routine geworden. Die hochenergetischen Protonen aus dem Beschleuniger streiften ein „Zielmetall" und setzten eine große Anzahl energiereicher Pionen frei, analog den Zusammenstößen der Kosmischen Strahlung in der oberen Atmosphäre. Die Pionen ihrerseits zerfielen in Myonen und Neutrinos. Pontecorvo beschloß, diese Neutrinos für seine Zwecke zu benutzen.

Er hielt ein Experiment für möglich, bei dem die Natur der neutralen Teilchen zu ermitteln war, die beim Zerfall von Myonen und Pionen emittiert wurden. Seine gemeinsam mit Hincks durchgeführten Versuche hatten gezeigt, daß das Elektron, das bei einem Myonenzerfall erzeugt wird, von zwei neutralen Teilchen begleitet wird. Waren diese Partikel aber tatsächlich Neutrinos? Und wenn ja – handelte es sich um die gleiche Art von Neutrinos? Außerdem zerfiel das Pion in ein Myon und ein neutrales Teilchen. War dieses neutrale Teilchen das gleiche Neutrino, das beim Betazerfall eines Kernes emittiert wurde, oder ein anderes Objekt?

Es gab zu jener Zeit einen besonders triftigen Grund für die Annahme, es existiere mehr als eine Art von Neutrino. Er betraf die Krise, die mit dem Zerfall des Myons zusammenhing. Die Physiker glaubten damals, das Myon würde am leichtesten in ein Elektron, ein Neutrino und ein Antineutrino zerfallen. Sie wußten auch, daß Teilchen und Antiteilchen – wie beispielsweise Elektronen und Positronen – zerstrahlen, wobei sich ihre Quanteneigenschaften gegenseitig aufheben und ihre gesamte Masse in Energie in Form von Gammastrahlen umgewandelt wird. Die Physiker fragten sich daher: Warum vernichten sich Neutrino und Antineutrino, die beim Zerfall des Myons entstehen, nicht sofort gegenseitig, wodurch neben dem Elektron auch ein Photon erzeugt würde?

Wie Pontecorvo und Hinks gefunden hatten, zerfällt das Myon offensichtlich niemals in ein Elektron und ein Photon; das wurde durch einige noch genauere Messungen bestätigt. Es schien gleichwohl keinen Grund dafür zu geben, daß das Myon nicht auf diese Weise zerfallen sollte. Im Gegenteil: die Erklärungen für ein anderes, die schwache Wechselwirkung betreffendes Problem ließen darauf schließen, daß solche Zerfälle tausendmal häufiger auftreten sollten, als es mit den experimentellen Beobachtungen verträglich war.

Es gab jedoch eine Lösung dieses Paradoxons. Angenommen, das beim Myonenzerfall erzeugte Neutrino und das zugehörige Antineutrino wären nicht vom gleichen Typ. Dann wären sie nicht in der Lage, sich gegenseitig zu vernichten, da ihre Quanteneigenschaften sich nicht exakt aufheben würden. Worin aber sollten sich die beiden Neutrinoarten unterscheiden?

Beim Beantworten dieser Frage ließen sich die Physiker von der Beobachtung leiten, daß physikalische Prozesse von bestimmten Erhaltungsgesetzen regiert werden. So bleiben bei allen uns bekannten Prozessen die Gesamtbeträge von Energie und Impuls erhalten; wir beobachten keine Prozesse, die diese Regel verletzen. Erinnern wir uns an Paulis Bestürzung über Bohrs Vorschlag, die Probleme der Kernphysik könnten durch die Annahme gelöst werden, daß die Energie nicht erhalten bleibt. So schien es plausibel, daß das Myon deswegen nicht in ein Elektron und ein Photon zerfällt, weil dabei irgendein fundamentales Erhaltungsgesetz verletzt würde. Das Problem bestand darin, herauszufinden, welche Eigenschaft erhalten blieb.

Die Argumentation verlief etwa wie folgt. Angenommen, das beim Zerfall des Myons erzeugte Neutrino übernähme irgendeine Eigenschaft des Myons, einen „Myonenwert". Das gleichzeitig erzeugte Antineutrino,

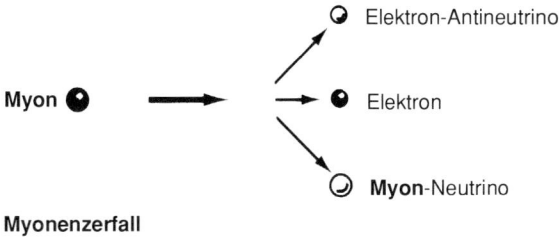

Myonenzerfall

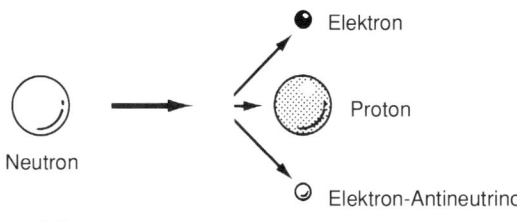

Betazerfall

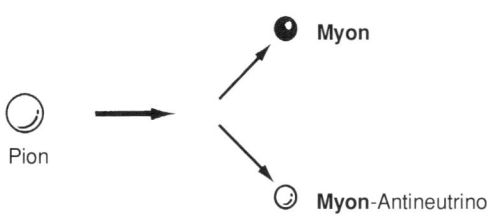

Pionenzerfall

Die Tatsache, daß das Neutrino und das Antineutrino (die beim Zerfall eines Myons emittiert werden) nicht zu einem Photon zerstrahlen, wird verständlich, wenn es sich dabei um verschiedene Teilchenarten handelt, die mit dem Elektron beziehungsweise mit dem Myon verknüpft sind. Es scheint, daß bei schwachen Wechselwirkungen wie dem hier dargestellten Zerfall „myonenartige" Teilchen (Myonen oder Myon-Neutrinos) nur in andere myonenartige Teilchen zerfallen und nur zusammen mit anderen myonenartigen Antiteilchen entstehen können. Das gleiche gilt für „elektronenartige" Teilchen (Elektronen und Elektron-Neutrinos).

das einer anderen Teilchenart angehören soll, würde den „Myonenwert" null besitzen, dafür aber das dieser Eigenschaft verwandte Charakteristikum des „Elektronenwertes". Diese Eigenschaft des Antineutrinos und der „Elektronenwert" des beim Zerfall erzeugten Elektrons würden sich gegenseitig aufheben, denn das Elektron ist ein Teilchen, während es sich beim Antineutrino um ein Antiteilchen handelt. Auf diese Weise bliebe der gesamte „Myonenwert" während der Erzeugung des Neutrinos erhalten, und der gesamte „Elektronenwert", der vor dem Myonenzerfall gleich null war, bliebe auch nach der Erzeugung des Antineutrino-Elektron-Paares null.

Etwas Ähnliches geschähe beim Betazerfall, bei dem ein Antineutrino zusammen mit einem Elektron entsteht. Dieses Antineutrino trüge einen „Elektronenwert". Andererseits wäre das Teilchen, das beim Pionenzerfall gemeinsam mit einem Myon erzeugt wird, aufgrund einer ähnlichen Argumentation Träger eines „Myonenwertes". Es würde sich bei den „Elektron-Neutrinos" und den „Myon-Neutrinos" also um zwei verschiedene Teilchenarten handeln.

Zum Nachweis des Unterschiedes zwischen „Elektron-Neutrinos" und „Myon-Neutrinos" schlug Pontecorvo die Verwendung von Neutrinos vor, die zusammen mit Myonen beim Zerfall von Pionen erzeugt werden. Sie sollten auf einen Detektor ähnlich der von Cowan und Reines benutzten Apparatur gelenkt werden. Zum Nachweis würde gezählt, wieviele Elektronen bei „inversen Reaktionen" entstünden, bei denen die Neutrinos absorbiert würden. Wenn sich das Myon-Neutrino tatsächlich von dem Neutrino unterschiede, das gemeinsam mit dem Elektron beim Betazerfall emittiert wird, sollten keine inversen Reaktionen auftreten und keine Elektronen nachzuweisen sein. Der Beschleuniger, den Pontecorvo für sein Experiment benutzen wollte, wurde niemals gebaut. Aber in der westlichen Hemisphäre, in New York, war ein junger Amerikaner auf eine ähnliche Idee gekommen.

Melvin Schwartz war zu einer bemerkenswerten Zeit Mitglied des Physik-Departments der Columbia University. Ähnlich wie früher das Cavendish-Laboratorium in Cambridge unter Rutherford oder das Physikalische Institut in Rom unter Fermi war die Columbia University zu einer Geburtsstätte neuer Ideen geworden. Eines der hervorragendsten Talente in dieser Zeit in Columbia war Tsung Dao (T.D.) Lee, ein junger theoretischer Physiker, der 1957 zusammen mit Chen-Ning Yang den Nobelpreis erhalten hatte. Die beiden hatten gezeigt, daß die schwache Kraft nicht die Spiegelsymmetrie einhält – ein Phänomen, das als „Paritätsverletzung" bekannt ist (vergleiche Kapitel 3). Nun war Lee daran interessiert, wie sich die schwache Kraft bei Energien verhält, die höher sind als die Energien, die beim Zerfall von Teilchen wie Myonen und Neutronen auftreten. Er pflegte seine Ideen gern in der Kaffeepause mit seinen experimentell arbeitenden Kollegen zu besprechen.

Schwartz erinnerte sich:

An einem Donnerstagnachmittag im November 1959 kam ich zu spät zum Kaffee und fand um T.D. eine aufgekratzte Gruppe versammelt ..., deren Unterhaltung sich um die beste Möglichkeit der Messung schwacher Wechselwirkungen bei hohen Energien drehte. An der Tafel stand eine Menge möglicher Reaktionen, an denen alle bis dahin bekannten Teilchen beteiligt waren: Elektronen, Protonen und Neutronen. Keine einzige von ihnen schien geeignet zu sein ... In der Nacht darauf kam mir die Erleuchtung. Es war unglaublich einfach. Man mußte nur Neutrinos verwenden. (11)

Tsung-Dao Lee bei einem Vortrag über die schwache Kraft am CERN im Jahre 1965. Gemeinsam mit Yang hatte er an den theoretischen Vorstellungen über das Verhalten der schwachen Kraft bei hohen Energien gearbeitet. Zu jener Zeit regte er seinen Kollegen Mel Schwartz, einen Experimentalphysiker an der Columbia University, dazu an, über eine Methode zur Erzeugung eines Neutrinostrahles für die Untersuchung schwacher Wechselwirkungen nachzudenken (CERN).

Bei der Untersuchung der schwachen Kraft bieten Neutrinos gegenüber anderen Teilchenarten einen besonderen Vorteil. Sie besitzen keine elektrische Ladung und unterliegen nicht der starken Kernkraft; die einzige Möglichkeit, wie Neutrinos mit anderer Materie wechselwirken können, besteht tatsächlich in der schwachen Kraft. Daher werden die Wirkungen der schwachen Kraft bei Experimenten mit Neutrinos nicht durch die stärkeren elektromagnetischen oder Kerneffekte überdeckt. Und Schwartz glaubte zu wissen, wie man sich Neutrinos besorgen konnte.

Schwartz war auf die gleiche grundlegende Idee wie Pontecorvo gekommen, wie man einen Neutrinostrahl erzeugen könnte: Energiereiche Protonen produzieren, wenn sie eine kleine Metallprobe streifen, Pionen, die überwiegend in die gleiche Richtung weiterfliegen. Die zerfallenden Pionen ihrerseits erzeugen Neutrinos, die wiederum lediglich mit leichter Streuung der Richtung der Pionen folgen. Bei den Energien, die Ende der 50er Jahre in den größten Beschleunigern erzielbar waren, würden die Pionen vor ihrem Zerfall durchschnittlich eine Entfernung von 50 m zurücklegen, während die erzeugten Neutrinos ihren Flug innerhalb eines Winkelbereichs von $10°$ um die Hauptflugrichtung fortsetzen würden. Um eine zu große Streuung der Neutrinos zu vermeiden, schlug Schwartz einen 10 m dicken Schutzwall in etwa 10 m Entfernung vom Ziel vor, in dem die Pionen erzeugt wurden. Innerhalb dieser Distanz würden etwa 10% der Pionen zerfallen. Sowohl die verbleibenden Pionen als auch die bei ihrem Zerfall entstandenen Myonen würden in der Abschirmung absorbiert, und nur die beim Zerfall der Pionen erzeugten Neutrinos würden den Wall durchdringen.

Dann berechnete Schwartz, wieviele Protonen er benötigte, um einen Neutrinostrahl ausreichender Intensität zu erzeugen. Dabei war die gegenüber dem Betazerfall relativ hohe Energie der Neutrinos sehr vorteilhaft. Wie die japanischen Theoretiker Sinitiro Tomonaga und Hidehiko Tamaki bereits 1937 gezeigt hatten, wächst die Wahrscheinlichkeit für die Reaktion eines Neutrinos mit seiner Energie stark an. Der Wirkungsquerschnitt steigt von etwa 10^{-44} cm^2 (dem Wert, den Bethe und Peierls berechnet hatten; vergleiche Kapitel 3) für Neutrinos aus einem Reaktor mit einer Energie von einigen MeV bis auf etwa 10^{-38} cm^2 für Neutrinos mit Energien von einigen hundert MeV; dies entspricht der Leistungsfähigkeit der energiereichsten Beschleuniger der damaligen Zeit. Der Wirkungsquerschnitt war demnach rund millionenfach größer.

Wenn Schwartz also einen Detektor bauen konnte, der 10 Tonnen an Material enthielt, so würde er einen Beschleuniger benötigen, der pro Sekunde fünf Billionen (5×10^{12}) Protonen liefert, um im Detektor eine Reaktion pro Stunde hervorzurufen. Das waren weit mehr Protonen, als irgendein Beschleuniger zur damaligen Zeit zu produzieren vermochte. Man diskutierte aber bereits über Möglichkeiten, neue Geräte mit höheren Intensitäten zu bauen, und so veröffentlichte Schwartz seine Vorstellungen im März 1960 in den „Physical Review Letters". Natürlich hatte er seine Ideen mit T.D. Lee diskutiert, und Lee verfaßte gemeinsam mit seinem Kollegen Yang eine Arbeit darüber, was man aus Experimenten mit einem Neutrinostrahl lernen könnte. Diese Publikation erschien ebenfalls in den „Physical Review Letters", unmittelbar hinter derjenigen von Schwartz. Der erste Punkt auf der Liste war der Vorschlag, die Identität der Neutrinos zu überprüfen, die beim Pionen- und Neutronenzerfall erzeugt wurden.

Das erste hochenergetische Neutrino-Experiment

> „Mit der Gnade von AEC, BNL, Gott, Green und Hayworth (in alphabetischer Reihenfolge) werden wir Neutrinos entdecken."
> (12)
>
> *Leon Lederman, 1960*

Auch wenn sie nicht sofort realisierbar war, erschien zumindest einigen Physikern an der Columbia University die Idee eines Neutrinostrahles zu verlockend, um sie gleich wieder aufzugeben. Besonders Leon Lederman und Jack Steinberger (der der Doktorvater von Schwartz gewesen war) weigerten sich, diesen Plan zu den Akten zu legen. Beide waren gute Bekannte von Lee und bereit, dessen Herausforderung anzunehmen und die Untersuchungen der schwachen Kraft auf ein neues Gebiet auszudehnen.

Lederman und Steinberger hatten bereits viele bedeutende Experimente gemeinsam durchgeführt. Im Jahre 1949 hatte Steinberger an der Universität von Chikago, wo er unter Fermi arbeitete, in einem Experiment im Rahmen seiner Promotion gezeigt, daß das Myon in drei Teilchen zerfällt, ein geladenes und zwei neutrale; dies hatten auch Hinks und Pontecorvo etwa gleichzeitig und unabhängig davon entdeckt. Lederman, von 1948 bis 1951 Student an der Columbia University, hatte 1957 auf Anregung von Lee und Yang die Symmetrieeigenschaften des Myonenzerfalls untersucht. Dieses Experiment hatte bestätigt, daß die schwachen Zerfälle die räumliche Symmetrie verletzen, wie dies von Lee und Yang behauptet worden war. Im gleichen Jahr fand – wiederum von Lee ermutigt – Steinbergers Gruppe zusammen mit Schwartz an der Columbia University eine verwandte Symmetrie beim schwachen Zerfall des Hyperons. (Hyperonen sind den Protonen und Neutronen verwandte Teilchen, aber schwerer als diese und demzufolge auch kurzlebiger.)

Gemeinsam mit Schwartz verfolgten Lederman und Steinberger weiterhin die Idee der Erzeugung eines Neutrinostrahles. Ihre Hoffnungen richteten sich dabei besonders auf den neuen Beschleuniger, der ganz in ihrer Nähe am Brookhaven National Laboratory auf Long Island errichtet wurde; dort hatten sie bereits mit einem älteren Beschleuniger, dem Cosmotron, gearbeitet. Das neue Gerät war für die Beschleunigung von Protonen auf

30 GeV (30 Giga-Elektronenvolt bzw. 30'000 MeV) ausgelegt – das Zehnfache der Energie, die das Cosmotron erreicht hatte. Würde es aber auch genügend Protonen erzeugen, um eine ausreichende Zahl von Neutrinos zu liefern? Vielleicht. „Wir hielten an der Hoffnung fest, daß der Beschleuniger von Brookhaven gut genug sein könnte", erinnert sich Lederman, „und schließlich kamen wir auf eine Idee, wie wir die Untersuchungen durchführen konnten." (13)

Es war klar, daß ein großer Detektor verwendet werden mußte, um so viele Neutrinos wie möglich zu erfassen, auch wenn es nur einige pro Tag sein sollten. Wie aber sollte man einen Detektor mit einem Gewicht von ungefähr 10 Tonnen bauen? Glücklicherweise arbeiteten nicht weit entfernt von New Jersey an der Princeton-Universität James Cronin und George Renninger mit einem neuen Detektortyp, der eine Lösung des Problems ermöglichte, und zwar mit der Funkenkammer.

Eine einfache Funkenkammer besteht aus einer Reihe paralleler Metallplatten in einem Kasten, der mit einem geeigneten Gas gefüllt ist. Wenn ein geladenes Teilchen die Kammer passiert, hinterläßt es eine Spur aus ionisierten Atomen. Läßt man nun ein starkes elektrisches Feld zwischen den Platten wirken, so wird das Gas an den ionisierten Stellen unter Funkenbildung entladen. Auf diese Weise wird die Spur der Teilchen zwischen den Platten als Funkenkette sichtbar, die photographiert werden kann.

Im Jahre 1960 war das Prinzip der Funkenkammer gerade erst entwikkelt und in Großbritannien und in Japan realisiert worden. Cronin und Renninger waren dabei, die erste in den USA gebaute Kammer zu testen, die 19 Aluminiumplatten mit einer Dicke von 6 mm und einer effektiven Fläche von 320 cm^2 enthielt. Das Gesamtgewicht des Aluminiums lag bei rund 10 kg. Schwartz und seine Kollegen erkannten sofort, daß dies die ideale Apparatur für den Nachweis von Neutrinos war.

Zum einen besitzt eine Funkenkammer ein „Gedächtnis". Die ionisierte Spur bleibt so lange bestehen, bis man eine hohe Spannung anlegt und dadurch ein elektrisches Feld erzeugt. Man kann daher andere Detektoren in der Nachbarschaft der Kammer installieren, die anzeigen, ob irgend etwas aus der Kammer ausgetreten ist. Nur in diesem Fall werden die Detektorsignale dazu benutzt, die Hochspannung anzulegen und damit Funken in der Kammer zu erzeugen. Auf diese Weise braucht man die Kammer nur dann zu aktivieren und Photographien zu machen, wenn die Wahrscheinlichkeit besteht, daß etwas Interessantes passiert ist. Dieser Umstand ist sehr nützlich, besonders wenn man mit Neutrinos arbeitet, die nur selten Wechselwirkungen zeigen.

Zum anderen kann man eine 10 Tonnen schwere Funkenkammer bauen, ohne daß diese außergewöhnlich groß oder sehr teuer wäre. Die Metallplatten können für die nötige Masse sorgen – es handelt sich einfach um den Maßstab, wobei „einfach" sogar noch eine Übertreibung darstellt. Es war eher eine Frage des Mutes. Auf einer Konferenz in Berkeley im Sep-

Mel Schwartz vor seiner 10 Tonnen schweren Funkenkammer, die er für das „Zwei-Neutrino-Experiment" benutzte. Jede ihrer zehn Module enthielt 1 Tonne Aluminium in Form von neun 2,5 cm dicken Platten, die durch 1 cm breite, gasgefüllte Zwischenräume voneinander getrennt waren. Eine an die Platten angelegte Hochspannung verursachte eine Funkenbildung längs der Bahnen geladener Teilchen; in dieser Zeitrafferaufnahme wurden kosmische Strahlen erfaßt (Brookhaven National Laboratory).

tember 1960 präsentierte Cronin die ersten Bilder von Teilchenspuren in seiner 10-kg-Kammer; auf der gleichen Konferenz trug Lederman seine Gedanken über eine 10-Tonnen-Funkenkammer vor, deren Kosten auf 70'000 Dollar geschätzt wurden.

Um diese Zeit wurde der neue Beschleuniger im Brookhaven-Laboratorium in Betrieb genommen, und die Wahrscheinlichkeit wuchs von Tag

zu Tag, daß er Protonenstrahlen produzieren würde, die intensiv genug
waren, um ausreichend viele Neutrinos zu erzeugen. Die Neutrino-Ar-
beitsgruppe in Columbia ging mit Begeisterung ans Werk. Steinberger und
Lederman waren die Leiter eines Teams, das am Ende aus den Studenten
Jean-Marc Gaillard, Dino Goulianos und Nariman Mistry sowie Gordon
Danby (einem Physiker aus dem Brookhaven-Laboratorium) und natürlich
aus Schwartz bestand.

Die maßstäblich vergrößerte Funkenkammer war in jeder Dimension
etwa zehnmal größer als Cronins Prototyp. Sie enthielt 90 Aluminiumplatten, jede mit einer Dicke von 2,5 cm und einer Fläche von 120 cm². Diese
Platten waren zu Modulen von jeweils neun Platten zusammengefaßt. In
jedem Modul hielten „Fensterrahmen" aus Kunststoff die Platten im jeweiligen Abstand von 1 cm und bildeten einen Teil der Ummantelung des
Moduls, die dessen Füllung mit Neon ermöglichte. Die zehn Module waren
in zwei Reihen von jeweils fünf Einheiten angeordnet, die übereinander
gestapelt waren.

Die Neutrinos selbst würden zwar keine Ionisationsspuren in den
Modulen hinterlassen, aber jedes geladene Teilchen – das heißt jedes Myon
oder Elektron –, das bei Wechselwirkungen der Neutrinos in den Aluminiumplatten entstünde, würde Spuren erzeugen. Das Ziel bestand darin, die
Hochspannungsanlage jedesmal dann auszulösen, wenn ein solches Teilchen erschien, um so die Spuren in Form von Funkenbahnen sichtbar zu
machen. Die leuchtenden Spuren könnten dann von Kameras aufgenommen werden, die von der Seite in die sandwichartig angeordneten Module
„hineinsahen".

Zum Nachweis geladener Teilchen installierte das Team Platten aus
einem Kunststoffszintillator zwischen jedem Modul und der Rückseite des
Detektors. Beim Durchgang eines geladenen Teilchens würde der Szintillator Lichtblitze aussenden, und die Blitze würden durch Photomultiplier
an einem Ende der Platten sofort in elektrische Signale umgewandelt – nur
ein paar Nanosekunden (Milliardstel Sekunden), nachdem die geladenen
Teilchen die Kammer passiert hätten. Diese Signale würden dann die
Hochspannung an den Platten in der Funkenkammer aktivieren, also den
Aufbau des elektrischen Feldes bewirken, das die Bildung der Funken
auslöste.

Der Bau der Funkenkammer-Module war nur eine der Aufgaben, denen
sich das Team gegenübersah. Wie Cowan und Reines mußten auch die
Forscher in Columbia das Problem lösen, wie sie andere Teilchen als
Neutrinos daran hindern konnten, das Experiment zu entwerten. Eine
Möglichkeit bestand darin, den Detektor mit ausreichend viel Material
gegen hochenergetische Teilchen, insbesondere Myonen, abzuschirmen.
Der Pionenstrahl, der die Neutrinos lieferte, legte etwa 20 m zurück, bevor
er auf eine 13,5 m dicke Stahlwand traf. Rund 10% der Pionen würden vor
dem Erreichen der Wand zerfallen, die sowohl die restlichen 90% des
Strahles als auch die beim Zerfall erzeugten durchdringenden Myonen

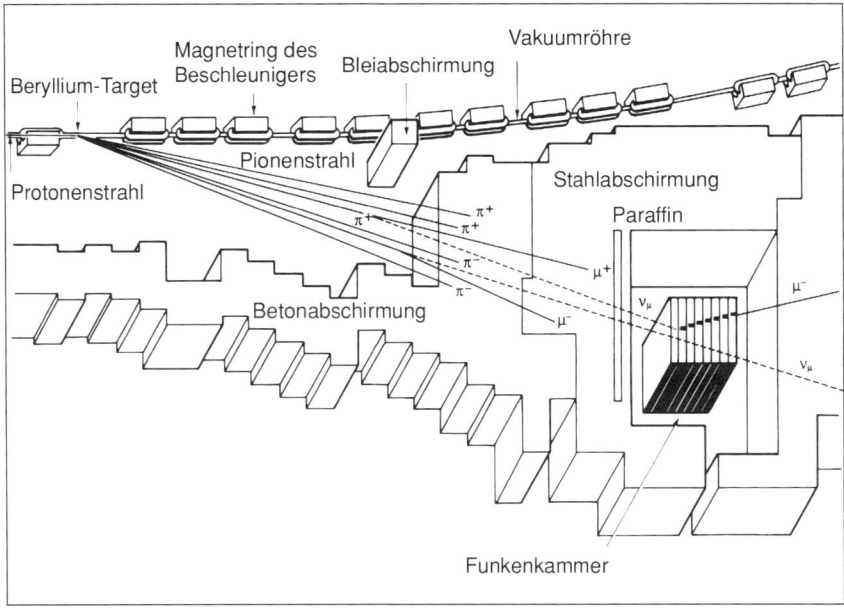

Das Prinzip des ersten Hochenergie-Neutrinoexperiments in Brookhaven beruhte auf der Erzeugung von Neutrinos beim Zerfall von Pionen, die beim Auftreffen von Protonen auf Beryllium im Beschleuniger entstanden. Große Mengen von Stahl in einem 13,5 m starken Schutzwall absorbierten sowohl die erzeugten Myonen als auch die übriggebliebenen Pionen und erlaubten es nur den Neutrinos, bis zur 10-Tonnen-Funkenkammer durchzudringen.

auffangen würde, so daß nur die Neutrinos auf der anderen Seite entweichen würden. Die Wand selbst wurde aus Panzerplatten errichtet, die vom Deck eines alten Kriegsschiffes stammten. Zu jener Zeit wurde das Nevis-Laboratorium in Columbia von der US-Marine gefördert und kam dadurch billig an Metallschrott heran.

Die Wand reichte aber noch nicht aus: Teilchen konnten sie umgehen und in den Detektor gelangen. Daher mußten die Forscher noch mehr Stahl zu einer seitlichen Mauer zusammensetzen, die nahe der Elektromagnete des Protonenbeschleunigers verlief – sehr zur Besorgnis von Kenneth Green, der für das neue Gerät verantwortlich war. An den restlichen Seiten sowie am Fußboden und an der Decke sorgte Beton für eine weitere Abschirmung.

Trotz dieser Abschirmung konnten pro Sekunde immer noch Hunderte von Teilchen der Kosmischen Strahlung den Detektor erreichen, die Szintillatorplatten durchdringen und die Funkenkammer aktivieren. Um solche störenden Auslöser zu vermeiden, installierte das Team weitere Szintillatorplatten über dem Detektor sowie an seiner Vorder- und Rückseite. Mit Hilfe der Signale aus diesen Szintillatoren wurden uner-

wünschte Teilchen angezeigt und die Aktivierung der Funkenkammer
verhindert. Dies reduzierte die Zahl der Auslöser infolge Kosmischer
Strahlung auf etwa 80 pro Sekunde. Die Seiten des Detektors mußten
allerdings ohne Abdeckung bleiben, damit die Kameras die Spuren aufnehmen konnten.

Ein letzter Trick zur Reduktion der Anzahl unerwünschter Spuren
wurde durch die Geschicklichkeit des Beschleunigerteams unter Leitung
von Ken Green möglich. Spuren von echten Neutrino-Wechselwirkungen
würden sehr bald nach dem Zeitpunkt erscheinen, an dem die Protonen,
die den Neutronenstrahl erzeugten, den Beschleuniger verließen. Die Physiker legten daher die elektronische Steuerung so aus, daß sie die Funkenkammer nur dann auslöste, wenn der Beschleuniger tatsächlich Protonen
lieferte. Die Zeitintervalle, in denen Protonen ausgesandt wurden, reduzierte man auf den kleinstmöglichen Wert; so konnte die überwiegende
Zahl der „zufälligen" Auslöser durch Kosmische Strahlung vermieden
werden.

Am Ende hatte der Detektor Teilchen erfaßt, die ihn während 1,6
Millionen Pulsen des Beschleunigers durchquert hatten und zum größten
Teil aus 25 „guten" Tagen stammten, die sich über einen Zeitraum von etwa
acht Monaten verteilten. Während dieser ganzen Zeit war der Detektor
insgesamt nur 5,5 Sekunden lang „an" – immerhin noch Zeit genug, um
440 kosmischen Strahlen die Auslösung der Funkenkammern zu ermöglichen. Während der gleichen Zeit wurden die Kammern nach den Schätzungen des Teams aber auch von etwa 10^{14} Neutrinos passiert; das reichte
aus, um ungefähr 25 Reaktionen hervorzurufen.

Das Ergebnis bestand in 5000 Photographien, von denen über die
Hälfte schwarz und vermutlich durch die Wechselwirkungen relativ langsamer Neutronen entstanden war. Ein Teil der übrigen Aufnahmen wurde
von den Physikern den etwa 400 erwarteten kosmischen Strahlen zuge-
ordnet, die durch die Lücken zwischen den Zählersperren geschlüpft
waren. Eine große Anzahl des Restes schien durch Myonen erzeugt worden zu sein, die die Abschirmung durchdrungen und die Zählersperren
umgangen hatten. Was aber bedeuteten die verbleibenden Ereignisse?
Natürlich zeigten sie an, daß ein paar Neutrinos Wechselwirkungen im
Detektor eingegangen waren – aber in welcher Weise, und was war dabei
erzeugt worden?

Bei der Identifizierung der Teilchen aufgrund ihrer Spuren in den
Funkenkammern zogen Lederman, Steinberger und ihre Kollegen ent-
scheidenden Vorteil aus dem Massenunterschied von Myon und Elektron.
Wenn ein Elektron Materie durchquert, verliert es rasch an Energie, da es
Strahlung aussendet, sobald es in den Einflußbereich des elektrischen
Feldes eines Atomkernes gerät. Das Elektron kommt daher schnell zur
Ruhe, nachdem es eine Weile von einem Atomkern zum nächsten „getor-
kelt", d.h. von diesen gestreut worden ist. Da Myonen wesentlich schwerer
sind, sind sie nicht so leicht zum Strahlen anzuregen. Sie legen weitaus

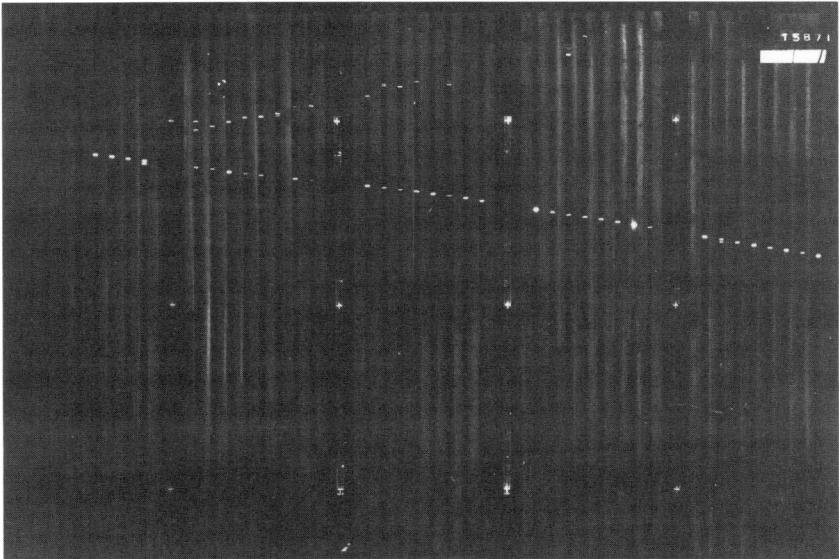

Die lange, gerade Spur eines Myons wird als eine Reihe kurzer Funken zwischen den Aluminiumplatten sichtbar, sobald ein Teilchen die 10-Tonnen-Funkenkammer durchquert. Die kürzere Spur oben im Bild rührt vermutlich von einem anderen Teilchen her, das bei der gleichen Neutrino-Wechselwirkung erzeugt wurde, bei der das Myon entstand (Brookhaven National Laboratory).

größere Strecken zurück, bevor sie gestoppt werden, und hinterlassen bei ihrer Vorwärtsbewegung geradlinige Spuren.

Schließlich verblieben dem Team von Columbia für die abschließende Analyse noch 29 Photographien, die eine lange, gerade Spur zeigten, die für ein Myon typisch war und aus dem Nichts zu kommen schien. Dies ließ darauf schließen, daß die beim Zerfall von Pionen erzeugten „Myon-Neutrinos" Myonen erzeugen können. Waren sie aber auch in der Lage, Elektronen zu produzieren? Wie die Forscher durch Tests ihrer beiden Funkenkammer-Module mit einem Elektronenstrahl aus dem Cosmotron (dem alten 3-GeV-Beschleuniger in Brookhaven) bestätigen konnten, erzeugen Elektronen unregelmäßigere Zickzackspuren. Die in der Kammer erhaltenen Bilder zeigten dagegen nur wenige Spuren, die durch Elektronen entstanden sein konnten. Dies waren eindeutig weniger als die etwa 29 Spuren, die man erwartete, wenn der Neutrinostrahl Myonen und Elektronen mit gleicher Wahrscheinlichkeit erzeugte. In der Veröffentlichung ihrer Ergebnisse schrieben die Forscher: „Die wahrscheinlichste Erklärung ist die, daß es wenigstens zwei Arten von Neutrinos gibt, von denen die eine mit Elektronen und die andere mit Myonen verknüpft ist." (14)

Und dann waren es drei!

> „Ich befolgte einen alten wissenschaftlichen Grundsatz: Wenn du
> ein Phänomen nicht verstehst, halte nach einem Beispiel für
> diesen Effekt Ausschau." (15)
>
> *Martin Perl, 1980*

Die Entdeckung, daß es zwei verschiedene Arten von Neutrinos gibt, die
Träger der Eigenschaften „Myonenwert" und „Elektronenwert" sind,
brachte zumindest ein wenig Symmetrie in das Bild, das die Physiker
allmählich von der fundamentalen Natur der Materie gewannen. Es schien
nun so, als gäbe es eine bestimmte „Familie" von Teilchen: das Elektron,
das Myon und die beiden Neutrinos. Diese Teilchen können an elektromagnetischen und schwachen Wechselwirkungsprozessen wie dem Betazerfall teilnehmen; doch sind sie unempfindlich gegenüber der starken Kraft
in den Atomkernen. Sie werden unter dem Begriff „Leptonen" zusammengefaßt, nach dem griechischen Wort für „leicht", da sie allesamt wesentlich
leichter als das Proton und die meisten anderen Teilchen sind.

Trotzdem half auch die Entdeckung des Myon-Neutrinos nicht viel bei
der Beantwortung der grundlegenden Frage: Warum wiederholt die Natur
sich selbst? Warum existiert überhaupt ein schwereres Lepton – das Myon –, wenn es sich in jeder anderen Hinsicht wie ein Elektron verhält? Und
warum sollte es eine zweite Art von Neutrino geben, das vielleicht ebenfalls
schwerer als das Elektron-Neutrino war?

Einer der Wissenschaftler, die sich für diese Fragen interessierten, war
Martin Perl, ein Physiker am Stanford Linear Accelerator Center (SLAC) in
Kalifornien. Das SLAC rühmt sich, den längsten Linearbeschleuniger der
Welt zu besitzen, der viele Jahre lang auch den stärksten Elektronenbe-
schleuniger darstellte. Im Frühjahr 1972 bekam diese Einrichtung eine neue
Aufgabe: die Speisung einer Maschine, die den Namen SPEAR trug („Stan-
ford Positron Electron Asymmetric Rings"). Allerdings bestand sie in ihrer
endgültigen Version nur aus einem einzigen Ring.

SPEAR stellt im wesentlichen einen Ring aus Elektromagneten dar,
durch den ein Strahlrohr verläuft, das dazu dient, Hunderte Milliarden von
Teilchen zu speichern, die ihm vom Linearbeschleuniger zugeführt wurden. Der Linearbeschleuniger liefert zunächst Elektronen, die in SPEAR im
Uhrzeigersinn kreisen. Sind genügend Elektronen gespeichert, so beginnt
der Linearbeschleuniger Positronen (Antielektronen) abzugeben, die in
SPEAR in der entgegengesetzten Richtung umlaufen. Wenn sie sich begeg-
nen, zerstrahlen Positronen und Elektronen, sofern die beiden Teilchenstrahlen an bestimmten Stellen an gegenüberliegenden Stellen des Ringes
zusammenprallen.

Als SPEAR 1972 einsatzfähig war, stand ein Team vom SLAC und vom
Lawrence-Berkeley-Laboratorium schon in den Startlöchern. Die Forscher
hatten einen komplizierten Detektor namens Mark I gebaut, der das Strahl-

rohr in einer der Kollisionszonen umgab. Das Ziel war, Teilchen zu entdek-
ken, die sich aus der Energie rematerialisierten, welche bei jeder Zerstrahlung eines Elektrons mit einem Positron frei wird. Zylindrische Funkenkammern waren konzentrisch angeordnet, um die Spuren geladener Teilchen nachzuweisen. Weiter außen sorgte die Aluminiumspule eines Ring-
magneten für die Krümmung der Teilchenbahnen. Dahinter befand sich
eine Schicht aus Kunststoffszintillatoren und Blei, in der Gammastrahlen
und Elektronen einen Großteil ihrer Energie abgeben sollten, und schließlich Schichten aus Eisen und Beton, um alle Teilchen außer Myonen und
Neutrinos abzufangen, sowie eine äußere Schicht von Funkenkammern
zum Nachweis von Myonen.

Die Zerstrahlungsenergie aus Zusammenstößen in einem Elektron-Po-
sitron-Stoßrohr wie SPEAR kann nahezu alles materialisieren, sofern dadurch nicht bestimmte Erhaltungssätze verletzt werden. So muß beispielsweise die gesamte elektrische Ladung der neu gebildeten Teilchen die
gleiche wie vorher (nämlich null) sein; weiterhin müssen die Anzahlen der
Teilchen und der Antiteilchen gleich sein, und die gesamte Massenenergie
der Endprodukte muß gleich derjenigen der kollidierten Elektronen und
Positronen sein. Manchmal erzeugt die Energie einfach ein neues Elektron
und ein neues Positron, manchmal ein Myon und ein Antimyon. Warum
also – so fragten sich Perl und seine Kollegen, die mit Mark I arbeiteten –
konnte bei den Kollisionen nicht auch ein drittes, noch schwereres geladenes Lepton zusammen mit seinem Antiteilchen erzeugt werden? Und
wenn ja: wie sollten die Physiker es erkennen?

Sie wußten, daß ein neues Lepton relativ schwer sein würde, sonst
wäre es bereits entdeckt worden. Tatsächlich konnte man schlußfolgern,
daß es über zehnmal schwerer als das Myon sein mußte. Das bedeutete,
daß jedes neue Lepton auf verschiedenste Weise in unterschiedliche Kom-
binationen der relativ leichten Pionen zerfallen würde, was wiederum
implizierte, daß die Lebensdauer des neuen Teilchens sehr kurz sein
mußte – weniger als eine Milliardstel Sekunde. So konnten die Physiker
es nur aufgrund des Teilchenmusters entdecken, das es bei seinem Zerfall
erzeugen würde.

Der Zerfall in Pionen wäre schwierig nachzuweisen, da diese auch auf
viele andere Arten entstehen können. Nahm man aber an, die Leptonenfa-
milie würde sich in Form einer dritten, noch schwereren Generation wie-
derholen, so könnte das neue Lepton einfach zu einem Myon plus einem
Myon-Antineutrino und einem neuen Neutrino beziehungsweise zu einem
Elektron plus einem Elektron-Antineutrino und einem neuen Neutrino
zerfallen. Das bei der Zerstrahlung gleichzeitig erzeugte Antilepton würde
in ähnlicher Weise zerfallen. Daher suchten Perl und seine Kollegen nach
Gelegenheiten, bei denen ein Elektron und ein Antimyon (oder umgekehrt)
gleichzeitig in Erscheinung traten, aber außer diesen keine weiteren Teilchen, denn die Neutrinos würden den Schauplatz unentdeckt verlassen.
Ebenso wie beim Betazerfall würde auch bei diesen Ereignissen die Energie

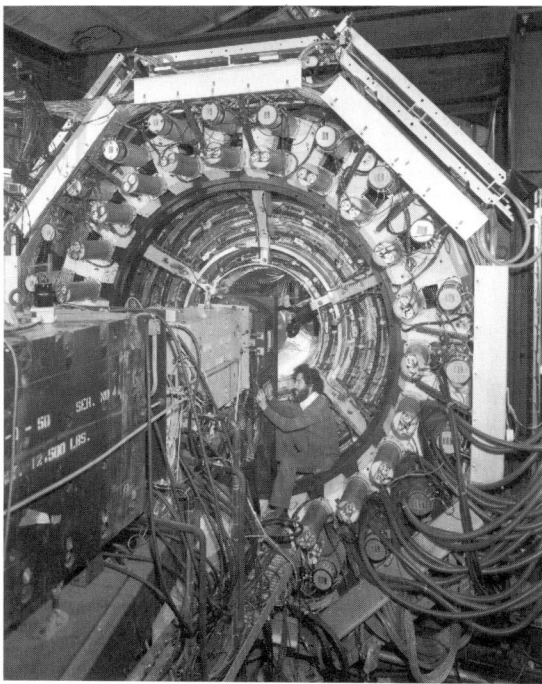

Der Detektor Mark I, mit dem 1974/75 einige wichtige Entdeckungen am SPEAR-Stoßrohr des Stanford-Beschleunigers gelangen. Die Skizze unten zeigt die verschiedenen konzentrischen Schichten, aus denen der zylinderförmige Detektor besteht. Diese Schichten umgeben das Strahlrohr, in dem Elektronen und Positronen frontal zusammenstoßen. Auf der linken Seite der Photographie sieht man Magnete, die einen der Strahlen zum Kollisionspunkt leiten (Universität von Kalifornien, Lawrence Berkeley Laboratory).

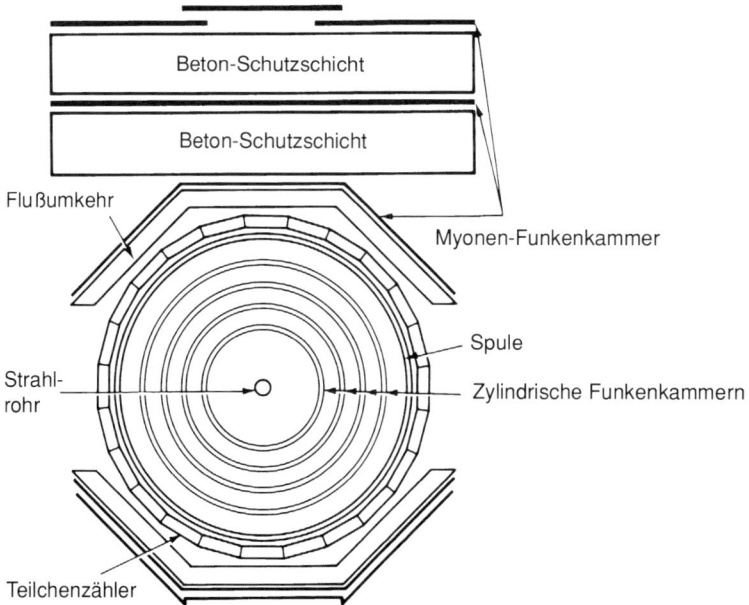

scheinbar nicht erhalten bleiben, da ein großer Energiebetrag durch die Neutrinos abgeführt würde.

Im Jahre 1974 wurden die Bemühungen des Teams durch die ersten solcher Ereignisse belohnt. Es kostete die Forscher zwei weitere Jahre sorgfältiger Untersuchungen, um noch mehr Ereignisse zu finden und sich davon zu überzeugen, daß tatsächlich der Zerfall einer dritten Art geladener Leptonen beobachtet wurde. Perl erinnerte sich:

Als wir mit der Suche begannen, wußten wir nicht, ob schwerere Leptonen existierten und ob wir im richtigen Massenbereich suchten. Es war für uns eine große Überraschung – und eine noch größere für andere Teilchenphysiker, wie ich vermute –, daß wir ein neues elektrisch geladenes Lepton fanden. (16)

Perls Team gab dem neuen Teilchen den Namen „Tauon" nach dem Anfangsbuchstaben des griechischen Wortes „triton", was „das Dritte" bedeutet.

Bald konnte die Existenz des Tauons als gesichert gelten. Es ist fast doppelt so schwer wie das Proton oder etwa 3500mal schwerer als das Elektron oder 18mal schwerer als das Myon. Mit einer Lebensdauer von drei Zehnteln eines Billionstels einer Sekunde ist das Tauon sehr kurzlebig. Was aber ist mit dem hypothetischen Tauon-Neutrino? Natürlich kann das Tauon so zerfallen, daß es nur ein Neutrino gemeinsam mit ein paar geladenen Pionen aussendet; unterscheidet sich dieses Neutrino aber wirklich von dem Elektron-Neutrino und vom Myon-Neutrino? Besitzt es tatsächlich so etwas wie die Eigenschaft des „Tauonwertes"?

Diese Frage können wir nicht mit Sicherheit beantworten. Die Physiker müßten dazu noch ein „Drei-Neutrino-Experiment" durchführen, das zeigen würde, daß Neutrinos, die beim Zerfall von Tauonen entstehen, nur Tauonen und keine Myonen oder Elektronen erzeugen können. Aus der Zerfallsrate bestimmter Teilchen kann man nun schließen, daß das vom Tauon emittierte Neutrino nicht exakt das gleiche wie das Elektron-Neutrino oder wie das Myon-Neutrino sein kann. So weist der Erfolg der elektroschwachen Theorie stark darauf hin, daß das Tauon-Neutrino tatsächlich existiert. Wir werden in diesem Kapitel noch einige neue Ergebnisse aus dem Jahr 1989 kennenlernen, die zeigen, daß die Natur drei Arten leichtgewichtiger Neutrinos benötigt – nicht mehr und nicht weniger.

Die Wägung des Neutrinos – Teil II

> „Es scheint natürlich zu vermuten, daß die Neutrinomasse etwa
> der Masse des zugehörigen geladenen Leptons entspricht." (17)
> *Steven Weinberg, 1986*

Die drei geladenen Leptonen überdecken einen bemerkenswert großen Massenbereich: vom Elektron mit 0,511 MeV bis zum Tauon mit 1784 MeV.

Wir wissen auch, daß die Masse des Elektron-Neutrinos im Vergleich hierzu sehr klein ist und mit ziemlicher Sicherheit einige Elektronenvolt nicht übersteigt, eventuell sogar null ist. (Dies ist das Neutrino, das bei dem in Kapitel 3 beschriebenen Experiment des Tritium-Betazerfalls nachgewiesen wurde.) Was aber ist mit dem Myon-Neutrino und dem Tauon-Neutrino? Können sie schwerer als das Elektron-Neutrino sein, auch wenn ihre Massen viel kleiner als die ihrer geladenen Verwandten – des Myons und des Tauons – sind?

Ein Team am Schweizer Institut für Kernforschung (heute Paul-Scherrer-Institut) in Zürich hat die Masse des Myon-Neutrinos am genauesten gemessen. Das angewandte Meßprinzip ist zwar einfach, doch ist das Experiment wegen der erforderlichen Genauigkeit schwierig durchzuführen.

Die Methode besteht darin, den Zerfall eines geladenen Pions zu beobachten, das sich im Laboratorium in Ruhe befindet. Das Pion zerfällt in zwei Teilchen – ein Myon und ein Myon-Neutrino –, die mit gleich großen, entgegengesetzt gerichteten Impulsen davonfliegen sollten und deren gesamte Massenenergie der Masse des Pions entsprechen sollte. Mit den bekannten Massen des Myons und des Pions können wir berechnen, wie groß der Impuls des Myons sein müßte, wenn die Neutrinomasse null ist.

Myon (μ)

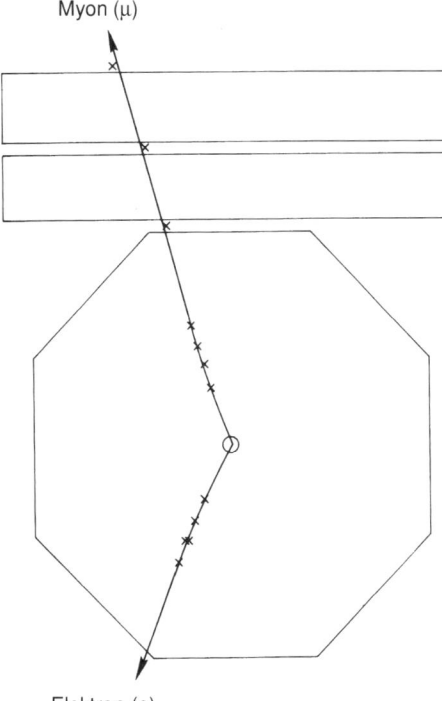

Elektron (e)

Diese Spuren eines Myons und eines Elektrons im Detektor Mark I zeigen den Zerfall einer dritten Art des Leptons an, des Tauons. Ein Tauon und ein Antitauon, die bei einer Elektron-Positron-Zerstrahlung im Zentrum des Detektors erzeugt wurden, sind zerfallen: eines davon in ein Myon und zwei Neutrinos, das andere in ein Elektron und zwei Neutrinos. Die Neutrinos haben den Schauplatz des Geschehens unentdeckt verlassen.

Jede Abweichung des gemessenen Impulses von diesem berechneten Wert ließe daher auf die Masse des Neutrinos schließen.

Die Schwierigkeit des Experiments liegt in dem relativ großen Energiebetrag, der beim Pionenzerfall freigesetzt wird. Das geladene Pion ist etwa 34 MeV schwerer als das Myon, und wenn das Neutrino – wie angenommen – die Masse null besitzt, beträgt der Impuls des Myons bei Verwendung der gleichen Einheiten fast 30 MeV. Dem Schweizer Team gelang es, den Impuls des Myons mit der enormen Genauigkeit von 0,0028% zu ermitteln und zu zeigen, daß der gemessene Impuls innerhalb dieser Grenze mit dem Impuls übereinstimmt, der sich für eine Neutrinomasse null berechnen läßt.

Es mag überraschen, daß das Team anhand der Ergebnisse nicht behaupten konnte, die Neutrinomasse sei tatsächlich null. Nimmt man sie nämlich zu 0,25 MeV (anstatt zu null) an, so ändert sich der berechnete Impuls für das Myon nur um 0,00082 MeV oder 0,0028%, also um einen Betrag, der mit dem Meßfehler vergleichbar ist. Die Forscher konnten demnach höchstens annehmen, die Masse des Myon-Neutrinos betrage weniger als 0,25 MeV (bei einer Vertrauenswahrscheinlichkeit von 90%). Dieser Wert ist zwar viel größer als die Obergrenze für die Masse des Elektron-Neutrinos, aber viel kleiner als die Masse des Myons selbst. Das Ergebnis paßt daher gut zu der Vorstellung, daß die Neutrinos wesentlich leichter als die geladenen Leptonen sind.

Beim Tauon-Neutrino ist die Massenbestimmung sogar noch schwieriger, weil die Massendifferenz zwischen dem Tauon und einem Teilchen wie dem Myon oder dem Pion sehr groß ist; sie liegt im Bereich von 1600 MeV. Die besten Ergebnisse stammen aus der Beobachtung des Zerfalls des Tauons in ein Tauon-Neutrino und fünf geladene Pionen (im Fall des negativen Tauons zwei positive und drei negative Pionen), wobei die fünf Pionen so behandelt werden können, als bildeten sie zusammen ein einziges Teilchen mit einer Masse, die näherungsweise der des Tauons entspricht.

Dieses Verfahren wurde von einer Gruppe angewandt, die mit einem Detektor namens ARGUS im Laboratorium für Hochenergiephysik (DESY) in Hamburg arbeitete. Der ARGUS-Detektor war mit einen Elektron-Positron-Speicherring verbunden, der DORIS II genannt wird. Der Ring ähnelt SPEAR, arbeitet jedoch bei Gesamt-Kollisionsenergien von etwa 10 GeV. Der Detektor selbst erinnert an Mark I, mit dem das Tauon entdeckt wurde; er benutzt aber raffiniertere Apparaturen zum Nachweis und zur Vermessung der Teilchen, die bei den Zerstrahlungsprozessen erzeugt werden.

Die Elektron-Positron-Zusammenstöße in DORIS können Tauon-Antitauon-Paare erzeugen. Um die Masse des Tauon-Neutrinos zu bestimmen, sucht die ARGUS-Gruppe nach Ereignissen, bei denen das Tauon in fünf geladene Pionen und ein Neutrino zerfällt, während das Antitauon auf die einfachste mögliche Art in ein einziges sichtbares geladenes Teilchen plus ein oder mehrere unsichtbare Neutrinos zerfällt. Solche Ereignisse sind

Der ARGUS-Detektor im DESY-Laboratorium in Hamburg. An diesem Detektor wurden die besten Messungen der Masse des Tauon-Neutrinos vorgenommen (DESY).

selten und treten unter 10'000 Tauon-Zerfällen nur etwa fünfmal auf. Von rund 2 Millionen Ereignissen, die zwischen 1983 und 1986 registriert wurden und bei denen die Elektron-Positron-Zerstrahlung mehrere Pionen erzeugt hatte, fand das ARGUS-Team lediglich 11 Ereignisse, die alle seine Kriterien für einen Fünf-Pionen-Zerfall des Tauons erfüllten. Diese kleine Stichprobe reichte schon aus, um eine wichtige Feststellung über die obere Grenze der Masse des Tauon-Neutrinos zu treffen.

Die Forscher ermittelten für jedes dieser 11 Ereignisse den Impuls der fünf geladenen Pionen, die beim Zerfall des Tauons entstanden waren, und bestimmten daraus sowohl den Gesamtimpuls als auch die Gesamtenergie der Pionen. Bei geeigneter Wahl der Einheiten gilt

$$(Masse)^2 = (Energie)^2 - (Impuls)^2.$$

Damit konnten die Forscher für jedes Ereignis eine „Fünf-Pionen-Masse" berechnen, wobei sie die fünf Pionen so behandelten, als wären sie ein einziges Teilchen.

Nun hängt die Anzahl der Ereignisse, bei denen eine „Fünf-Pionen-Masse" nahe der Tauon-Masse (als der maximal möglichen Masse) ermittelt wird, sehr empfindlich von der Masse des Tauon-Neutrinos ab. Bei zwei der elf von ARGUS entdeckten Ereignisse lag die Fünf-Pionen-Masse sehr nahe bei der Masse des Tauons. Aus dem Vergleich der beobachteten mit den berechneten Werten konnten die Forscher schließen, daß die Masse des Tauon-Neutrinos weniger als 35 MeV beträgt, mit einer Vertrauenswahrscheinlichkeit von 95%. Im Jahre 1992 berichtete das Team über einen noch kleineren Grenzwert von 31 MeV. Wie im Falle des Myon-Neutrinos erscheint auch dieser Wert, verglichen mit der Obergrenze für die Masse des Elektron-Neutrinos, als sehr hoch; er ist aber klein gegenüber der Masse des zugehörigen geladenen Leptons, also des Tauons.

Es sollte möglich sein, diesen Grenzwert für die Masse des Tauon-Neutrinos weiter zu reduzieren, zum einen durch Beobachtung einer größeren Anzahl derartiger Ereignisse, zum anderen durch verbesserte Messungen der Tauon-Masse selbst. Die Unsicherheit dieses Wertes ist eine große Fehlerquelle bei der Berechnung des Fünf-Pionen-Massenspektrums, das für den Vergleich mit den Messungen herangezogen wird. Experimente, die die Grenze für die Masse des Tauon-Neutrinos unter 10 MeV drücken könnten, würden mit Hilfe einer „Tauon-Charm-Fabrik" möglich werden. Das ist ein Beschleuniger für sehr intensive Elektron-Positron-Kollisionen, in dem eine große Anzahl von Tauon-Teilchen erzeugt würde, zusammen mit Teilchen, die eine ähnliche Masse wie das Tauon besitzen, aber die schwere Sorte von Quarks enthalten, die sogenannten „Charm-Quarks". Eine derartige Anlage, die von mehreren Gruppen von Physikern vorgeschlagen wurde, ermöglichte eine ganze Reihe von Experimenten hoher Präzision. Bis jetzt hat sich allerdings noch kein Staat und keine Institution bereit gefunden, eine solche Maschine zu bauen.

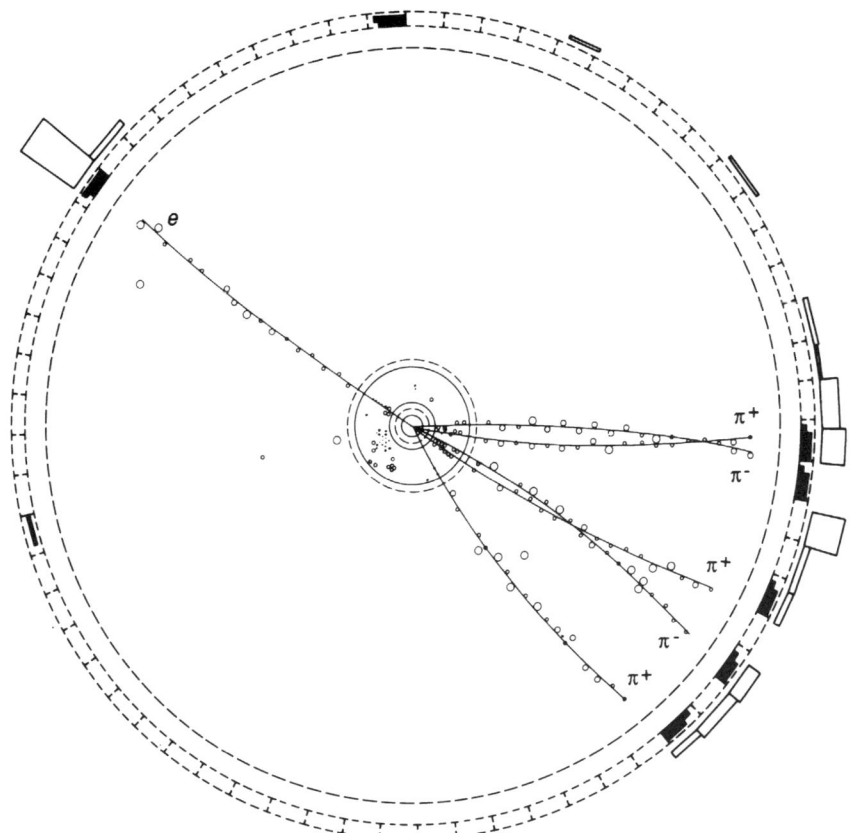

Diese Spuren im ARGUS-Detektor zeigen den Zerfall eines Tauons und eines
Antitauons, die bei einer Elektron-Positron-Zerstrahlung in der Bildmitte erzeugt
wurden. Hier zerfiel das Antitauon zu einem Tauon-Antineutrino und fünf Pionen,
während das Tauon zu einem Elektron, einem Elektron-Antineutrino und einem
Tauon-Neutrino zerfiel. Durch die Messung der effektiven Masse der fünf Pionen
ermittelte das ARGUS-Team, daß die Masse des Tauon-Neutrinos weniger als 31 MeV
betragen muß (DESY).

Oszillierende Neutrinos

> „Wir wissen nicht, ob Neutrinos Masse besitzen oder nicht. Wir
> wissen auch nicht, ob es sich bei den Neutrinos – sollten sie Masse
> besitzen – um Majorana- oder Dirac-Teilchen handelt, und wir
> wissen nicht, ob diese Neutrinos zwischen verschiedenen Fla-
> vours oszillieren können … Kurz gesagt, es gibt eine ganze Men-
> ge, was wir über Neutrinos nicht wissen." (18)
>
> *Jeremy Bernstein, 1984*

Maurice Goldhaber bemerkte einmal, daß Neutrinos „Mut bei den Theoretikern und Ausdauer bei den Experimentatoren" provozieren (19); auf
jeden Fall sind sie nicht dazu geeignet, Selbstgefälligkeit zu erzeugen.
Verfolgt man die Geschichte der Neutrinos, so hat man oft das Gefühl, daß
immer dann, wenn man sich in seinem Wissen sicher dünkt, irgend jemand
daherkommt und einem den sprichwörtlichen Boden unter den Füßen
wegzieht. Dann fragt man sich, ob man wirklich weiß, was man zu wissen
glaubt, und ob man das, was man weiß, wirklich glauben kann. Lewis
Carroll hätte Neutrinos bestimmt geliebt!

Schließlich gibt es so wenig, was wir wirklich über Neutrinos wissen;
und das Wenige, was wir wissen, wirft Fragen auf, die schwer zu beantworten sind. Einige Rätsel um die Neutrinos haben ihren Ursprung in
einem der wenigen Fakten, die über sie bekannt sind, nämlich in der
Tatsache, daß sie keine elektrische Ladung aufweisen. Dies führt unter
anderem zu der Frage, ob das Neutrino mit seinem Antiteilchen identisch
ist (vergleiche Kapitel 3). Außerdem ergibt sich daraus die Möglichkeit, daß
ein Neutrino einer bestimmten Sorte sich in ein Neutrino einer anderen
Sorte umwandeln kann; diese Phänomen heißt „Neutrino-Oszillation".
Anders gefragt: handelt es sich bei den Objekten, die wir Elektron-Neutrino, Myon-Neutrino und Tauon-Neutrino genannt haben, tatsächlich um
unabhängige fundamentale Teilchenzustände?

Die Idee, daß ein Teilchen zwischen verschiedenen Zuständen „oszillieren" kann, stammt aus den 50er Jahren und geht auf die Untersuchung
der Kaonen zurück, der Teilchen, die man erstmals Ende der 40er Jahre bei
Wechselwirkungen der Kosmischen Strahlung entdeckt hatte. Im Jahre
1953 stellte der Theoretiker Gell-Mann in einer Klassifizierung der neu
entdeckten Partikel das neutrale Kaon K° und sein Antiteilchen $\bar{K}^\circ$ als zwei
unterschiedliche Teilchen dar. Diese Einordnung veranlaßte Enrico Fermi
zu der Frage, wie man ein neutrales Teilchen und sein Antiteilchen ausein-
anderhalten könnte. Sowohl K° als auch $\bar{K}^\circ$ können in ein Paar von Pionen
zerfallen, und zwar wegen der Erhaltung der Ladung in ein negatives und
ein positives Teilchen. Wenn man nun diesen Zerfall beobachtet, wie kann
man wissen, durch welches Teilchen er hervorgerufen wurde: durch ein K°
oder ein $\bar{K}^\circ$? Damit wird die Integrität des neutralen Kaons als eines
wohldefinierten Teilchens in Frage gestellt.

Bei der Suche nach einer Antwort kamen Gell-Mann und sein Theore-
tikerkollege Abraham Pais auf eine neue Idee, „so ungewöhnlich, daß wir
dachten, es wäre besser, sie auf der Konferenz in Glasgow (im Juli 1954)
nicht vorzutragen." (20) Der Schlüssel zum Problem lag in der Vorstellung,
daß das, was wir beobachten, eine Mischung aus zwei Zuständen sein muß:
K° und $\bar{K}$°. Um dieses Phänomen zu beschreiben, wandten Gell-Mann und
Pais die Superposition an, ein erprobtes Prinzip der Quantenmechanik. Sie
kombinierten die quantenmechanischen Ausdrücke für K° und $\bar{K}$° gemäß
der von diesem Prinzip vorgeschriebenen beiden Möglichkeiten und fanden, daß die Ergebnisse zwei Quantenzuständen mit unterschiedlichen
Lebensdauern entsprachen. Der eine Zustand konnte – wie bereits beobachtet – zu zwei Pionen zerfallen, während der andere nur zu drei Pionen
zerfallen konnte und eine größere Lebensdauer als der erste besaß; denn es
ist schwieriger, drei Teilchen zu erzeugen als zwei.

Pais und Gell-Mann vertraten die Ansicht, daß diese Zustände mit
bestimmter Lebensdauer beobachtbaren Teilchen entsprächen, während K°
und $\bar{K}$° Teilchen-Grundzustände mit einer bestimmten Masse seien. Zwei
Jahre später, im Jahre 1956, beobachteten Leon Lederman und seine Kollegen in Brookhaven erstmals den Zerfall eines neutralen Kaons in drei
Pionen; damit wurde die Existenz des langlebigen Zustands bestätigt, der
im Gegensatz zu K(kurz) als K(lang) bezeichnet wurde.

Durch die Arbeiten von Gell-Mann und Pais angeregt, dachte Bruno
Pontecorvo in Dubna über die Möglichkeit des quantenmechanischen
„Mixings" bei einem anderen Neutralteilchen nach, dem Neutrino. Im
Jahre 1957 brachte er die Idee des Neutrino-Antineutrino-Mixings in die
Debatte ein. Zehn Jahre später wandte er sich einer anderen Vorstellung
zu: Das Elektron-Neutrino könne sich durch Mixing in ein Myon-Neutrino
umwandeln und umgekehrt. Ähnliche Vorschläge machten auch Ziro Maki
und seine Kollegen an der Universität Nagoya sowie Yasuhisa Katayama
und andere Forscher an der Universität Kyoto.

Die grundlegende Idee beim Neutrino-Mixing besteht darin, daß die
Zustände, die an schwachen Wechselwirkungen beteiligt sind, nicht genau
die gleichen sind wie die Zustände mit bestimmter Masse, sofern sie
existieren. Statt dessen sind die schwach wechselwirkenden Zustände –
also diejenigen Teilchen, die wir Elektron-Neutrino, Myon-Neutrino und
Tauon-Neutrino nennen – Mischungen von Zuständen mit unterschiedlichen Massen. Träfe diese Vorstellung zu, so würden beispielsweise bei der
Aussendung von Elektron-Neutrinos bestimmter Energie die verschiedenen Massen den Raum mit unterschiedlichen Geschwindigkeiten durchqueren. Bei der Bewegung der Teilchen durch den Raum gerieten die
Massenzustände aus ihrer gegenseitigen Phasenbeziehung, so daß sich der
von ihnen gebildete Mischzustand mit der Zeit veränderte.

Auf diese Weise könnte sich der Mischzustand, der ursprünglich zu
dem Teilchen gehörte, das wir Elektron-Neutrino nennen, in einen Mischzustand umwandeln, der dem Myon-Neutrino oder Tauon-Neutrino ent-

spräche; ein Strahl, der ursprünglich nur aus Elektron-Neutrinos bestünde, enthielte nach einiger Zeit Myon-Neutrinos und Tauon-Neutrinos. Das Verhältnis zwischen den verschiedenen Neutrinoarten hinge nur von einigen wenigen Parametern ab: von der Energie, vom Abstand von der Strahlenquelle, vom Mischungsgrad und – sehr wichtig – von der Differenz der Massenquadrate (m^2) der Grundzustände.

Da Neutrinos neutral sind, bliebe bei solchen Neutrino-Oszillationen die elektrische Ladung erhalten, und auch die Anzahl der Leptonen bliebe unverändert. Das einzige, was sich änderte, wäre der Typ oder der „Flavour" des Neutrinos. Ob die Natur solche Änderungen erlaubt? Wir wissen es nicht mit Sicherheit.

Die elektroschwache Theorie, welche die elektromagnetischen und schwachen Wechselwirkungen vereint, fordert nicht, daß Leptonen immer ihre Flavour behalten. Es sind vielmehr die Beobachtungen, die dieses „Gesetz" diktieren, so wie im Zwei-Neutrino-Experiment, bei dem Myon-Neutrinos nur Myonen erzeugen, wodurch der Flavour der Myonen, der „Myonenwert", erhalten bleibt. Die elektroschwache Theorie erlaubt den Neutrinos dagegen nicht, eine Masse zu besitzen, und schließt daher die Möglichkeit von Neutrino-Oszillationen aus.

Die elektroschwache Theorie kann leicht modifiziert werden, indem man für die Grundzustände des Neutrinos sehr kleine Massen einführt, jedoch nur über ein „Ad-hoc-Verfahren, das die Größe der Massen erklären kann. Wenn Neutrinos wirklich oszillieren, könnte dies auf Effekte hindeuten, die außerhalb des Rahmens der elektroschwachen Theorie liegen. Man versuchte, „Große Vereinigte Theorien" zu entwickeln, die die starke Kraft mit den elektromagnetischen und den schwachen Kräften in einem gemeinsamen mathematischen Rahmen unterbringen sollen; diese Theorien sagen öfter Reaktionen zwischen Leptonen voraus, bei denen sich der Flavour ändert, allerdings mit sehr niedrigen Raten.

Das Interesse an Großen Vereinigten Theorien war in den 80er Jahren einer der Gründe für ein wachsendes Interesse an Neutrino-Oszillationen. Ein anderer Grund für dieses Interesse besteht darin, daß wir – sollten Elektron-Neutrinos auf ihrem Flug zwischen Sonne und Erde den Flavour ändern – vielleicht den augenscheinlichen Fehlbetrag in der Anzahl der Neutrinos erklären können, die die Erde erreichen (vergleiche Kapitel 6). Drittens hat sich herausgestellt, daß Oszillationen für sehr kleine Massen beobachtbar wären – viel kleinere als wir direkt messen könnten.

Im Prinzip gibt es für den Nachweis von Neutrino-Oszillationen zwei Methoden: Man beweist entweder das Verschwinden oder das Erscheinen eines Neutrino-Flavours. Bei einem typischen Experiment des „Verschwindens" werden Elektron-Neutrinos, die von einem Reaktor erzeugt wurden, über den inversen Betaprozeß nachgewiesen. Entdeckt man dabei weniger Reaktionen als erwartet, so könnten sich einige der Elektron-Neutrinos zwischen dem Reaktor und dem Detektor in Myon-Neutrinos oder in Tauon-Neutrinos umgewandelt haben. Eine andere Möglichkeit bestünde darin, Myon-Neutrinos, die von einem Beschleuniger erzeugt wurden, nachzuweisen und nach irgendeiner Reduktion der Zahl der beobachteten Wechselwirkungen zu suchen. In beiden Fällen sollte man das Experiment bei zwei oder mehr verschiedenen Abständen von der Neutrinoquelle durchführen, da jede echte Oszillation periodisch mit der Entfernung auftreten sollte. Darüber hinaus zeigen viele Schwankungen – beispielsweise in der Zahl der Neutrinos einer bestimmten Energie – die Tendenz, sich bei einer Addition der an unterschiedlichen Orten gewonnenen Ergebnisse auszugleichen.

Experimente mit dem „Erscheinen" von Flavour sind mit Neutrinos durchführbar, deren Energie hoch genug ist, das geeignete geladene Lepton zu erzeugen. Es ist beispielsweise nicht möglich, die Erzeugung eines Myons unter Benutzung von Neutrinos aus einem Reaktor zu beobachten – noch nicht einmal dann, wenn sich Elektron-Neutrinos in Myon-Neutrinos umwandeln könnten. Der Grund ist, daß die Neutrinos nicht genügend Energie zur Erzeugung eines Myons besäßen. So fallen Experimente mit dem Erscheinen von Flavour im allgemeinen in das Gebiet der Forschung mit Teilchenbeschleunigern, obwohl es auch einige Untersuchungen an Myon-Neutrinos gab, die bei hochenergetischen Reaktionen Kosmischer Strahlung erzeugt wurden.

Was zeigen solche Experimente? Obwohl gelegentlich schlagzeilenträchtige Indizien für die Änderung des Flavours von Neutrinos auftraten, besteht doch Einigkeit darüber, daß Neutrino-Oszillationen weder bei Experimenten des „Verschwindens" noch bei solchen des „Erscheinens" von Flavour beobachtet wurden. Das bedeutet aber nicht, daß es keine Beweise für Neutrino-Oszillationen gäbe. Im Gegenteil: im Jahre 1990 ergaben (wie wir in Kapitel 6 sehen werden) nicht nur Versuche mit solaren Neutrinos, sondern auch Laborexperimente, bei denen nur der nukleare Betazerfall untersucht wurde, Hinweise auf solche Oszillationen.

Zehn Jahre zuvor – im April 1980 – hatten Fred Reines und seine Kollegen, die am Reaktor von Savannah River arbeiteten, bekanntgegeben, daß sie in ihren Daten Anzeichen für Neutrino-Oszillationen gefunden hatten. Weitere Untersuchungen an anderen Reaktoren ergaben für Reaktor-Neutrinos allerdings keine eindeutigen Effekte. Doch erschienen in den folgenden Monaten in den „Physics Letters" zwei Arbeiten, in denen erläutert wurde, wie man durch Messungen des Betazerfalls Beweise für Oszillationen finden könnte. Wie Fermi bereits 1934 gezeigt hatte, hängt die Form des hochenergetischen Endes des Spektrums der ausgesandten Elektronen von der Masse der emittierten Neutrinos ab. Wenn das Elektron-Neutrino eine Mischung aus verschiedenen Massenzuständen ist, wird das Energiespektrum der Elektronen eine Mischung verschiedener Spektren sein, von denen jedes zu einem bestimmten Massenzustand gehört. Der Gesamteffekt besteht dabei in der Erzeugung bestimmter Abweichungen im Elektronenspektrum, die man nachweisen kann, wenn der Grad der Mischung in der Größenordnung von 1% oder darüber liegt.

Durch diese Idee angespornt, untersuchte J.J. Simpson an der Universität Guelph in Ontario das Spektrum des Tritiumzerfalls; auf diesem Gebiet besaß er bereits große Erfahrung. Zunächst fand er keine Anzeichen für ein Neutrino-Mixing. Dann jedoch entdeckte er mit einer verbesserten Nachweiselektronik eine Abweichung des Tritiumspektrums von den theoretischen Voraussagen, und zwar bei Energien unterhalb von etwa 1,5 keV. Da der Endpunkt des Spektrums bei etwa 18,6 keV liegt, ließen die Daten die Emission eines schweren Neutrinos mit einer Masse vermuten, die um 17,1 keV größer als die des „Standard"-Elektron-Neutrinos ist, also rund 17,1 keV beträgt. Der zur Erklärung der Ergebnisse erforderliche Grad des Mixings betrug etwa 3%.

Simpsons Ergebnisse wurden im April 1985 veröffentlicht und verursachten einen erheblichen Wirbel. Die Theoretiker untersuchten, ob ihre Theorien mit einem 17-keV-Neutrino verträglich waren, und experimentelle Gruppen fahndeten nach weiteren Beweisen. Nach einiger Zeit war aus den Ergebnissen der verschiedenen Experimente eine verwirrende Mischung entstanden. Ein Hauptgebiet der Forschung lag bei der Untersuchung des Betazerfalls verschiedener Kernarten. Wenn überhaupt Mixing mit einem 17-keV-Neutrino auftrat, sollte es eine allgemeine Eigenschaft aller Betazerfälle sein. Zusammen mit seinem Studenten Andrew Hime fand Simpson sowohl bei einem verbesserten Experiment mit dem Tritiumzerfall als auch bei einer Untersuchung von Schwefel-35 weitere Beweise für Mixing, während andere Forscher nur spärliche Hinweise darauf erkannten.

Aufgrund der sich widersprechenden Interpretationen, die die verschiedenen Experimente zuließen, verloren viele Physiker das Interesse an dem 17-keV-Neutrino. Ende 1990 berichteten zwei neue Publikationen über experimentelle Beweise für den gesuchten Effekt. In einem dieser Versuche hatte Andrew Hime, der an die Universität Oxford gegangen war, mit Nick Jelley erneut Schwefel-25 untersucht, diesmal mit einer Apparatur, die eine Verbesserung gegenüber Simpsons Spektrometer darstellte. Erneut fand man Beweise für eine Verzerrung des Betaspektrums, die einem Mixing von etwa 1% mit einem 17-keV-Neutrino entsprach. Inzwischen hatten Eric Norman und ein Team vom Lawrence-Berkeley-Laboratorium in Kalifornien die Betazerfälle von Kohlenstoff-13 untersucht und ebenfalls Hinweise auf ein 17-keV-Neutrino entdeckt, obwohl sie dazu nicht annähernd so viele Daten wie Hime und Jelley analysiert hatten. Und schließlich behaupteten Hime und Jelley im Herbst 1990, den Effekt auch für den Kern von Nickel-63 nachgewiesen zu haben.

Dies alles führte dazu, das Interesse an der Möglichkeit eines 17-keV-Neutrinos neu zu beleben, wenn es auch nicht ausreichte, die traditionell skeptische Gemeinde der Teilchenphysiker zu überzeugen. Statt dessen führten die neuen Ergebnisse eher zu der Devise „abwarten und Tee trinken". Während die Theoretiker grübeln konnten, wie ein 17-keV-Neutrino in ihre Vorstellungen passen könnte, warteten die meisten Physiker ungeduldig auf weitere Ergebnisse. Dabei konnten insbesondere Experimente an magnetischen Spektrometern, wie sie für die Ermittlung der Neutrinomasse beim Tritium-Betazerfall benutzt wurden (siehe Kapitel 3), keinerlei Hinweise auf das 17-keV-Neutrino liefern. Hime und Jelley hatten für ihre Versuche nichtmagnetische Spektrometer benutzt und wiesen darauf hin, daß es bei magnetischen Spektrometern systematische Effekte gibt, die noch nicht vollständig verstanden sind und Hinweise auf das schwerere Neutrino überdecken könnten. Sollte das 17-keV-Neutrino einmal bei völlig verschiedenartigen Experimenten mit mehreren Kernarten deutlich nachgewiesen werden, so wird es Anerkennung finden und eine der großen Entdeckungen darstellen, die die Teilchenphysik über die Ära der elektroschwachen Vereinigung hinausführen.

Das Abzählen der Neutrinos

> „Die Bestimmung der Anzahl masseloser Neutrinos mit Hilfe terrestrischer Experimente war eine extrem schwierige Aufgabe. Eine Zeitlang stellte eine obere Grenze von 6000 das beste Ergebnis dar." (21)
>
> *Francis Halzen und K. Mursula, 1983*

Eins, zwei, drei? – Wieviele verschiedene Arten oder „Flavours" von Neutrinos gibt es? Wieder kann uns die theoretische Physik nur wenig dabei helfen, unser Wissen über die Neutrinos zu erweitern. Die besten Werkzeuge, über die die Theoretiker gegenwärtig verfügen, werden vom sogenannten „Standardmodell" geliefert. Es besteht aus zwei Teilen: der elektroschwachen Theorie der schwachen und der elektromagnetischen Wechselwirkungen sowie der „Quantenchromodynamik" genannten Theorie, die sich getrennt davon mit der starken Wechselwirkung der Quarks beschäftigt.

Nach dem Standardmodell treten die grundlegenden Teilchen – Leptonen und Quarks – paarweise auf. So besitzt das Elektron seinen Partner im Elektron-Neutrino, das Myon den seinen im Myon-Neutrino und das Tauon im Tauon-Neutrino. Eine ähnliche Paarbildung existiert auch unter den vier bekannten Quarks: „up" mit „down" und „charm" mit „strange". Weil das Quarkmodell so gut funktioniert, glauben die meisten Physiker fest daran, daß ein weiteres Quark existiert: das „top"-Quark, das zusammen mit dem „bottom"-Quark ein Paar bildet; nach ihrer Meinung ist es nur eine Frage der Zeit, bis es entdeckt wird. Auf diese Weise bilden sowohl Leptonenpaare als auch Quarkpaare „Familien", in denen die Teilchenmasse stetig ansteigt, so daß jedes Paar zu einer bestimmten „Generation" seiner Familie gehört.

Hört dieses Muster mit drei Generationen pro Familie auf, oder gibt es noch mehr? Das Standardmodell kann von seinen Voraussetzungen her diese Frage nicht beantworten; aber es gibt einige Argumente dafür, daß die Zahl der Generationen nicht allzu groß sein kann. Die Experimente der Teilchenphysik sind zur Beantwortung dieser Frage sogar noch nutzloser als die Theorie. Die besten Hinweise liefern kosmologische Überlegungen über die Entstehung der Materie im frühen Universum. Wie in Kapitel 7 ausführlicher beschrieben, läßt das gegenwärtig im Universum vorliegende Häufigkeitsverhältnis der beiden leichtesten Elemente – Helium und Wasserstoff – darauf schließen, daß niemals weniger als vier Generationen leichtgewichtiger (oder masseloser) Neutrinos existiert haben. Im Herbst 1989 ergaben teilchenphysikalische Messungen ein für alle Mal, daß es für Neutrinos nur drei Flavours gibt: Das Tauon ist die Grenze!

Die Frage nach der Zahl der Neutrino-Flavours hatte die Teilchenphysiker seit Mitte der 70er Jahre beschäftigt, nachdem das Tauon entdeckt worden war. Dieses Teilchen paart sich weder mit Leptonen noch mit Quarks, sondern mit einer dritten Sorte, dem kraftübertragenden Teilchen Z°, das sich wie ein sehr schweres Photon verhält und dessen Masse etwa das Hundertfache der Protonenmasse beträgt. So wie das Photon in einem „Quanten-Fangspiel" die elektromagnetische Kraft zwischen geladenen Teilchen überträgt, so vermittelt das Z° die schwache Kraft zwischen Teilchen, wie wir in Kapitel 5 noch genauer sehen werden.

Das Z° kann mit Recht als der große Star der elektroschwachen Theorie angesehen werden, also desjenigen Zweiges des Standardmodells, der die elektromagnetischen und die schwachen Kräfte miteinander verbindet. Das Teilchen wurde von der Theorie im Jahre 1983 vorausgesagt – über ein Jahrzehnt vor seiner endgültigen direkten Entdeckung. Durch die detaillierte Untersuchung seiner Eigenschaften hofft man Zugang zu einer über das Standardmodell hinausreichenden Theorie zu finden, die umfassender ist und weniger Fragen unbeantwortet läßt. Weil dieses Teilchen jedoch so viel schwerer als andere ist, hatten die Experimentatoren bis 1989 insgesamt nur etwa 50 Exemplare des Z° produziert. Dann wurden im Spätsommer 1989 aus drei verschiedenen Laboratorien Ergebnisse bekannt, die mit wesentlich mehr Z°-Teilchen gewonnen worden waren.

Dank einer ebenso genialen wie gewagten Modifizierung des 20 Jahre alten Elektronenbeschleunigers konnte man im Stanford Linear Accelerator Center in Kalifornien während des Sommers 1989 etwa 500 Z°-Teilchen erzeugen. Die Modifikation ermöglichte es, mit dem Hauptaggregat nicht nur Elektronen, sondern auch Positronen auf Energien um 50 GeV zu beschleunigen. Am Ende des Linearbeschleunigers wurden die Elektronen mit Hilfe von gekrümmten Magneten in zwei Strahlen aufgetrennt, die nach dem Durchlaufen eines Rundkurses aufeinanderprallten. Die daraus resultierenden Kollisionen besaßen eine Gesamtenergie von 100 GeV, also genug, um die massereichen Z°-Teilchen zu erzeugen. Aber auch die Physiker, die am Fermilab in Illinois arbeiteten, gaben im Juli 1989 bekannt, daß sie etwa 500 Z°-Teilchen analysiert hätten, die bei hochenergetischen Zusammenstößen von Protonen und Antiprotonen im „Tevatron" erzeugt worden waren – Fermilabs Kreisbeschleuniger, der den Strahlen vor ihrem Zusammenstoß eine Energie von 900 GeV erteilte. Die Resultate aus beiden amerikanischen Laboratorien wurden aber bald durch Ergebnisse in den Schatten gestellt, die mit einem mächtigen neuen Beschleuniger erzielt wurden, der sozusagen für eine Massenproduktion von Z° ausgelegt worden war.

CERN, das europäische Laboratorium für teilchenphysikalische Forschungen, liegt etwas nördlich von Genf an der Grenze zwischen Frankreich und der Schweiz. Es wurde in den 50er Jahren mit einem Protonenbeschleuniger als zentraler Forschungsanlage gegründet. Anfang der 80er Jahre wurde der Bau eines neuen, riesigen Gerätes beschlossen, das „Large Electron-Positron Collider" oder kurz LEP genannt wird. Die Absicht war, das Konzept des Elektron-Positron-Beschleunigers bis an seine technischen Grenzen zu treiben – ein Konzept, das sich erstmals mit SPEAR als so fruchtbar erwiesen hatte; dort hatte man in den 70er Jahren das Tauon und mehrere andere neue Teilchen entdeckt, die „Charm-Quarks" enthielten. Unter anderem sollte LEP auch als Z°-Fabrik dienen.

Wenn Elektronen und Positronen miteinander zerstrahlen, kann sich ihre Energie rematerialisieren und eines oder mehrere Teilchen der unterschiedlichsten Art entstehen lassen, sofern dabei keine grundlegenden Erhaltungssätze verletzt werden. So muß die Gesamtladung der Reaktionsprodukte null betragen, und die gesamte Massenenergie darf die kombinierte Energie des zerstrahlten Paares nicht übersteigen. Die Erfahrung besagt, daß die Differenz der Zahlen der Leptonen und der Antileptonen sowie die Differenz der Zahlen der Quarks und der Antiquarks entsprechend den Anfangsbedingungen ebenfalls null sein muß. Diese letzte Bedingung bedeutet, daß Teilchen und Antiteilchen grundsätzlich in Paaren erzeugt werden. Nun ist das Z° weder ein Lepton noch ein Quark und außerdem elektrisch neutral. Insgesamt bedeutet das, daß ein Elektron-Positron-Paar bei seiner Zerstrahlung ein einzelnes Z° erzeugen kann – vorausgesetzt, es ist genügend Energie (etwa 90 GeV) vorhanden, die in die Teilchenmasse umgewandelt werden kann.

In seiner ersten Phase war LEP für Zusammenstöße von Elektronen mit Positronen bei einer Maximalenergie von 100 GeV konzipiert worden; das ist gerade genug, um eine Serienproduktion von Z° zu ermöglichen. Um dies zu erreichen, hatte man der Vorrichtung beispiellose Ausmaße gegeben. Sie besteht aus einem Ring mit einem Umfang von 27 km, der sich in einem unterirdischen Tunnel vom CERN bis zu den Ausläufern des nahe-

> (a) DELPHI, einer der riesigen Detektoren am Large Electron Positron Collider (LEP) im CERN bei Genf. Hier wurden detaillierte Untersuchungen des Zerfalls des neutralen Überträgers der schwachen Kraft, des Z°-Teilchens, durchgeführt.
(b) Der Zerfall eines Z°-Teilchens im Inneren eines anderen Detektors – ALEPH – erzeugt zwei wohldefinierte Teilchenstrahlen in entgegengesetzten Richtungen (CERN).

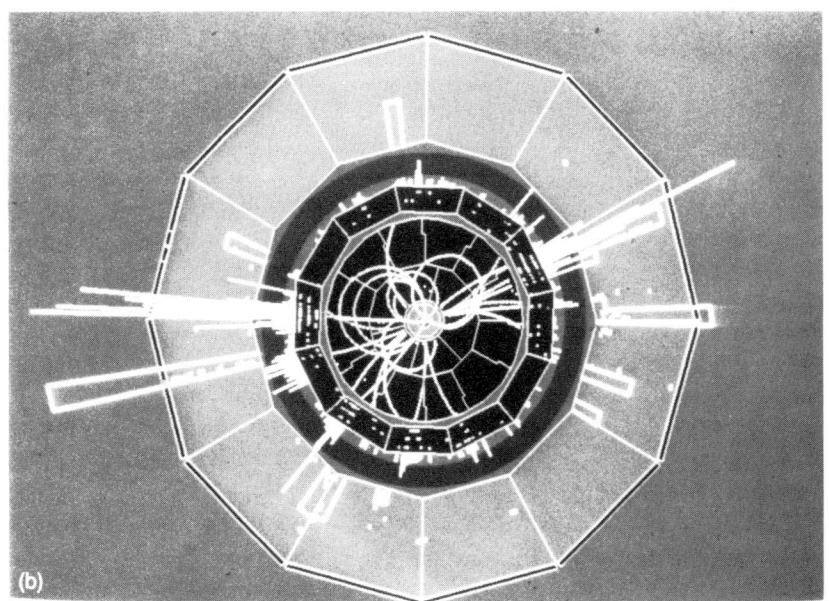

gelegenen Juragebirges und zurück erstreckt. Diese Größe ist nötig, weil hochenergetische Elektronen und Positronen sofort Energie abstrahlen, wenn sie sich auf gekrümmten Bahnen bewegen. Um den Betrag der dadurch verlorengehenden Energie möglichst klein zu halten, darf der Ring nur schwach gekrümmt sein.

Die erfolgreiche Fertigstellung des LEP stellte einen gewaltigen Erfolg auf verschiedenen Gebieten der Ingenieurkunst dar, besonders in Tiefbau, Elektrotechnik und Elektronik. Das gleiche gilt auch für die riesigen Detektoren, die die Zerstrahlung an den vier Stellen überwachen, an denen der Elektronenstrahl mit dem Positronenstrahl kollidiert. Jeder Detektor stellt ein Wunderwerk aus Tausenden aufeinander abgestimmter Teile dar, die im Zusammenwirken die größtmögliche Anzahl der Teilchen einfangen, die bei den Zerstrahlungen erzeugt werden. Nur das „gerissene" Neutrino vermag dem direkten Nachweis zu entgehen. Wie häufig in solchen Fällen, können die Experimentatoren durch sorgfältige Beobachtung der übrigen erzeugten Teilchen viel über die unsichtbaren Neutrinos herausfinden.

Eine der ersten Fragen, auf die die Experimentatoren am LEP eine Antwort erhofften, betraf die Anzahl der Neutrino-Flavours, da ein Schlüssel zur Lösung dieses Problem im Zerfall des kurzlebigen $Z°$ liegt. Dieses Teilchen kann in irgendwelche anderen, leichteren Teilchen zerfallen, sofern die bekannten Erhaltungssätze für Ladung, Massenenergie, Gesamtzahl der Leptonen usw. eingehalten werden. Allgemein gilt, daß ein Teilchen um so kürzer lebt, je mehr Möglichkeiten es für seinen Zerfall gibt; daher sollte die Lebensdauer des $Z°$ von der Anzahl der leichtgewichtigen Neutrinos abhängen. Wie aber kann man die Lebensdauer eines Teilchens wie des $Z°$ messen, das beinahe augenblicklich zerfällt, nachdem es erzeugt wurde?

Die Antwort liegt in der Messung seiner „Breite", das heißt der „Unsicherheit", mit der seine Masse behaftet ist. Die Anführungszeichen sollen anzeigen, daß damit nicht die experimentelle Unschärfe gemeint ist, die durch die Grenzen der Meßgenauigkeit bedingt ist. Es handelt sich vielmehr um die „naturgegebene" Schwankung der Masse eines kurzlebigen Teilchens.

Werner Heisenberg zeigte 1927 erstmals, daß es bestimmte Größenpaare gibt, die nicht gleichzeitig mit beliebig großer Genauigkeit gemessen werden können – ein Phänomen, das nur im subatomaren Maßstab zu beobachten ist. Ein solches Paar bilden auch Energie und Zeit. Aus Heisenbergs berühmter „Unschärferelation" folgt, daß die Energie eines bestimmten Zustandes um so ungenauer definiert ist, je kürzer seine Lebensdauer ist. Für ein Teilchen wie das $Z°$ bedeutet das, daß der Bereich, in dem seine Masse liegen kann – mit anderen Worten seine „Breite" – größer ist, wenn seine Lebensdauer kürzer ist. Da LEP in der Lage ist, Tausende und Abertausende von $Z°$ zu erzeugen, kann man dessen Massenbereich experimentell recht genau bestimmen.

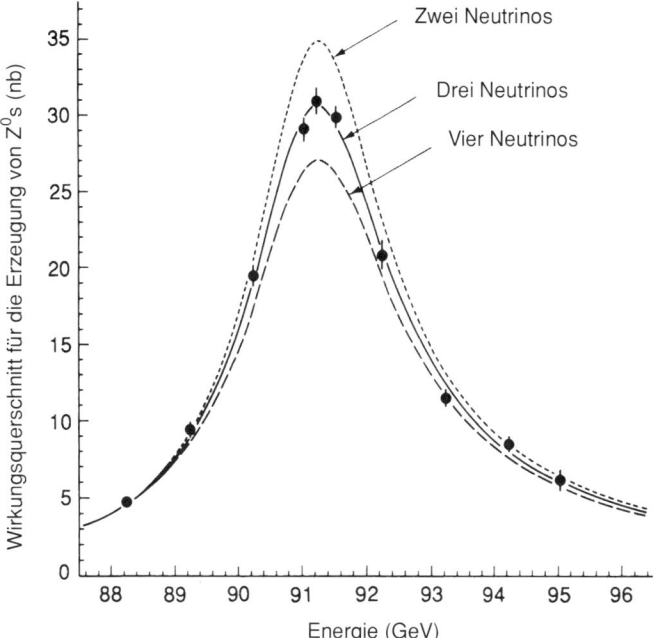

Messungen des Zerfalls Tausender von Z°-Teilchen im LEP ergaben für dieses kurzlebige Partikel einen Massenbereich, der umgekehrt proportional zu seiner Lebensdauer ist. Je mehr Möglichkeiten das Z° zum Zerfall besitzt, desto geringer ist seine Lebensdauer und desto größer ist die Breite dieser Verteilung. Die gemessene Kurve läßt darauf schließen, daß es genau drei Neutrinos gibt, in die das Z° zerfallen kann (CERN).

Zur „Wägung" des Z° wurden am LEP verschiedene Kollisionsenergien gemessen, wobei man sich schrittweise von der niederenergetischen zur hochenergetischen Seite der Z°-Masse bewegte. Eine graphische Darstellung der Anzahl der bei der jeweiligen Energie erzeugten Z° zeigt, daß die Zahl bei etwa 89 GeV anzusteigen beginnt, um sich auf ein Maximum bei etwa 91,1 GeV aufzuschwingen und danach bis rund 94 GeV wieder auf ein niedrigeres Niveau zu fallen. Die Breite, die diese Kurve bei ihrer halben Maximalhöhe besitzt, liefert ein direktes Maß für die mittlere Lebensdauer des Z° und damit den Schlüssel zur Bestimmung der Zahl der Neutrino-Flavours.

Bei vier Experimenten konnten am LEP schon in den ersten Wochen insgesamt ungefähr 11'000 Z° erzeugt werden. Anhand der dabei ermittelten Daten erhielten die Physiker einen Wert für die Breite der Massenkurve, der genau genug war, um etwas über die Zahl der verschiedenen Zerfalls-möglichkeiten des Z° in Neutrinos auszusagen. Je mehr Flavours für Neutrinos es gibt, desto kürzer lebt das Z° und desto größer ist seine Breite, wobei jeder Flavour 150 MeV zur endgültigen Breite hinzufügt. Das Ergebnis (2,58 GeV mit einer Unsicherheit von 0,08 GeV) bedeutet, daß die Chance, daß es außer den bereits bekannten Neutrino-Flavours noch eine weitere Art gibt, geringer als 1:1000 ist.

Sechzig Jahre, nachdem Pauli die Existenz eines leichtgewichtigen Neutrinos vorgeschlagen hatte, wissen wir nun, daß es drei verschiedene Typen solcher Teilchen gibt – nicht mehr und nicht weniger. Natürlich mag es viel schwerere neutrale Teilchen mit ähnlichen Eigenschaften geben, die experimentell noch nicht entdeckt wurden; solche „schweren Neutrinos" tauchen häufig bei Versuchen der Theoretiker auf, sich über das Standardmodell hinauszuwagen. Nach den experimentellen Ergebnissen steht das Standardmodell jedoch unerschütterlich da. Wie das folgende Kapitel zeigen wird, beruht sein Erfolg zu einem großen Teil auf der Rolle der leichtgewichtigen Neutrinos als „nukleare Raumschiffe".

5. Nukleare Raumschiffe

„Neutrinos spielen zur Zeit noch die Rolle, die den Alphateilchen von Rutherford zugeschrieben wurde; es gibt aber Hoffnung, daß man eine analoge Erklärung finden wird." (1)

Leon Lederman, 1967

Das Zwei-Neutrino-Experiment hatte gezeigt, daß ein Experiment mit einem Neutrinostrahl tatsächlich funktioniert; das bedeutete, daß es helfen konnte, den Schleier zu lüften, hinter dem sich die grundlegende Natur der Materie verbirgt. Es hatte freilich nur eines der Probleme gelöst, die den Enthusiasmus für Neutrinoexperimente ursprünglich entfacht hatten. Speziell eine Frage war geblieben: Wie sieht die korrekte Theorie der schwachen Kraft aus?

Enrico Fermi hatte 1934 mit der Entwicklung seiner Theorie des Betazerfalls dem Neutrino Respekt verschafft. Später ergab sich, daß sich seine Theorie ebensogut auf andere „schwache" Wechselwirkungen anwenden ließ. Dazu mußte sie nur so modifiziert werden, daß sie die überraschende Entdeckung des Jahres 1957 in sich aufnehmen konnte, nämlich die Verletzung der Parität oder räumlichen Symmetrie (vergleiche Kapitel 3). Obwohl Fermis Theorie stets die richtigen Antworten gab, war allen Experten klar, daß sie nicht vollkommen korrekt sein konnte.

Das Problem lag in der Voraussage von Reaktionsraten oder „Wechselwirkungsquerschnitten". Nach Fermis Theorie wächst beispielsweise die Wahrscheinlichkeit, daß ein energiereiches Neutrino mit einem Elektron wechselwirkt, proportional zur Energie des Neutrinos. Dies führt letzten Endes zu der unsinnigen Situation, daß das Neutrino eine Chance von über 1:1 für eine Wechselwirkung mit einem Elektron besitzt. Mit anderen Worten: Fermis Theorie beschreibt vollkommen zutreffend die Verhältnisse bei niedrigen Energien, wie sie etwa für Prozesse wie den Betazerfall charakteristisch sind. Dagegen versagt sie bei höheren Energien. Welche Art von Theorie wäre nun auch bei hohen Energien geeignet?

Die eine Möglichkeit zur Lösung dieser „Energiekrise" war so alt wie die Theorie von Fermi selbst und bereits in dem Konzept enthalten, das Fermis Zeitgenosse Hideoki Yukawa zur Beschreibung der schwachen Kraft entwickelt hatte. Yukawas Arbeit gründete auf der Quantenbeschreibung der elektromagnetischen Kraft, in der geladene Teilchen durch ein „Fangspiel" miteinander wechselwirken, bei dem sie Photonen austauschen. Es gelang Yukawa, die starke Kraft zwischen Protonen und Neutronen im Kern als ein neues Fangspiel zu erklären, bei dem der „Ball" ein Teilchen ist, das etwa die 200fache Elektronenmasse besitzt; dieses Teilchen

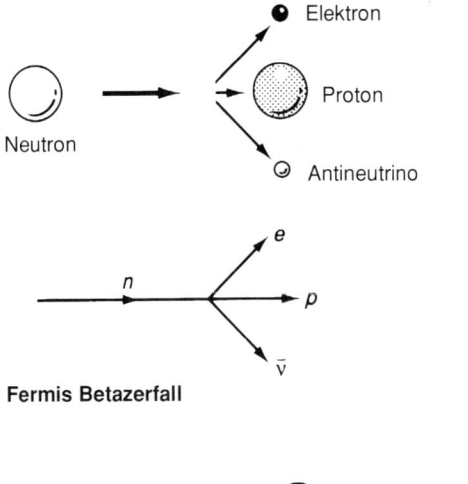

Fermis Betazerfall

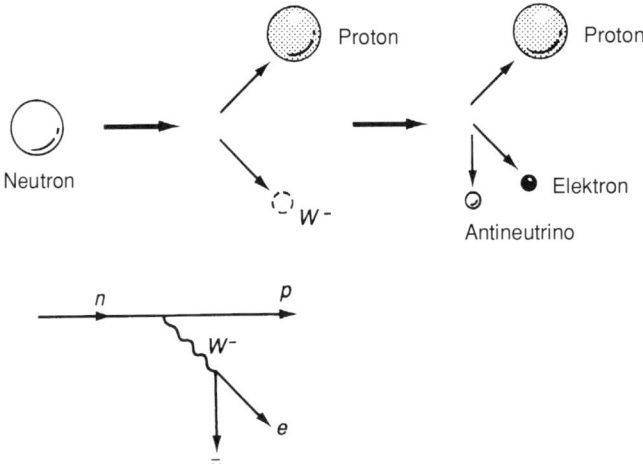

Betazerfall durch W-Austausch

In Fermis Theorie des Betazerfalls finden die Umwandlung des Neutrons in ein Proton und die Emission eines Elektrons und eines Antineutrinos durch das Neutron im gleichen Punkt von Raum und Zeit statt. Diese Theorie liefert jedoch bei hohen Energien falsche Ergebnisse. Sie muß durch eine Theorie der schwachen Kraft ersetzt werden, in der die Umwandlung des Neutrons in ein Proton über die Aussendung eines Überträgerteilchens der schwachen Kraft (des W⁻) erfolgt, das seinerseits – wie von Yukawa vorausgesagt – in ein Elektron und ein Antineutrino zerfällt (vergleiche Seite 99 und die Abbildung auf Seite 102.

ist heute als Pion bekannt. Das gleiche Teilchen konnte allerdings nicht – wie von Yukawa ursprünglich vermutet – für die Beschreibung der schwachen Kraft benutzt werden.

Wie sich herausstellte, funktionierte die Quantentheorie für das elektromagnetische Feld jedoch so gut, daß sie ein Vorbild für die Beschreibung der schwachen Kraft blieb. Die theoretischen Physiker hielten am Konzept eines „schwachen Fangspiels" fest, das mit einem passenden „Ball" – das heißt, mit einem „schwachen Photon" – gespielt wurde. Der Vorteil eines solchen Modells bestand darin, daß es die Krankheiten der Fermi-Theorie zu lindern versprach, obwohl es keine vollständige Heilung bewirken würde.

Die Theoretiker wußten, daß das Teilchen, das die schwache Kraft vermitteln sollte – das sogenannte W-Teilchen –, relativ schwer sein mußte. Dies ergab sich schon aus dem Erfolg der Fermi-Theorie, die ja für niedrige Energien so erfolgreich war. Fermi hatte angenommen, daß der Betazerfall eines Neutrons in einem einzelnen Punkt erfolgt und daß alle Zerfallsprodukte von genau dem Punkt ausgehen, in dem das Neutron verschwindet. Bei niedrigen Energien, bei denen die Theorie funktioniert, muß die Wechselwirkung daher so ablaufen, als ob sie in einem Punkt stattfindet und man den Austausch der Trägerteilchen nicht „sehen" kann.

Aus diesem Verhalten bei niedrigen Energien ist zu folgern, daß die schwache Kraft „kurzreichweitig" ist, im Gegensatz zur elektromagnetischen Kraft, die eine unbegrenzte Reichweite besitzt. Photonen (die Trägerteilchen der elektromagnetischen Kraft) haben die Masse null, und die Quantentheorie erlaubt ihnen, über große Entfernungen zu reisen. Die geringe Reichweite der schwachen Kraft andererseits läßt darauf schließen, daß das W-Teilchen als Überträger der Kraft ein relativ schweres Teilchen sein muß, denn je kleiner die Reichweite der Kraft ist, desto größer ist die Masse des Trägers. Wie schwer das W-Teilchen nun genau sein könnte, war nicht klar.

Die Existenz eines schweren, „schwachen" Teilchens hätte die Krise der Fermi-Theorie allerdings nicht abgewendet, sondern nur aufgeschoben. Bei höheren Energien hätte der Austausch eines intermediären Teilchens die schwache Wechselwirkung modifiziert und die Rate verringert, mit der die Reaktionswahrscheinlichkeit in Abhängigkeit von der Energie ansteigt. Die schwache Wechselwirkung wäre nicht länger in einem Punkt konzentriert gewesen, sondern hätte sich so verhalten, als wirkte sie über eine sehr kleine Entfernung. Experimente bei höheren Energien hätten eine Art von „Mikroskop" ermöglicht, mit dem Einzelheiten zu erkennen wären, die bei niedrigen Energien nicht zu beobachten sind.

Möglicherweise konnten hochenergetische Neutrinoexperimente auch echte W-Teilchen erzeugen, ähnlich wie bei den energiereichen Zusammenstößen zwischen Protonen und Neutronen die Pionen freigesetzt werden, die Yukawa als Träger der Kernbindungskraft vorausgesagt hatte. Wie sich allerdings herausstellte, tritt das W-Teilchen bei der Wechselwirkung von Neutrinos nicht in Erscheinung. Das W-Teilchen wurde in einer anderen Art von Experiment erstmals 1983 freigesetzt; dabei zeigte sich, daß es etwa 90mal schwerer als das Proton ist. Die Neutrinoexperimente führten dagegen zu einer zutreffenden Theorie der schwachen Kraft, die die Masse des W voraussagte und die Experimentatoren damit auf den richtigen Weg führte.

Neutrinostrahlen

„In einem Jahrzehnt wird die experimentelle Neutrinophysik
von einer technischen Unmöglichkeit zu einem der wichtigsten
Gebiete der experimentellen Hochenergiephysik werden." (2)
Colin Ramm, 1966

Nach dem Zwei-Neutrino-Experiment ließ sich die Aufgabe der Wissenschaftler als eine Art von Maßstabsvergrößerung beschreiben. Die Anzahl
der Neutrino-Wechselwirkungen in der Funkenkammer war sehr gering.
Um eine Chance zu haben, das W-Teilchen zu entdecken, mußten die
Experimentatoren Neutrinostrahlen höherer Intensität erzeugen und noch
größere Detektoren bauen.

Eine Methode, mit der man wesentlich mehr Neutrinos erzeugen konnte, war sofort verfügbar, und zwar am CERN, dem Forschungslaboratorium in der Nähe von Genf, das in den 50er Jahren zur Nutzung durch alle
europäischen Physiker errichtet worden war. Anfang 1961 hatte der holländische Ingenieur Simon van der Meer einen internen Bericht mit dem
Titel „Eine Anordnung zur Ausrichtung geladener Teilchen und ihre Verwendung zur Verstärkung eines Neutrinostrahles" verfaßt. Darin beschrieb er seine geniale Idee für die Apparatur, die als „Neutrinohorn"
bekannt wurde.

Ein Problem bei der Erzeugung eines Neutrinostrahles liegt in der Art
und Weise, in der die „Elternteilchen" erzeugt werden, wenn der hochenergetische Strahl aus dem Beschleuniger auf ein Ziel trifft. Die Elternteilchen
(geladene Pionen und Kaonen) treten unter ganz verschiedenen Winkeln
zur ursprünglichen Strahlrichtung aus; damit wirkt die Neutrino-„Quelle"
wie eine Lampe, die Licht über einen großen Winkelbereich aussendet.
Dieser Effekt wird noch durch die Dutzende von Metern lange Strecke
verstärkt, die die geladenen Teilchen zurücklegen müssen, um eine ausreichende Zahl von Neutrinos zu erzeugen. Es ist nicht möglich, die Neutrinos
selbst zu fokussieren, denn sie sind elektrisch neutral und daher durch
Magnetfelder nicht zu beeinflussen. So folgerte van der Meer, daß die
benötigte Apparatur in der Lage sein müßte, die Eltern-Pionen und -Kaonen zu bündeln. Diese würden die entstehenden Neutrinos in einen stärker
ausgerichteten Strahl fokussieren, vergleichbar den Linsen eines Leuchtturms, die das von seiner zentralen Quelle ausgehende Licht konzentrieren.

Van der Meers Vorrichtung wirkte wie die polierte Innenfläche eines
Kegels, die Licht über mehrere aufeinanderfolgende Reflexionen in einen
parallelen Strahl ausrichtet. Um die Bahnen der elektrisch geladenen Pionen und Kaonen zu beeinflussen, benutzte van der Meer ein Magnetfeld
zwischen zwei konzentrisch ineinandersteckenden Metallkegeln. Ein
durch die Kegel fließender elektrischer Strom erzeugte ein Magnetfeld, und
dieses fokussierte die geladenen Teilchen, die in einem langen, dünnen

Das erste am CERN gebaute magnetische Horn –
hier bei seiner Montage – wurde von Simon van der
Meer konstruiert. Es erzeugt einen intensiveren
Neutrinostrahl, und zwar durch die Fokussierung
der Pionen und Kaonen vor ihrem Zerfall in
Neutrinos. Die Zeichnung zeigt, wie die
elektrischen Ströme im Horn ein Magnetfeld
bilden, mit dem die Bahnen der elektrisch
geladenen Elternteilchen gebündelt werden
(CERN).

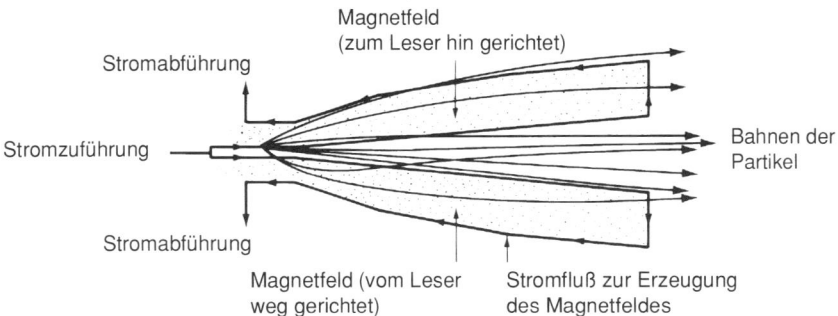

Metallstück am „Hals" des Hornes erzeugt wurden. Ein zusätzlicher Vorteil war, daß die Vorrichtung je nach der Richtung des Stromes und damit des Magnetfeldes entweder positive oder negative Elternteilchen bündelte. Somit konnte man einen nahezu reinen Strahl aus Neutrinos (von positiven Eltern) oder Antineutrinos (von negativen Eltern) erzeugen.

Wie notwendig das van der Meersche „Magnethorn" war, wurde Mitte 1961 deutlich, als der ursprüngliche ehrgeizige Plan für Neutrinoexperimente am CERN abrupt gestoppt wurde. Guy von Dardel hatte entdeckt, daß die geplante Apparatur zur Benutzung des Strahles aus dem Protonenbeschleuniger (oder Protonen-Synchrotron, PS) viel weniger Pionen als erwartet erzeugte; die sich daraus ergebende niedrige Zahl von Neutrinos würde die Experimente unmöglich machen. Den Physikern am CERN blieb keine andere Wahl, als ihren Plan zu ändern, denn es war bereits deutlich erkennbar, daß das Team von Brookhaven viel näher daran war, die ersten Untersuchungen mit Neutrinostrahlen durchzuführen. Das neue Ziel bestand darin, am CERN einen Neutrinostrahl hoher Intensität zu erzeugen, der genauere Experimente erlauben würde, als sie in Brookhaven möglich waren.

Das Magnethorn war ein wichtiger Bestandteil der neuen Pläne, die aber eine weitere Neuerung erforderlich machten: Die Elternteilchen mußten in der „Kehle" des Hornes erzeugt werden. Das bedeutete, daß der Protonenstrahl den Beschleuniger verlassen mußte, um auf ein Ziel im engen Endstück des Hornes aufzutreffen.

Glücklicherweise hatten Berend Kuiper und Gunther Plass bereits im Dezember 1959 eine Methode für einen „schnellen Ausstoß" entwickelt. Mit diesem Verfahren konnten sie alle Teilchen innerhalb von maximal 2,1 Mikrosekunden – der Umlaufzeit im Beschleunigerring – aus dem Beschleuniger herausbringen.

Im Jahre 1962 mußten die Physiker am CERN ihren Kollegen in Brookhaven noch den Vortritt bei hochenergetischen Neutrinoexperimenten lassen. Mitte 1963 jedoch konnte das europäische Laboratorium dank der konsequenten Anwendung des schnellen Ausstoßes und des Neutrinohornes den intensivsten Neutrinostrahl der Welt erzeugen. Der nächste Schritt sollte im Bau eines ebenso eindrucksvollen Detektors bestehen.

Die Mutter des Riesen

> „Welche Art von Instrument ist in der Lage, unsere Träume von einer detaillierten Untersuchung der Neutrino-Wechselwirkungen wahr werden zu lassen?" (3)
>
> *Barry Barich, 1973*

Im Jahre 1953 demonstrierte Donald Glaser, ein junger Physiker an der Universität von Michigan, die Brauchbarkeit einer neuen Art von Teilchendetektor, der Blasenkammer. Sein Detektor bestand aus einem Glasröhrchen, das 30 ml Diäthyläther (eine organische Flüssigkeit) enthielt. Im Laufe der folgenden Jahre wurden die Blasenkammern immer größer, insbesondere durch den unermüdlichen Einsatz von Luis Alvarez am Lawrence-Berkeley-Laboratorium in Kalifornien. In den 60er Jahren gelang ihm mit seiner 1,8-m-Kammer, die mit flüssigem Wasserstoff gefüllt war, erstmals ein Versuch in großem Maßstab, der zu einigen interessanten Entdeckungen führte. Mit einer riesigen Blasenkammer namens „Gargamelle", die 12'000 Liter Flüssigkeit enthielt, wurden schließlich Anfang der 70er Jahre die Hoffnungen von einer detaillierten Untersuchung der Neutrino-Wechselwirkungen allmählich Wirklichkeit.

Ein Teilchen der Kosmischen Strahlung hinterläßt
eine vom Blitzlicht beleuchtete feine Blasenspur in
der ersten jemals gebauten Blasenkammer; diese
war ein nur 3 cm langes, mit Diäthyläther gefülltes
Glasröhrchen (D. Glaser, Universität von
Kalifornien).

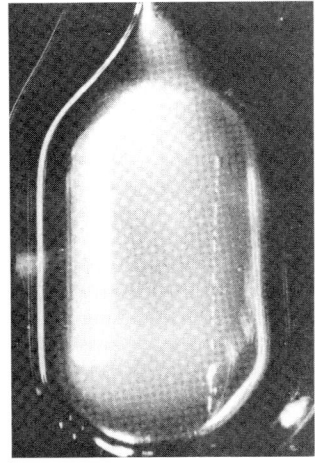

Gargamelle war ursprünglich der Name einer Gestalt in den französischen Sagen; sie war die Mutter des Riesen Gargantua. Im 16. Jahrhundert benutzte der berühmte französische Schriftsteller François Rabelais die Abenteuer dieser Figuren, um sich über die Zustände im damaligen Frankreich lustig zu machen. Die moderne Gargamelle – die Blasenkammer – war das Werk einer Gruppe französischer Physiker und Ingenieure unter Führung von André Lagarrigue. Diese Riesin öffnete den Physikern ein Fenster, das nicht nur einen Blick auf das Verhalten der schwachen Kraft, sondern auch auf die innere Struktur der Protonen und Neutronen des Atomkernes gestattete.

In einer Blasenkammer werden die Spuren elektrisch geladener Teilchen, die die Flüssigkeit durchquert haben, als Bahnen sichtbar, die aus winzigen Blasen bestehen. Der Trick besteht darin, den Druck der Flüssigkeit einen Sekundenbruchteil vor dem Eintritt eines geladenen Teilchens in die Kammer schlagartig zu erniedrigen. Der plötzliche Druckabfall führt zu einer „Überhitzung" der Flüssigkeit. Sie befindet sich nun auf einer Temperatur, die oberhalb ihrer Siedetemperatur liegt, die dem reduzierten Druck entspricht. Durchquert ein geladenes Teilchen die Flüssigkeit, so verliert es durch die Ionisation von Atomen in seiner Flugbahn winzige Beträge an Energie; diese reichen gerade aus, die momentan instabile, überhitzte Flüssigkeit zum Sieden zu bringen. Dadurch bildet sich längs der Bahn des Teilchens eine Spur aus Blasen.

In den 50er Jahren wurden die Blasenkammern als Detektoren beliebt, weil sie viele Informationen über Reaktionen zwischen Teilchen liefern, die als energiereicher Strahl in die Kammer eintreten; außerdem erhält man hier auch Daten über die Atomkerne der Flüssigkeit. Alle dabei erzeugten geladenen langsamen Teilchen hinterlassen dichte Spuren aus Blasen, während schnelle Teilchen dünne Spuren erzeugen. Wird die Blasenkammer zwischen die Pole eines starken Elektromagneten gebracht, dann werden die Teilchenbahnen gekrümmt, und zwar entsprechend der positiven bzw. negativen Ladung der Teilchen in entgegengesetzten Richtungen, wobei der Betrag der Krümmung den Impuls der Teilchen verrät. Enthält die Kammer flüssigen Wasserstoff, so reagieren die Teilchen des Strahles mit einzelnen Protonen, das heißt Wasserstoffkernen.

Dagegen stellen neutrale Teilchen ein Problem dar, weil sie keine Ionisationsspuren hinterlassen. Eine Möglichkeit besteht dann darin, die Kammer mit einer Flüssigkeit zu füllen, in der neutrale Teilchen mit hoher Wahrscheinlichkeit wechselwirken und charakteristische Spurenmuster –

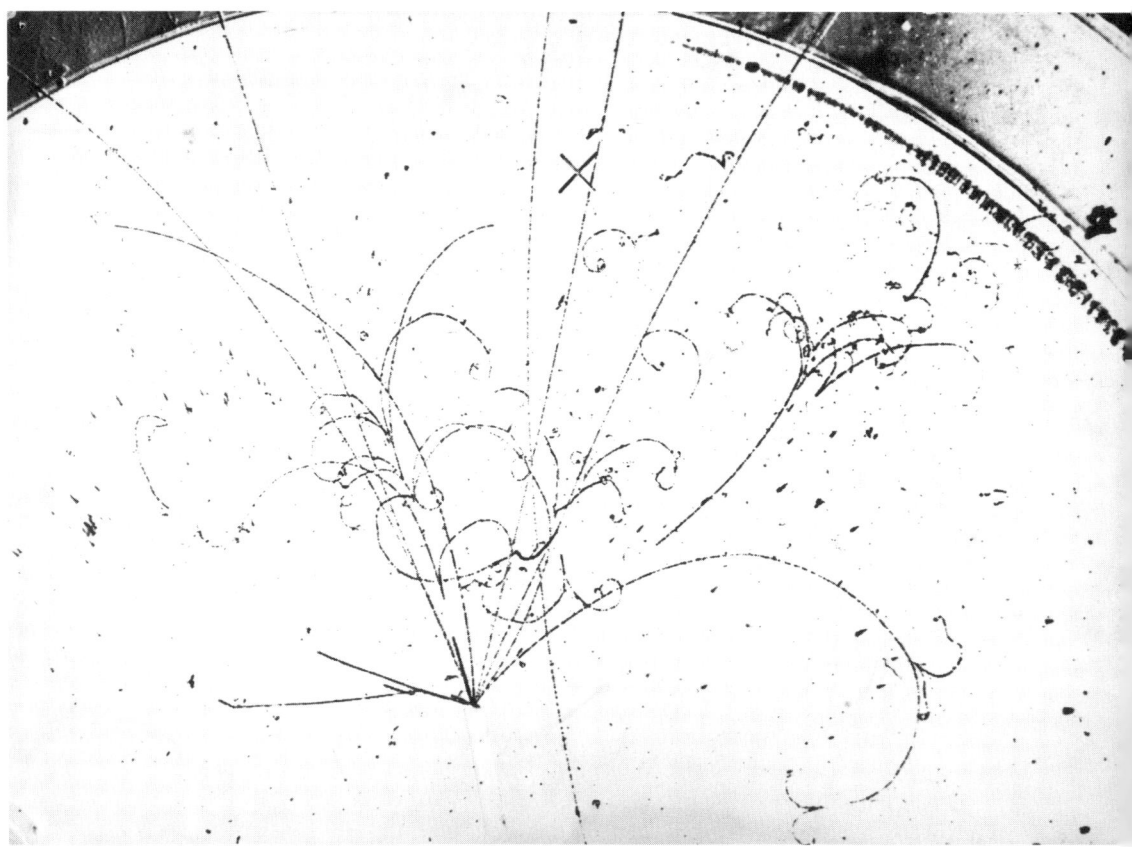

Ein Bild aus Colin Ramms mit 500 Litern einer „schweren" Flüssigkeit gefüllten Kammer, der ersten Blasenkammer zur Untersuchung der Wechselwirkungen von Neutrinos am CERN. Hier erfuhr ein Neutrino etwa in der Mitte der Kammer eine Wechselwirkung, bei der ein Bündel geladener Teilchen entstand, das Blasenspuren in der Flüssigkeit hinterließ. Man beachte die gleichzeitige Produktion eigentlich unsichtbarer Gammastrahlen; diese machen sich nur bemerkbar, wenn sie sich in der Flüssigkeit in Elektron-Positron-Paare umwandeln, die kurze Spuren hinterlassen, welche sich in entgegengesetzte Richtungen krümmen (CERN, G. Myatt).

André Lagarrigue von der Ecole Polytechnique war führend am Bau von Gargamelle beteiligt, der riesigen Schwerfüssigkeits-Blasenkammer, mit der Anfang der 70er Jahre am CERN eine Reihe wichtiger Entdeckungen gelangen (CERN).

eine bestimmte „Signatur" – erzeugen. Dies ist der Fall für Gammastrahlen, die sich durch eine Umkehrung der Elektron-Positron-Zerstrahlung in Paare aus Elektronen und Positronen umwandeln können. Da diese beiden Teilchen ungleichnamig geladen sind, besteht ihre Signatur in der Blasenkammer aus einem Paar von Spuren, die sich im magnetischen Feld in entgegengesetzte Richtungen krümmen. Besitzen Elektronen und Positronen einen kleinen Impuls, dann sind ihre Spuren stark gekrümmt und ähneln den Hörnern eines Widders.

Die Wahrscheinlichkeit der Umwandlung von Gammastrahlen ist höher in dem elektrischen Feld, das den hoch geladenen Kern eines schweren Elements umgibt. Man kann daher Gammastrahlen in einer Blasenkammer besser sichtbar machen, wenn man die Kammer mit einer „schweren" Flüssigkeit füllt, deren Kerne eine große positive Ladung besitzen. Geeignete Flüssigkeiten dieser Art sind beispielsweise die Fluor-Chlor- oder Fluor-Brom-Kohlenwasserstoffe, die heute vor allem als Gefahr für die Ozonschicht der Erde bekannt sind. Sie sind rund 20mal dichter als Wasserstoff; daher muß ein Gammastrahl in ihnen nur 1/100 der Entfernung zurücklegen, die er in flüssigem Wasserstoff braucht, bis er in ein Elektron-Positron-Paar umgewandelt wird. Dieser Vorteil fordert jedoch auch seinen Preis: Die Teilchen des Strahles reagieren nicht mehr mit einzelnen Protonen wie in flüssigem Wasserstoff, sondern mit einer ganzen Ansammlung von Protonen und Neutronen, die in komplexen Kernen aneinander gebunden sind.

Als es 1960 möglich wurde, Neutrinostrahlen zu erzeugen, erwogen die Experimentatoren sofort, Blasenkammern als Detektoren einzusetzen. Da-

(a) Der Behälter der großen Blasenkammer Gargamelle bei seiner Anlieferung im CERN, Juli 1970. Man erkennt entlang der oberen und der unteren Längsseite zwei Reihen großer „Bullaugen" für die Weitwinkelobjektive.
(b) Dieser Blick in das Innere von Gargamelle zeigt die vielen Öffnungen in den Kammerwänden. Die großen Fenster sind für die Objektive vorgesehen und die kleineren für die Blitzlichter und für das Expansionssystem, das das Steigern und Senken des Flüssigkeitsdrucks während des Betriebs ermöglicht.
(c) Dieses Bild zeigt die Installation von Gargamelle zwischen den Spulen eines großen Magneten, dessen Feld die geladenen Teilchen ablenkt, so daß sich ihr Impuls und ihre elektrische Ladung bestimmen lassen (CERN).

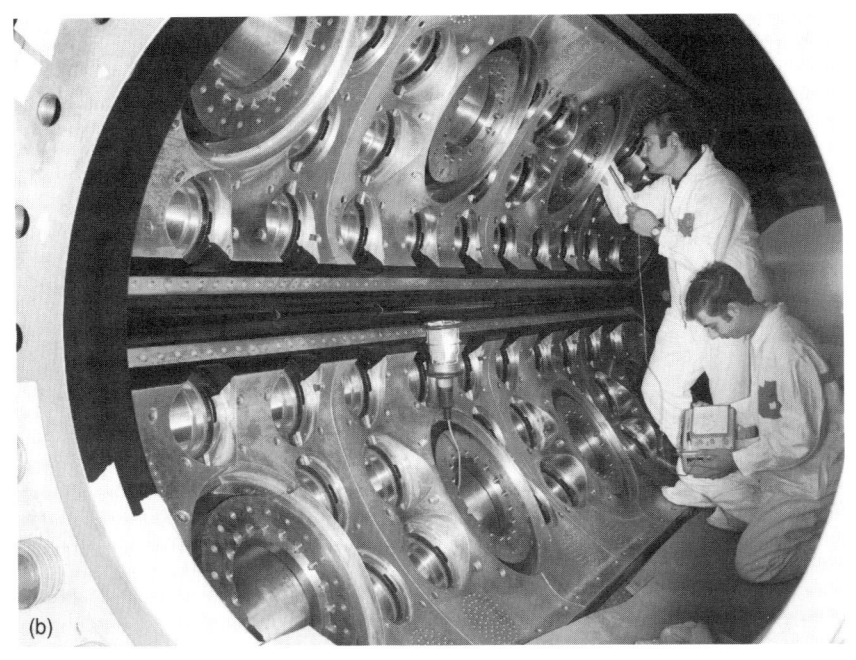

(b)

(c)

bei schien die erst kurz zuvor entwickelte, mit schwerer Flüssigkeit gefüllte Blasenkammer die geeignete Wahl zu sein. Eine am CERN von Colin Ramm geleitete Gruppe baute eine 500-Liter-Kammer, die entweder mit Propan oder Fluor-Chlor-Kohlenwasserstoff oder einer Mischung aus beiden gefüllt wurde. Als der Neutrinostrahl des Protonen-Synchrotrons am CERN Mitte 1963 einsatzbereit war, war Ramms Kammer die erste, die zum Empfang der Neutrinos bereit stand. Nach einer Laufzeit von insgesamt etwa 60 Tagen hatten die von der Kammer gelieferten Daten die Ergebnisse des Zwei-Neutrino-Experiments von Brookhaven bestätigt, wobei 454 Ereignisse auf ein negatives Myon und nur 5 auf ein relativ energiereiches Elektron zurückzuführen waren: Die Blasenkammer hatte sich als Neutrinodetektor bewährt.

Die Anzahl der Ereignisse war aber immer noch gering. Ein weiterer Fortschritt bei der Untersuchung der Neutrinoreaktionen erforderte zehn- bis hundertmal so viel Ereignisse, und dazu benötigte man einen viel größeren Detektor. Unter den Wissenschaftlern, denen das bewußt war, befand sich auch André Lagarrigue, Physiker an der École Polytechnique in Paris und einer der Pioniere der Schwerflüssigkeits-Blasenkammer. Sein Kollege André Rousset erinnerte sich später:

Die Idee wurde zum ersten Mal 1963 bei Unterhaltungen in den Cafes nahe der Piazza del Campo in Siena erörtert. Bei diesen Treffen der Teilchenphysiker diskutierten wir die Ergebnisse von hochenergetischen Neutrino-Wechselwirkungen ... Die Schwerflüssigkeits-Blasenkammer schien ein guter Detektor zu sein; doch war es nötig, eine viel größere Apparatur zu bauen. (4)

So entwarf Lagarrigue Pläne für eine wahrhaft riesige neue Kammer, die schon erwähnte Gargamelle. Zuerst mußten seine Physikerkollegen vom Wert eines solchen Projektes überzeugt werden, danach die Behörden, die das Geld für den Bau der Kammer zu bewilligen hatten, sowie die Verantwortlichen am Centre d'Etudes Nucléaires und am Saclay-Laboratorium, wo die Kammer gebaut, und schließlich die Autoritäten am CERN, wo sie installiert werden sollte. Lagarrigue rührte unermüdlich die Werbetrommel und hatte schließlich Erfolg: Am 2. Dezember 1965 unterzeichnete CERN ein Abkommen mit dem Commissariat de l'Energie Atomique (CEA), das den Bau der Kammer beaufsichtigen sollte.

Gargamelles endgültige Ausmaße wurden vor allem von den verfügbaren Finanzmitteln begrenzt; der teuerste Posten war der Elektromagnet, in dem die Kammer sitzen sollte. Die Abmessungen der Kammer wurden durch die Notwendigkeit bestimmt, die bei den Wechselwirkungen erzeugten Teilchen zu identifizieren. Das bedeutete insbesondere, daß die Kammer lang genug sein mußte, um die langen Spuren der Myonen von den viel kürzeren Spuren schneller wechselwirkender Pionen unterscheiden zu können.

Bei ihrem endgültigen Entwurf schlugen Lagarrigue und seine aus Physikern und Ingenieuren bestehende Gruppe eine Kammer vor, die einem flachgedrückten Zylinder ähnlich sah, 4,8 m lang und 1,85 m weit war und ein Volumen von 12 m^3 besaß, das 18 Tonnen Fluor-Chlor-Kohlenwasserstoff fassen konnte. Die Forscher wollten die Kammer so weit wie möglich einsehbar machen und setzten zur Überwachung zwei Reihen von jeweils vier Weitwinkel-„Fischaugen"- Objektiven ein. Damit konnten 10 der 12 m^3 der Kammer sichtbar gemacht werden, für eine Blasenkammer ein ungewöhnlich hoher Prozentsatz.

Nun begann das, was Paul Musset – einer der führenden Physiker des Projektes, der gemeinsam mit Lagarrigue einen Großteil der Verantwortung trug – als „ein wunderbares technisches Abenteuer" beschrieb (5). Nach Lagarrigues frühzeitigem Tod im Jahre 1975 beschwor Musset den Geist dieses Abenteuers:

Im Verlauf dieser Arbeit freuten wir uns über alle wichtigen Teilerfolge, die in uns die notwendige Begeisterung für die Fortführung der Konstruktion und der Tests weckten. Von Zeit zu Zeit tauchten Schwierigkeiten auf, an denen wir die Grenzen unserer technischen Möglichkeiten abschätzen konnten. Schließlich kam dieses langwierige Unternehmen zum Abschluß, und ich werde nie das Vergnügen von André Lagarrigue vergessen, als er die ersten Photographien studieren und über die ersten technischen Verbesserungen diskutieren konnte. (6)

Diese ersten Aufnahmen wurden in der Nacht des 8. Dezember 1970 während der Tests zur Expansion der Kammer gemacht, fast genau vier Jahre nach dem Abkommen zwischen CERN und CEA. Die vom CERN herausgegebene Zeitschrift „CERN Courier" schilderte die Ereignisse wie folgt:

Im Kontrollraum herrschte eine gespannte Atmosphäre, als die ersten Schläge des Expansionszyklus zu hören waren; einer nach dem anderen starrte durch das Beobachtungsfenster und bemühte sich, irgend etwas zu sehen. Die Optimisten waren vollauf damit beschäftigt, die (durch Kosmische Strahlung hervorgerufenen) Spuren auszumachen, und die Pessimisten konnten überhaupt nichts erkennen. Nach einer halben Stunde war der erste Film belichtet und entwickelt. Er lieferte ein objektives Urteil, denn er zeigte Spuren Kosmischer Strahlung. Das Blasenkammer-Team feierte ausgelassen seinen Erfolg. (7)

Kaum ein Jahr später hatte der „CERN Courier" etwas mehr zu berichten, nachdem Gargamelle im November 1971 ihr 500'000. Bild geliefert hatte. Lagarrigue und seine Kollegen sahen sich nun einer ganz anderen Herausforderung gegenüber: der sorgfältigen Analyse aller dieser Photographien, die wichtige neue Beweise dafür enthielten, wie das flüchtige Neutrino mit Materie in Wechselwirkung tritt.

Neutralströme

„Die meisten Durchbrüche auf unserem Gebiet haben sich aus
dem Nachweis einer kleinen Zahl von Ereignissen ergeben ... Ich
weiß nicht, ob das Ereignis, über das ich spreche, eine große
Entdeckung darstellt. Hoffen wir es!" (8)

Don Perkins, 1973

Don Perkins, eine der führenden Persönlichkeiten der englischen Teilchenphysik, machte diese Bemerkungen vor dem Auditorium einer neuen
Generation ehrgeiziger Hochenergie-Physiker. Hier war, verborgen hinter
einer für Perkins charakteristischen Untertreibung, von einem historischen
Geschehen die Rede. Mit Gargamelle war ein besonderes Ereignis nachgewiesen worden – eines unter 375'000 Neutrinobildern und 360'000 Anti-
neutrinobildern, die bis zu diesem Zeitpunkt analysiert worden waren.

Das erwähnte Ereignis stellte sich tatsächlich als bedeutende Entdek-
kung heraus: Es war das erste Beispiel eines neuen Typs von Neutrino-
Wechselwirkungen, das einen bemerkenswerten Fortschritt in der theoretischen Physik bestätigte: die Verbindung zwischen der schwachen und der
elektromagnetischen Kraft im Rahmen einer „elektroschwachen" Theorie.

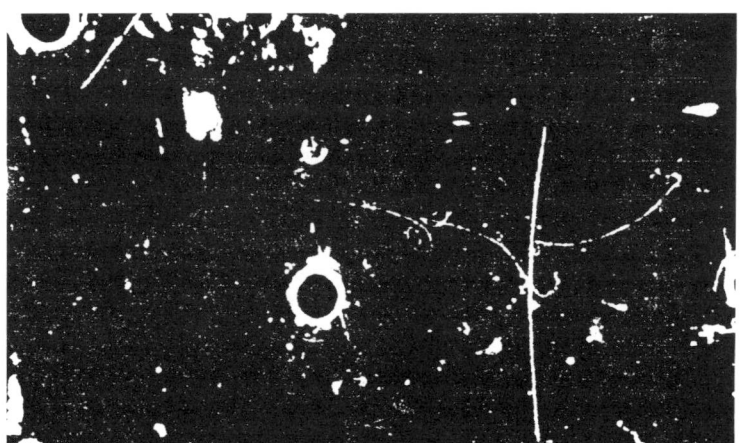

Dieser Ausschnitt aus einem an Gargamelle aufgenommenen Bild fing einen
historischen Augenblick ein: das erste Beispiel der Reaktion eines Neutrinos mit
einem Elektron über den „schwachen Neutralstrom". Die Spur, die auf der linken
Bildseite beginnt, wurde von einem einzelnen Elektron hervorgerufen, das durch ein
unsichtbares hochenergetisches Neutrino aus einem Atom der Flüssigkeit
herausgeschlagen wurde. Die Spur des Elektrons zeigt den charakteristischen kurzen
gekrümmten Verlauf, der auf Wechselwirkungen mit anderen Elektronen in der
Flüssigkeit zurückzuführen ist. Die weißen Flecke mit schwarzem Zentrum rühren
von einigen der ringförmigen Blitzlichter her, mit denen die Blasenspuren beleuchtet
werden (CERN).

Wenn sich Perkins im Juli 1973 noch etwas unklar äußerte, hatte er allerdings allen Grund dazu. Das Auffinden eines solchen Ereignisses ähnelte dem Aufspüren der sprichwörtlichen Nadel im Heuhaufen, wobei die Aufgabe in diesem Fall noch dadurch erschwert wurde, daß man sozusagen zeigen mußte, daß es sich bei dem gefundenen Objekt tatsächlich um eine Nadel und nicht nur um einen nadelähnlichen Gegenstand handelte.

Ende 1971 hatte sich unter den theoretischen Teilchenphysikern Aufregung über eine mögliche „Vereinigung" der schweren und der elektromagnetischen Kraft ausgebreitet, vor allem durch die Arbeit des jungen Holländers Gerard 't Hooft. Dabei war dessen Grundvorstellung keinesfalls neu, sondern bereits in den 60er Jahren von Abdus Salam in London und, unabhängig davon, von Steven Weinberg in Harvard entwickelt worden. Aber erst 't Hooft konnte der elektroschwachen Vereinigung Leben einhauchen, indem er nachwies, daß er die Theorie durch einen als „Renormierung" bekannten Prozeß von unsinnigen unendlichen Ergebnissen befreien konnte. Sidney Coleman, heute Theoretiker an der Stanford University, schrieb später, 't Hooft habe enthüllt, daß es sich „bei dem Frosch von Weinberg und Salam um einen verzauberten Prinzen handelte." (9)

Die Theoretikerkollegen 't Hoofts reagierten enthusiastisch, nachdem sie seine Ergebnisse eilig überprüft hatten. Wie Weinberg jedoch bemerkte, blieb immer noch ein Problem zu lösen, auch wenn die Theorie einen großartigen Eindruck machte:

> *Es war nicht so klar, warum die Natur gerade unser spezielles Modell ausgewählt hatte. Diese Frage mußte von den Experimentatoren entschieden werden.* (10)

Die Bühne war also frei für den Auftritt der Experimentatoren, und die Theoretiker warteten begierig darauf, daß diese ihnen die Daten lieferten, die die elektroschwache Vereinigung entweder bestätigen oder widerlegen würden.

Ein entscheidendes Element der elektroschwachen Theorie war die Forderung nach der Existenz eines neuen Teilchens. Dieses Teilchen mit der Bezeichnung Z° stellte einen elektrisch neutralen Partner des geladenen W-Teilchens dar, das bei den Ansätzen zu Theorien der schwachen Kraft lange Zeit eine Rolle gespielt hatte.

Sollte Z° existieren, würde es ein besonderes „schwaches Fangspiel" möglich machen. Beim Austausch eines Z° würden keine elektrischen Ladungen den Besitzer wechseln – im Gegensatz zu Prozessen wie dem Betazerfall eines Neutrinos, bei denen ein geladenes W-Teilchen die Rolle des Balles spielt. Bei der Umwandlung eines Neutrinos in ein Proton wird ein negativ geladenes W-Teilchen (W^-) emittiert, das beinahe augenblicklich in ein Elektron und ein Antineutrino zerfällt. Bei seiner Umwandlung in ein Proton ändert das Neutron gewissermaßen seine Ladung, wobei die Differenz an das Elektron übergeht. In Analogie zum Elektromagnetismus

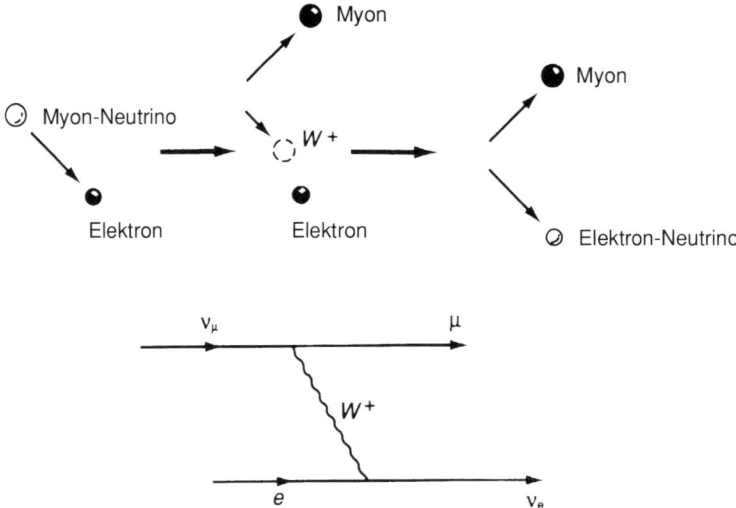

Ladungsstrom – W-Austausch

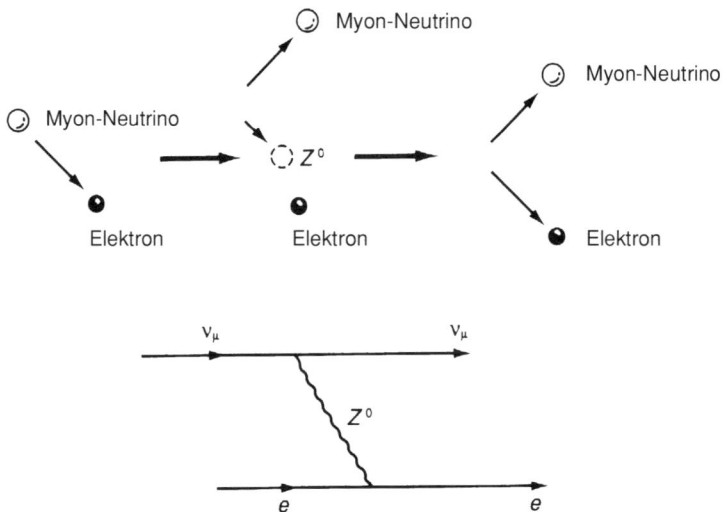

Neutralstrom – Z⁰-Austausch

Bei einer typischen schwachen „Ladungsstrom"-Wechselwirkung emittiert ein Myon-Neutrino bei seiner Begegnung mit einem Elektron ein W-Teilchen und wandelt sich in ein Myon um; das Elektron wird danach in ein Elektron-Neutrino umgewandelt. Bei der zugehörigen schwachen „Neutralstrom"-Wechselwirkung dagegen behalten beide Ausgangsteilchen ihre Identität, wenn das Myon-Neutrino ein Z°-Teilchen emittiert, das vom Elektron absorbiert wird.

werden die verschiedenen Arten der schwachen Wechselwirkung als „Ladungsströme" (mit Ladungsaustausch) oder „Neutralströme" (ohne Ladungsaustausch) bezeichnet.

Die Theoretiker erkannten rasch, daß das Überleben der elektroschwachen Theorie von der Existenz von Neutralströmen abhing. Die Ergebnisse früherer Experimente waren allerdings entmutigend, da sie keine Hinweise auf derartige Prozesse geliefert hatten. Doch das Spiel war noch nicht verloren; die Väter der elektroschwachen Theorie hatten noch einen Trumpf in der Hand. Salam und Weinberg konnten nämlich eine gute Abschätzung für die relativen Stärken von Ladungs- und Neutralströmen liefern.

Ende 1971 berechnete Weinberg, daß die bisher durchgeführten Experimente gegenüber der erwarteten Stärke der Neutralströme kaum empfindlich genug gewesen waren; es gab also „guten Grund, ein bißchen genauer hinzusehen." (11) Und die beste Gelegenheit für die Suche nach Neutralströmen war nun die Wechselwirkung von Neutrinos mit Materie. Neutrinos spüren wegen ihrer fehlenden Ladung weder die elektromagnetische Kraft, noch unterliegen sie der starken Kraft, so daß die Effekte der schwachen Wechselwirkung nicht durch den viel stärkeren Einfluß dieser anderen Kräfte überdeckt werden.

Inzwischen hatten die Theoretiker am CERN ihre experimentierenden Kollegen auf die Bedeutung der Arbeiten von 't Hooft aufmerksam gemacht und sie zur Suche nach Neutralströmen ermutigt. Gargamelle hatte bereits über eine Million Bilder der Wechselwirkungen von Neutrinos und Antineutrinos geliefert. War der Beweis in diesem Berg aus Filmen verborgen?

Das Neutrinoexperiment mit Gargamelle stand unter der Verantwortung eines Teams von über 50 Physikern aus acht verschiedenen europäischen Laboratorien: in Aachen, Brüssel, Mailand, Orsay, Oxford, Paris (École Polytechnique) und London (University College) sowie am CERN. Während das Funktionieren der Blasenkammer ständig durch eine Gruppe von Technikern überwacht wurde, war die Hauptaufgabe der Physiker, die Analyse der Photographien zu organisieren. Dazu wurden die Filme unter die verschiedenen Laboratorien aufgeteilt.

Um so viel wie möglich vom Inneren der Kammer aufnehmen zu können, besaß Gargamelle zwei parallele Reihen von jeweils vier Weitwinkelobjektiven. Die Bilder wurden auf zwei 70-mm-Filme aufgezeichnet, also auf einen Film für jede Objektivreihe. Zur Untersuchung der entwickelten Filme mußten die Physiker die Bilder auf einen Spezialtisch projizieren, auf dem sie interessante Spuren verfolgen konnten, während die zugehörigen Meßwerte direkt in einen Computer eingegeben wurden. Ein Team vom CERN und vom University College hatte den Prototyp eines Projektionssystems einschließlich eines Meßtisches entwickelt und gebaut, das als „Gemini" bezeichnet wurde. Es bildete die Vorlage für 14 Geräte, die von der schwedischen Firma Saab produziert und an die verschiedenen Laboratorien verteilt wurden.

Wie bei vielen Blasenkammer-Experimenten üblich, lag die Verantwortung für die erste Stufe der Analyse der Gargamelle-Bilder gewöhnlich nicht bei den Physikern selbst, sondern bei einem Team von „Auswertern" – das sind Hilfskräfte, die spezielle Spurenmuster aussondern und die entsprechenden Messungen ausführen. So filterten die Auswerter Ereignisse mit einer vorgegebenen Charakteristik oder „Signatur" heraus. Die Physiker bildeten derweil kleine Gruppen, die verschiedene Aspekte der Streuung von Neutrinos untersuchten. Sie versorgten die Auswerter mit Regeln für die Auswahl von Ereignissen und untersuchten diese nur dann genauer, wenn ungewöhnliche oder besonders wichtige Signaturen auftraten. Die Physiker hatten vor allem herauszufinden, wie die gesuchten Ereignisse von falschen Ergebnissen vorgetäuscht werden konnten; weiterhin mußten sie Sicherheit hinsichtlich des richtigen Verständnisses der entsprechenden „Filter" gewinnen. Man wollte sicher sein, nach Nadeln und nicht nach Heu zu suchen.

Selten schien die Redensart von der Nadel im Heuhaufen zutreffender als bei der Fahndung nach Neutralströmen, die 1971 begann und zunächst nur einen unter vielen anderen Punkten des Programms bildete, welches das Team von Gargamelle bearbeitete. Bedingt durch die große Aufregung der Theoretiker nach dem Erscheinen der Arbeit von 't Hooft verschob sich der Schwerpunkt der Untersuchungen allmählich immer mehr in diese Richtung. Seit 1972 suchte das Team noch intensiver nach Neutralströmen, wobei sich mehrere Gruppen auf unterschiedliche Typen von Neutralströmen konzentrierten.

Eines der einfachsten Beispiele einer Neutralstrom-Wechselwirkung ist die „elastische Streuung" zwischen einem Neutrino und einem Elektron. Dabei prallt das Neutrino vom Elektron ab, und beide Teilchen tauschen lediglich Energie und Impuls aus. Dieser Prozeß ist aber sehr selten. Etwas häufiger ist die Streuung eines Neutrinos an einem Nukleon (Neutron oder Proton), das in einem Kern gebunden ist. Dieser Prozeß ist allerdings experimentell schwer nachzuweisen.

Machen wir uns die Probleme klar, die mit dem Nachweis von Neutrinos verbunden sind. Ein Neutrino tritt ohne Hinterlassung von Spuren in einen Detektor ein. Es stößt mit irgend etwas im Detektor zusammen und bewegt sich unter einem bestimmten Winkel gegen seine ursprüngliche Bewegungsrichtung weiter, hinterläßt aber immer noch keine Spuren. Der einzige Hinweis auf ein Ereignis wird erst dann erkennbar, wenn das vom Neutrino getroffene Objekt in Bewegung gerät und charakteristische Spuren oder Spurenmuster erzeugt.

Im Falle der Neutrino-Elektron-Streuung sollte also ein einzelnes Elektron scheinbar von selbst davonfliegen. Die wahrscheinlichste Alternative zu einem solchen Ereignis besteht darin, daß ein Elektron-Neutrino mit einem Neutron zusammenstößt und eine Form des inversen Betazerfalls hervorruft – mit anderen Worten, daß beim Zusammenprall ein Proton und ein Elektron erzeugt werden. Erhält das Proton dabei nicht genügend

Energie, so wird der Prozeß die elastische Streuung an einem Elektron vortäuschen. Obwohl das Gargamelle-Team mit Strahlen arbeitete, die nominell aus Myon-Neutrinos (oder Myon-Antineutrinos) bestanden, enthielten diese etwa 1% bzw. 0,1% Elektron-Neutrinos bzw. -Antineutrinos, die bei den Zerfällen neutraler Kaonen erzeugt wurden. Deswegen konnte auch der unerwünschte inverse Betazerfall auftreten und den Experimentatoren das Leben schwer machen.

Bei der Neutrino-Nukleon-Streuung treten noch ernstere Probleme auf.

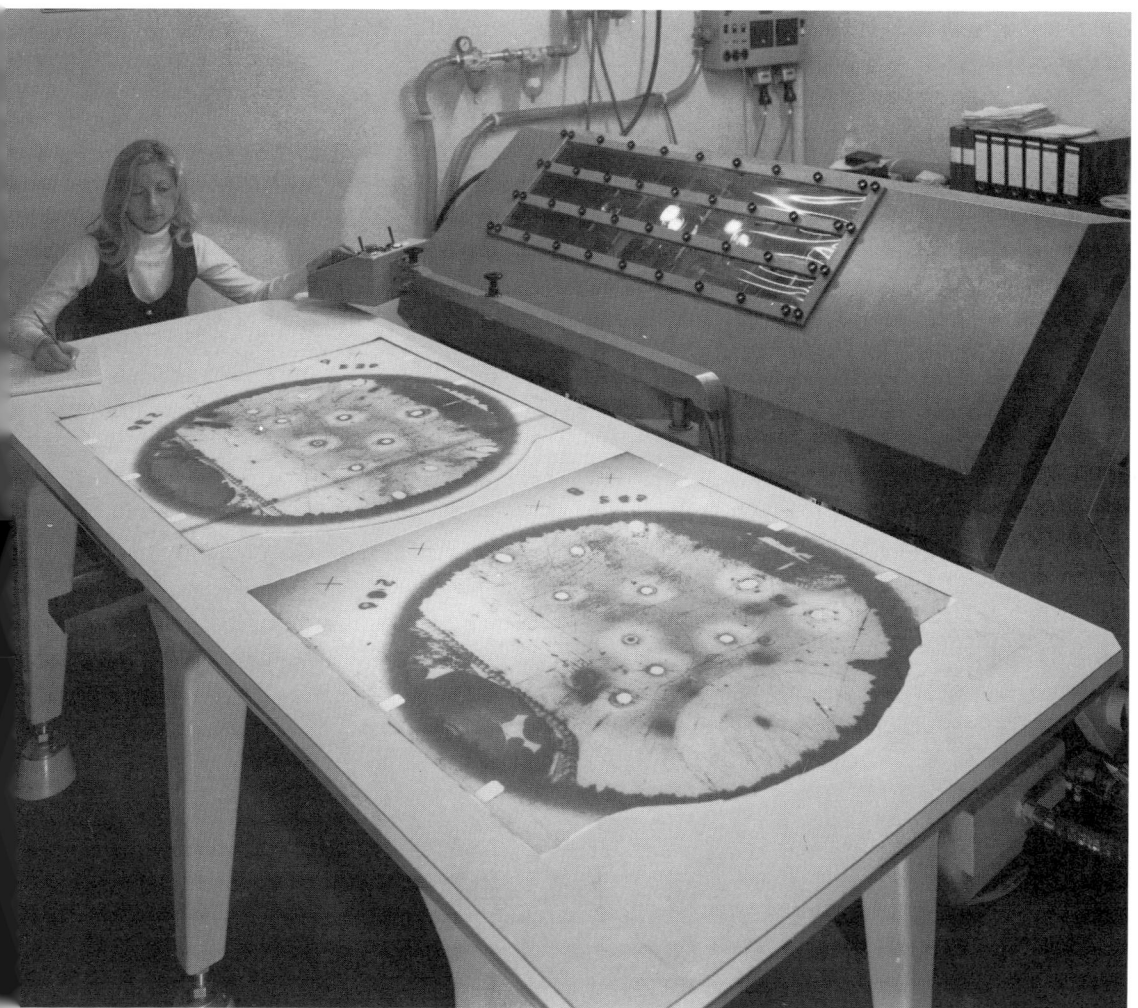

Die an Gargamelle belichteten Filme wurden auf Tische wie diesen projiziert, die speziell für die Vermessung der Spuren – relativ zu bestimmten Bezugspunkten auf dem Tisch – konstruiert wurden (CERN).

Dabei kann das Nukleon genug Energie erhalten, um Pionen auszusenden, die ein Bündel von Spuren im Detektor hinterlassen. Charakteristisch für einen Strahl von Myon-Neutrinos ist, daß dieses Bündel keine Myonen enthält. Die Anwesenheit eines Myons zeigt eine Ladungsstrom-Wechselwirkung an, bei der aus einem Myon-Neutrino ein Myon geworden ist.

Nun sieht ein hochenergetisches Pion in einer Blasenkammer einem Myon sehr ähnlich. Um die beiden Teilchen zu unterscheiden, muß man ihre Spuren über eine längere Strecke verfolgen; nur dadurch ist festzustellen, ob das fragliche Teilchen zerfällt (wie es ein Pion tun würde) oder ob es seinen Flug fortsetzt und die Kammer verläßt, wie man es von einem hochenergetischen Myon erwartet. Dabei erwies sich die Länge der Blasenkammer Gargamelle als entscheidend. Außerdem können Neutronen mit Nukleonen zusammenstoßen und Reaktionen ohne Beteiligung von Myonen hervorrufen. Neutronen sind aber ebenso wie Neutrinos so lange unsichtbar, bis sie mit irgend etwas wechselwirken. So konnten Neutronen, die von Neutrinos außerhalb des Detektors erzeugt worden waren, in den Detektor eintreten und Neutralstrom-Wechselwirkungen vortäuschen.

Die Physiker konnten zunächst solche Reaktionen aussondern, die auf niederenergetische Neutronen zurückzuführen waren (welche den Hauptteil der Neutronen bildeten); dazu verwarfen sie Ereignisse, bei denen die gemessene Gesamtenergie des Teilchenbündels relativ niedrig war. Damit verblieben nur die hochenergetischen Neutronen. Wie groß ihre Anzahl war, konnten die Forscher nur schätzen. Allerdings besaßen sie für diese Abschätzung eine verläßliche Grundlage: Es kam manchmal vor, daß ein Neutron, das in einem Teilchenbündel innerhalb der Kammer erzeugt worden war, vor dem Verlassen der Flüssigkeit mit einem Kern wechselwirkte und ein zweites Spurenbündel produzierte. Anhand der Anzahl solcher Ereignisse konnten die Forscher die Wahrscheinlichkeit für die Erzeugung eines Neutrons in der Kammer berechnen. Daraus wurde dann durch Extrapolation die Zahl der hochenergetischen Neutronen abgeschätzt, die außerhalb der Kammer erzeugt worden und danach in die Kammer eingetreten waren.

Im Verlauf des Jahres 1972 unternahmen einige Mitglieder des Gargamelle-Teams intensive Bemühungen, die flüchtigen Neutralströme dingfest zu machen. Wie nicht anders zu erwarten, fanden sie Photographien mit Bündeln von Spuren, die ein Proton zusammen mit Pionen zeigten, aber kein Myon. Waren dies tatsächlich Beweise für Neutralströme? Konnten die Forscher also sicher sein, daß diese Ereignisse wirklich von Neutrinos und nicht von den lästigen verirrten Neutronen stammten? Bei ihren Auftritten auf Konferenzen beschränkten sich Gruppenmitglieder wie Paul Musset und Antonio Pullia auf die Schilderung ihrer Versuche, mit dem Untergrund aus unerwünschten Neutronenereignissen fertig zu werden.

Im Januar 1973 entdeckte eine Auswerterin in Aachen ein ungewöhnliches Ereignis, das sie als einen Prozeß unter Beteiligung eines Myons und eines Gamma-Quants klassifizierte. Als der Doktorand Franz Hasert einen

Neutronen, die bei Wechselwirkungen außerhalb der Kammer
von Gargamelle entstanden, konnten
in die Kammer eintreten, mit der
Flüssigkeit wechselwirken und so
durch Neutrinos produzierte
Neutralstrom-Wechselwirkungen
vortäuschen. Daher mußten die
Physiker ermitteln, wie oft
Neutronen in der Kammer selbst bei
„zusammengehörigen Ereignissen"
Wechselwirkungen erfuhren; daraus
konnten sie die Anzahl der
Neutronen abschätzen, die falsche
Neutralstrom-Ereignisse
hervorriefen.

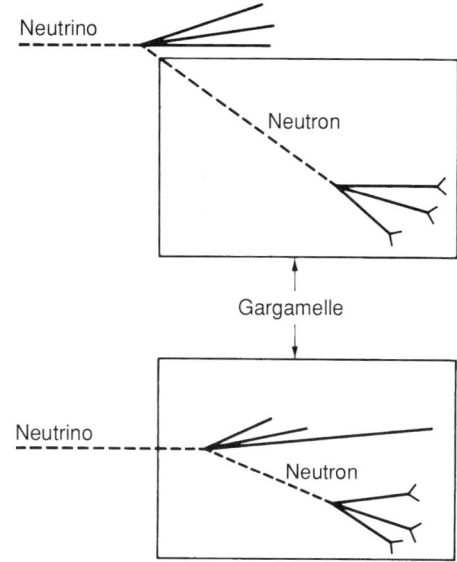

Blick auf das Bild geworfen hatte, war ihm klar, daß die Auswerterin sich
geirrt hatte. Die Spuren, die einem Hirtenstab ähnelten, zeigten die Bahnen
eines Elektrons, das Photonen emittiert hatte, die ihrerseits Elektron-Positron-Paare in der schweren Flüssigkeit von Gargamelle erzeugt hatten
(vergleiche die Abbildung auf Seite 154). Weiterhin hatte das Ereignis einen
Strahl von Antineutrinos erzeugt, so daß die Wahrscheinlichkeit sehr gering war, daß das Elektron (zusammen mit einem unsichtbaren Proton) aus
einem inversen Betazerfall stammte.

Gargamelle hatte somit einen Hinweis darauf geliefert, daß Neutralströme nicht nur bei der Neutrino-Nukleon-Streuung, sondern auch bei der
Neutron-Elektron-Streuung auftraten. Diese Entdeckung hatte eine wichtige psychologische Wirkung, und viele Mitglieder des Teams bemühten
sich noch intensiver zu verstehen, was auf den Bildern tatsächlich zu sehen
war. Ein Großteil der Überlegungen und Diskussionen drehte sich um das
Verständnis des Untergrundes aus Neutronen-Ereignissen. Jedes der verschiedenen Zentren, auf die das Team verteilt war, trug eigene Ideen dazu
bei.

Im Juni 1973 war die Gruppe im großen und ganzen davon überzeugt,
daß sie tatsächlich Neutralströme beobachtete. Bei ihrer Suche nach Neu-
trino-Nukleon-Streuprozessen hatten die Forscher etwa 83'000 Photographien mit Neutrino-Wechselwirkungen und etwa 207'000 mit Antineutri-
no-Wechselwirkungen untersucht. Von diesen Ereignissen sahen 102 wie
die Neutralstrom-Wechselwirkung zwischen einem Neutrino und einem
Kern aus, und 64 wirkten wie die entsprechende Antineutrino-Wechselwir-
kung. Die wahrscheinliche Anzahl der von Neutronen induzierten Ereig-

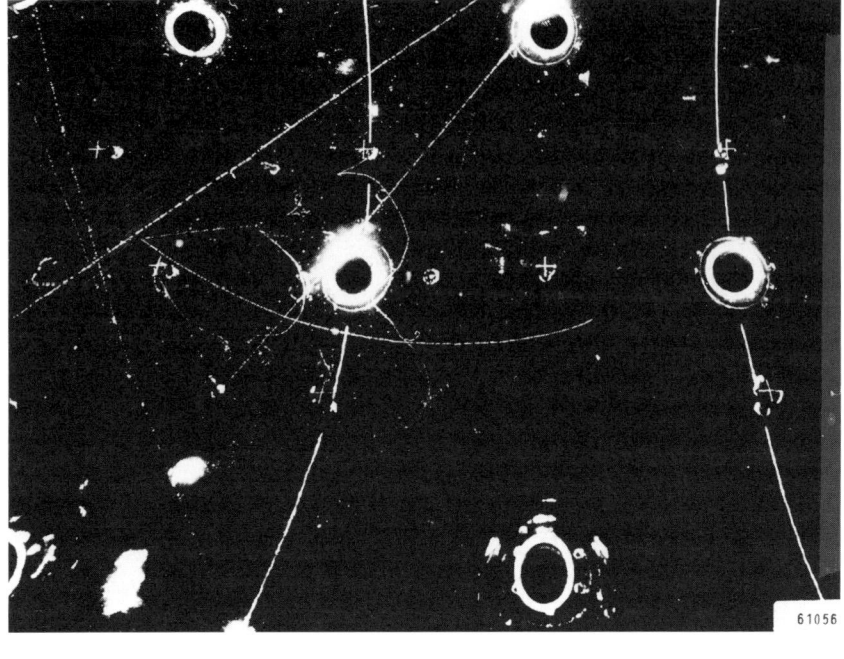

61056

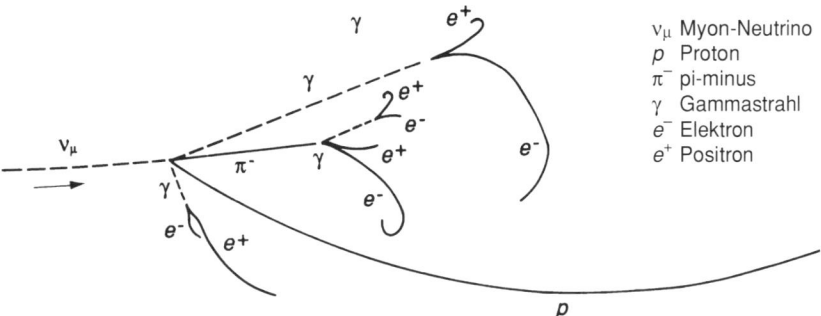

ν_μ Myon-Neutrino
p Proton
π^- pi-minus
γ Gammastrahl
e^- Elektron
e^+ Positron

Dieses an Gargamelle aufgenommene Bild zeigt eine Neutralstrom-Wechselwirkung, an der ein Kern der Kammerflüssigkeit beteiligt ist. Ein Neutrino war von links eingetreten und erfuhr eine Wechselwirkung mit einem Neutron. Es gibt keine Anzeichen für die Erzeugung eines Myons; die lange Spur, die in einiger Entfernung vom Ort der ursprünglichen Wechselwirkung endet, geht auf ein Proton zurück.

nisse war vergleichsweise niedrig: 12 für Neutrino- und 14 für Antineutrino-Ereignisse.

Das Team schickte eine Arbeit mit der Beschreibung des Einzel-Elektronen-Ereignisses an die Zeitschrift „Physics Letters". Sie ging dort am 2. Juli ein. Etwas später, am 23. Juli, folgte ein Artikel mit der Beschreibung der Neutrino-Nukleon-Ereignisse. Inzwischen hatte Musset am 19. Juli die Entdeckungen auf einem Seminar am CERN bekanntgegeben.

Es folgte eine Reihe von Vorträgen auf verschiedenen Konferenzen, mit denen das Gargamelle-Team die Teilchenphysiker in aller Welt von seiner Entdeckung zu überzeugen versuchte. Anfang September schließlich erhielt Abdus Salam die Nachricht aus erster Hand:

Ich erinnere mich daran, wie Paul Matthews und ich in Aix aus dem Zug stiegen und uns törichterweise entschieden, mit unserem schweren Gepäck zu Fuß zu dem Studentenhotel zu gehen, in dem wir Quartier gefunden hatten. Ein Auto näherte sich von hinten, hielt an, und der Fahrer lehnte sich hinaus. Es war Musset … Er schaute aus dem Fenster und fragte: „Sind Sie Salam?" Ich antwortete: „Ja." Er sagte: „Steigen Sie ein. Ich habe eine Neuigkeit für Sie. Wir haben Neutralströme gefunden." Ich kann nicht sagen, worüber ich erleichterter war: über die Mitfahrgelegenheit oder über die Entdeckung der Neutralströme. (12)

Es hätte eine Zeit des Triumphes für CERN und für die Physiker sein können, die mit Gargamelle arbeiteten. Aber das Ende des Jahres 1973 wurde zu einem Alptraum. Das Team hatte sich teilweise deswegen dazu entschlossen, seine Ergebnisse zu veröffentlichen, weil auch ein Neutrino-experiment in den USA Hinweise auf Neutralströme erbracht hatte. Als sich das Jahr jedoch dem Ende zuneigte, zogen dunkle Wolken herauf, und zwar in Form neuer Ergebnisse aus den USA.

Gerade als die Forscher am Gargamelle dabei waren, ihre ersten Bilder zu analysieren, wurde ein neuer Typ hochenergetischer Neutrinoexperimente in den USA Realität. Im Jahre 1972 nahm ein großer Protonenbeschleuniger am National Accelerator Laboratory (heute Fermilab) in der Ebene des Illinois westlich von Chicago seine Arbeit auf. Diese Einrichtung beschleunigte Protonen auf Energien bis zu 400 GeV – mehr als das 15fache der Protonenenergie am CERN. In einiger Entfernung vom Beschleuniger-ring lag am Ende eines 1 km langen Erdwalls die Neutrino-Experimentier-zone. Der Wall sollte alle unerwünschten Teilchen aus dem Neutrinostrahl herausfiltern, die beim Zerfall von Partikeln entstanden, die ihrerseits durch die hochenergetischen Protonen aus dem Beschleuniger erzeugt worden waren.

Beim ersten Neutrinoexperiment am Fermilab wurde ein zweiteiliger Detektor benutzt, der durch ein Team von Forschern vom Fermilab sowie von den Universitäten Harvard, Pennsylvania und Wisconsin zusammen-gebaut worden war. Der erste Teil war ein „Zieldetektor" für den Myonen-strahl und bestand aus einer Reihe von 16 großen, flachen, mit einer Szintil-latorflüssigkeit gefüllten Behältern, zwischen denen Funkenkammern stan-den. Wechselwirkungen von Neutrinos im Szintillator führten zur Erzeu-gung von Bündeln geladener Partikel. Alles von diesen Teilchen bei der Durchquerung des Szintillators erzeugte Licht wurde von Photomultipliern registriert und ergab ein Maß für die Gesamtenergie des Bündels, während die Funkenkammern die Spuren der Teilchen sichtbar machten.

Paul Musset (rechts), eine der führenden Persönlichkeiten im Gargamelle-Team, hier
bei einer kleinen Feier mit Abdus Salam (links) anläßlich der Bekanntgabe der
Verleihung des Physik-Nobelpreises 1979 an Salam. Er erhielt den Preis für seine
Arbeiten zur Vereinigung der elektromagnetischen und der schwachen Kraft. Eine der
wichtigsten Konsequenzen dieser Theorie ist die Voraussage der Existenz von
Neutralströmen; sie wurde durch die Experimente mit Gargamelle eindrucksvoll
bestätigt (CERN).

Der zweite Teil des Detektors bestand aus vier großen, 1 m dicken Blöcken
aus Magneteisen, zwischen denen sich ebenfalls Funkenkammern befanden, welche die Teilchenspuren aufzeichnen sollten. Dieser Teil diente dem
Nachweis der Myonen – der einzigen Teilchen, die das Eisen genügend
weit durchdringen konnten – und erlaubte, den Impuls dieser Teilchen aus
der Krümmung ihrer Bahnen im Magnetfeld zu ermitteln. Insgesamt enthielt der Detektor 70 Tonnen Szintillatorflüssigkeit in Behältern mit einer
Grundfläche von 4 × 4 m. Dadurch war der Nachweis von Neutrinos
einfacher als bei Gargamelle, die nur 10 Tonnen Flüssigkeit enthielt.

Im Sommer 1973 schienen die ersten Resultate des Experiments am
Fermilab die bei Gargamelle entdeckten, für Neutralströme charakteristischen myonenlosen Ereignisse zu bestätigen. Im August sandte das amerikanische Team den ersten Entwurf einer Arbeit an die „Physical Review
Letters"; sie wurde bis zum folgenden April jedoch nicht veröffentlicht, da
der Herbst große Probleme mit sich brachte.

Als das Team am Fermilab mit einer verbesserten Version seines Detektors nach myonenlosen Ereignissen suchte, schien die Anzahl solcher Prozesse stark abgenommen zu haben. Es sah nun so aus, als stünden die Ergebnisse von Fermilab im Widerspruch zu denen von Gargamelle. Einige leitende Mitarbeiter beim CERN gerieten fast in Panik bei dem Gedanken, die veröffentlichten Resultate von Gargamelle könnten falsch sein; dagegen stand das Team selbst geschlossen zu seinen Ergebnissen. Inzwischen hatte die Gruppe am Fermilab Mitte November eine Publikation eingesandt, in der festgestellt wurde, daß es überhaupt keine Anzeichen für Neutralströme gäbe. Doch wurde diese Arbeit nie veröffentlicht; denn die Gruppe war nach fortgesetzten Bemühungen, die Funktionsweise ihrer Apparatur zu verstehen, allmählich davon überzeugt, daß myonenlose Ereignisse und damit auch Neutralströme doch existierten.

Erst im Februar des folgenden Jahres hatte das Team von Fermilab alle seine Probleme gelöst und fühlte sich schließlich sicher genug, seine Originalarbeit über die „Beobachtung von myonenlosen neutrino-induzierten unelastischen Wechselwirkungen" zu veröffentlichen. Im April hatte ein drittes Neutrinoexperiment in einer 4 m großen Blasenkammer am Argonne-Laboratorium in Illinois ebenfalls schlüssige Beweise für Neutralströme geliefert.

„Gibt es Neutralströme oder nicht?" lautete das Thema von André Rousset auf dem „Neutrino-74"-Treffen in Pennsylvania im April 1974. Bei seinem Versuch, diese Frage möglichst korrekt zu beantworten, kam er zu dem Schluß, daß

die Neutralströme von den Theoretikern heute als die geeignetste Erklärung der experimentellen Resultate betrachtet werden. (13)

Zwei Monate später wurde Don Perkins deutlicher, als er über die Neutralströme äußerte:

Die Effekte wurden in vier voneinander unabhängigen Experimenten mit drei Beschleunigern beobachtet, und ihre Existenz wurde mit Sicherheit festgestellt … Die Ergebnisse sprechen aufgrund der beobachteten Werte erstmals sehr deutlich für eine grundlegende Vereinigung der zwei fundamentalen Wechselwirkungen: der schwachen und der elektromagnetischen. Das ist ein wichtiger Schritt vorwärts. (14)

Von nun an wurde die Untersuchung von Neutralströmen ein eigenständiges Forschungsgebiet. Viele Wissenschaftler bemerkten allerdings bald, daß die Entdeckung von Neutralströmen an sich noch nicht die Richtigkeit der Vereinigten Theorie von Weinberg und Salam bewies, denn auch andere Theorien forderten Neutralströme. Jedenfalls war die Zeit gekommen, nachzuweisen, daß die Neutralströme sich wirklich so verhielten, wie es von der elektroschwachen Theorie vorausgesagt wurde. Inzwischen

(a) Diese Luftaufnahme vom Fermilab aus dem Jahre 1976 zeigt den Erdwall über dem Tunnel für den Protonenstrahl, der den Tunnel durchläuft, nachdem er den Hauptbeschleunigerring verlassen hat (dieser ist rechts teilweise erkennbar an der Versorgungsstraße, die dem Ring an der Oberfläche folgt). Der Protonenstrahl wird später auf einem „Rangierbahnhof" aufgespalten, um verschiedene Anlagen zu versorgen.
Zu den hier erzeugten Strahlen gehört auch der Neutrinostrahl, der eine größere Entfernung zurücklegt, bis er die Apparaturen im „Neutrinogebiet" erreicht. Dieses ist in Bild (b) aus der Nähe zu sehen (Fermilab).

sorgte das Gargamelle-Experiment für eine Erweiterung des Wissens über einen anderen Aspekt der subnuklearen Welt: Es erlaubte dem Physikern einen tiefen Vorstoß in das Innere des Protons.

Ins Innere des Protons

> „Es ist ganz ähnlich wie zur Zeit Rutherfords … Zuerst dachten
> wir, daß die Ladungen irgendwie über diesen Raum verteilt
> wären; dann fanden wir durch Streuung dieser Teilchen an einem
> Proton heraus, daß sich im Inneren scharf begrenzte, punktför-
> mige Objekte befinden." (15)
>
> *Richard Feynman, April 1974*

Im gleichen Jahr, in dem Lagarrigue und seine Kollegen ihren Vorschlag
für Gargamelle unterbreiteten, trieben die Theoretiker Murray Gell-Mann
und George Zweig ihre Ideen über eine neue Ebene in der Struktur der
Materie voran, die „Quarks". Viele Teilchenphysiker akzeptierten diese
Vorstellung allerdings nur zögernd – besaßen diese hypothetischen Bestandteile von Protonen und Neutronen doch einige merkwürdige Eigenschaften, insbesondere elektrische Ladungen, deren Betrag Bruchteile von
1/3 beziehungsweise 2/3 der elektrischen Ladungseinheit von Elektron
und Proton ausmachte. Als aber Gargamelle im Jahre 1971 die ersten
Neutrinos zu schlucken begann, war in der Beurteilung der Quarks ein
leichter Wandel eingetreten, denn einige Experimente hatten bereits Hinweise darauf geliefert, daß die Quarks vielleicht doch etwas mehr beinhalten könnten als eine faszinierende mathematische Symmetrie.

Die entscheidenden Experimente waren am SLAC, dem Stanford Linear
Accelerator Laboratory in Kalifornien, durchgeführt worden. Dort setzte
ab Sommer 1967 ein Team von Forschern des SLAC und des Massachusetts
Institute of Technology (MIT) ein leistungsfähiges neues Instrument zur
Sondierung des Protonen-Inneren ein. Ein 3 km langer Beschleuniger schoß
Elektronen mit Energien von bis zu 16 GeV auf ein Ziel, das aus flüssigem
Wasserstoff bestand. Reihen von Detektoren fingen Elektronen ein, die
unter verschiedenen Winkeln abgelenkt wurden, nachdem sie bei ihren
Zusammenstößen mit den Protonen des Zieles unterschiedliche Energie-
beträge verloren hatten.

Gegenstand besonderen Interesses waren die „unelastischen" Stöße,
also die Wechselwirkungen, bei denen neue Teilchen erzeugt wurden. Bald
wurde deutlich, daß dabei irgend etwas Unerwartetes geschah. Aus ihren
Meßwerten konnten die Physiker für jede beobachtete Kollision den Impuls berechnen, den das Elektron an das Proton übertragen hatte. Wie sie
herausfanden, war die Reaktionswahrscheinlichkeit bei der Übertragung
größerer Impulsbeträge überraschend hoch. Die Wahrscheinlichkeit für
hochenergetische, unelastische Reaktionen schien tatsächlich so gut wie
gar nicht von der Impulsübertragung abzuhängen – in Übereinstimmung
mit der Theorie, welche die einfache Streuung an einer elektrischen Punkt-
ladung beschreibt. Mit anderen Worten: die hochenergetische unelastische
Streuung schien der Streuung an einer punktförmigen Ladung sehr ähnlich
zu sein. Dies stand eindeutig in Widerspruch sowohl zur elastischen Streu-

ung als auch zur unelastischen Streuung bei niedrigen Energien: In beiden Fällen sinkt die relative Reaktionswahrscheinlichkeit mit zunehmender Impulsübertragung schnell ab.

Was war geschehen? Soweit wir wissen, gleichen Elektronen einfachen, ausdehnungslosen Punkten: Sie verhalten sich nicht so, als seien sie über einen bestimmten Raumbereich ausgedehnt. Wir wissen dies, weil die Theorie der Quantenelektrodynamik das Verhalten von Elektronen so gut beschreibt und dabei die Elektronen als einfache Punkte behandelt. Dagegen zeigen Experimente, bei denen niederenergetische Elektronen an Protonen gestreut werden, daß Protonen eine endliche Ausdehnung besitzen: Ihre elektrische Ladung ist über ein gewisses Volumen verteilt. Wegen dieser „Verschwommenheit" können Protonen von niederenergetischen Elektronen mit relativ geringer Ablenkung durchquert werden.

Die Experimente mit hochenergetischen Elektronen am SLAC enthüllten dagegen ein anderes Bild des Protons: Bei ihnen konnten die Elektronen große Impulsbeträge an das Proton übertragen und um unerwartet große Winkel abgelenkt werden. Dies wäre nicht möglich, wenn das Elektron ein „verschwommenes" Proton „gesehen" hätte; es war nur dann zu verstehen, wenn das Elektron auf eine praktisch punktförmige Ladung traf. In gewisser Weise handelte es sich dabei um eine Neuauflage der Entdeckung des Atomkernes durch Rutherford; dieser hatte erkannt, daß die von seinen Kollegen Geiger und Marsden beobachtete Weitwinkelstreuung von Alphateilchen nur dadurch zu erklären ist, daß die positive Ladung des Atoms in einem winzigen Kern konzentriert ist. Bei den Versuchen am SLAC waren die Alphateilchen als „Geschosse" durch hochenergetische Elektronen ersetzt und wurden nicht durch den Kern selbst, sondern durch etwas in seinem Inneren aus ihrer Richtung abgelenkt.

Im Sommer 1968 hielt Wolfgang Panofsky vom SLAC auf der 14. Internationalen Konferenz über Hochenergiephysik in Wien einen zusammenfassenden Vortrag über die Elektronenstreuung. Er bezog sich auf die ersten Ergebnisse der SLAC-MIT-Gruppe bei der hochenergetischen unelastischen Streuung und erklärte:

Die verblüffende Tatsache besteht darin, daß die Wirkungsquerschnitte viel langsamer als die elastischen Streuquerschnitte mit der Impulsübertragung abfallen … Die theoretischen Überlegungen konzentrieren sich daher auf die Möglichkeit, daß diese Daten die Existenz punktförmiger geladener Strukturen im Inneren des Nukleons beweisen könnten. (16)

< Anfang der 70er Jahre lieferte das „Stanford Linear Accelerator Center" (SLAC) überzeugende experimentelle Beweise für die Existenz von Strukturen im Inneren des Protons. Das SLAC beherbergt einen Elektronen-Linearbeschleuniger (LINAC), der sich von der Elektronenquelle (am unteren Bildrand) rund 3 km weit bis zu einem Gelände jenseits der Straße erstreckt, wo die Experimente durchgeführt werden (SLAC).

Unter denen, die solche Betrachtungen anstellten, war James Bjorknes, ein Theoretiker am SLAC. In Vorträgen, die er im Juli 1967 an der „Enrico Fermi International School of Physics" in Varena hielt, zeigte Bjorknes, daß die theoretischen Ausdrücke, mit denen die Elektron-Proton-Streuung beschrieben werden kann, bei ihrer Extrapolation auf hohe Energien den theoretischen Ausdrücken für die Streuung an Punktladungen ähnlich werden. Er glaubte, daß die von ihm gefundenen Beziehungen

> *so eindeutig sind, daß sie ... eine Interpretation nahelegen, nach der ein Nukleon aus „elementaren Bestandteilen" zusammengesetzt ist.* (17)

In einer späteren Arbeit, die er Ende September 1968 an „The Physical Review" einsandte, zeigte Bjorknes außerdem, daß der Prozeß der unelastischen Elektronenstreuung eine bestimmte Eigenschaft aufweisen sollte, die Skalierung (englisch scaling) genannt wird. Er sagte voraus, daß die Ergebnisse von keinem dimensionsbehafteten Parameter, sondern nur von einem reinen Zahlenverhältnis abhängen würden, das sich aus der Energie und dem Impuls ableiten ließ, die zwischen Elektron und Proton ausgetauscht wurden. Mit anderen Worten: die Reaktion würde nicht mit einer charakteristischen „Skala" ablaufen.

Unter den Leuten, die das SLAC im Sommer 1968 besuchten, befand sich auch Richard Feynman, der brillante und charismatische Theoretiker, der 1965 für seine Arbeiten zur Entwicklung der Quantenelektrodynamik den Nobelpreis erhalten hatte. Im Jahre 1968 arbeitete er an einer Theorie, die er als „Partonenmodell des Protons" bezeichnete und in der er das Proton als Zusammenschluß einer Anzahl von Teilchen – „Partonen" – betrachtete, von denen jedes einen bestimmten Bruchteil des Protonenimpulses trägt. Er erläuterte:

> *Die Größen, die unser Proton charakterisieren, sind Verteilungen wie in der statistischen Wahrscheinlichkeitsverteilung, so daß jeder Teil einen Bruchteil x des Protonenimpulses trägt.* (18)

Feynman hatte sein Modell im Zusammenhang mit hochenergetischen Zusammenstößen zwischen Hadronen entwickelt (stark wechselwirkenden Teilchen wie Pionen, Kaonen und Protonen). Er war von seinen Fortschritten bei dieser Arbeit enttäuscht; als er dann von den neuen Ergebnissen am SLAC und von Bjorknes' Ideen über Skalierung erfuhr, erkannte er sofort deren Bedeutung:

> *Ich sah, daß die Experimente zur Erforschung der Partonen maßgeschneidert waren und daß sie im Rahmen des Bildes, das ich bereits für die starke Wechselwirkung entwickelt hatte, leicht zu interpretieren waren. Diese Experimente konnten die Beschaffenheit und Verteilung der Partonen aufklären.* (19)

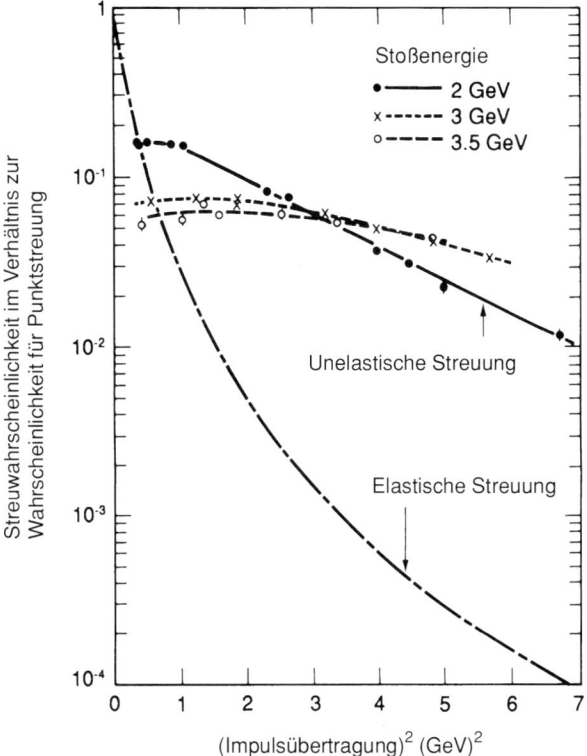

Einige der ersten Beweise für Strukturen im Inneren des Protons wurden 1969 durch Untersuchungen der unelastischen Wechselwirkungen am neuen LINAC am SLAC erbracht, bei denen zusätzliche Teilchen erzeugt wurden. Die Messungen ergaben, daß eine überraschend hohe Wahrscheinlichkeit für die Übertragung großer Impulsbeträge von den Elektronen auf die Protonen bestand, so als ob die Elektronen an einfachen Punkten gestreut würden. Auf diesem Diagramm wurde die beim SLAC-MIT-Experiment ermittelte Wahrscheinlichkeit durch die für reine Punktstreuung erwarteten Werte dividiert. Man sieht, daß die so berechneten Werte nur sehr wenig vom übertragenen Impuls abhängen. Die Ergebnisse für eine elastische Streuung (ohne Erzeugung zusätzlicher Teilchen) zeigen eine davon stark abweichende Form der Abhängigkeit (Physical Review Letters, Bd. 23 (1969), S. 935).

Nach Feynman bestand die einfachste Methode der Betrachtung der unelastischen Elektronenstreuung darin, sie in ein anderes Bezugssystem zu transformieren (ein Trick, den Physiker häufig anwenden), in dem sich Protonen und Elektronen mit Geschwindigkeiten nahe der Lichtgeschwindigkeit aufeinander zu bewegten. Dabei würde das Proton als ein paralleler Strom von Partonen erscheinen. Er führte weiter aus:

Für einen Zusammenstoß mit so hohen Impulswerten (wobei Energie und Impuls praktisch gleich groß sind) sagen die Erhaltungssätze für Energie und

Richard Feynman bei einer Vorlesung, 1965. In jenem Jahr erhielt er den Nobelpreis für seine Arbeiten an der Quantentheorie der elektromagnetischen Kraft. Drei Jahre später stellte er sein „Partonenmodell" des Protons auf, nach dem die „Partonen" innerhalb des Protons den Impuls unter sich aufteilen. Mit dieser Theorie versuchte er die neuen Ergebnisse des SLAC bei der unelastischen Elektron-Proton-Streuung zu erklären (CERN).

> *Impuls einfach nur einen Impulsaustausch zwischen den Teilchen voraus. Der Impuls des rückgestreuten Elektrons ergibt direkt den Impuls des Teils, an dem er gestreut wurde … Daher liefert die Impulsverteilung der rückgestreuten Elektronen direkt die Verteilung der geladenen Teile … Von neutralen Teilen wird das Elektron nicht gestreut.* (20)

Anders ausgedrückt: der gemessene Impuls der rückgestreuten Elektronen spiegelt die Verteilung des Impulses des Protons auf die in seinem Inneren sitzenden Teile wider. Feynman besaß ein Verständnis für fundamentale Prozesse, das den Neid vieler Kollegen hervorrief und ihn dazu befähigte, ohne Umschweife auf den entscheidenden Punkt zu kommen und klar zu beschreiben, was vor sich ging. Die Elektronen-Streuexperimente verglich er mit der Untersuchung eines Bienenschwarmes mit Hilfe von Radar:

> *Wenn der Schwarm sich als Ganzes bewegt, läßt sich seine Geschwindigkeit aus der Frequenz der rückgestreuten Wellen ermitteln. Wenn aber einzelne Bienen im Schwarm durcheinanderfliegen, enthält die zurückkehrende Welle eine Anzahl verschiedener Frequenzen, die dem Bereich der Geschwindigkeiten der Bienen im Schwarm entsprechen.* (21)

Analog dazu liegen die Impulswerte der von den Protonen gestreuten Elektronen in einem Intervall, der dem Bereich der Impulswerte der inneren Teile des Protons entspricht.

Eines der wichtigsten Details des Partonen-Modells bestand darin, daß es eine plausible Erklärung für Bjorknes' dimensionslose Verhältniszahl lieferte. Wie sich herausstellte, war dies die gleiche Größe x, die auch in Feynmans Partonenmodell auftrat, und zwar als der Bruchteil des Protonenimpulses, den das betreffende Parton mit sich trägt. Betrachtet man ein Proton dagegen nicht im Hochenergie-Bezugssystem, sondern im Ruhesystem des Labors, dann stellt x den Bruchteil der Protonenmasse dar, der auf das Parton entfällt.

Ebenso rasch, wie Feynman auf die Entdeckung am SLAC reagiert hatte, ging Bjorknes auf Feynmans Ideen ein. In Zusammenarbeit mit Emanuel („Manny") Paschos nahm er das Partonenkonzept in eine neue klassische Arbeit auf, die 1968 veröffentlicht wurde. Aber – wie Jack Steinberger später bemerkte – „Sterblichen kam die Erleuchtung erst nach und nach". (22)

Die ersten Ergebnisse der unelastischen Streuung vom SLAC, die Panofsky 1968 in Wien präsentiert hatte, waren bei einem einzigen Ablenkwinkel gewonnen worden. Doch bis zur 15. Internationalen Konferenz in Kiew im Jahre 1970 hatte das SLAC-Team bei sechs verschiedenen Winkeln gemessen. Diese neuen Daten ließen die „Bjorknes-Skalierung" für einen großen Wertebereich des übertragenen Impulses erkennen, so daß Steinberger erklären konnte: „Damit war die Tatsache bewiesen und akzeptiert, daß das Proton quasi-freie punktähnliche Bestandteile enthält." (23)

Partonen als Quarks

„Der erstaunliche Erfolg der Partonen-Beschreibung (des Protons) führt naturgemäß zu zwei Fragen: Welches ist die Natur der
Partonen, und warum funktioniert ein derartig einfaches Modell
so gut?" (24)

Don Perkins, in seiner „Einführung in die Hochenergiephysik"

„Alles in allem lassen die Daten auch stark auf die Möglichkeit
schließen, daß die Partonen Quarks sind, obwohl diese Interpretation einige Probleme aufwirft, da man freie Quarks noch nicht
beobachtet hat." (25)

Peter Landshoff, 1974

Feynmans Partonen gab es also offenbar tatsächlich, aber handelte es sich
bei ihnen wirklich um die gleichen Gebilde wie bei den Quarks von
Gell-Mann und Zweig? Die Teilchenphysiker hüteten sich davor, allzu
schnell einen derartigen Schluß zu ziehen. Diese Frage würde letzten Endes
experimentell entschieden werden; wichtig war nun, die richtigen Experimente anzustellen und die Ergebnisse korrekt zu interpretieren.

Das erste ermutigende Signal kam von den Elektronen-Experimenten
am SLAC: Sie zeigten, daß die Partonen den Spin 1/2 besitzen mußten, wie
dies auch für Quarks erwartet wurde. Was war aber mit den verwirrenden
Bruchteil-Ladungen der Quarks? Nach dem Quark-Modell enthält das
Proton zwei positive u-Quarks mit einer Ladung von 2/3 der Elementarla-
dung (e) und ein negatives d-Quark mit einer Ladung von –1/3 e. Gab es
eine Möglichkeit, die elektrische Ladung der Partonen zu messen und
festzustellen, ob auch sie Ladungen von 1/3 e und 2/3 e trugen? Es gab sie
tatsächlich. Die Lösung des Problems lag im Vergleich der Daten der Elektronen-Streuexperimente mit den Ergebnissen, die man beim Eindringen in
das Proton mit einer anderen Sonde erhielt – dem Neutrino, das sich ebenso
wie das Elektron wie ein einfacher Punkt ohne räumliche Struktur verhält.

An der riesigen Blasenkammer Gargamelle begann man 1971 gerade
mit der Beobachtung der sehr seltenen Wechselwirkungen von Myon-Neutrinos, als die volle Bedeutung der Ergebnisse vom SLAC offenkundig
wurde. Ein Neutrino, das Gargamelle durchlief, erzeugte von Zeit zu Zeit
ein Bündel gekrümmter Spuren, die auf einen Strahl geladener Teilchen
zurückzuführen waren. Oft war eine dieser Spuren weniger stark gekrümmt als die anderen, was auf den Durchgang eines leichten energiereichen Myons schließen ließ. Diese „Ladungsstrom"-Ereignisse, bei denen
das einfallende Myon-Neutrino von einem Nukleon gestreut wurde und
sich in ein Myon umwandelte, stellten das Äquivalent zu der am SLAC
entdeckten unelastischen Elektronenstreuung dar.

Elektronen treten mit Protonen über die elektromagnetische Kraft in
Wechselwirkung, in der Quantenformulierung durch den Austausch eines

Photons. Neutrinos sind jedoch nur an schwachen Wechselwirkungen beteiligt und tauschen am häufigsten ein geladenes W-Teilchen aus, was zu myon-erzeugenden Ladungsstrom-Ereignissen führt. Würde ein Myon-Neutrino in Gargamelle unelastisch mit einem Nukleon wechselwirken, so würde es sich in ein negatives Myon umwandeln und dabei wegen der Ladungserhaltung ein positiv geladenes W (W$^+$) aussenden. Das Nukleon würde das W$^+$ absorbieren, dadurch „angeregt" werden und vor seiner Rückkehr in den Normalzustand mehrere Teilchen erzeugen. Auf ähnliche Weise würde ein Myon-Antineutrino ein W$^-$ aussenden und sich in ein positives Antimyon umwandeln.

Was aber geschieht dabei auf der Ebene der Quarks? Im „Quark-Parton"-Modell werden die im Proton sitzenden beiden u-Quarks und das d-Quark „Valenzquarks" genannt – in Anlehnung an die chemische Terminologie, in der die äußeren Elektronen, die die Eigenschaften des betreffenden Elements bestimmen, als Valenzelektronen bezeichnet werden. Mit dieser Benennung werden die drei Quarks, welche die Eigenschaften des von ihnen gebildeten Teilchens bestimmen, von der umgebenden Wolke aus Quark-Antiquark-Paaren unterschieden, in die sie nach dem Quark-Parton-Bild eingebettet sind. Nach dem Partonenmodell bilden sich diese Paare ununterbrochen in dem Feld, das der Theorie zufolge im Proton existiert, analog der Bildung von Elektron-Positron-Paaren in einem elektromagnetischen Feld. Und vergleichbar mit der gegenseitigen Zerstrahlung von Elektronen und Positronen rekombinieren auch Quarks und Antiquarks wieder miteinander.

Nach dieser Vorstellung hängt die Wahrscheinlichkeit für die Streuung von Neutrinos an einem Proton vom Impuls der d-Quarks und der u-Antiquarks im Proton ab. Der Grund dafür ist, daß ein Neutrino bei seiner Umwandlung in ein Myon wegen der Ladungserhaltung nur ein W$^+$ aussenden kann; dieses kann als Träger einer positiven Ladungseinheit nur entweder ein d-Quark (Ladung – 1/3 e) in ein u-Quark (Ladung + 2/3 e) oder ein u-Antiquark (Ladung – 2/3 e) in ein d-Antiquark (Ladung – 2/3 e) umwandeln. Ebenso hängt die Wahrscheinlichkeit für die Antineutrinostreuung, bei der ein W$^-$ den Besitzer wechselt, von den u-Quarks und den d-Antiquarks ab. Um die Gesamtwahrscheinlichkeit für Neutrino- und Antineutrino-Streuung zu ermitteln, hat man also die Beträge aller im Proton vorkommenden Quarks (u und d) und Antiquarks ($\bar{u}$ und $\bar{d}$) zu addieren. Vergleichbare Überlegungen gelten für die Streuung an Neutronen.

Gargamelle war mit dem Fluor-Chlor-Kohlenwasserstoff gefüllt, der sowohl Protonen als auch Neutronen enthielt, so daß die Physiker nur die durchschnittliche Streuung an Protonen und Neutronen messen konnten. Dies war aber für einige wichtige Entdeckungen ausreichend. Zunächst besaß die Impulsverteilung dieselbe Form wie diejenige, die entsprechend aus den Daten der Elektronenstreuung bestimmt worden war. Der Vergleich beider Verteilungen führte zu einem weiteren Fortschritt, weil Elektronen die Ladung der Quarks „sehen" können und die Streuwahrschein-

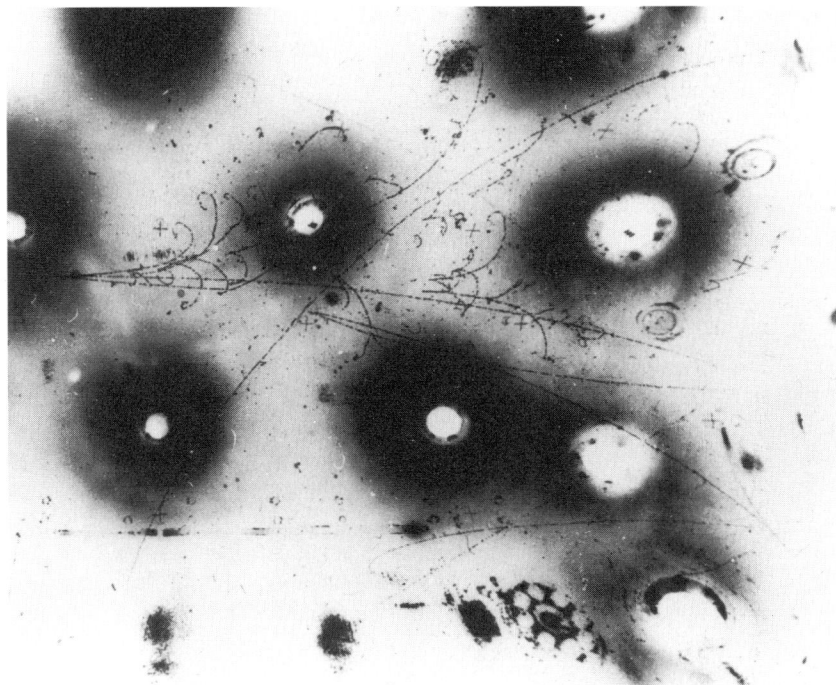

Eine typische unelastische Ladungsstrom-Wechselwirkung in Gargamelle, bei der ein
Neutrino (von links kommend) mit einem Proton oder einem Neutron in einem Kern
der Flüssigkeit ein W-Teilchen austauscht und als Myon wieder in Erscheinung tritt.
Dieses erzeugt eine lange Spur, die das Bild hier nach rechts verläßt (dritte Spur von
unten). Informationen, die aus vielen Ereignissen dieser Art gewonnen wurden,
waren für den Nachweis entscheidend, daß es sich bei den Partonen (den „Teilen"
innerhalb der Protonen und Neutronen) tatsächlich um nicht ganzzahlig geladene
Quarks handelt (CERN, G. Myatt).

lichkeit proportional zum Quadrat der Ladung ist: 4/9 für die *u*-Quarks
und 1/9 für die *d*-Quarks. Feynman erläuterte dazu:

> *Wenn mancher den „Unsinn„ von den nicht ganzzahligen Ladungen der
> Quarks bisher nicht recht glauben mochte, so haben wir jetzt erstmals die
> Chance, durch den Vergleich der Neutrino- mit der Elektronen-Streuung
> herauszufinden, ob die Idee der nicht ganzzahligen Quarkladung physikalisch
> sinnvoll und vernünftig ist ... (26)*

Und in meisterhafter Untertreibung fügte er hinzu: „Das ist faszinierend."
    Die Ladungsbeträge der verschiedenen Quarks führen unter anderem
dazu, daß die relative Wahrscheinlichkeit für die durchschnittliche Elek-
tronenstreuung an Protonen und Neutronen mit einem Faktor $1/2 \times (4/9 + 1/9) = 5/18$ behaftet ist. Wenn man daher die von Gargamelle gemes-

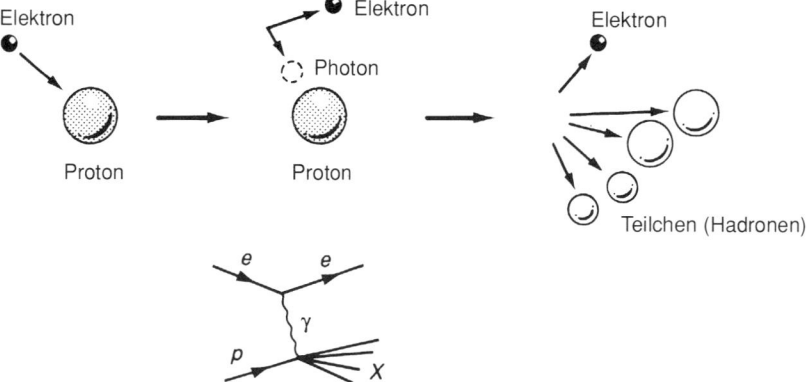

Elektron-Proton-Streuung

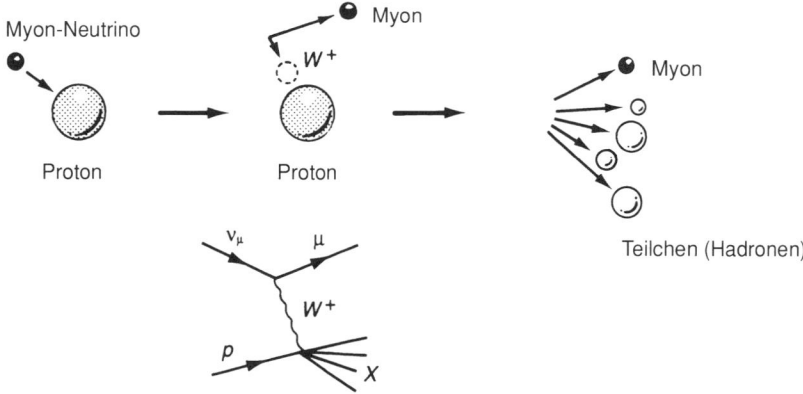

Neutrino-Proton-Streuung

Wenn ein Elektron unelastisch von einem Proton gestreut wird, überträgt es durch den Austausch eines Photons Energie und Impuls auf das Proton, wobei sich die Energie in Form mehrerer neuer Teilchen materialisiert. Ein ähnlicher Prozeß tritt bei der unelastischen Streuung eines Neutrinos auf; in diesem Fall werden Energie und Impuls jedoch durch ein W-Teilchen auf das Proton übertragen.

sene Impulsverteilung mit 5/18 multiplizierte, sollte sich gerade die vom SLAC ermittelte Impulsverteilung ergeben. War das tatsächlich der Fall?

Die integralen Wirkungsquerschnitte stimmen mit den Voraussagen des Modells nicht ganzzahlig geladener Quarks perfekt überein. (27)

Dies berichtete auf einer Konferenz auf Hawaii im August 1973 Don Perkins, ein führendes Mitglied des Gargamelle-Teams, vor Physikern (darunter auch Feynman) bei der Präsentation vorläufiger Ergebnisse von Gargamelle.

Später kommentierte er:

Es gibt ziemlich überzeugende Beweise dafür, daß Elektronen und Neutrinos die gleiche Substruktur im Nukleon sehen: Die absoluten Raten stehen genau in dem Verhältnis, das sich aus den Annahmen über die Quarkladungen voraussagen läßt. (28)

Im Inneren von Protonen und Neutronen gibt es also tatsächlich nicht ganzzahlig geladene Objekte. Das ursprüngliche Quarkmodell von Gell-Mann und Zweig schrieb sowohl Proton als auch Neutron je drei Quarks zu. Im Quark-Partonen-Bild sind dies die Valenzquarks *uud* im Proton und *udd* im Neutron. Läßt sich auch diese Annahme mit Hilfe von Neutrinos überprüfen? Überraschenderweise lautet die Antwort ja.

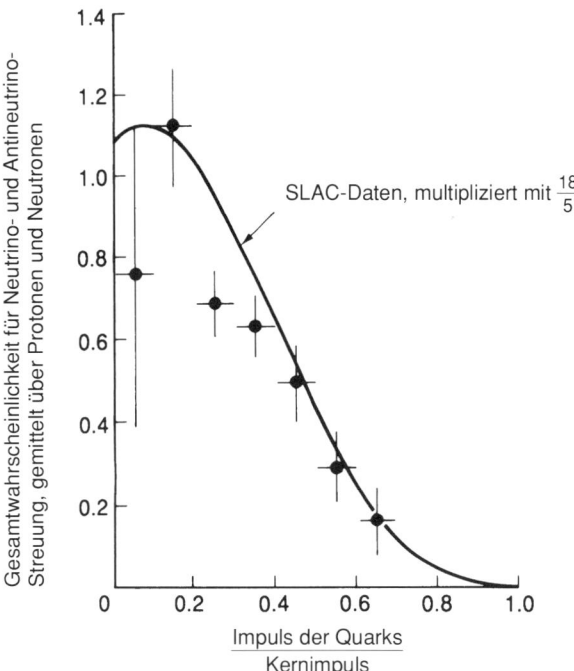

Ein Vergleich von Messungen der Elektronenstreuung am SLAC mit denen der Neutrinostreuung an Gargamelle zeigt nicht nur, daß diese beiden Teilchen die gleiche Aufteilung des Impulses auf die Teile im Inneren des Nukleons „sehen". Die Ergebnisse der Neutrinostreuung ergeben die gleiche Kurve wie die mit dem Faktor 18/5 multiplizierten Ergebnisse der Elektronenstreuung. Das ist ein sehr guter Beweis dafür, daß es sich bei den Teilen tatsächlich um Quarks mit Ladungen von + 2/3 und −1/3 der Protonenladung handelt.

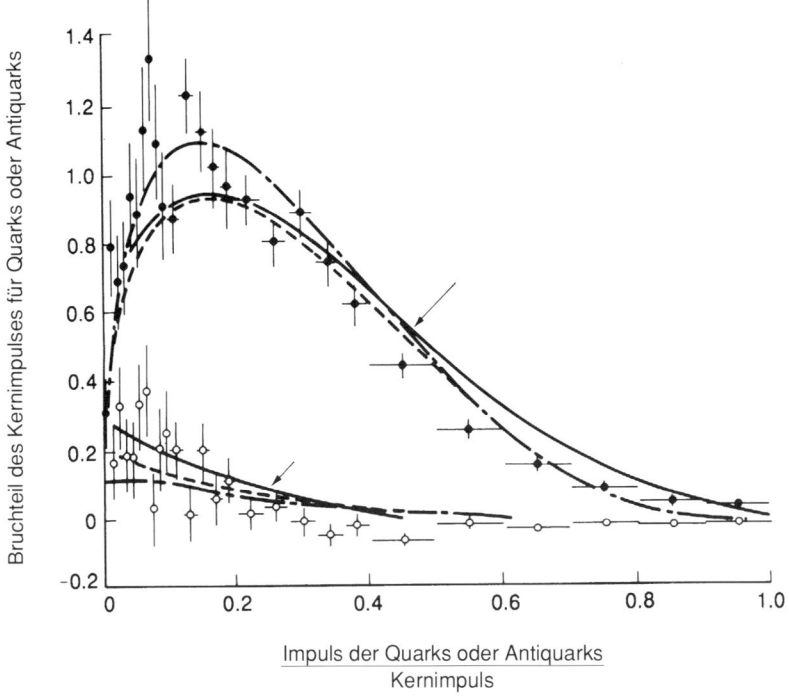

Impuls der Quarks oder Antiquarks
Kernimpuls

Diese Messungen an Gargamelle bestätigen, daß es sich bei den Trägern des Impulses in Protonen oder Neutronen eher um Quarks als um Antiquarks handelt. Dadurch wird das Modell gestützt, nach dem ein Proton oder Neutron aus drei „Valenz-quarks" besteht, die von einem „See" aus Quark-Antiquark-Paaren umgeben sind; diese tauchen aus dem Feld der starken Kraft (das die Valenzquarks aneinander bindet) auf, um danach wieder darin zu verschwinden. Die Kurven gehen auf verschiedene theoretischen Voraussagen zurück (Nuclear Physics, Bd. B85 (1975), S. 269).

Der Test besteht in diesem Falle darin, die für Antineutrinos gemessene Wahrscheinlichkeitsverteilung von der für Neutrinos gemessenen abzuzie-hen. Daraus läßt sich die Differenz der Wahrscheinlichkeitsverteilungen von Quarks und Antiquarks berechnen, und diese Differenz sollte von der Gesamtzahl der Quarks q abzüglich der Anzahl der Antiquarks $\bar{q}$ in einem Nukleon abhängen. Da alle zur umgebenden „Wolke" gehörenden Quark-Antiquark-Paare die gleiche Anzahl von q und $\bar{q}$ liefern sollten, müßte man aus der Differenz $q - \bar{q}$ auf die Anzahl der Valenzquarks schließen können. Und auch hier stützten die vorläufigen Ergebnisse von Gargamelle das Quarkmodell: Sie ließen darauf schließen, daß $q - \bar{q}$ tatsächlich 3 betrug.

Bei einer dritten Möglichkeit, das Quarkmodell anhand der Ergebnisse der Neutrinoexperimente zu überprüfen, wurde der Bruchteil des Kernim-pulses bestimmt, der von allen Quarks und Antiquarks getragen wird. Diese Information kann man wieder aus den kombinierten Messungen von

Neutrinos und Antineutrinos gewinnen (sie kann aber auch aus den Daten für die unelastische Elektronenstreuung ermittelt werden). Gäbe es im Kern nur Quarks und Antiquarks, so würde die Addition aller von ihnen getragenen Impulsbruchteile den Wert 1 ergeben, also den Gesamtimpuls des Nukleons. Statt dessen addieren sich die Werte zu etwa 0,5. Es sieht so aus, als ob nur die Hälfte des Impulses von Quarks und Antiquarks getragen wird. Es muß also noch etwas anderes im Inneren von Proton und Neutron stecken, und dieses Etwas kann weder mit Elektronen noch mit Neutrinos wechselwirken und weder der elektromagnetischen noch der schwachen Kraft unterworfen sein.

Dieses Resultat war nicht sehr erstaunlich, denn schließlich müssen die Quarks im Kern irgendwie zusammengehalten werden. Feynman äußerte dazu:

> Es wäre in der Tat überraschend gewesen, wenn die Quarks für den gesamten Impuls verantwortlich gewesen wären. Wir hätten dann nicht gewußt, wie wir ihre Wechselwirkung beschreiben sollen. (29)

Die Teilchenphysiker wissen, daß manche nuklearen Wechselwirkungen – wie diejenige, die Protonen und Neutronen im Kern aneinanderbindet – nicht nur viel stärker als die Wirkung der schwachen Kraft sind, sondern sogar viel stärker als die der elektromagnetischen Kraft zwischen geladenen Teilchen. Was sonst könnte einen Kern zusammenhalten? Warum wird er durch die Abstoßungskräfte zwischen den gleichnamig geladenen Protonen nicht in Stücke gerissen? Was auch immer die Quarks zusammenhalten mag, es muß etwas mit dieser starken Kernkraft zu tun haben.

Nach der Quantenfeldtheorie muß die zwischen Quarks wirkende Kraft von einem bestimmten Feldteilchen übertragen werden, ebenso wie das elektromagnetische Feld von Photonen und die schwache Kraft von W- und Z°-Teilchen übermittelt wird. Die Überträger der Kräfte zwischen den Quarks erhielten den Namen „Gluonen". Die Ergebnisse vom SLAC und von Gargamelle lieferten erstmals einen Hinweis auf die Existenz solcher Gluonen, die zwischen den Quarks im Inneren der Nukleonen hin und her fliegen.

In den Fußstapfen des Riesen – ein Epilog

> „Nichts in der Geschichte ist für immer gültig; wir alle machen Fortschritte." (30)
>
> *Richard Feynman, April 1974*

Das Gargamelle-Experiment stellte in gewisser Weise eine Brücke dar: Es verband die „alte" Physik der 60er Jahre mit der neuen Physik der 70er Jahre und geleitete die Teilchenphysiker aus einer Welt, die von vielen

Arten subatomarer Teilchen bevölkert war (die von verschiedenartigen Kräften zusammengehalten wurden), in das Gelobte Land der einfachen subatomaren Bausteine, die von einer einzigen fundamentalen Kraft vereint wurden. Im Rückblick können wir uns auf dieses eine Experiment konzentrieren; denn heute wissen wir, daß die Handvoll gestreuter Neutrinos, die von Gargamelle gesammelt worden waren, ein getreues Abbild der Natur der Dinge lieferten. Damals war das nicht ganz so klar.

Experimente mit Neutrinostrahlen sind mit mancherlei Schwierigkeiten verknüpft: Nicht nur, daß man den Strahl nicht „sehen" kann – alle auftretenden Wechselwirkungen sind außerdem extrem selten und in Gefahr, von unerwünschten Hintergrundeffekten völlig überdeckt zu werden. Am Beispiel von Gargamelle und allen anderen Neutrinoexperimenten davor und danach haben die Physiker viel über die mit den Messungen verbundenen Probleme diskutiert: über die Berechnung der Hintergrundeffekte, über Energie und Intensität des unsichtbaren Neutrinostrahles sowie über die Nachweiseigenschaften der verschiedenen Detektoren. Solche Diskussionen werden über jedes Experiment der Teilchenphysik geführt; sie sind für Neutrinoexperimente jedoch schwieriger abzuschließen

Ende der 70er und in den 80er Jahren wurden die an Ramms Blasenkammer und an Gargamelle begonnenen Untersuchungen der Neutrinostreuung bei noch höheren Energien weitergeführt. Das Ziel des 1986 begonnenen Experiments „CHARM II" besteht in genauen Messungen der seltenen Neutrino-Elektron-Streuung. Der Anlagenteil im Hintergrund dieser Aufnahme enthält 692 Tonnen Glas als Zielsubstanz für die Neutrinos; es ist von Teilchendetektoren durchsetzt. Der Teil im Vordergrund dient dem Nachweis und der Messung der Myonen, die durch die Myon-Neutrinos erzeugt werden (CERN).

und scheinen ungewöhnlich gut geeignet zu sein, leidenschaftliche Debatten zwischen dickköpfigen Streithähnen zu entfachen.

Die Geschichte der Neutralströme mit der Episode am Fermilab könnte unter dem Motto stehen „mal sieht man sie, mal wieder nicht". Sie stellt damit ein ausgezeichnetes Beispiel für die Streitereien dar, die man über Neutrinos führen kann; aber sie illustriert auch, welche lohnenden Entdeckungen man mit Experimenten machen kann, die anfangs als äußerst frustrierend erscheinen. Seit den ersten Ergebnissen von Gargamelle und Fermilab wurden – größtenteils am CERN und am Fermilab – eine Reihe von Experimenten durchgeführt, die wesentlich detailliertere Untersuchungen von Neutralströmen erlaubten. Viele Resultate wurden mit dem „Super Proton Synchrotron" (SPS) am CERN erzielt, das 1976 seine Arbeit aufnahm. Wie das Vorbild am Fermilab beschleunigt das SPS Protonen auf Energien von 450 GeV; diese Teilchen können dazu benutzt werden, einen Strahl hochenergetischer Neutrinos zu erzeugen. Im Verlauf der Jahre haben am SPS mehrere Detektoren einschließlich Gargamelle (nach ihrer Abkopplung von dem weniger leistungsfähigen PS im Jahre 1976) eine große Menge Daten über Neutrino-Wechselwirkungen gesammelt.

Bis zum Ende der 70er Jahre hatten diese Experimente starke Beweise für das elektroschwache Modell erbracht, wie es von Salam und Weinberg vorgeschlagen worden war. Im Jahre 1979 erhielten Weinberg und Salam den Nobelpreis für Physik, zusammen mit Sheldon Glashow, der einen wesentlichen Beitrag zur Einbindung der schwachen Wechselwirkungen der Quarks in die elektroschwache Theorie geleistet hatte. (Glashows Arbeiten hatten 1971 die Notwendigkeit des „Charm-Quarks" c gezeigt, das bis dahin unbekannt war.) Spätere Experimente erlaubten noch genauere Tests der elektroschwachen Theorie und zeigten, wie gut sie bis hinunter zu Abständen von 10^{-16} cm (einem Tausendstel des Protonendurchmessers) funktioniert.

Was die Entdeckung der Quark-Partonen betraf, so hatten die Experimente mit Gargamelle zwar gezeigt, daß diese Vorstellung der Realität entsprach; es gab zu jener Zeit aber noch keine Quantenfeldtheorie, die diesem Modell zugrundegelegen und ähnlich wie die elektroschwache Theorie beschrieben hätte, was im Inneren eines Protons vor sich geht. Der Erfolg dieser Idee war tatsächlich ziemlich paradox. Die Partonenbeschreibung ging von der Vorstellung aus, daß das einfallende Elektron oder Neutrino mit einem bestimmten Teil des Protons in Wechselwirkung tritt und die anderen Bestandteile ignoriert. Andererseits sollten die Quarks über den Austausch von Gluonen stark miteinander wechselwirken. Wenn es sich bei den Partonen aber um Quarks und Gluonen handelt, warum werden die „Skalierungseffekte" dann nicht durch Wechselwirkungen zwischen ihnen beeinflußt? Es schien so, als ob die Partonen für große übertragene Impulse und entsprechend tiefe Sondierung nur schwach gebunden seien. Welche Kraft konnte nun gleichzeitig stark genug sein, ein einzelnes Quark daran zu hindern, von einem Nukleon ausgestoßen zu werden?

Einen wichtigen Hinweis liefert die offensichtliche Abnahme der Kraft bei hohen übertragenen Impulsen, die kleinen Abständen innerhalb von Proton und Neutron entsprechen. Bereits 1973 hatten mehrere Theoretiker erkannt, daß ein derartiger Effekt in einer bestimmten Klasse von Feldtheorien auftritt. Diese Entdeckung führte im Verlaufe der folgenden Jahre zur Entwicklung der „Quantenchromodynamik" oder QCD, – der Quantenfeldtheorie der starken Kraft.

In der QCD haben die starken Kräfte zwischen den Quarks ihre Ursache in einer Eigenschaft, die als „Farbe" (colour) bezeichnet wird. Dabei hat das Wort „Farbe" nichts mit seiner normalen Bedeutung zu tun; es bezieht sich vielmehr auf eine Eigenschaft von Quarks, die in gewisser Hinsicht eine Analogie zur elektrischen Ladung darstellt. Ebenso wie die elektrische Ladung die Ursache für das elektrische Feld ist, das geladene Teilchen umgibt, ruft die „Farbe" ein „Farbfeld" hervor, das Feld der starken Kraft.

Die Bezeichnung „Farbe" wurde gewählt, weil diese Eigenschaft ähnlich den Primärfarben des Lichtes in drei Arten auftritt – im Gegensatz zur elektrischen Ladung, die nur in einer einzigen Form vorkommt. (Bei den Ladungen, die wir als „positiv" oder „negativ" bezeichnen, handelt es sich ja eigentlich um „Ladung" und „Antiladung".) Und ähnlich wie ein Atom insgesamt elektrisch neutral ist, weil es aus einem positiven Kern und negativen Elektronen besteht, muß auch ein Teilchen, das Quarks enthält, insgesamt „farbneutral" sein. Ein Proton, das aus drei Quarks aufgebaut ist, muß ein Quark jeder Farbe enthalten, so daß die Farben bei ihrer Addition null ergeben; ein Antiproton enthält drei Antiquarks, die Träger von drei „Antifarben" sind. (Das Farbkonzept geht auf den Versuch zurück, zu erklären, warum bestimmte Teilchen drei ansonsten identische Quarks enthalten können, was in offensichtlichem Widerspruch zu einem fundamentalen Prinzip der Quantentheorie steht, dem Pauli-Prinzip.)

Aus der Tatsache, daß es drei Arten von Farbe gibt, folgt, daß es acht verschiedene Arten von Gluonen geben muß – von Bällen im Quantenfangspiel der starken Kraft – und daß die Gluonen selbst Farbträger sein müssen. (Genauer gesagt, tragen sie eine Kombination von Farbe und Antifarbe.) Dies steht im krassem Gegensatz zu den elektrisch neutralen Photonen der Quantenelektrodynamik und führt zu einem radikal anderen Verhalten der starken Kraft. Die Gluonen können nicht nur die Farben der Quarks verändern, zwischen denen sie hin und her fliegen, sondern auch Wirkungen aufeinander ausüben. Während beispielsweise die Photonen eines Lichtstrahles den Raum unabhängig voneinander in freiem Flug durchqueren, würde ein Gluonenstrahl wegen der Wechselwirkung der Gluonen untereinander nicht sehr weit kommen.

Dieses Verhalten der Gluonen macht verständlich, warum Quarks nicht einzeln aus einem Nukleon entweichen können und warum die Quarks im Inneren des Nukleons bei der Untersuchung mit hohen Impulsen und entsprechend geringen Abständen unbeeinflußt voneinander erscheinen. Zwischen den Quarks muß jeweils ein wirrer Haufen von Gluonen liegen,

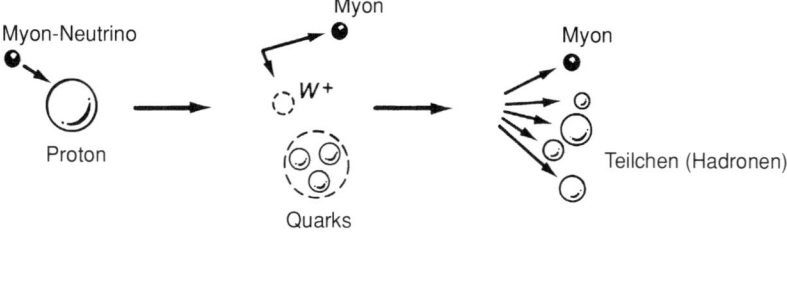

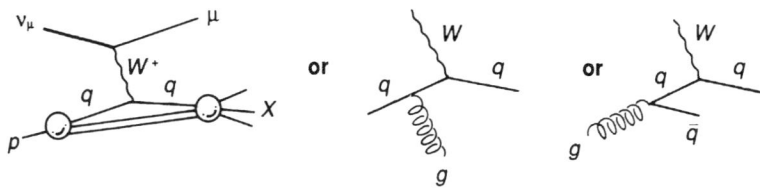

Neutrino-Quark-Streuung

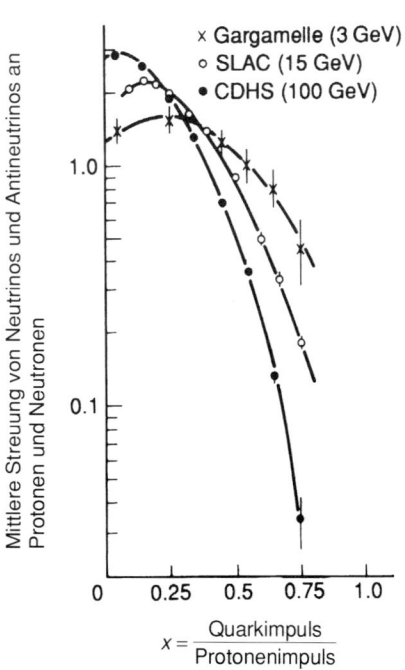

Bei höheren Energien ist die Wahrscheinlichkeit größer, daß Gluonen – die Überträger der starken Kraft – die Aufteilung des Neutrino-Impulses auf die Quarks im Inneren eines Protons beeinflussen. Ein Quark, das unmittelbar vor seiner Wechselwirkung mit einem Neutrino (die über die Absorption eines W-Teilchens verläuft) ein Gluon aussendet, besitzt einen kleineren Impuls, als dies ohne die Emission des Gluons der Fall wäre. Zudem hat ein Gluon bei höheren Energien eine größere Chance zur Erzeugung eines Quark-Antiquark-Paares, bei dem jeder Partner die Hälfte des Gluon-Impulses übernimmt. Diese beiden Effekte senken den Impuls des Quarks. Das wird beim Vergleich der dargestellten Kurven deutlich, die den Verlauf der Streuung in Abhängigkeit von der Energie beschreiben. Die Daten stammen von drei verschiedenen Experimenten: an Gargamelle und im SLAC unter Verwendung von Elektronen sowie mit dem CERN-Dortmund-Heidelberg-Sacley-Experiment, CDHS.

der die Teilchen praktisch gegeneinander abschirmt. Diese scheinbare „Freiheit" der Quarks bei hohen Impulswerten stellte für die Theoretiker einen Glücksfall dar: Sie bedeutete, daß sie für die Voraussage des Ausgangs eines Experiments zur starken Wechselwirkung die gleiche Rechentechnik benutzen konnten, die sie für die schwächere elektromagnetische und die schwache Kraft verwendeten. Bei niedrigen Impulsen standen sie aber vor dem Problem, daß sie die Wirkungen der „unverdünnten" starken Kraft nicht berechnen konnten.

Kann der Einfluß der Gluonen bei den unelastischen Streuexperimenten mit Elektronen und Neutrinos sichtbar gemacht werden? Die Antwort lautet ja, weil die Gluonen die Art und Weise modifizieren können, in der der Impuls auf die verschiedenen Bestandteile des Nukleons aufgeteilt wird. Ein Gluon kann sich in ein Quark und ein Antiquark aufteilen, so daß das auftreffende Elektron oder Neutrino von einem dieser beiden Teilchen gestreut werden kann, oder ein Quark kann ein Gluon abstrahlen und dadurch vor der Streuung des auftreffenden Teilchens an Impuls verlieren. Prozesse wie diese sollten sich um so deutlicher bemerkbar machen, je näher man dem Proton bei der Untersuchung kommt, also je größer die übertragenen Impulsbeträge sind. Die zusätzlichen Wechselwirkungen haben die Tendenz, den durchschnittlichen Impuls der Partonen zu verringern und die gemessene Impulsverteilung zu modifizieren, so daß die „Skalierung" nicht mehr so gut funktioniert. Damit sollte die Verteilung nicht mehr einfach von der dimensionslosen Verhältniszahl x abhängen, sondern bei ansteigender Energie und entsprechend kleineren Sondierungsabständen bestimmte Abweichungen aufweisen.

Den ersten Hinweis auf den modifizierenden Einfluß der Gluonen lieferte ein Experiment am Fermilab, das zur Sondierung des Nukleons hochenergetische Myonen (statt Elektronen oder Neutrinos) benutzte. Die Ergebnisse stimmten im großen und ganzen mit den Elektronen- und Neutrinoexperimenten überein und ließen keine Abhängigkeit von dem zwischen Myon und Nukleon übertragenen Impuls erkennen. Doch gab es bei hohen Werten der Impulsübertragung kleine, aber signifikante Abweichungen vom normalen Skalierungseffekt.

Messungen mit hochenergetischen Neutrinostrahlen zeigten für hohe Werte der Impulsübertragung die gleichen Abweichungen von der Skalierung. Durch eine Anpassung der Vorhersagen der Quantenchromodynamik an die Daten aus den Neutrino- und Myonenexperimenten gelang es den Forschern, die Impulsverteilung der Gluonen zu ermitteln. Dabei stellte sich heraus, daß die Gluonen nur geringfügige Bruchteile des Nukleonenimpulses (das heißt kleine Werte von x) übernehmen; da es jedoch so viele von ihnen gibt, tragen sie insgesamt etwa die Hälfte des Gesamtimpulses.

Diese Erkenntnisse über die Gluonen sind nur ein Teil des Gesamtbildes vom Protonen-Inneren, zu dessen Enthüllung die Neutrinoexperimente beigetragen haben. Insbesondere seine „Händigkeit" oder Helizität hat dem Neutrino zu einer besonderen Rolle verholfen, da sie zur Folge hat, daß Neutrinos mit Quarks und Antiquarks auf verschiedene Weise wechselwirken. Dies hat es den Forschern erlaubt, die Impulsverteilung der Antiquarks von der Quark-Antiquark-Wolke in Inneren des Nukleons zu separieren. Wie die Gluonen tragen auch die Antiquarks kleine Bruchteile des Gesamtimpulses. Alles in allem haben die „Neutrino-Raumschiffe" über einen weiten Bereich von Energien – von 2 bis 200 GeV – den überzeugendsten Beweis für die punktförmigen Strukturen im Inneren des Protons geliefert. Perkins äußerte dazu:

> *Die drastischste Demonstration der zusammengesetzten Natur der Hadronen wird vielleicht von der Abhängigkeit des gesamten Querschnitts von der Energie der Neutrino-Nukleon-Streuung geliefert … Das Ergebnis ist ganz einfach: ein nahezu linearer Anstieg (des Querschnitts) mit der Neutrinoenergie. Genau das erwartet man, wenn man den komplizierten Prozeß der Hadronenerzeugung durch die elastische Streuung des Neutrinos an einem einzelnen punktförmigen Teilchen ersetzt. (31)*

Bei punktförmigen Teilchen gibt es keine Struktur, die die Reaktionswahrscheinlichkeit (das heißt den Wirkungsquerschnitt) beeinflussen könnte, die einfach vom Betrag der schwachen Kraft und der verfügbaren Energie abhängt. Die Neutrinodaten zeigen deutlich, daß die Quarks auch bei den höheren Energien immer noch als Punkte erscheinen. Die Variation des Wirkungsquerschnittes mit der Energie ist sehr gering und nach der Quantenchromodynamik vollständig durch den Einfluß der Gluonen zu erklären. Interessanterweise hatten die Experimente mit Colin Ramms Schwerflüssigkeits-Blasenkammer am CERN bereits einige Jahre vor dem Auftreten der ersten Anzeichen der „Skalierung" am SLAC Hinweise auf diese einfache Energieabhängigkeit geliefert. Dagegen kam niemand auf die Idee, die Neutrinodaten anhand der einfachen Vorstellung punktförmiger Kernbauteile zu interpretieren – zweifellos deswegen nicht, weil allgemein angenommen wurde, bei einem Kern handle es sich um ein sehr kompliziertes Gebilde.

Es gibt eine weitere Methode, bei der Neutrinos dabei helfen, die Natur der Quarks zu erforschen. Sie beruht auf Experimenten, mit denen man die Erzeugung von Teilchen untersucht, die die schwereren Quarktypen c und b enthalten. Diese Quarks traten in dem von Gell-Mann und Zweig vorgeschlagenen Modell ursprünglich nicht in Erscheinung, sondern wurden erst in neuen Teilchen entdeckt, die in den 70er Jahren bei Hochenergie-Experimenten entstanden. Die c- und die b-Quarks sind beide schwerer als die u- und die d-Quarks in den Nukleonen, so daß die von ihnen gebildeten Teilchen viel massereicher sind. Diese Partikel zerfallen nach einer kurzen Lebensdauer (zwischen 10^{-12} und 10^{-13} Sekunden) in Teilchen, die leichtere Quarks enthalten. Bei diesen Zerfällen wandeln sich c- oder b-Quarks in Prozessen, die dem Betazerfall des Neutrons entsprechen, durch Vermittlung der schwachen Kraft in s-Quarks um.

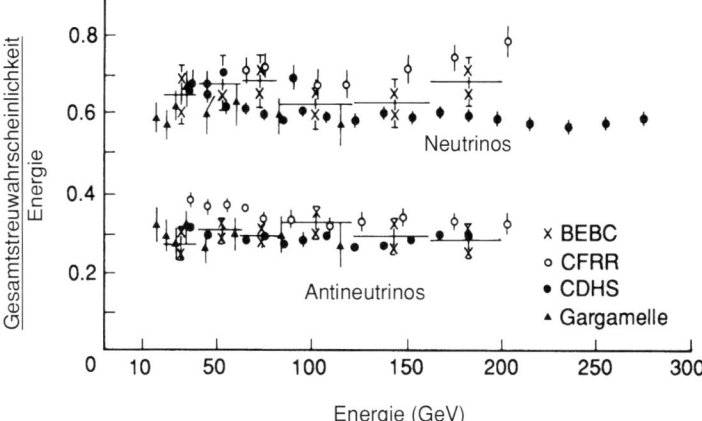

Die durch die Energie dividierte Gesamtwahrscheinlichkeit für die Streuung eines Neutrinos (oder Antineutrinos) an Nukleonen bleibt bis zu den höchsten bis heute untersuchten Energien konstant. Mit anderen Worten: die Streuwahrscheinlichkeit hängt nur von der Energie ab. Das ist der beste Beweis dafür, daß Nukleonen Objekte enthalten, die sich bis zu den höchsten untersuchten Energien wie einfache Punkte verhalten. Die Meßwerte stammen von vier verschiedenen Experimenten.

Die Erzeugung und der Zerfall von Teilchen, die *c*- und *b*-Quarks enthalten, wurde mit vielen verschiedenartigen Experimenten untersucht, wobei den Neutrinoexperimenten aufgrund ihrer einzigartigen Eigenschaften eine besondere Rolle zukam. Sie lieferten beispielsweise einige der ersten Nachweise von Ereignissen, die den Zerfall von „Charm-Teilchen" anzeigen, von Teilchen also, in denen das *c*- oder Charm-Quark nicht zusammen mit seinem Antiquark $\bar{c}$ auftritt.

Bereits 1975 – ein Jahr, nachdem das *c*-Quark in einem Teilchen mit der Bezeichnung J/psi entdeckt worden war (in dem ein *c* an ein $\bar{c}$ gebunden ist) –, erklärte das Team von Nick Samios am Brookhaven National Laboratory, ein Teilchen entdeckt zu haben, das ein *c*-Quark zusammen mit zwei anderen Quarks enthielt und bei dem es sich möglicherweise um ein Charm-Teilchen handeln könnte. Die Forscher hatten ihr Experiment mit einem Neutrinostrahl in der 200-cm-Wasserstoff-Blasenkammer durchgeführt. Im folgenden Jahr hatten sowohl Gargamelle als auch die 5-m-Blasenkammer am Fermilab mehrere Exemplare von Partikeln entdeckt, bei denen es sich um Charm-Teilchen handeln konnte.

Die Tage der Experimente mit Neutrinostrahlen sind heute im wesentlichen vorbei. Gargamelle existiert nicht mehr, und in der Neutrino-„Schußlinie" am CERN ist nur noch ein einziger großer Detektor verblieben. Die Teilchenphysiker haben sich höheren Energien zugewandt, um die Behauptungen der elektroschwachen Theorie und der QCD zu überprüfen, die zusammen das sogenannte „Standardmodell" bilden. Daher

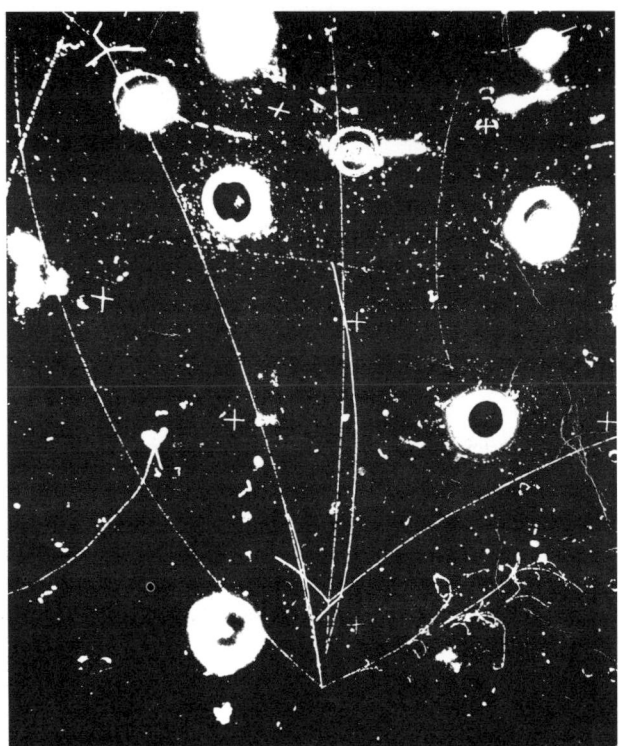

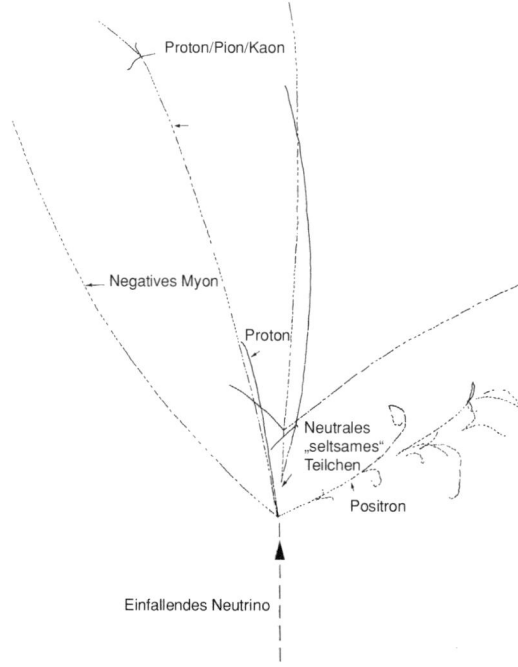

Proton/Pion/Kaon

Negatives Myon

Proton

Neutrales „seltsames" Teilchen

Positron

Einfallendes Neutrino

Dieses an Gargamelle aufgenommene Bild zeigt Entstehung und Zerfall eines „Charm-Teilchens", d.h. eines Teilchens, das ein Charm-Quark enthält. Das Charm-Teilchen lebt nicht lange genug, um eine Spur in der Blasenkammer zu hinterlassen. Es kann aber aufgrund seines Zerfalls in ein Positron und ein neutrales „seltsames" Teilchen nachgewiesen werden; dabei zerfällt das letztere selbst wieder in zwei geladene Teilchen und erzeugt ein Paar von Spuren, die ein charakteristisches V bilden (CERN, G. Myatt).

werden auch andere Arten von Versuchen durchgeführt. So konnte man insbesondere durch das Aufeinanderschießen gegenläufig umlaufender Teilchenstrahlen in einem Ringbeschleuniger Energien erreichen, die hoch genug waren, das langgesuchte geladene W-Teilchen und seinen neutralen Partner, das Z°, freizusetzen.

Zwar hat das Neutrino seine Rolle als direkte Sonde zur Erforschung der Materie größtenteils ausgespielt; doch ist seine Anwesenheit bei den Ereignissen, die mit Hilfe von Teilchenbeschleunigern untersucht werden, häufig von entscheidender Bedeutung. Natürlich hinterlassen die bei fron-

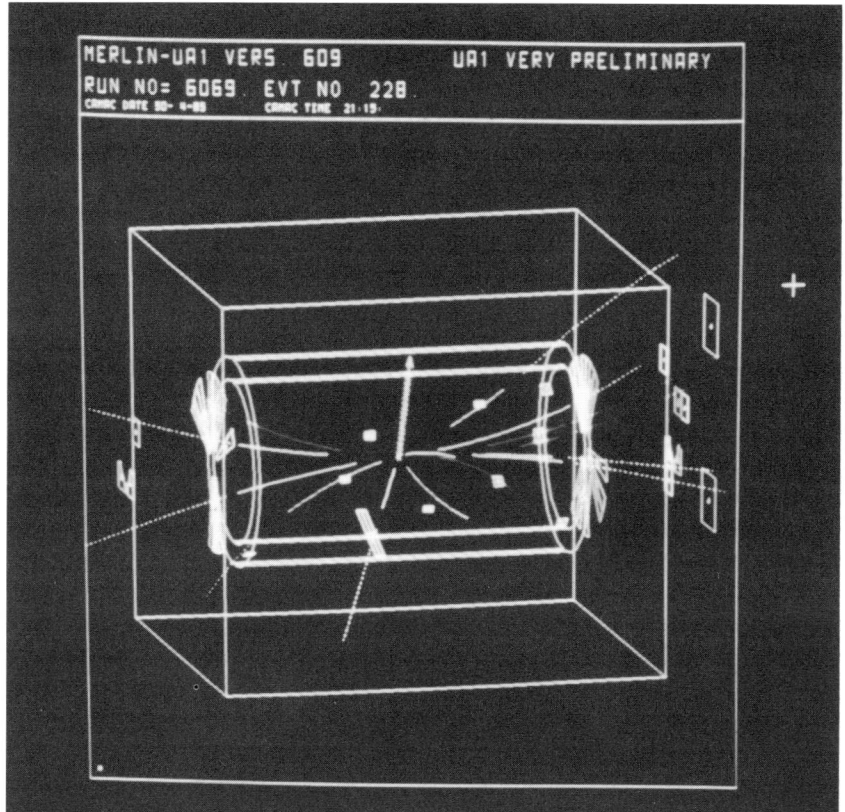

In dieser Computer-Rekonstruktion von Spuren im UA1-Detektor am CERN ist der Zerfall eines W-Teilchens eingefangen worden. Das W-Teilchen wurde bei der Zerstrahlung eines Protons mit einem Antiproton im Zentrum des Detektors erzeugt und zerfiel in ein Elektron (die Spur, die in Richtung zur 7 auf einem Uhrenzifferblatt verläuft) und ein Neutrino, das keine Spur hinterließ; die Bahn dieses unsichtbaren Teilchens ließ sich aber mit Hilfe des Computers berechnen, und zwar aus der Summe der Energien aller bei der Zerstrahlung sonst noch erzeugten Partikel und der daraus bestimmbaren „fehlenden" Energie. Die Neutrinobahn erscheint im Bild als aufwärts gerichtete, durch Kreuze markierte Linie (CERN).

talen Zusammenstößen erzeugten Neutrinos keine Spuren. In gleicher Weise aber, in der die Experimente zum Betazerfall zu Paulis Voraussage des Neutrinos geführt hatten, verrät es sich trotz seiner scheinbaren Abwesenheit durch die Energie, die es mit sich davonträgt.

Am CERN zeigten sich im Jahre 1984 bei Kollisionen von Protonen und Antiprotonen einige asymmetrische Ereignisse, bei denen ein energiereiches Myon oder Elektron in eine Richtung davonflog, anscheinend ohne durch irgendeinen Energietransport in die entgegengesetzte Richtung kompensiert zu werden. Diese Ereignisse, die – wie irgend jemand damals ausdrückte – „wie Händeklatschen mit einer Hand" erschienen, signalisierten den Zerfall des W-Teilchens in ein Elektron oder Myon und das zugehörige Neutrino, wobei sich die fehlende Energie mit der Energie des geladenen Teilchens zur Masse des W-Teilchens addierte – in wunderbarer Übereinstimmung mit den Voraussagen der elektroschwachen Theorie.

Mit ähnlichen Experimenten werden die Physiker mit den neuen Stoßanlagen an CERN, Fermilab und SLAC ihre Suche nach der Visitenkarte des flüchtigen Neutrinos fortsetzen und dabei vielleicht neue Teilchen oder Prozesse entdecken. Das Ziel dieser Hochenergie-Experimente ist die Erforschung des Verhaltens der Materie in den frühesten Augenblicken des Universums. Das Neutrino ist nicht nur ein Raumschiff, das wir als Sonde zur Erforschung des Atomkernes aussenden – es ist auch ein Raumschiff, das aus den Tiefen des Raumes zu uns gelangt und wichtige Botschaften über den Ursprung der Materie mit sich trägt.

6. Solare Raumschiffe

„Die Neutrinos bieten die einzige Möglichkeit, den massiven
Schild eines Sternkörpers zu durchdringen und zu erkennen, wie
es in seinem Zentrum aussieht … Diese Botschaft erreicht uns
ununterbrochen, von einem Strahl getragen, der so hell ist wie
das Licht der Sonne und den wir doch nicht wahrnehmen können!" (1)

Philip Morrison, 1962

Die Sonne ist ein wenig bemerkenswerter Stern, nach Arthur Eddington
„in der Sternengemeinschaft ein respektabler Bürger der Mittelklasse" (2).
Und doch ist sie höchst interessant, denn dieser uns nächste Stern ist
derjenige, den wir am besten verstehen. Darüber hinaus spielt er die
fundamentale Rolle des Dynamos, der das Leben auf der Erde antreibt. Das
Sonnenlicht, das wir wahrnehmen, kommt nur aus den Oberflächenschich-
ten, aber die Energie wird viel tiefer erzeugt: in einem heißen, dichten
thermonuklearen Ofen, der im Kern der Sonne verborgen ist.

Das Sonnenlicht benötigt acht Minuten, um die 150 Millionen Kilometer
von der Sonnenoberfläche bis zur Erde zurückzulegen; seine Energie wurde aber schon eine Million Jahre vorher freigesetzt und hat ihren Ursprung
im Sonneninneren, bis zu 700'000 Kilometer weiter von uns entfernt. Auf
ihrem Weg zur Sonnenoberfläche wurde sie in Myriaden von Wechselwirkungen absorbiert und erneut emittiert. Das Licht, das uns erreicht, ist nur
indirekt mit den zentralen Prozessen verknüpft, die das beständige Leuchten der Sonne bewirken.

Wäre dies die ganze Wahrheit, so bliebe das Innere der Sonne unseren
Blicken für immer verborgen. Jedoch existiert ein kleiner Anteil der Sonnenenergie – ungefähr 2% – in einer besonderen Form, die die Gasmassen
durchdringen kann, als ob sie überhaupt nicht vorhanden wären. Dieser
Energieanteil benötigt für die 700'000 km lange Strecke vom Zentrum bis
zur Oberfläche der Sonne nur zwei Sekunden; er wird von Neutrinos
transportiert. Von der Erde größtenteils unbeeinflußt, durchströmen uns
selbst pausenlos solare Neutrinos, die am Tag auf uns herunterregnen und
uns nachts durch die Erde hindurch von unten durchdringen. Was aber am
interessantesten ist: Sie tragen die Spuren ihrer Geburt im Sonnenkern mit
sich und stellen unser einziges Fenster zum Sonneninneren dar. Wenn wir
nur hindurchblicken könnten!

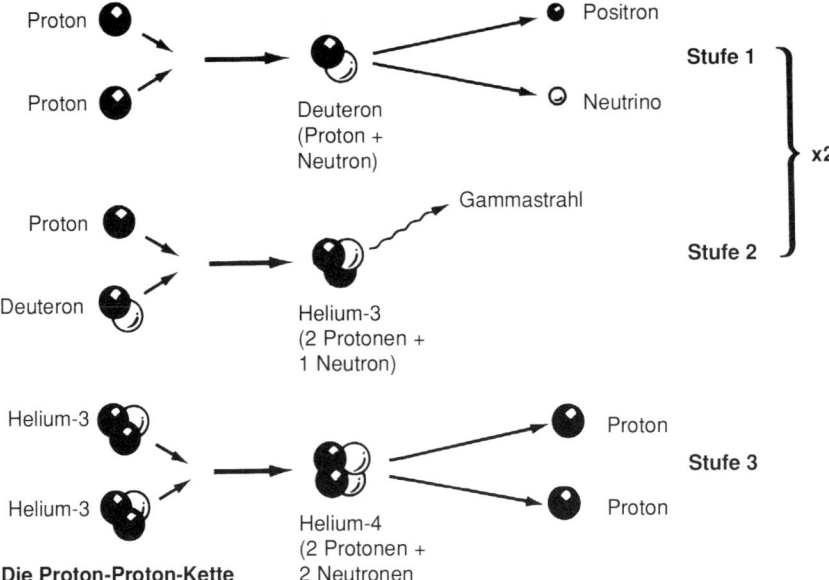

Die Proton-Proton-Kette

Die Sonnenenergie stammt aus der Umwandlung von Wasserstoff in Helium. Die grundlegende Reaktion besteht in der Bildung eines Deuterons aus zwei einzelnen Protonen (Wasserstoffkernen); danach kann sich das Deuteron mit einem weiteren Proton zu Helium-3 verbinden. Die Reaktion zwischen zwei Helium-3-Kernen ist nötig, um den stabilen Kern Helium-4 zu erzeugen, der aus zwei Neutronen und zwei Protonen besteht. Man beachte, daß die ersten beiden Stufen der Kette in derselben Zeit, die der Ablauf von Stufe 3 erfordert, zweimal durchlaufen werden.

Der solare Schmelzofen

> „Ein Sommerbadegast am Cape Cod genießt letzten Endes die Energie, die von titanischen Kernreaktionen in einer Entfernung von acht Lichtminuten geliefert wird." (3)
>
> *Hans Bethe, 1980*

Die Sonne leuchtet, weil sie die Kerne des leichtesten Elements (des Wasserstoffs) in die des zweitleichtesten Elements (des Heliums) umwandelt. Jeder einzelne dieser Prozesse setzt eine Energie von 25 MeV frei, die kaum ausreichte, um eine Amöbe in Bewegung zu setzen. Und trotzdem wird dadurch das kontinuierliche Leuchten der Sonne bewirkt, weil in ihr pro Sekunde eine unvorstellbar riesige Zahl dieser Reaktionen abläuft.

Der Ursprung der Energie liegt in der Masse des Wasserstoffkernes, mit dem die Reaktion im Sonneninneren beginnt. Die Umwandlung von Wasserstoff in Helium durchläuft mehrere Stufen, bis schließlich vier Wasserstoffkerne (Protonen) für den Aufbau eines Heliumkernes verwendet wurden, der aus zwei Protonen und zwei Neutronen besteht. Im Heliumkern sind die vier Komponenten fest aneinandergebunden – so stark, daß der Kern weniger Masse aufweist als die vier ursprünglichen Protonen zusammen. Die Differenz sind die erwähnten 25 MeV; dieser Energiebetrag wird überwiegend als kinetische Energie durch weitere Teilchen davongetragen, die an der Gesamtreaktion teilnehmen.

Sehr bemerkenswert ist bei diesem „Wasserstoffbrennen", daß es vom schwächsten Kernprozeß abhängt, nämlich der schwachen Wechselwirkung. Der erste Schritt in der Reaktionskette hat Ähnlichkeit mit dem Betazerfall: Ein Proton wandelt sich in ein Neutron um. Erfolgt dieser Vorgang dicht genug bei einem anderen Proton, so kann das entstandene Neutron sich mit dem Proton zu einem Deuteron verbinden – dem Kern des „Deuteriums", der schweren Form des Wasserstoffs. Bei der Umwandlung vom Proton zum Neutron entweicht ein Positron, das die vom Proton stammende positive Ladung trägt, während ein vierter Mitspieler unentdeckt entkommt: Ein Elektron-Neutrino mit einer mittleren Energie von 0,26 MeV tritt seine einsame Reise aus dem Zentrum der Sonne heraus an.

Bevor die schwache Kraft ins Spiel kommt, müssen sich die beiden Ausgangsprotonen nahe genug kommen, das heißt auf irgendeine Weise ihre gegenseitige elektrische Abstoßung überwinden. Das ist nur über einen bestimmten Quantenprozeß möglich, der „Tunneleffekt" heißt. Die thermische Energie der Protonen reicht sogar bei der im Sonnenzentrum herrschenden Temperatur von rund 10^7 K nicht aus, die elektrische Abstoßung allein durch „rohe Gewalt" zu überwinden.

Daß die Sonne überhaupt leuchtet, hängt demnach von zwei Faktoren ab: dem quantenmechanischen Tunneleffekt und der schwachen Wechselwirkung. Und daß sie heute immer noch leuchtet, beruht auf der Seltenheit dieser beiden Prozesse. Die Wahrscheinlichkeit für die grundlegende Fusionsreaktion ist äußerst klein. Obwohl der Kern der Sonne zehnmal so dicht wie Blei ist, kann ein Proton dort im Durchschnitt 10 Milliarden Jahre überdauern, bis es sich mit einem anderen Proton zusammenschließt und ein Deuteron bildet. Wir sollten freilich dankbar dafür sein, daß der Prozeß so langsam verläuft. Würde die Sonne nur geringfügig schneller brennen, läge sie derzeit bereits in ihren letzten Zügen; denn sie hätte ihren Wasserstoff seit der Bildung des Sonnensystems vor 4,5 Milliarden Jahren fast verbraucht!

Obwohl die Sonne relativ langsam brennt, sollten pro Sekunde Abermilliarden von Elektron-Neutrinos aus ihrem Kern ausschwärmen. Man kennt aus Messungen die Leuchtkraft der Sonne ($3,86 \times 10^{26}$ Joule pro Sekunde) und weiß, daß bei der Bildung jedes Heliumkernes etwa 25 MeV (also 4×10^{-12} Joule) frei werden; daraus folgt, daß sich pro Sekunde etwa 10^{38} Umwandlungen ereignen. Jede dieser Einzelreaktionen setzt zwei Neutrinos frei, so daß deren Gesamtzahl ungefähr 2×10^{38} pro Sekunde beträgt. Ein enorm winziger Bruchteil davon, rund 35 von 10^{11}, wird die Erde erreichen und sie mehr oder weniger ungehindert passieren. Das bedeutet, daß in jeder Sekunde etwa 7×10^{28} Neutrinos den der Sonne

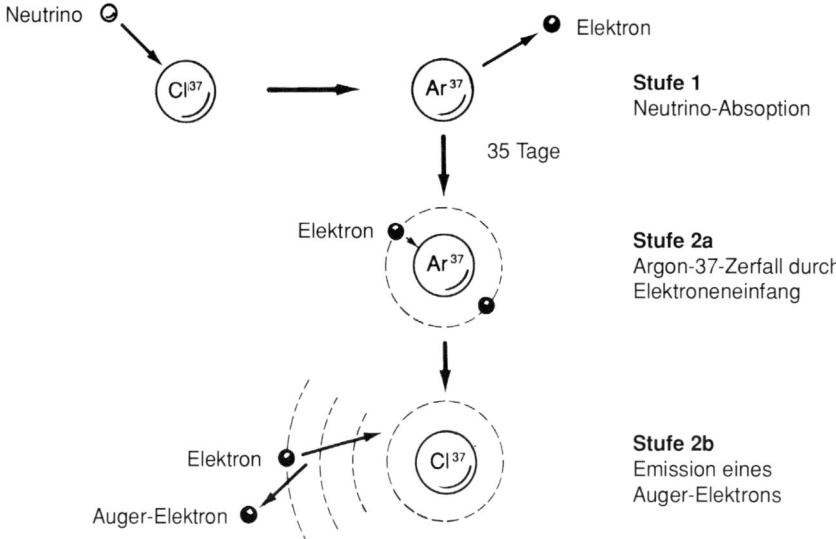

Neutrino

Elektron

Cl^{37} → Ar^{37}

Stufe 1
Neutrino-Absoption

35 Tage

Elektron Ar^{37}

Stufe 2a
Argon-37-Zerfall durch
Elektroneneinfang

Elektron Cl^{37}

Auger-Elektron

Stufe 2b
Emission eines
Auger-Elektrons

Das Chlor-Experiment

Der Nachweis von Neutrinos mit Chlor ist ein Zwei-Stufen-Prozeß. Im ersten Schritt absorbiert ein Chlor-37-Kern ein Neutrino und emittiert danach bei seiner Umwandlung zu Argon-37 ein Elektron. Der nächste Schritt läuft dann mit einer Halbwertszeit von 35 Tagen ab: Der Argonkern fängt ein Atomelektron ein und verwandelt sich in den stabileren Chlor-37-Kern zurück. Dadurch entsteht eine Lücke in den Elektronenbahnen um den Atomkern. Beim Auffüllen dieser Lücke durch ein anderes Elektron wird Energie frei, die ihrerseits ein drittes Elektron aus dem Atom herausschlägt. Der Nachweis dieser Elektronen, die mit einer charakteristischen Energie emittiert werden, liefert den Beweis für den Zerfall und damit für die vorhergehende Existenz von Argon-37.

zugewandten Teil der Erdoberfläche durchqueren und auf der anderen Seite wieder austreten. Somit passieren circa 6×10^{10} Neutrinos pro Sekunde jeden Quadratzentimeter der Erdoberfläche!

Können wir diese Neutrinos nachweisen? Können wir sie dazu benutzen, direkt in den Kern der Sonne zu „sehen"? Im Prinzip ja. Es gibt dabei allerdings ein Problem: Der gleiche Grund, aus dem die Neutrinos aus dem Sonnenzentrum die Erde auf direktem Weg erreichen, macht es nahezu unmöglich, sie aufzuhalten. Die Schwäche ihrer Wechselwirkung mit Materie erlaubt ihnen also nicht nur, der Sonne rasch zu entkommen, sondern ist auch die Ursache für die anhaltenden Kopfschmerzen der Experimentalphysiker. Man muß schon besonders dickköpfig sein, um sein Leben dem Nachweis der von der Sonne ausgesandten Neutrinos zu widmen.

Ein solcher Charakter ist Raymond Davis jr. Im Jahre 1967 begann er sein berühmtes Experiment, das seither die Ankunft solarer Neutrinos nahezu kontinuierlich überwacht hat. Bis 1988 stellte es den einzigen Nachweis solarer Neutrinos dar und löste viele Diskussionen und Spekulationen aus, denn während seiner inzwischen 25jährigen Laufzeit erfaßte es durchweg weniger Neutrinos, als es die Standardtheorie der Sonne voraussagt.

Hochs und Tiefs

> „Unter den Astronomen gab es (Anfang der 60er Jahre) nur wenig Begeisterung für eine Sache, die als ein aufwendiges Experiment angesehen wurde, und auch nicht allzuviel Grund für die Hoffnung auf Beobachtungen, bei denen tatsächlich Neutrinos zu entdecken wären." (4)
>
> *John Bahcall und Raymond Davis jr., 1982*

Davis veröffentlichte seine ersten Ergebnisse über solare Neutrinos im Jahre 1955. Er entwickelte gerade einen Detektor, mit dem er überprüfen wollte, ob es sich bei Neutrinos und Antineutrinos – gemäß der Dirac-Theorie für Partikel mit dem Spin 1/2 – wirklich um verschiedene Teilchen handelt. In Kapitel 3 wurde geschildert, wie Ettore Majorana Anfang der 30er Jahre als erster auf die Idee gekommen war, bei Neutrino und Antineutrino könnte es sich um das gleiche Teilchen handeln, und wie Bruno Pontecorvo 1949 vorgeschlagen hatte, Antineutrinos aus einem Kernreaktor nachzuweisen, und zwar mit Hilfe eines großen Tanks mit Tetrachlorkohlenstoff (CCl_4), einem häufig verwendeten chemischen Lösungsmittel.

Pontecorvos Idee bestand darin, nach einem Typ des inversen Betazerfalls zu suchen, bei dem ein Neutron ein Neutrino einfängt und zu einem Proton wird, wobei es ein Elektron aussendet. Wenn Majoranas Hypothese korrekt war, könnte man diese Reaktion auch mit Antineutrinos beobachten. Pontecorvo fand, daß die Kerne des Chlor-37 (mit 17 Protonen und 20 Neutronen), das etwa 25% des natürlichen Chlors bildet, gut dafür geeignet wären, diesen Reaktionstyp nachzuweisen.

Wenn ein Neutron im Chlor ein Neutrino absorbiert, sollte es sich in ein Proton umwandeln; dadurch entstünde ein Kern des Argon-37, das sich vom Chlor chemisch stark unterscheidet. Argon ist ein Edelgas; somit würde sich nach Pontecorvos Argumentation das Argonatom vom ursprünglichen Tetrachlorkohlenstoff-Molekül ablösen und vielleicht sogar aus der Flüssigkeit entweichen. Zudem ist das erzeugte Argon-37-Isotop radioaktiv und wandelt sich mit einer Halbwertszeit von 35 Tagen durch den Einfang eines Atomelektrons wieder in Chlor-37 um. Das Indiz für einen solchen Einfang ist die Emission eines niederenergetischen Elektrons, das aus dem Atom ausgetrieben wird, wenn dieses sich nach dem Verlust eines seiner innersten Elektronen neu organisiert.

Dabei geschieht im einzelnen folgendes: Beim Auffüllen der durch den Verlust des inneren Elektrons entstandenen Lücke durch ein anderes Elektron wird Energie frei, die ein drittes Elektron aus dem Atom herausschlägt. Beim Versuch, die Linien im Spektrum des Betazerfalls zu verstehen – siehe Kapitel 2 –, kam Lise Meitner schon 1922 auf die richtige Erklärung, nach der dieser Effekt für die Entstehung der niederenergetischen Elektronen verantwortlich ist, die bei der Reorganisation eines Atoms nach dem Betazerfall erzeugt werden. Trotzdem wurde der Effekt nach Pierre-Victor Auger benannt, dem französischen Physiker, der ihn 1925 wiederentdeckte.

Davis' erster großer Chlor-Detektor enthielt 3800 Liter Tetrachlorkohlenstoff und wurde mit Antineutrinos beschossen, die aus dem Forschungsreaktor am Brookhaven National Laboratory auf Long Island, New York stammten. Um sich Klarheit über den durch Kosmische Strahlung erzeugten Hintergrund zu verschaffen, vergrub Davis den Tank 5,7 m tief unter der Erdoberfläche, um so den Einfluß von Kernteilchen der Kosmischen Strahlung entscheidend zu reduzieren. Die Menge des erzeugten Argon-37 war – wenn überhaupt vorhanden – so gering, daß es nicht nachweisbar war. Immerhin konnte Davis daraus berechnen, daß die Anzahl der nachweisbaren Neutrinos, die die Erde von der Sonne pro Sekunde erreichten, kleiner als 10^{14} sein mußte.

Entscheidend ist dabei das Wort „nachweisbar". Die Neutrinos, die bei der anfänglichen Proton-Proton-Fusionsreaktion in der Sonne entweichen, besitzen eine maximale Energie von lediglich 0,42 MeV. Der Einfangsprozeß im Chlor-37 kann jedoch nur erfolgen, wenn die Neutrinos eine Energie von mehr als 0,814 MeV haben. Damals – im Jahre 1955 – glaubte Davis, nur die höherenergetischen Neutrinos nachweisen zu können, die erzeugt würden, wenn die Sonne ihren Wasserstoff auf andere Weise in Helium umwandelte, und zwar in einer Kettenreaktion unter Beteiligung von Kohlenstoff, Stickstoff und Sauerstoff. Die Astrophysiker nahmen allerdings an, daß das Sonneninnere für den Ablauf dieser Kettenreaktion zu kühl sei und daß das Wasserstoffbrennen über die Proton-Proton-Kette ablaufen müsse. Wenn das wirklich so war, erschien die Beobachtung solarer Neutrinos als ein hoffnungsloses Bemühen.

In den nächsten Jahren vollzog sich eine Reihe von Ereignissen, die Davis' Erwartungen hinsichtlich eines Detektors für solare Neutrinos abwechselnd steigen und sinken ließen, bis er schließlich sein erfolgreiches Experiment in der Homestake-Goldmine in South Dakota durchführen konnte. Der erste Meilenstein auf diesem Weg war die Entdeckung, daß eine seltene Abart der Bildung von Helium aus vier Protonen doch häufiger auftreten konnte, als irgend jemand vorher vermutet hatte.

Im zweiten Schritt der zum Helium führenden Reaktionskette verbindet sich das im ersten Schritt gebildete Deuteron (Proton plus Neutron) zu Helium-3. (Dies ist eine leichte Form des Heliums, die ein Neutron weniger als die gewöhnliche Form Helium-4 enthält.) In den meisten Fällen besteht der nächste Schritt darin, daß sich zwei Kerne des Helium-3 zusammenfinden, um Helium-4 zu bilden; dabei werden zwei überschüssige Protonen emittiert, die einen beträchtlichen Teil der insgesamt freigesetzten

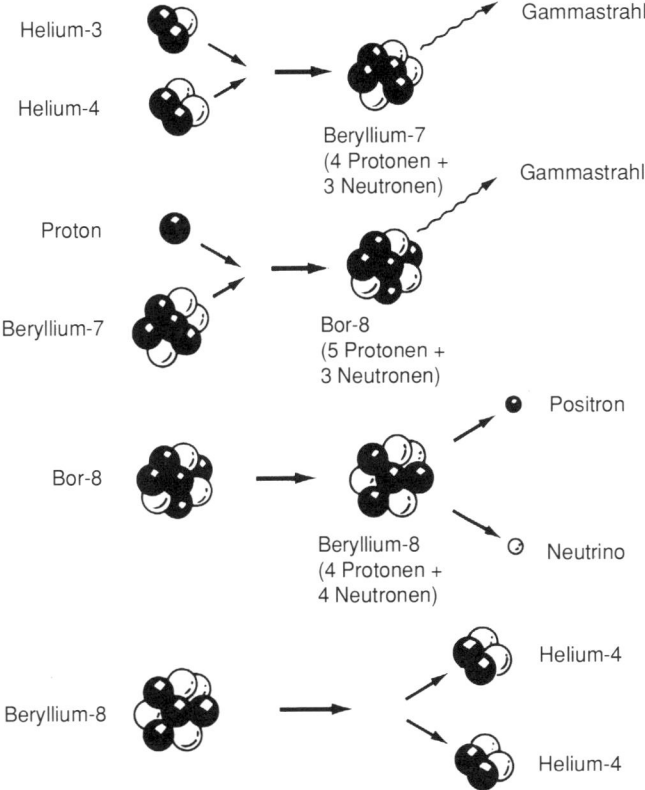

Helium-3

Helium-4

Gammastrahl

Beryllium-7
(4 Protonen +
3 Neutronen)

Proton

Beryllium-7

Gammastrahl

Bor-8
(5 Protonen +
3 Neutronen)

Bor-8

Positron

Beryllium-8
(4 Protonen +
4 Neutronen)

Neutrino

Beryllium-8

Helium-4

Helium-4

Erzeugung und Zerfall von Bor-8

Eine andere Möglichkeit der Bildung von Helium aus vier Protonen umfaßt mehrere
Schritte, die über kompliziertere Kerne ablaufen. Ungefähr 0,1% des Helium-4 der
Sonne wird über die Bildung von Bor-8 aus Helium-3 und Helium-4 produziert, also
aus Kernen, die bei der grundlegenden Proton-Proton-Reaktion entstehen, die auf
Seite 192 dargestellt ist. Das Bor-8 ist instabil und zerfällt rasch zu Beryllium-8, wobei
es jeweils ein Positron und ein Neutrino emittiert. Die Energie dieser Neutrinos (bis
zu 14 MeV) ist viel höher als die Energie, die bei der anfänglichen
Proton-Proton-Reaktion freigesetzt wird.

Energie mit sich tragen. Bei einer weiteren Reaktionsmöglichkeit tritt ein
Helium-3-Kern mit einem bereits erzeugten Helium-4-Kern zu einem Be-
ryllium-7-Kern zusammen.

Im Jahre 1958 entdeckten zwei Physiker vom Naval Research Laboratory in Washington, daß diese Reaktion tausendmal häufiger abläuft als
zuvor angenommen. Heute wissen wir, daß sie zu 15% an der Umwandlung von Wasserstoff in Helium beteiligt ist. Willy Fowler, ein führender
Kernphysiker am Kellogg-Strahlungslaboratorium des California Institute

of Technology, erkannte sofort die Bedeutung dieser Tatsache für den Nachweis solarer Neutrinos.

In den meisten Fällen absorbiert das in der Sonne produzierte Beryllium-7 ein Elektron und wird zu Lithium-7; dieser Kern kann ein Proton einfangen und zwei Heliumkerne bilden; damit ist der letzte Schritt der Umwandlung von Wasserstoff zu Helium vollzogen. Eine andere Möglichkeit besteht darin, daß das Beryllium-7 ein Proton absorbiert, wobei Bor-8 entsteht. Dieses ist instabil und zerfällt bald in Beryllium-8, und zwar unter Emission eines Positrons und eines Neutrinos. Wie Fowler herausfand, ist dabei entscheidend, daß die Energie dieses Neutrinos bis zu etwa 15 MeV betragen kann; das ist weit mehr als die Energie, die für die Absorption durch Chlor-37 erforderlich ist.

Fowler und ebenso Alistair Cameron in Chalk River in Ontario beeilten sich, Davis über diese Möglichkeit zu informieren. Dieser wiederum berechnete, daß die beiden 1900-Liter-Tanks mit Tetrachloräthen (C_2Cl_4), die er unlängst am Savannah-River-Reaktor in Georgia installiert hatte, mehr als sieben Neutrinos am Tag einfangen würden.

Die durch diese Entdeckung hervorgerufene Aufregung erwies sich indessen als kurzlebig. Im Jahre 1960 maß Ralph Kavanagh am Kellogg-Laboratorium die Wahrscheinlichkeit für die Absorption eines Protons durch einen Berylliumkern und fand einen enttäuschend niedrigen Wert. Nach Fowlers Schätzungen sollten nur etwa 0,02% der Umwandlungsketten in der Sonne über diese Reaktion ablaufen; daher sollte die Anzahl der höherenergetischen Neutrinos, welche die Erde erreichten, etwa 10^7 pro Sekunde und Quadratzentimeter betragen – zu wenig für ein funktionsfähiges Experiment. Im Rückblick auf die Situation im Jahre 1960 schrieb Fred Reines:

> Ein Fluß von etwa 10^7 pro Sekunde und Quadratzentimeter ist so ineffizient, daß für 10 Ereignisse pro Tag ein Nachweisvolumen von über 1000 Kubikmetern erforderlich wäre. Detektoren dieses Ausmaßes sind praktisch nicht realisierbar ... Die Wahrscheinlichkeit, selbst in Detektoren mit Tausenden oder Hunderttausenden von Litern CCl_4 ein negatives Ergebnis zu erhalten, hält die Experimentatoren von einem solchen Versuch ab. (5)

Davis war aber nicht so leicht abzuschrecken, „auch wenn die Aussichten für die Beobachtung solarer Neutrinos trübe scheinen". (6) Er hielt eine Vergrößerung seines 3800-Liter-Experiments von Savannah River um einen Faktor hundert durchaus für möglich. Dann wendete sich im Jahre 1963 das Blatt erneut. Diesmal betraf die gute Nachricht nicht die Sonne, sondern das Chlor-37.

Im Jahre 1962 begann Davis eine – noch heute andauernde – Zusammenarbeit mit John Bahcall, einem Astrophysiker an der Universität von Indiana. Im Sommer 1962 schloß sich Bahcall der Gruppe von Fowler am Kellogg-Laboratorium an, die an einem detaillierten Modell der Sonne

Diese Aufnahme mit Raymond Davis jr. (rechts) und John Bahcall (Mitte) entstand 1964, kurz nachdem sie den Nachweis von solaren Neutrinos mit Chlor-37 vorgeschlagen hatten. Das Bild zeigt sie zusammen mit Don Harmer, der ebenfalls eine führende Rolle bei diesem Experiment spielte, vor einer kleinen Version des Chlortanks (R. Davis jr. und J.N. Bahcall).

arbeitete; mit diesem sollte die Anzahl der Neutrinos berechnet werden, welche die Erde erreichen. Ein Jahr später machte er eine Entdeckung, die dabei half, den Detektor für solare Neutrinos zu einem realistischen Projekt werden zu lassen: Er fand, daß die Chlor-37-Kerne die aus dem Bor-8 stammenden Neutrinos zwanzigmal schneller einfangen sollten, als man bis dahin angenommen hatte. Das Chlor-37 konnte nicht nur Übergänge zum Normalzustand, sondern auch zu angeregten Zuständen des Argonkernes vollziehen. Damit waren Davis' Hoffnungen beträchtlich gestiegen:

Die Erkenntnis, daß der Neutrinoeinfang zum Analogzustand in Argon-37 die Gesamt-Einfangsrate wesentlich erhöhte, bedeutete für Davis einen enormen Unterschied bei der Beurteilung eines 400'000-Liter-Experiments. Der Analogzustand erschien ihm damals als ein wunderbares neues Konzept, das den Kernphysikern zusagen müßte. Darüber hinaus wuchs die erwartete Einfangsrate auf etwa 4 bis 9 pro Tag an und ließ das Experiment vernünftiger erscheinen … Das Chlor-Experiment schien eine Möglichkeit zu bieten, die Zentraltemperatur der Sonne zu bestimmen, was nach Davis' Ansicht den Astrophysikern gefallen sollte. (7)

Die Reaktionsrate für die Erzeugung von Bor-8 und damit auch die Anzahl der energiereichen Neutrinos hängt sehr stark von der Temperatur des Sonneninneren ab. Nach Bahcalls Abschätzungen sollte sich mit einer auf 50% genauen Messung des Neutrinoflusses die Temperatur des Sonnenkernes mit einem Fehler von 10% ermitteln lassen.

Im März 1964 veröffentlichten Bahcall und Davis in den „Physical Review Letters" eine Arbeit über Theorie und Praxis eines geplanten 380′000-Liter-Experiments. Etwas später im gleichen Jahr setzte sich auch Willy Fowler für den Entwurf ein, und im Dezember lieferte die Homestake Company eine günstige Schätzung der Kosten für die Ausschachtung eines geeigneten Hohlraums ungefähr 1500 m unter der Erdoberfläche in ihrer Goldmine in Lead, South Dakota. Seinen Höhepunkt erreichte das Jahr mit der Entdeckung von Calcium-37, dessen Halbwertszeit nahe bei derjenigen lag, die Bahcall mit Hilfe der gleichen Berechnungen vorausgesagt hatte, mit der er die Einfangsrate in Chlor-37 korrigiert hatte. Später bezeichnete er den Empfang dieser Nachricht als „den aufregendsten und befriedigendsten Augenblick" (8) seines Berufslebens.

Abwärts in die Homestake-Goldmine

> Ray Davis erzählt mir, daß das Experiment einfach (bloß Klempnerarbeit) und die Chemie Standard ist. Ich schätze, ich muß ihm glauben, bin als Nichtchemiker jedoch voller Bewunderung über die Größe seiner Aufgabe und die Genauigkeit, mit der er sie ausführen kann. (9)
>
> *John Bahcall, 1969*

Im Mai 1965 begann die Homestake-Bergbaugesellschaft die $9 \times 18 \times 9{,}6$ m große Höhlung auszuheben, die den 380′000-Liter-Tank mit C_2Cl_4 beherbergen sollte. Ungefähr zwei Monate später war die Arbeit beendet. Davis und sein Kollege Blair Munhofen, der ihm bei der Suche nach einer geeigneten Mine sehr geholfen hatte, nahmen ihre erste Inspektion vor:

> *Sie kamen in den Raum und begannen sofort mit ihren Grubenlampen umherzuspähen. Plötzlich gingen die Lichter an, und sie konnten den riesigen Raum überblicken, dessen Wände mit Maschendraht bedeckt waren, sowie den Betonboden mit Podesten für die Tankhalterung und die Schienen für den Hebekran in 10 m Höhe. (10)*

Der Tank selbst wurde von der „Chicago Bridge and Iron Company" gebaut. Diese Firma war offenkundig „von den Zielen des Projektes und dem ungewöhnlichen Standort fasziniert". (11) Die Konstruktion wies zwei wichtige Merkmale auf. Das eine bestand darin, daß der Tank aus Stahlplatten bestehen mußte, deren Oberfläche nicht zu viele Alphateil-

Raymond Davis und seine Kollegen installierten einen Chlor-37-Detektor für solare Neutrinos, 1500 Meter unter der Erdoberfläche in der Homestake-Goldmine bei Lead in South Dakota. Das Herzstück des Detektors war ein 14,5 Meter langer Tank mit einem Durchmesser von 6,1 Metern, der 380'000 Liter Tetrachloräthen enthielt. Auf diesem Bild ist Davis auf dem Steg über dem Tank und der Techniker John Galvin darunter zu sehen. Der den Tank umgebende Raum konnte mit Wasser gefüllt werden, das einen Schutzschild gegen Neutronen bildete (Brookhaven National Laboratory).

chen emittierte. Diese hätten zur Erzeugung von Argon-37 im Detektor führen können. Daher prüften Davis, Munhofen und Don Harmer selbst die Platten, bevor sie ihre Zustimmung zum Bau erteilten. Zum anderen mußte der Tank extrem gasdicht sein, damit kein Argon in die Atmosphäre entwich. In dieser Hinsicht hatte die Firma große Erfahrung, da sie bereits große gasdichte Behälter für die Raumfahrtbehörde NASA gebaut hatte.

Im Sommer 1966 war der Tank fertiggestellt und wurde mit Tetrachloräthen gefüllt, das von der „Frontier Chemical Company" in Wichita, Kansas, in 2500-Liter-Tankwagen antransportiert wurde. Wie die Stahlplatten war auch jede Tankladung noch in Wichita auf geringe Alpha-Emission hin überprüft und ausgewählt worden. Das Füllen des Tanks nahm fünf Wochen in Anspruch. Nachdem auch das System zur Aufbereitung des C_2Cl_4 installiert worden war, begann für das Team von Davis eine weitere langwierige Arbeit: Die in den 380'000 Litern Flüssigkeit gelöste Luft war zu beseitigen, um den Gehalt an atmosphärischem Argon zu minimieren. Dann war der Detektor endlich bereit, sich nach solaren Neutrinos auf die Lauer zu legen.

So begann ein Unternehmen, das bis auf wenige Unterbrechungen über 20 Jahre fortgesetzt wurde. Die Nachweismethode beruht darauf, alle gebildeten Argon-37-Atome über einen Zeitraum von 37 Monaten im Tank zu sammeln. Dann wird der Tank mit etwa 10'000 Litern Heliumgas pro Minute gespült, um so viel Argon wie möglich – ungefähr 95% – aus der Flüssigkeit zu extrahieren. Nach dem Durchströmen des Tanks fließt das Helium durch ein Kohlefilter, das mit Hilfe von flüssigem Stickstoff auf 77 Grad Kelvin gekühlt wird. Bei dieser niedrigen Temperatur kondensiert das Argon in der sogenannten Kühlfalle, während das Helium (mit seinem viel tieferen Siedepunkt) gasförmig bleibt und erneut durch den Tank geleitet wird.

Nach dem Ausspülen wird die Kühlfalle aufgeheizt. Das nun wieder gasförmige Argon wird gesammelt und gereinigt, um alle Spuren anderer (radioaktiver) Elemente zu beseitigen. Die dabei letztlich gewonnene Gasprobe – etwa ein halber Kubikzentimeter – besteht hauptsächlich aus Argon-36. Diese stabile Form des Argons wird von den Forschern zu Beginn jeder Periode des Datensammelns absichtlich eingebracht. Anhand der Menge des rückgewonnenen Argon-36 können die Forscher jederzeit die Effizienz des Rückgewinnungssystems überprüfen. Zusätz-

> (a) Alle paar Wochen wird das Tetrachloräthen im Tank in der Homestake-Mine mit Heliumgas ausgespült, um das Argon vollständig zu extrahieren. Das Helium wird von oben aus dem Tank abgesaugt; dann wird das Argon von ihm abgetrennt und im Gasaufbereitungsraum gereinigt. Das System, das die Zirkulation des Heliumgases durch die Flüssigkeit steuert, ist entscheidend für die Funktion des Detektors.
(b) Gerhart Friedlander inspiziert die Pumpen, während Davis gerade zur Tür hereinkommt.

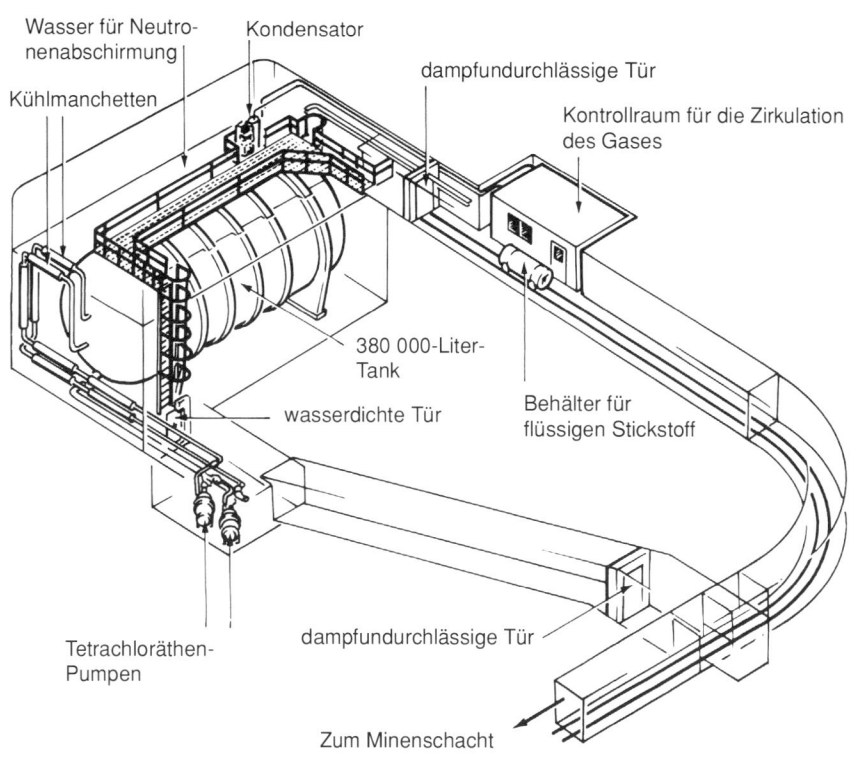

Wasser für Neutro-
nenabschirmung

Kondensator

dampfundurchlässige Tür

Kontrollraum für die Zirkulation
des Gases

Kühlmanchetten

380 000-Liter-
Tank

wasserdichte Tür

Behälter für
flüssigen Stickstoff

Tetrachloräthen-
Pumpen

dampfundurchlässige Tür

Zum Minenschacht

(b)

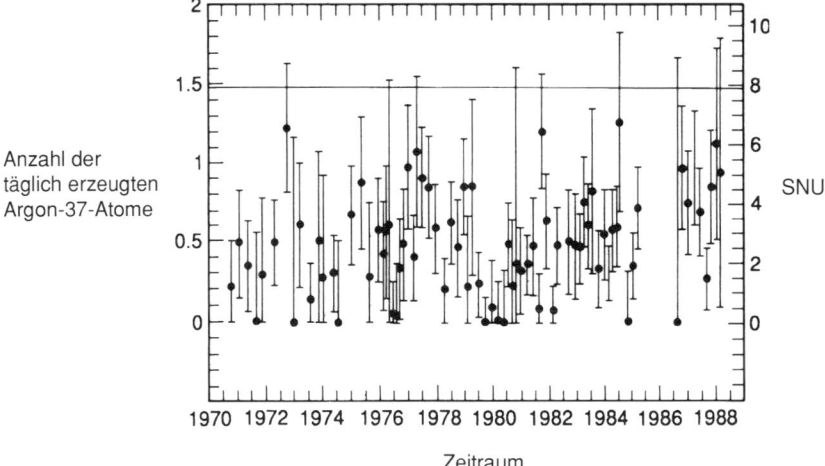

Anzahl der täglich erzeugten Argon-37-Atome

SNU

Zeitraum

Die Beobachtungen, die Davis und seine Kollegen über einen Zeitraum von etwa 20 Jahren vornahmen, zeigen übereinstimmend, daß im Detektor in der Homestake-Mine ungefähr alle zwei Tage ein Argon-37-Kern gebildet wurde. Das Standardmodell der Sonne sagt jedoch voraus, daß Argon-37 mit der dreifachen Rate erzeugt werden sollte, wie durch die horizontale Linie angedeutet wird.

lich kann eine geringe Menge von Argon-40 vorhanden sein, der gewöhnlichen Form des Argons, wie es in der Atmosphäre vorkommt. Schließlich sollte die Probe einige Dutzend Argon-37-Atome enthalten, die bei der Wechselwirkung von Chlor-37 mit Neutrinos erzeugt wurden, die ihrerseits beim Zerfall von Bor-8 im Sonneninneren entstanden.

Der nächste Schritt besteht darin, die Anzahl der Argon-37-Atome in der gereinigten Argonprobe zu ermitteln. Dazu wird die gesamte Probe in einen kleinen Proportionalzähler gebracht. Dieser enthält ein etwa 2,5 cm langes und 0,4 cm weites Metallröhrchen mit einem Draht, der durch seine Mitte verläuft. Durch Anlegen einer Hochspannung zwischen dem Draht und der Wandung wird das Gas im Röhrchen einem elektrischen Feld ausgesetzt. Jedes geladene Teilchen, welches das Röhrchen durchquert, ionisiert das Gas und setzt Elektronen frei, die im elektrischen Feld zur positiven Elektrode – dem Draht in der Mitte – wandern. Diese Elektronen können das Gas ebenfalls ionisieren und damit eine Lawine auslösen, so daß am Ende eine große Anzahl von Elektronen am Draht ankommt. Die Gesamtzahl der den Draht erreichenden Elektronen (und damit die Stärke des erzeugten elektrischen Pulses) ist proportional zur Energie des ursprünglichen geladenen Teilchens, daher die Bezeichnung Proportionalzähler.

Wenn Argon-37 zerfällt, setzt es niederenergetische „Auger-Elektronen" frei, die nur etwa 0,1 mm weit durch das Gas des Proportionalzählers wandern. Daher werden alle durch Ionisation entstehenden Elektronen nahe beieinander erzeugt und erreichen innerhalb einer kleinen Zeitspanne den Draht in der Mitte, so daß ein scharf abgegrenzter Puls entsteht. Die charakteristische Form der vom Argon-37-Zerfall herrührenden Pulse hilft den Forschern, sie von Pulsen aus anderen Quellen zu unterscheiden. In einer typischen Probe werden etwa sechs Pulse der gewünschten Art entdeckt. Man kann tatsächlich ein paar Atome Argon-37 nachweisen, die aus einem Tank herausgeholt wurden, der ungefähr 10^{30} Atome enthält – in jeder Hinsicht eine bemerkenswerte Leistung.

Das Experiment läuft jetzt bereits über 30 Jahre. Im Mai 1985 wurde der Betrieb für etwa ein Jahr unterbrochen, nachdem beide Pumpen ausgefallen waren, die für den Kreislauf der Flüssigkeit sorgten. Im Jahre 1986 wurde eine neue Pumpe installiert, und im Oktober wurden die Experimente wieder aufgenommen. Im April 1987 wurde eine weitere Pumpe angebaut.

Die Ergebnisse des Experiments haben die Teilchenphysiker und die Astrophysiker vor eines der größten Rätsel der letzten 30 Jahre gestellt. Seit dem Beginn der Messungen und der Veröffentlichung der ersten Resultate in den „Physical Review Letters" im Jahre 1968 hat Davis' Detektor durchweg weniger Neutrinos gefunden, als Bahcall und seine Kollegen nach ihren detaillierten Modellen des Sonneninneren vorausgesagt hatten. Während der etwa 80 Perioden des Datensammelns zwischen 1970 und 1988 fing der Detektor durchschnittlich alle zwei bis drei Tage ein Neutrino ein; das entspricht nur etwa einem Viertel der Ereignisse, die nach den theoretischen Vorhersagen erwartet wurden.

Bahcall und Davis kommentierten dazu 1982:

Es ist überraschend und ziemlich enttäuschend, festzustellen, daß es seit dem Erscheinen dieser ersten Arbeiten nur derart geringfügige quantitative Änderungen sowohl in den Meßergebnissen als auch in der Standardtheorie gegeben hat, obwohl über ein Jahrzehnt mit Überprüfungen und fortgesetzten Bemühungen um eine Verbesserung der Details verging. (12)

Was könnte falsch sein? Ist es das Experiment? Ist es die Theorie von der Sonne? Oder ist es unser Verständnis der Neutrinos? Davis und seine Kollegen haben ungewöhnliche Sorgfalt darauf verwendet, ihr Experiment zu verstehen. Das Experiment hat außerdem der skeptischen Überprüfung von Kollegen aus der Experimentalphysik in der ganzen Welt standgehalten, so daß nur wenige Experten – wenn überhaupt – die Ergebnisse bezweifeln. Die Resultate stellen daher eine Herausforderung dar, der viele Physiker nicht widerstehen konnten und die einige von ihnen zu faszinierenden neuen Theorien und genialen Experimenten anregte.

Das zweite Solar-Neutrino-Experiment

„Vor ein paar Monaten haben die Resultate eines richtungsemp-
findlichen Experiments klar bewiesen, daß die Sonne Neutrinos
emittiert – die erste experimentelle Bestätigung dafür, daß die
Energie der Sonne tatsächlich aus Kernreaktionen herrührt." (13)
Lincoln Wolfenstein und Eugene W. Beier, 1989

Zwischen 1970 und 1988 wurde die Rate des Neutrinoeinfangs pro Chlor-37-Atom im Tank von Homestake zu $(2{,}2 \pm 0{,}3) \times 10^{-36}$ pro Sekunde ermittelt. Die verschiedenen Meßungenauigkeiten addieren sich demnach zu einem Gesamtfehler von $0{,}3 \times 10^{-36}$. Weil die Einfänge so selten sind, sind auch die für ihre Angabe benutzten Einheiten ziemlich unhandlich, so daß John Bahcall 1969 eine bequemere „Solar-Neutrino-Einheit" vorschlug, die 10^{-36} Einfängen pro Chlor-37-Atom und Sekunde entspricht. Der Name der Einheit wird gewöhnlich durch das praktische Anagramm SNU abgekürzt (das U kommt vom englischen Wort unit = Einheit).

Probleme treten auf, wenn man die experimentellen Werte mit Voraussagen vergleicht, die auf einem „Standard-Sonnenmodell" beruhen, bei dem die stetige Energieabgabe der Sonne durch die Fusion des Wasserstoffs gespeist wird. Dieses Modell sagt für das Chlor-Experiment eine Einfangsrate von $7{,}9 \pm 2{,}6$ SNU voraus, die sich in keiner Weise mit der gemessenen Rate deckt, auch wenn man die Fehlergrenzen maximal ausnutzt.

Liegt die Schwierigkeit beim Experiment? Nach 20 Jahren genauer Überprüfung muß die Antwort mit beinahe absoluter Sicherheit nein lauten. Die Wissenschaftler ziehen jedoch häufig die Ergebnisse eines Experiments in Zweifel, bis ein anderer Versuch die Resultate unabhängig vom ersten bestätigt. Zwanzig Jahre lang blieb das Experiment in der Homestake-Goldmine das einzige seiner Art. Schließlich erhielt Davis' Unternehmen aber doch Unterstützung durch ein vollkommen andersartiges Experiment, das zudem nachweisen konnte, daß die von ihm beobachteten Neutrinos tatsächlich von der Sonne stammten!

Dieses Experiment wird in der Kamioka-Metallmine in den japanischen Alpen 300 km westlich von Tokio durchgeführt. Der Detektor war ursprünglich von einem Team aus einigen japanischen Universitäten und dem National-Laboratorium für Hochenergiephysik (KEK) in Tsukuba entworfen worden. Anfänglich suchte die Gruppe nach einem möglichen Zerfall des Protons – daher der Name „Kamiokande", der für „Kamioka Nucleon Decay Experiment" steht. Im Jahre 1984 luden die Japaner eine Gruppe von der Universität von Pennsylvania ein, sich dem Team anzuschließen. Der Detektor sollte so modifiziert und verbessert werden, daß er für solare Neutrinos empfindlich wurde: Kamiokande II war geboren.

Kamiokande benutzt ein billiges und einfaches Medium zum Nachweis von solaren Neutrinos, nämlich Wasser. Bei dem subatomaren Billardspiel, das von den Zuschauern nahezu grenzenlose Geduld erfordert, können

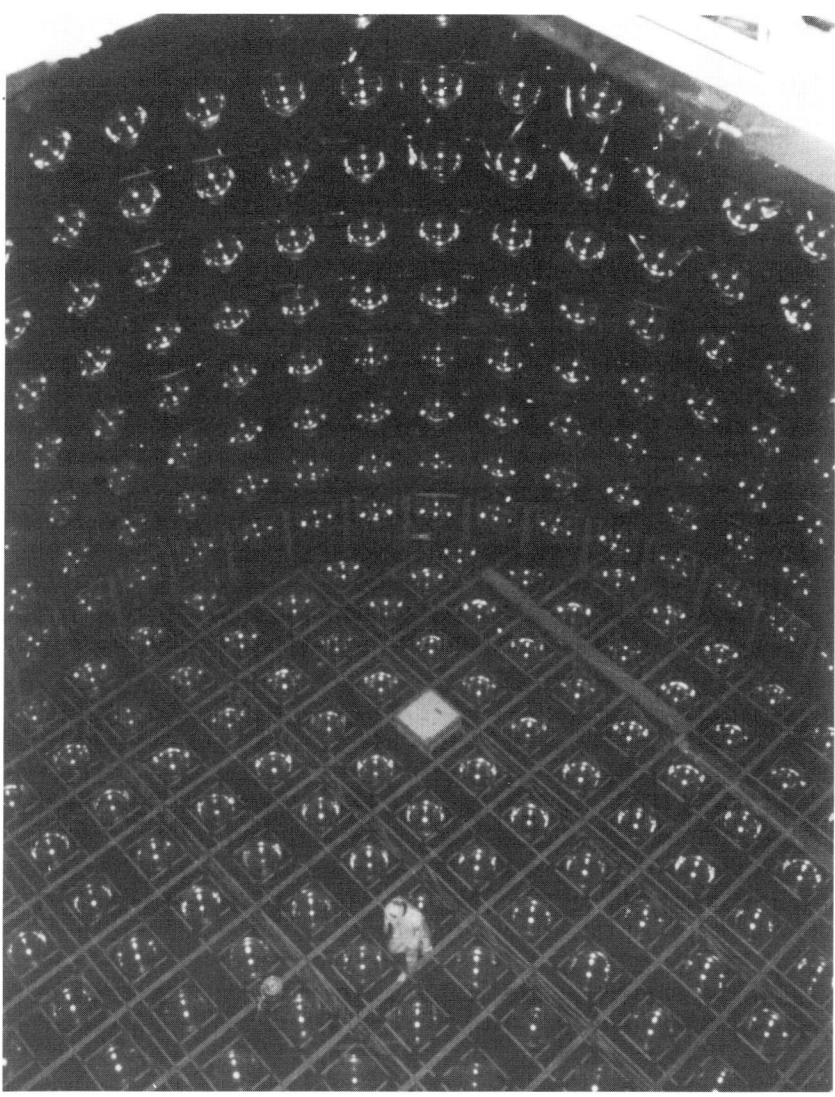

Der Kamiokande-II-Detektor, 1000 Meter unter der Erdoberfläche in der
Kamiokande-Mine in den japanischen Bergen. Der Hauptteil des Detektors ist ein 16
Meter hoher Wassertank mit einem Durchmesser von 15,6 Metern; innen sind in einer
regelmäßigen Anordnung Photomultiplier angebracht, die jeweils einen Durchmesser
von 50 Zentimetern haben. Die Aufnahme zeigt den Blick von der Oberseite des
inneren Detektors; auf dem Boden ist gerade eine Person erkennbar (M. Koshiba,
Kamiokande II).

Neutrinos von der Sonne gelegentlich mit einem Elektron im Wasser zusammenstoßen und es in eine Richtung nahe ihrer ursprünglichen Bahnbewegung nach vorn stoßen. Bei seiner Bewegung durch das Wasser erzeugt das Elektron eine elektromagnetische „Bugwelle", die zur Emission eines Lichtkegels um seine Flugbahn herum führt. Photomultiplier an den Seitenflächen des Detektors unterbrechen den Lichtkegel und weisen so das Elektron nach. Die Achse des Kegels zeigt die Richtung des Elektrons an, und die Intensität des Lichtes liefert ein Maß seiner Energie. Auch der Zeitpunkt der Erfassung des Lichtsignals kann aufgezeichnet werden. Mit Hilfe des Wasser-Detektors kann man deshalb so viel wie überhaupt möglich über die Wechselwirkung des Neutrinos herausfinden. Wie das Chlor-Experiment kann allerdings auch Kamiokande II nur die höherenergetischen Neutrinos nachweisen, da nur Elektronen mit relativ hohen Energien (bei den ersten Versuchen höher als 9,3 MeV) verwertbare Signale erzeugen.

Beim Wasser-Detektor besteht folgende große Schwierigkeit: Die Bildung einzelner Elektronen kann viele andere Ursachen haben, insbesondere den Betazerfall radioaktiver Kerne sowie Wechselwirkungen zwischen Gammastrahlen und Neutronen bei Anwesenheit radioaktiver Substanzen. Dennoch konnte Kamiokande II Anfang 1986 – nach einjähriger Analyse einer Anzahl möglicher Hintergrundquellen – die Suche nach Signalen solarer Neutrinos beginnen. Die erwartete Rate betrug nur eine Neutrino-Wechselwirkung in mehreren Tagen, obwohl die Photomultiplier alle paar Sekunden ansprachen. Dabei fingen sie etwa die Hälfte der Zeit Licht auf, das durch Myonen aus der Kosmischen Strahlung erzeugt wurde, und das tief unter der Erde! Aufgrund der Analyse der registrierten Lichtmuster konnten die Physiker jedoch die Signale aussondern, die mit großer Wahr-

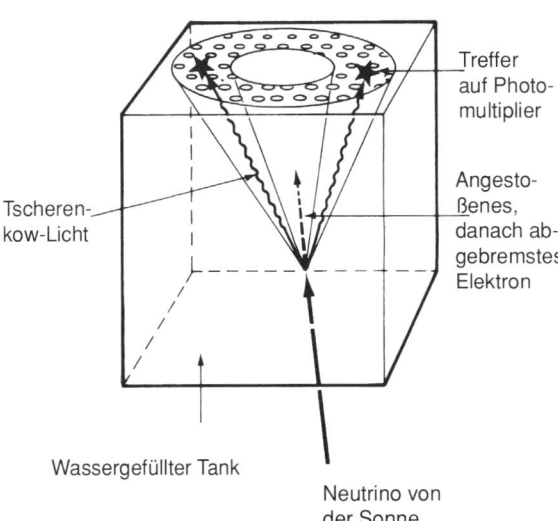

Treffer
auf Photo-
multiplier

Angesto-
ßenes,
danach ab-
gebremstes
Elektron

Tscheren-
kow-Licht

Wassergefüllter Tank

Neutrino von
der Sonne

Ein Neutrino von der Sonne kann mit einem Elektron im Wasser wechselwirken. Das Elektron wird in fast die gleiche Richtung vorwärts gestoßen, in der das Neutrino eintraf. Bei seinem Flug durch das Wasser emittiert das Elektron um seine Flugbahn herum einen Kegel von „Tscherenkow-Strahlung", die einen Ring von Photomultipliern auslöst, sobald sie die Wände des Detektors erreicht.

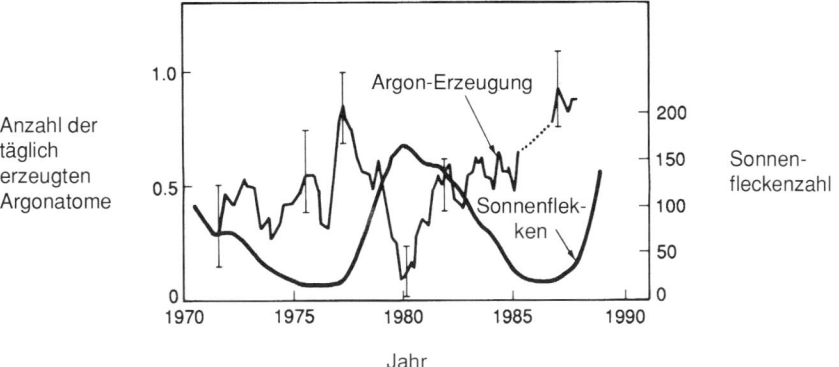

Ergebnisse des Chlor-Detektors in der Homestake-Goldmine lassen darauf schließen, daß die Anzahl der nachgewiesenen solaren Neutrinos um so größer ist, je intensiver die Sonnenflecken-Aktivität ist.

scheinlichkeit auf etwas anderes als niederenergetische Neutrinos zurückzuführen waren.

Im Juli 1989 veröffentlichte das Team eine Arbeit, die zwei lange erwartete Resultate enthielt. Zum einen wurden Signale gefunden, die auf solare Neutrinos zurückzugehen schienen, bei denen das einzelne nachgewiesene Elektron wesentlich öfter zurück in Richtung Sonne als in andere Richtungen wies. Zum anderen stellte sich heraus, daß auch Kamiokande II weniger hochenergetische Neutrinos fand als vom Standardmodell vorausgesagt.

Im April 1990 konnte das Kamiokande-Team Ergebnisse präsentieren, die auf Daten zurückgingen, die während mehr als 1000 Tagen gesammelt worden waren. Die Werte zeigten, daß die Anzahl der beobachteten Neutrino-Wechselwirkungen das 0,46fache der für den Zerfall von Bor-8 nach dem Standardmodell vorausgesagten Anzahl betrug. Weiterhin fand das Team heraus, daß das Energiespektrum der gestreuten Elektronen dem Spektrum ähnlich sah, das man erwartet, wenn die Quelle der Neutrinos tatsächlich im Zerfall von Bor-8 liegt. In ihrer Arbeit, die im September 1990 in den „Physical Review Letters" erschien, kamen die Forscher zu dem Schluß, daß

der Mechanismus der Energieerzeugung in der Sonne – der auf den Fusionsprozessen basiert, die als Nebenprodukt Bor-8 erzeugen – durch die Entdeckung von Neutrinos bestätigt scheint, die nur aus dem Kern der Sonne stammen können. (14)

Der Vergleich zwischen dem in Kamiokande II ermittelten Verhältnis zwischen Experiment und Theorie mit dem entsprechenden Wert für das Chlor-Experiment ist nicht ganz einfach. Chlor kann alle Neutrinos mit einer Energie über 0,814 MeV einfangen; man muß also gewisse Annahmen darüber machen, welcher Teil der im Chlor entdeckten Neutrinos vom

Bor-8 herrührt. Anscheinend weist aber Kamiokande II etwas mehr Neutrinos nach als das Chlor-Experiment. John Bahcall und Hans Bethe haben Gründe dafür angeführt, daß die Anzahl der in Kamiokande entdeckten Neutrinos einer Rate von 4 SNU im Chlor-Detektor entsprechen könnte, was deutlich über dem in der Homestake-Mine gemessenen Wert von $2{,}2 \pm 0{,}3$ SNU läge. Diese Differenz könnte – wie wir in diesem Kapitel noch sehen werden – interessante neue Theorien stützen, allerdings nicht über die Sonne, sondern über die Neutrinos selbst.

Inzwischen wird der Kamiokande-Detektor für mindestens einige weitere Jahre einen nützlichen Vergleich gestatten. Er könnte auch dabei helfen, Licht auf einen weiteren Aspekt des Rätsels um die solaren Neutrinos zu werfen, der erst kürzlich zutage trat. Seit Ende 1985 zeigt das Experiment in der Homestake-Mine die Tendenz, mehr solare Neutrinos als in den Jahren zuvor nachzuweisen, wobei die Einfangsrate auf $3{,}6 \pm 0{,}7$ SNU anstieg. Ist die Sonne für diese scheinbare Veränderung verantwortlich? Trägt man die Daten für verschiedene Jahre auf, so zeigen sie Fluktuationen, die mit der Zahl der Sonnenflecken korreliert sein könnten. Die Zahl dieser dunklen, kühleren Bereiche der sichtbaren Sonnenoberfläche schwankt recht regelmäßig mit einer Periode von 11 Jahren, dem sogenannten „Sonnenfleckenzyklus". Die Daten aus der Homestake-Mine scheinen zu zeigen, daß in Zeiten mit weniger Sonnenflecken mehr Neutrinos entdeckt werden. Im Jahre 1986 gab es ein Minimum in der Sonnenflecken-Aktivität. Andererseits zeigen die von Kamiokande II in 1000 Tagen gesammelten Daten überhaupt keine Schwankungen, obwohl die Sonnenflecken-Aktivität in der betreffenden Zeit schnell anstieg.

Nicht alle Physiker sind davon überzeugt, daß es eine Verknüpfung zwischen Sonnenflecken und solaren Neutrinos gibt. Vielleicht kann eine Antwort gegeben werden, wenn das Experiment ein Sonnenfleckenmaximum durchlaufen hat. Wird die Rate beim Chlor-Experiment erneut abfallen, wenn die Anzahl der Sonnenflecken ansteigt? Bahcall, der diesbezüglich skeptisch ist, hat mit Davis deswegen um eine Flasche Sekt gewettet. Vielleicht ist sie bereits getrunken, wenn Sie diese Zeilen lesen.

Probleme mit der Sonne

> „Die überraschende Diskrepanz zwischen der berechneten und der beobachteten Rate des solaren Neutrinoeinfangs in Chlor ist ein seit langem ungelöstes Rätsel, das viele wissenschaftliche Erklärungen und einige Science-Fiction-Romane hervorgebracht hat." (15)
>
> *John Bahcall, 1987*

Gibt es ein Problem mit der Sonne? Oder (genauer gefragt) ist unser Verständnis der Sonne zweifelhaft? Führend beteiligt an den Bemühungen um die Schaffung eines Standardmodells der Sonne waren John Bahcall, der seit 1968 am Institute for Advanced Study in Princeton (New Jersey) arbeitet, und Roger Ulrich von der Universität von Kalifornien in Los Angeles. Sie gingen von der grundlegenden Annahme aus, daß sich die Sonne in einem hydrostatischen Gleichgewicht befindet, bei dem der nach außen gerichtete Druck (hervorgerufen durch die bei den Kernreaktionen freigesetzte Energie) mit dem nach innen gerichteten Druck im Gleichgewicht steht, der durch die Gravitation erzeugt wird. Bei der angewandten Berechnungsmethode werden Gleichungen aufgestellt, die die Entwicklung der Sonne beschreiben, und für verschiedene Zeitpunkte gelöst – von den Anfängen der Sonne bis zu ihrem gegenwärtigen Alter von 4,5 Milliarden Jahren.

Das Ziel besteht darin, die Anfangsbedingungen – vielleicht auch einige der Parameter, die die Entwicklung der Sonne bestimmen – leicht zu variieren und dann zu ermitteln, welche Modifikationen zu den gegenwärtigen Werten für Größe, Alter und Leuchtkraft der Sonne führen. Diese spezielle Variante führt zum solaren Standardmodell. Neben der Variation anderer Parameter hatten Bahcall und Ulrich für ihre verschiedenen Modelle auch Änderungen im anfänglichen Mengenverhältnis von Wasserstoff, Helium und anderen Elementen vorgesehen. Dabei fanden sie heraus, daß die Version, welche die korrekten Eigenschaften der Sonne in ihrem gegenwärtigen Alter ergibt, einer chemischen Zusammensetzung ähnlich derjenigen entspricht, die im Universum allgemein beobachtet wird. Das läßt darauf schließen, daß die Methode funktioniert und ein Sonnenmodell liefert, das der Realität entspricht. Warum sagt es dann aber zu hohe Einfangsraten für solare Neutrinos im Chlor-Detektor voraus?

Der Chlor-Detektor ist leider nur für einen kleinen Prozentsatz der von der Sonne emittierten Neutrinos empfindlich, und zwar für diejenigen mit der höchsten Energie, die größtenteils beim Zerfall von Bor-8 erzeugt werden. Die meisten Versuche, die Diskrepanz zwischen gemessenen und vorausgesagten Einfangsraten zu beseitigen, beruhen auf der Erniedrigung der Anzahl der Bor-8-Zerfälle und der damit verbundenen Reduktion der Zahl der hochenergetischen Neutrinos.

Der solare „Hochofen" erzeugt Bor-8, wenn Kerne von Bor-7 ein Proton einfangen. Dieser Prozeß hängt in hohem Maße von der Temperatur ab. Zwischen einem Proton und einem Bor-7-Kern mit sieben positiven Ladungseinheiten wirkt eine starke elektrostatische Abstoßung. Die Temperatur des Sonneninneren ist viel zu niedrig, als daß die thermische Energie den Protonen das Überwinden dieser Abstoßung ermöglichen könnte. Daher kann der Einfang ausschließlich über den quantenmechanischen „Tunneleffekt" zustande kommen.

Nach der Quantentheorie schwankt die thermische Energie des Protons um einen Durchschnittswert; deswegen hat es eine zwar sehr kleine, aber endlich große Chance, gelegentlich genug Energie zu besitzen, um die Abstoßungsbarriere um den Bor-7-Kern zu durchqueren oder zu „durchtunneln". Diese geringfügige Chance hängt sehr stark von der Temperatur ab, so daß eine relativ kleine Abnahme der Temperatur im Sonneninneren die Bildungsrate des Bor-8 beträchtlich verringern würde; dies wiederum würde die Anzahl der in der Homestake-Mine einzufangenden Neutrinos erniedrigen.

Aus diesem Grund konzentrierten sich die Versuche, das Modell der Sonne den Beobachtungen anzupassen, häufig auf die Reduktion der Temperatur in ihrem Inneren. Könnte die Wärme beispielsweise nicht schneller aus dem Zentrum abfließen, als allgemein angenommen wird? Das wäre dann der Fall, wenn das Sonneninnere einen geringeren Anteil an schwereren Elementen als die Oberfläche enthielte. Schwerere Elemente absorbieren bei Zusammenstößen mit Photonen mehr Energie; würde ihr Anteil zum Sonnenzentrum hin kleiner, so entwiche mehr Energie in die äußeren Schichten, und das Ergebnis wäre ein kühleres Zentrum.

Ein anderer Vorschlag zur Reduktion der Temperatur im Zentrum hängt von der Existenz von „WIMPs" ab, schwach wechselwirkenden massereichen Teilchen (weak interacting massive particles). Die Existenz derartiger Teilchen wurde von den Astrophysikern zur Lösung eines anderen Problems vorgeschlagen, nämlich der Frage der „Dunklen Materie" im Universum. Beobachtungen der Sternbewegungen in Galaxien lassen vermuten, daß mehr als 90% der Masse einer Galaxis keine Strahlung aussendet und daher unseren Blicken verborgen ist. Über die Quelle dieser Masse gab es viele Spekulationen, einschließlich der Annahme eines Halos aus massebehafteten Neutrinos, wie wir später noch sehen werden. Die Existenz irgendeines neuen Teilchens, das Masse besitzt und nur schwach mit Materie wechselwirkt, ist eine unter vielen anderen Möglichkeiten.

WIMPs mit den richtigen Eigenschaften – beispielsweise mit einer Masse zwischen 2 und 10 GeV – hätten den Vorzug, nicht nur die fehlende galaktische Masse zu liefern, sondern auch das Problem der solaren Neutrinos zu lösen, da sie Energie aus dem Sonneninneren forttragen und dadurch die Temperatur der inneren Schichten reduzieren könnten. Allerdings legen dieselben Ergebnisse der Elektron-Positron-Stoßanlage LEP im CERN, die die mögliche Zahl der Neutrinoarten begrenzen (vergleiche Kapitel 4), auch den WIMPs strenge Beschränkungen auf. Anscheinend schließen die Ergebnisse des LEP die verschiedenen WIMPs aus, die bisher vorgeschlagen wurden, um das Problem der solaren Neutrinos zu lösen.

Es wurden noch viele andere, vom Standardmodell abweichende Sonnenmodelle erarbeitet, von denen jedoch keines ganz frei von Schwierigkeiten ist. Auch wenn sie das Neutrino-Problem lösen, bringen sie doch häufig andere Probleme mit sich, die darauf hindeuten, daß die Lösung des Geheimnisses der solaren Neutrinos anderswo zu suchen ist. Damit bleibt eine weitere Möglichkeit: Ist irgend etwas mit den Neutrinos nicht in Ordnung?

Probleme mit den Neutrinos

> „Der MSW-Effekt ist eine so wunderbare Sache, daß die Natur
> gut beraten wäre, ihn auszunutzen. Er könnte uns am Ende den
> eindeutigen, unbestreitbaren … und endgültigen Beweis liefern,
> den wir so ungeduldig suchen: den Nachweis dafür, daß das
> Neutrino Masse besitzt." (16)
>
> *Peter Rosen, 1986*

Seit den 50er Jahren, als Davis sein Experiment mit den solaren Neutrinos erdachte, haben die Teilchenphysiker herausgefunden, daß es drei unterschiedliche Arten von Neutrinos gibt: Elektron-Neutrinos, Myon-Neutrinos und Tauon-Neutrinos. Die Kernreaktionen in der Sonne setzen aber nur eine dieser Arten frei, das Elektron-Neutrino. Nur diese kann übrigens das Chlor-37-Experiment nachweisen. Die Möglichkeit, daß sich das Neutrino – wie in Kapitel 4 diskutiert – von einem Typ in einen anderen umwandelte, wäre daher eine gute Erklärung für die fehlenden solaren Neutrinos.

Die Grundidee derartiger „Neutrino-Oszillationen" besteht darin, daß die von uns beobachteten Neutrinozustände quantenmechanische Mischungen bestimmter „Grundzustände" sind. Sollten sich diese Grundzustände hinsichtlich ihrer Masse voneinander leicht unterscheiden, so würde der Mischzustand bei seiner Ausbreitung durch den Raum bestimmten Fluktuationen unterliegen. Dieser Quanteneffekt ist vergleichbar mit dem Verhalten gekoppelter Pendel, die durch ein elastisches Band horizontal miteinander verbunden sind: Setzt man das eine Pendel in Bewegung, so überträgt es seine Bewegungsenergie allmählich auf das andere und kommt vorübergehend zum Stillstand, bevor es – auf Kosten des anderen Pendels – kinetische Energie wieder zurückerhält.

Nehmen wir an, daß sich einige der in der Sonne erzeugten Elektron-Neutrinos auf ihrem 150 Millionen Kilometer weiten Flug zur Erde in Myon-Neutrinos oder Tauon-Neutrinos umwandeln. Keines der veränderten Neutrinos, die in der Homestake-Goldmine eintreffen, hat eine Chance, vom Chlor-37 im Tank eingefangen zu werden; so werden sie unseren Blicken vollständig verborgen bleiben.

Man kann den Fehlbetrag beim Nachweis solarer Neutrinos tatsächlich auf diese Weise deuten. Es wäre allerdings sehr überraschend, wenn ein solches Mixing in seiner einfachsten Form schon die richtige Erklärung wäre. Quantenmechanisches Mixing kommt auch auf anderen Gebieten der Teilchenphysik vor, insbesondere bei den durch die schwache Kraft vermittelten Zerfällen bestimmter Quarks. Um die beobachtete Reduktion der Zahl der solaren Neutrinos zu reproduzieren, muß man voraussetzen, daß die Neutrinos bei ihrem Flug durch den freien Raum einen bisher noch nie festgestellten Mischungsgrad erreichen; dieser wäre beispielsweise viel größer als derjenige, der zum Verständnis der schwachen Wechselwirkung von Quarks erforderlich ist.

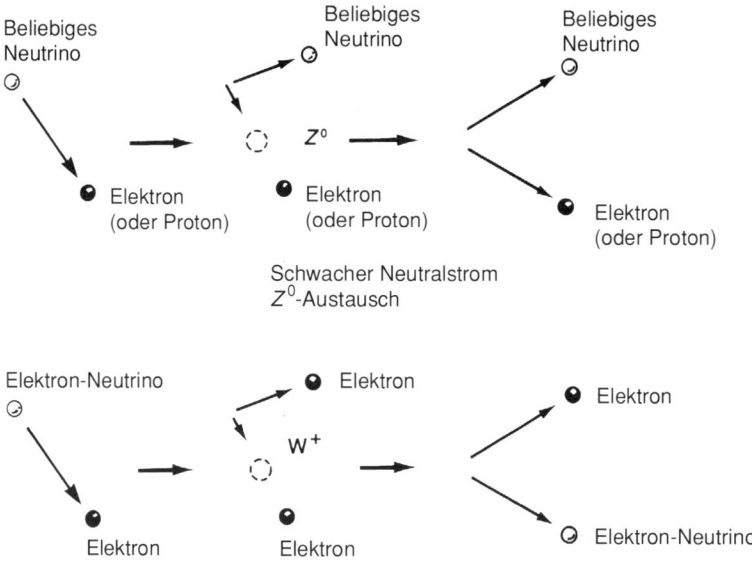

Schwacher Ladungsstrom W⁺-Austausch

Alle Arten von Neutrinos können mit Elektronen oder Protonen in der Sonne durch den Austausch eines Z°-Teilchens wechselwirken, also über den schwachen Neutralstrom. Dagegen kann die einzig mögliche Wechselwirkung über den schwachen Ladungsstrom zwischen Elektron-Neutrinos und Elektronen erfolgen. Die solaren Neutrinos besitzen nicht genügend Energie zur Erzeugung des für den Ladungsstrom benötigten Myons oder Tauons. Daher können nur Antineutrinos, aber nicht Neutrinos mit Protonen auf diese Weise wechselwirken.

Das ist aber noch nicht das Ende der Geschichte. Im Jahre 1978 kam Lincoln Wolfenstein von der Carnegie-Mellon-Universität in Pittsburgh auf die Idee, Neutrino-Oszillationen könnten durch Materie modifiziert werden. Der Grund dafür ist, daß Elektron-Neutrinos bei niedrigen Energien mit den Elektronen der gewöhnlichen Materie wechselwirken können – eine Möglichkeit, die Myon-Neutrinos oder Tauon-Neutrinos nicht offensteht.

Neutrinos können mit anderen Teilchen ausschließlich durch die schwache Kraft wechselwirken, also durch den Austausch von W- und Z°-Teilchen (vergleiche Kapitel 5). Alle Arten von Neutrinos können gleichermaßen mit Elektronen und Nukleonen der Materie durch den Austausch von Z°-Teilchen in „Neutralstrom"-Reaktionen wechselwirken. Eine andere Klasse von Reaktionen umfaßt die „Ladungsstrom"-Wechselwirkungen, die den Austausch von geladenen W-Teilchen beinhalten. In diesem Fall wechseln Ladungen ihren Besitzer, so daß sich das Neutrino in das zugehörige geladene Teilchen umwandelt: das Elektron-Neutrino in ein Elektron und so weiter. Bei den für solare Neutrinos typischen Energien können aber nur Elektron-Neutrinos auf diese Weise mit Elektronen reagieren. Die entsprechenden Reaktionen, an denen Myon-Neutrinos oder Tauon-Neutrinos beteiligt sind, treten dagegen nicht auf, weil die Neutrinos nicht genug Energie aufweisen, um die massereicheren geladenen Myonen oder Tauonen zu erzeugen.

Der Nettoeffekt dieser zusätzlichen Wechselwirkung von Elektron-Neutrinos besteht darin, daß jedes Mixing von der Elektronendichte in der Materie abhängt, die von den Neutrinos durchquert wird. Das Zentrum der Sonne ist sehr dicht (zehnmal dichter als Blei) während die Dichte an der Oberfläche fast auf den im Weltraum herrschenden Wert absinkt. Im Jahre 1985 kamen S.P. Michajew und Alexej Smirnow am Institut für Kernforschung in Moskau auf die Idee, daß sich der Mischungsgrad der Neutrinos bei ihrem Weg vom Zentrum nach außen ändern und längs ihres Weges zur Oberfläche ein Maximum durchlaufen könnte. Das würde genügen, um die ursprünglichen Elektron-Neutrinos in Myon-Neutrinos umzuwandeln.

Auf diese Weise konnten Smirnow und Michajew die Neutrino-Oszillationen erklären, ohne einen unnatürlich großen Mischungswert annehmen zu müssen. Das eigentliche Mixing wäre klein; es wäre der Verstärkungseffekt der Elektron-Neutrino-Wechselwirkungen mit Elektronen, der das Mixing effizient genug machte, um die Neutrinos von einem Zustand in den anderen zu überführen.

Der MSW-Effekt (benannt nach Michajew, Smirnow und Wolfenstein) hat als die vielleicht plausibelste Begründung für die fehlenden solaren Neutrinos die Phantasie vieler Physiker beflügelt. Im Gegensatz zu vielen anderen Erklärungen setzt er keine völlig neue Physik wie beispielsweise die Existenz von WIMPs voraus. Zudem paßt er gut zu den gegenwärtigen Versuchen, das Standardmodell zu einer Großen Vereinigten Theorie (GUT, Great Unified Theory) zu erweitern. Eine solche Theorie würde die starken und die elektroschwachen Wechselwirkungen gemeinsam und nicht mehr getrennt in Quantenchromodynamik und elektroschwache Theorie behandeln. Es besteht die Hoffnung, daß eine lebensfähige GUT Licht in die Probleme bringen wird, die das Standardmodell nicht klären kann. Dazu gehört die Frage, warum die Massen der Teilchen so groß sind, wie sie gemessen werden, und warum es in den Familien der Quarks und der Leptonen drei „Generationen" gibt.

In den Großen Vereinigten Theorien fallen Quarks und Leptonen in die gleiche mathematische Symmetriegruppe. Das führt unter anderem dazu, daß alle Quarks und Leptonen einschließlich des Neutrinos Masse besitzen müssen. Eine andere Konsequenz besteht darin, daß Übergänge zwischen Quarks und Leptonen möglich sind. Solche Umwandlungen könnten sich im Zerfall eines Protons zu einem Positron manifestieren, auch wenn dies wegen der Schwäche der zugrunde liegenden Kraft sehr langsam erfolgen würde. Die Schwäche dieser Reaktion würde wiederum mit der großen

Masse des daran beteiligten Trägerteilchens zusammenhängen, die bei 10^{15} GeV liegen könnte. Das wäre die Energie, bei der der Unterschied zwischen starken und elektroschwachen Kräften verschwände, ebenso wie elektromagnetische und schwache Effekte bei Energien um 100 GeV – der Masse der W- und $Z°$-Teilchen – die gleiche Bedeutung besitzen.

Im Standardmodell besitzen die Neutrinos keine Masse, und es kann auch keine Neutrino-Oszillationen geben. Sollte sich herausstellen, daß bei den solaren Neutrinos tatsächlich der MSW-Effekt eintritt, wird dies einen wertvollen Schlüssel zu der Physik bilden, die jenseits des Standardmodells liegt. Um mit John Bahcall zu sprechen:

> *Informationen über die Massenskala der Großen Vereinigten Theorie (etwa 10^{15} GeV) werden aus einer Wechselwirkung abgeleitet werden können, die von einer Neutrino-Massendifferenz in der Größenordnung von 10^{-20} angetrieben wird. Welch wunderbare und ehrfurchtgebietende Möglichkeit!* (17)

Die Gallium-Lösung

> „Von besonderem Interesse ist die Verwendung von Ga-71 als Nachweissubstanz ... Die Ermittlung einer Einfangsrate, die deutlich unter der vorausgesagten Rate liegt, wäre ein stichhaltiger Beweis für irgendeine Art von Neutrino-Umwandlung." (18)
> *Lincoln Wolfenstein und Eugene W. Beier, 1989*

Bereits 1965, als man gerade mit dem Bau von Davis' Detektor begann, hatte Wladimir Kuzmin vom P.N.-Lebedew-Institut in Moskau eine andere Methode des Einfangs solarer Neutrinos vorgeschlagen, und zwar mit Hilfe von Gallium-71 anstelle von Chlor-37. Der große Vorteil dabei wäre, daß Ga-71 Neutrinos mit einer Energie von nur 0,23 MeV einfangen kann; damit wären Neutrinos nachzuweisen, die bei den grundlegenden Proton-Proton-Wechselwirkungen emittiert werden, die am Anfang der Umwandlung von Wasserstoff in Helium stehen. Der große Nachteil wäre, daß Gallium keine so gewöhnliche Substanz wie Chlor ist. Im Jahre 1965 erschien die Verwendung Dutzender von Tonnen dieses Materials in einem Neutrino-Detektor als nahezu undurchführbar, wenn nicht gar als völlig unmöglich. Wie Bahcall dazu bemerkte, „überstieg die Menge des benötigten Galliums damals die Jahresweltproduktion um eine Größenordnung." (19)

Aber im Zuge der stürmischen Entwicklung der Mikroelektronik in den 70er Jahren erhielt das Gallium eine neue Rolle in der Halbleiterindustrie, da einige seiner Verbindungen bei speziellen Anwendungen sogar das bis dahin einzigartige Silizium übertrafen. Am Ende jenes Jahrzehnts erschien die Produktion großer Mengen von Gallium nicht mehr unrealistisch, und mehrere Forscher erwogen ernsthaft die Möglichkeiten eines Gallium-Detektors für solare Neutrinos.

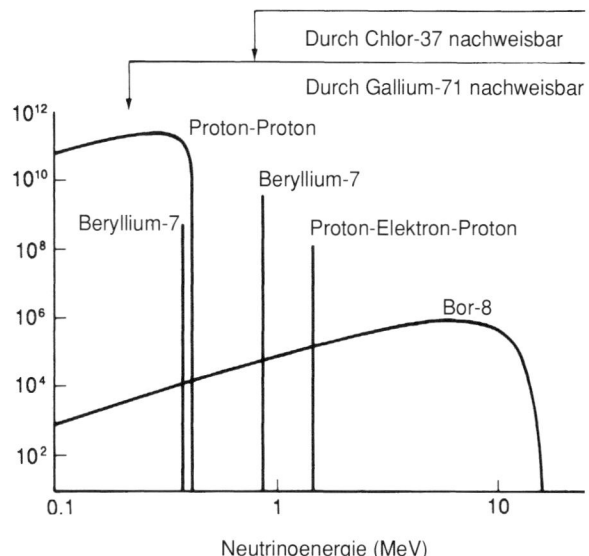

Die meisten von der Sonne stammenden Neutrinos sind niederenergetische Teilchen, die bei der grundlegenden Proton-Proton-Wechselwirkung erzeugt wurden. Es gibt aber auch Neutrinos, die beim Einfang eines Elektrons durch Beryllium-7 bei zwei speziellen Energien erzeugt werden, und andere, die bei einer relativ seltenen Proton-Elektron-Proton-Reaktion entstehen, sowie die hochenergetischen Neutrinos aus dem seltenen Zerfall von Bor-8. Während der Chlor-Detektor nur für die höherenergetischen Neutrinos empfindlich ist, sollten Gallium-Detektoren auch die bei den ursprünglichen Proton-Proton-Reaktionen gebildeten niederenergetischen Neutrinos nachweisen können.

Im Jahre 1990, also 25 Jahre nach Kuzmins Vorschlag, wurden die ersten Ergebnisse eines Gallium-Detektors bekanntgegeben; sie versetzten die Physiker in Erstaunen. Der neue Detektor fand viel weniger Neutrinos, als vom Standardmodell vorausgesagt. Anscheinend konnte man nun die Hypothese von der Entstehung der Neutrinos durch Proton-Proton-Reaktionen vergessen. Bei den Forschern erhärtete sich der Verdacht, man würde tatsächlich die ersten eindeutigen Beweise für Neutrino-Oszillationen der von Michajew, Smirnow und Wolfenstein vorgeschlagenen Art beobachten.

Es fügte sich gut, daß der erste große Gallium-Detektor zur Sammlung von Neutrinodaten in der Sowjetunion gebaut wurde: Nicht weit entfernt vom Berg Elbrus, dem mit 5642 m höchsten Kaukasusgipfel, an der Grenze zwischen Europa und Asien, liegt das Baksan-Neutrino-Observatorium. Es befindet sich in einer Höhle, die sich unter dem Berg Andyrchi längs der Baksan-Schlucht erstreckt. Dies ist die Heimat von SAGE, dem sowjetisch-amerikanischen Gallium-Experiment. Es wurde von einem Team unter Leitung von V.N. Gawrin und Georgi Zatsepin zusammen mit amerikanischen Gruppen vom Los Alamos National Laboratory und den Universi-

Die Baksan-Schlucht, die an einer Seite von den steilen, baumbewachsenen Hängen des Berges Andyrchi begrenzt wird. Entlang eines über 4 km langen Tunnels, der im Wall oberhalb des Gebäudes nahe der Bildmitte beginnt, sind mehrere unterirdische Labors untergebracht. Der SAGE-Detektor für solare Neutrinos befindet sich 3,5 km tief im Berg und 2 km unterhalb des Gipfels (D. Wark / SAGE).

täten von Pennsylvania (einschließlich Ray Davis), Louisiana und Princeton gebaut.

Gallium ist ein Metall mit der einmaligen Eigenschaft, über einen weiten Temperaturbereich – von 30 °C bis über 2000 °C – flüssig zu sein. Es kommt in der Natur in zwei Formen vor: als Gallium-69 (mit 31 Protonen und 38 Neutronen) und als Gallium-71 (mit 31 Protonen und 40 Neutronen). Für den Neutrinonachweis eignet sich das Gallium-71, das 40% des natürlich vorkommenden Galliums ausmacht. Wenn ein Gallium-71-Kern ein Elektron-Neutrino einfängt, wandelt sich eines seiner Neutronen in ein Proton um, wobei ein Kern von Germanium-71 (mit 32 Protonen und 39 Neutronen) entsteht. Das auf diese Weise erzeugte Germanium zerfällt mit

(a) Ein Blick in die unterirdische Kammer, die die Reaktorkessel für das SAGE-Experiment beherbergt. Deutlich sind die an der Oberseite der Behälter angebrachten Motoren für das Umrühren der Flüssigkeit zu sehen. Für die ersten Untersuchungen wurden nur vier der insgesamt zehn Kessel (rechts) mit einer Füllung von 30 Tonnen Gallium benutzt. Das rechts von den Kesseln angebrachte chemische Extraktionssystem ist in (b) deutlicher zu erkennen (T. Bowles / SAGE).

einer Halbwertszeit von 11 Tagen, wenn eines der Protonen ein Elektron einfängt und sich das Germanium-71 dadurch zu Gallium-71 zurückverwandelt. Wie beim Zerfall von Argon-37 im Chlor-Detektor führt der Einfang zur Freisetzung eines Auger-Elektrons, wenn der neue Kern in einen stabilen Zustand übergeht.

Im SAGE-Detektor wird das Gallium in Reaktorkesseln bei etwa 30 °C in geschmolzenem Zustand gehalten. Zu Beginn einer „Belichtung" wird der Flüssigkeit eine bekannte Menge von radioaktivem Germanium zugefügt. Etwa 20 bis 30 Tage später entfernen die Forscher dieses Germanium zusammen mit dem erzeugten Germanium-71. Zur Extraktion des Germaniums wird dem geschmolzenen Metall im Reaktor eine Lösung von Salzsäure und Wasserstoffperoxid zugefügt und die Mischung etwa eine Minute lang gut gerührt. Bei diesem Vermischen wandert das Germanium in die Säure und sammelt sich in einer Schicht an, die sich nach Ende des Rührens über dem geschmolzenen Gallium bildet.

Die Lösung wird abgesaugt und danach konzentriert; dabei entsteht Germaniumchlorid, das sich mit Hilfe von Argon leicht aus der Lösung entfernen läßt. Nun kann das Germanium durch eine Reihe von Reaktionen extrahiert werden, wobei eine kleine Menge (meist etwa 1 cm^3) des gasförmigen Monogerman (GeH$_4$) gebildet wird. Dieses wird in einen kleinen Proportionalzähler gebracht, der den Zerfall aller Germanium-71-Kerne nachweist, die aus dem Reaktor herausgespült worden sind. Der Nachweis dieser Zerfälle stellt den entscheidenden Schritt bei der Zählung der solaren Neutrinos dar.

Der SAGE-Detektor besteht aus insgesamt acht Reaktorkesseln, die insgesamt 60 Tonnen Gallium enthalten. Jeder Kessel ist mit einem motorbetriebenen Rührwerk ausgestattet, um am Ende jeder Belichtung eine effektive Vermischung zu gewährleisten. SAGE begann seine Arbeit mit ursprünglich 30 Tonnen Gallium in vier Reaktoren, um – nach einem Testlauf von etwa 18 Monaten – im Jahre 1990 mit dem eigentlichen Sammeln von Daten zu beginnen. Im Juni 1990 gab das Team, das am Detektor arbeitete, auf der „Neutrino-90"-Konferenz am CERN seine ersten Resultate bekannt. Diese waren in der Tat überraschend, denn es schien so, als habe SAGE überhaupt keine solaren Neutrinos entdeckt!

Das Standardmodell der Sonne sagt für einen Gallium-Detektor eine Einfangsrate von 132 SNU voraus, die größtenteils auf den Einfang der bei der grundlegenden Proton-Proton-Reaktion reichlich erzeugten Neutrinos zurückgeht. Im SAGE sollte diese Einfangsrate bei einer Füllung mit 30 Tonnen Gallium zum Nachweis von insgesamt 20 Zerfällen von Germanium-71 in den Proben führen, die während einer Laufzeit von über fünf Monaten gesammelt worden waren. Das Team überwachte jede Probe 60 Tage lang (über das Fünffache der Halbwertszeit von Germanium-71) und registrierte auch einige Ereignisse; alle Anzeichen deuteten jedoch darauf hin, daß diese eher auf den Untergrund unerwünschter Ereignisse als auf den Zerfall von Germanium-71 zurückzuführen waren.

Wenn die Ereignisse im Proportionalzähler wirklich auf den Zerfall von Germanium-71 zurückgingen, so müßte die Änderung ihrer Nachweisrate die Halbwertszeit widerspiegeln. Mit anderen Worten: zu Beginn jeder 11-Tage-Periode sollte die Hälfte der Ereignisse gezählt werden, die zu Beginn der vorangegangenen Periode gleicher Dauer ermittelt wurden. Die Zahl der nachgewiesenen Ereignisse zeigte dagegen im allgemeinen eine flache Zeitabhängigkeit, wie man sie bei anderen Quellen erwartet. Was war mit den solaren Neutrinos geschehen, insbesondere mit den niederenergetischen Neutrinos aus den Proton-Proton-Reaktionen, die in fünf Monaten allein über 10 Ereignisse erzeugt haben mußten? Eine interessante Möglichkeit bestand darin, daß die Antwort auf diese Frage im MSW-Effekt zu suchen wäre.

Hans Bethe von der Cornell-Universität, der 1938 den Kohlenstoffzyklus vorgeschlagen hatte – einen der grundlegenden Mechanismen, mit dem Sterne Wasserstoff in Helium umwandeln –, machte als erster auf den MSW-Effekt aufmerksam; im März 1986 veröffentlichte er in den „Physical Review Letters" eine Arbeit unter dem Titel „Eine mögliche Erklärung des Problems der solaren Neutrinos". Bethe wies darauf hin, daß Elektron-Neutrinos in einer Version der MSW-Theorie ihre Identität oberhalb einer bestimmten Energie ständig veränderten, und berechnete die kritische Energie anhand des Verhältnisses der beim Chlor-Experiment nachgewiesenen Anzahl von Neutrinos zu der dem Standardmodell der Sonne entsprechenden Zahl. So konnte er voraussagen, daß die Reduktion beim Gallium-Experiment geringfügig sein müßte und bei etwa 10% liegen sollte, da dieses nur Neutrinos mit Energien nachweist, die größtenteils unterhalb der kritischen Energie liegen. Bald darauf fanden Peter Rosen und J.M. Gelb vom Los Alamos National Laboratory ein Argument, das eine andere Lösung der MSW-Theorie favorisierte. In dieser Version wäre der MSW-Effekt für niederenergetische Neutrinos am stärksten ausgeprägt. Rosen und Gelb berechneten, daß er die Anzahl der im Gallium nachzuweisenden Neutrinos gegenüber den Voraussagen des Standardmodells der Sonne um etwa 90% reduzieren sollte.

Die ersten Ergebnisse von Kamiokande II bedeuteten einen fatalen Rückschlag für Bethes These, denn obwohl dieses Experiment nur relativ hochenergetische solare Neutrinos nachweisen konnte, entdeckte es mehr Neutrinos als das Chlor-Experiment. Im Juni 1990 publizierte Bethe zusammen mit John Bahcall in den „Physical Review Letters" eine Arbeit mit dem Titel „Eine Lösung des Problems der solaren Neutrinos"; hier ließ er das Wort „möglich" erstmals weg. Die beiden Theoretiker gingen von der Tatsache aus, daß das Chlor-Experiment, das Neutrinos mit Energien oberhalb von 0,814 MeV nachwies, weniger als ein Drittel der vorausgesagten Anzahl ermittelte, während das Kamiokande-Experiment, das Neutrinos oberhalb von 7,5 MeV registrierte, etwa die Hälfte der vorausgesagten Neutrino-Reaktionen ermittelte. Offenbar war die Veränderung, die die Neutrinos erfuhren, um so größer, je niedriger ihre Energie war.

Bahcall und Bethe wandten sich daher dem zweiten Lösungstyp der MSW-Theorie zu und fanden folgendes heraus: Wenn sie einem Parameter der Theorie einen solchen Wert zuschrieben, daß die Zahl von Neutrinos im Chlor-Experiment der beobachteten Zahl entsprach, dann konnten sie das Ergebnis von Kamiokande II bemerkenswert gut reproduzieren. Diese Lösung des MSW-Effektes schloß aber die Umwandlung nahezu aller niederenergetischen Elektron-Neutrinos in einen anderen Neutrinotyp ein. Die vom Standardmodell der Sonne für einen Gallium-Detektor zu erwartende Rate von 132 SNU würde drastisch auf 5 SNU reduziert – ein Wert, den SAGE nur mit weitaus mehr gesammelten Daten bestätigen könnte.

Die Konsequenzen dieser Hypothese waren höchst bemerkenswert. Träfe sie zu, so würde sie nicht nur ein 20 Jahre altes Rätsel lösen, sondern auch die Tür zu der Teilchenphysik aufstoßen, die jenseits des Standardmodells liegt. Der MSW-Effekt kann nur dann auftreten, wenn die zugrundeliegenden Neutrinozustände unterschiedliche Massen besitzen. Bahcall und Bethe fanden, daß ihre Lösung zu einer Differenz der Massenquadrate der Neutrinozustände von nicht mehr als 2×10^{-7} eV^2 führte – unter der Annahme, der Mischungsgrad zwischen den verschiedenen Neutrinos sei dem zwischen unterschiedlichen Quarkzuständen ähnlich. War dies der erste Beweis dafür, daß Neutrinos keine einfachen masselosen Teilchen sind?

Die Bejahung dieser Frage setzt einen gesicherten Nachweis voraus. Nun brauchen wir aber nicht wie seinerzeit Davis auf die Ergebnisse eines anderen Experiments zu warten; denn im Jahre 1990 näherte sich ein zweiter Gallium-Detektor seiner Vollendung, diesmal unter den Bergen Mittelitaliens.

Im Mai 1978 hatten Bahcall, Davis und einige andere Forscher einen Vorschlag veröffentlicht, der auf Kuzmins Idee beruhte und einen neuen Detektor für solare Neutrinos vorsah, der 50 Tonnen Gallium enthalten sollte. Danach tat sich Davis mit Till Kirsten vom Max-Planck-Institut für Kernphysik in Heidelberg zusammen und leitete mit ihm ein Team von Physikern, das viele erfolgreiche Tests des Prototyps eines Detektors unternahm, der 1,3 Tonnen Gallium enthielt. Nachdem sie so die Funktionsfähigkeit eines Gallium-Detektors nachgewiesen hatten, empfahlen die Forscher den Bau eines großen Detektors, der als deutsch-amerikanisches Gemeinschaftsprojekt gedacht war. Allerdings konnten die für die Bewilligung der notwendigen Gelder verantwortlichen Behörden in den USA nicht überzeugt werden.

Till Kirsten hielt die Idee in Deutschland am Leben, und schließlich wurde ihm von den deutschen Behörden das Geld für 30 Tonnen Gallium bewilligt (etwa 20 Millionen DM, die halben Gesamtkosten des Experiments). Er fand auch einen geeigneten, unter der Erdoberfläche gelegenen Platz für das Experiment in Italien, etwa 150 km nordöstlich von Rom, wo sich das Gran-Sasso-Massiv bis in eine Höhe von über 2900 m erhebt; es gehört zu der Gebirgskette, die ganz Italien durchzieht. Die italienischen Behörden planten, das Gebirge in diesem Gebiet für einen neuen Autotunnel zu durchbohren. Antonio Zichichi, der Präsident des Istituto Nazionale di Fisica Nucleare (INFN) schlug im Jahre 1981 vor, diese Erdarbeiten zu nutzen und sie dergestalt auszuweiten, daß sie den Bau eines unterirdischen Labors neben dem Autotunnel ermöglichten. In einer Höhe von etwa 1200 m würden ungefähr 1400 m hoch darüberliegende Gesteinsmassen für eine gute Abschirmung des Labors sowie für eine „ruhige" Umgebung für eine Vielzahl von Experimenten sorgen.

Das Laboratorium ist inzwischen fertiggestellt, und der große Detektor GALLEX (für Gallium-Experiment) arbeitet mit 30 Tonnen Gallium. Der Versuch wurde 1987 durch ein internationales Team begonnen, das Kirsten aus Europa (Grenoble, Heidelberg, Karlsruhe, Mailand, Nizza, Rom und Sacley) und Israel (Rehovot) sowie dem Brookhaven-Laboratorium, (New Jersey, USA) zusammengezogen hatte. In vieler Hinsicht erinnert GALLEX an Davis' bahnbrechenden Chlor-Detektor. So wird beispielsweise das Gallium als Bestandteil einer Lösung aus Galliumchlorid ($GaCl_3$) und Salzsäure verwendet, und das Germaniumchlorid ($GeCl_4$) – das Molekül, das beim Einfang eines Neutrinos durch das Gallium entsteht – wird durch das Spülen der Flüssigkeit mit Stickstoff herausgelöst. Schließlich wird die extrahierte Germaniumprobe nach der Reinigung mit einem kleinen Proportionalzähler überwacht, um die in ihr ablaufenden Zerfälle infolge Elektroneneinfang nachzuweisen.

Die 30 Tonnen Gallium sind in 100 Tonnen Galliumchlorid enthalten, die in Wasser gelöst sind, um die Extraktion des Germaniums zu erleichtern. Das Germanium ist nach seiner Entstehung im Germaniumchlorid gebunden, das mit Hilfe von Stickstoff aus der Flüssigkeit herausgespült wird; die nachfolgende Prozedur verläuft ähnlich wie bei SAGE. Das Germanium wird aus dem Germaniumchlorid über eine Kette von Reaktionen herausgelöst und in Monogerman umgesetzt, das in den Proportionalzähler eingebracht wird. Im Jahre 1991 begann GALLEX mit dem Sammeln von Daten, und seit dem Sommer 1992 überprüft man, ob die ersten Ergebnisse von SAGE richtig waren.

Anfang Juni gab GALLEX die ersten Ergebnisse bekannt, die auf einer Beobachtungszeit von etwa einem Jahr beruhten. Das Team hatte einen Wert von 83 ± 19 SNU gemessen; das sind 63% der vom Standard-Sonnenmodell vorhergesagten 132 SNU. Davon waren 74 SNU den grundlegenden Proton-Proton-Wechselwirkungen zuzuschreiben. Damit konnten die Forscher den ersten Nachweis der primären Proton-Proton-Neutrinos für sich beanspruchen. Des weiteren stellte sich heraus, daß dieses Resultat keineswegs in starkem Gegensatz zu den Messungen des SAGE-Detektors stand. Obwohl nämlich die ersten Durchläufe darauf hinzudeuten schienen, daß SAGE überhaupt keine solaren Neutrinos entdeckt hatte, begann sich das Bild mit der Analyse der während des Jahres 1991 gesammelten Daten zu verändern.

Der GALLEX-Detektor für solare Neutrinos im Gran-Sasso-Labor in Italien besteht im wesentlichen aus einem großen Tank, der etwa 33 Tonnen Gallium in 55 Kubikmetern hochkonzentrierter Galliumchloridlösung enthält. Die Aufnahme zeigt die Anlieferung des 9,5 Meter langen Tanks am unterirdischen Labor (T. Kirsten / GALLEX).

Auf der 26. Internationalen Konferenz über Hochenergiephysik, die im August 1992 in Dallas stattfand, präsentierte das Team von SAGE aufgrund seiner 1991 erfaßten Daten einen vorläufigen Wert von etwa 85 SNU. Die Kombination der Messungen aus den Jahren 1990 und 1991 (nach Ansicht der Forscher ein zulässiges Verfahren) lieferte 58 (+ 17, − 23) SNU, ein Resultat, das sich unter Berücksichtigung der Fehlergrenzen mit dem Ergebnis von GALLEX überlappt. Es sieht also so aus, als ob die Proton-Proton-Neutrinos die Erde tatsächlich erreichen, obwohl die nachgewiesene Anzahl gegenüber den Voraussagen des Standardmodells immer noch als zu niedrig erscheint.

Stimmt nun etwas mit unserem Verständnis der Sonne nicht, oder unterliegen die Neutrinos beim Verlassen der Sonne irgendeiner Veränderung? Beim Beantworten dieser Frage sollten uns weitere Daten von SAGE und GALLEX die Richtung weisen. Wenn wir wissen wollen, ob sich solare Neutrinos tatsächlich so verhalten, wie es der MSW-Effekt voraussagt, ist die Messung der Energie der nachgewiesenen Neutrinos unumgänglich. Die Kenntnis der Energie ist deswegen besonders wichtig, weil der MSW-Effekt das Energiespektrum der Elektron-Neutrinos beträchtlich deformieren kann, da er nur Teilchen mit einer bestimmten Energie in eine andere Neutrinoart umwandelt. Es ist der Traum vieler Physiker, das Energiespektrum der solaren Neutrinos so genau zu bestimmen, daß man nicht nur zwischen den einzelnen Theorien, sondern auch zwischen deren verschiedenen Varianten entscheiden kann.

Leichtes Wasser, schweres Wasser

> „In jüngster Zeit erwog man die Möglichkeit der Beobachtung des Bor-8-Zerfalls solarer Neutrinos in einem großen Schwerwasser-Tscherenkow-Detektor. Daß man diese Experimente ernsthaft in Betracht ziehen kann, ist ein Ergebnis der erfolgreichen Arbeit des großen Leichtwasser-Tscherenkow-Detektors, der tief unter der Erdoberfläche nach Beweisen für den Zerfall des Protons sucht." (20)
>
> *Herbert H. Chen, 1985*

Es ist schon eine Zumutung zu verlangen, etwas derart Flüchtiges wie ein niederenergetisches Neutrino nicht nur nachzuweisen, sondern auch noch seine Energie zu messen. Aber die überzeugten Neutrino-Enthusiasten lieben gerade solche Herausforderungen. Es gibt aber noch andere Informationen über solare Neutrinos, die sich nicht durch Chlor- oder Gallium-Experimente ermitteln lassen. Aus welcher Richtung kommen sie? Ist es möglich, die Neutrinos nachzuweisen, wenn sie sich auf ihrem Weg von der Sonne zur Erde tatsächlich vom Elektron-Neutrino in einen anderen Typ umgewandelt haben?

Forscherteams in der ganzen Welt haben Detektoren vorgeschlagen, die einige dieser Fragen – wenn nicht sogar alle – beantworten könnten. Die Möglichkeit dazu wird bereits durch den Kamiokande-II-Detektor in Japan demonstriert; es wurde bewiesen, daß er tatsächlich Neutrinos nachweist, die aus der Richtung der Sonne kommen. Kamiokande II enthält 3000 Tonnen Wasser, aber nur 680 Tonnen im Zentrum können zum Nachweis solarer Neutrinos genutzt werden; die äußeren Bereiche des Detektors werden von zuviel Gammastrahlen aus dem umgebenden Felsgestein durchquert. Das bedeutet eine niedrige Wechselwirkungsrate, die typischerweise 1 Neutrino alle 6 oder 7 Tage beträgt. Das Kamiokande-Team erhielt bereits die Bewilligung für eine Vergrößerung des gesamten Experiments und baut derzeit einen Super-Kamiokande, der 22'000

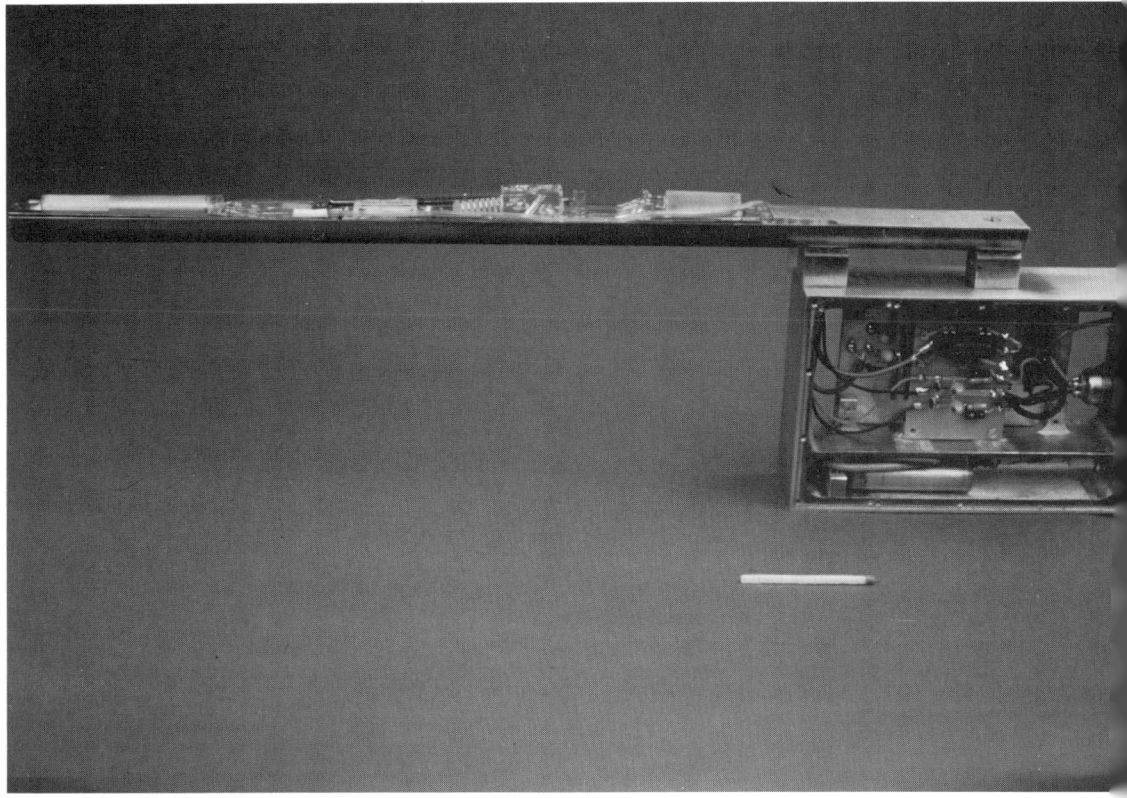

Einer der Proportionalzähler zur Untersuchung der kleinen Proben des Gases
Monogerman, die aus dem GALLEX-Detektor zum Nachweis solarer Neutrinos
extrahiert wurden. Mit Hilfe dieser Zähler werden alle Zerfälle von Germanium-71 zu
Gallium-71 ermittelt, die auf die Bildung von Germanium-71 im Detektor durch
solare Neutrinos schließen lassen (T. Kirsten / GALLEX).

Tonnen Wasser enthalten wird. Dieser Detektor wird die doppelte Kapa-
zität für die Sammlung von Licht wie Kamiokande II besitzen und könnte
als „Thermometer" dienen, mit dem die Temperaturänderungen im Sonnenkern bis auf 1% genau über einen Zeitraum von einer Woche zu
ermitteln wären. Darüber hinaus würde er ein ausgezeichnetes Observatorium für kosmische Neutrinos darstellen (vergleiche Kapitel 7). Inzwischen ist Kamiokande II zu Kamiokande III verbessert worden, mit einer
neuen Elektronik, die den Prototyp für die Elektronik von Super-Kamiokande darstellt.

   Der vielleicht beeindruckendste Wasser-Detektor wird in Kanada bei
Sudbury (Ontario) in der Creighton-Mine errichtet, 2070 m unter der
Erdoberfläche. Hier wirkt ein Team aus Kanada, den USA und Großbritan-
nien unter Leitung von George Ewan von der Queen's University in

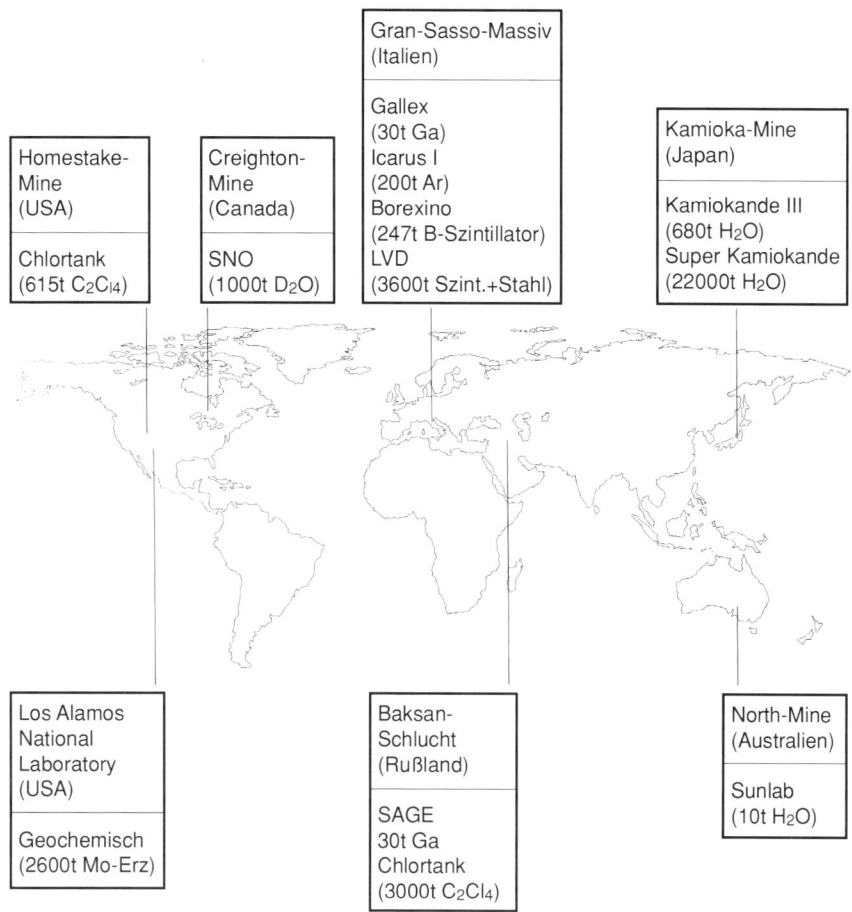

Für den Nachweis solarer Neutrinos gibt es heute in vielen Teilen der Welt eine Reihe von Detektoren in verschiedenen Entwicklungsstadien – von gerade geplanten bis zu solchen, die bereits arbeiten. Diese Karte zeigt, wo große Detektoren zumindest als Prototypen bereits errichtet sind. Es ist jeweils die ungefähre Größe des Detektors in Tonnen (t) angegeben sowie das zum Einfang der Neutrinos verwendete Material (Ga = Gallium, C_2Cl_4 = Tetrachloräthen, H_2O = Wasser, Ar = Argon, B = Bor, Szint = Szintillator, Mo = Molybdän, D_2O = schweres Wasser).

Ontario. Das Sudbury-Neutrino-Observatorium stellt unbestritten den bis heute empfindlichsten Neutrino-Detektor dar. Er arbeitet nicht mit gewöhnlichem, sondern mit schwerem Wasser, das Deuterium- statt Wasserstoffkerne enthält. Die Deuteronen (Deuteriumkerne) bestehen aus einem

Proton und einem Neutron. Der Sudbury-Detektor war im wesentlichen das geistige Kind von Herbert Chen von der Universität Irvine, Kalifornien. Er hatte die Diskussion mit den Kanadiern angeregt, die große Mengen schweren Wassers für ihre Kernreaktoren produzieren. Leider verstarb er, bevor das Projekt bewilligt worden war.

Anders als die Chlor- oder Gallium-Detektoren, die Neutrinos nur auf eine einzige Art und Weise entdecken können, kann ein Schwerwasser-Detektor Neutrinos über drei verschiedene grundlegende Reaktionen nachweisen. Die wahrscheinlichste Reaktion besteht darin, daß ein Deuteron ein Neutrino absorbiert, so daß sich das Neutron ebenso wie beim Chlor- oder Gallium-Experiment in ein Proton umwandelt.

In diesem Fall konzentriert sich die Aufmerksamkeit jedoch auf das Elektron, das bei dieser Reaktion ausgesandt wird. Es trägt einen Großteil der ursprünglichen Energie des Neutrinos mit sich und kann durch den von ihm erzeugten Lichtkegel nachgewiesen werden. Wie Kamiokande weist auch dieser Detektor nur Elektronen mit Energien oberhalb von 5 MeV nach und kann daher nur Bor-8-Neutrinos entdecken. Mit 1000 Tonnen schweren Wassers könnte er jedoch empfindlich genug sein, Bor-8-Neutrinos mit einer Rate von lediglich 1% der vom Standard-Sonnenmodell vorausgesagten Häufigkeit nachzuweisen. Das entspräche ungefähr einem Ereignis in drei Tagen. Weiterhin wird der Detektor das Energiespektrum dieser Neutrinos ermitteln und so die MSW-Hypothese bestätigen können, nach der sich nur Elektron-Neutrinos bestimmter Energie auf ihrer Reise durch die Sonne in andere Neutrinoarten umwandeln.

Der Detektor wird wie Kamiokande auch Neutrinos nachweisen, die Elektronen durch einen einfachen Stoß in Bewegung versetzen, obwohl diese Reaktionen zehnmal weniger häufig als Absorptionen sind. Es gibt noch einen dritten Typ von Wechselwirkung, der schweres Wasser als

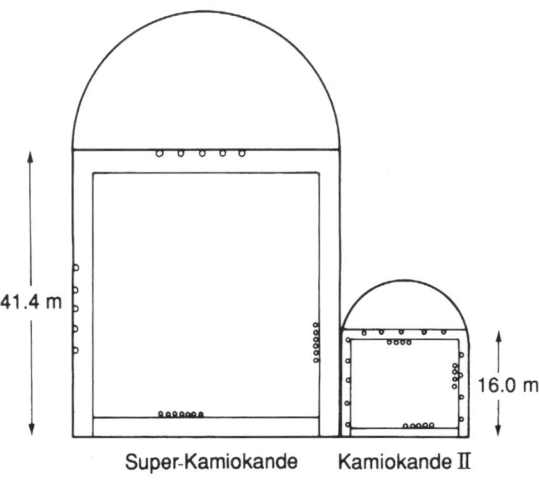

41.4 m

16.0 m

Super-Kamiokande   Kamiokande II

Der geplante Detektor Super-Kamiokande soll ein Nachweisvolumen von der dreißigfachen Größe des bereits existierenden Kamiokande II besitzen. Er dürfte über 8000 solare Neutrinos pro Jahr nachweisen – genug, um tägliche oder jahreszeitliche Schwankungen bis herab zu einigen Prozent beobachten zu können.

Georg Ewan (vorn rechts), einer der Leiter des Projektes zum Bau des Sudbury-Neutrino-Observatoriums, zusammen mit John Bahcall (vorn Mitte) und weiteren Kollegen bei einer der ersten Planungsbesprechungen an der Queen's University im Sommer 1987 (J.N. Bahcall).

Detektorflüssigkeit für solare Neutrinos so interessant macht. Das ist die Reaktion, die nur über den Neutralstrom (den Austausch eines Z°) verläuft und daher für alle drei Neutrinoarten gleich wahrscheinlich ist, also auch dann Neutrinos nachweisen kann, wenn diese den Typ gewechselt haben.

Diese äußerst wichtige Reaktion zerlegt das Deuteron in ein Proton und ein Neutron, ohne jedoch eines dieser beiden Teilchen zu verändern; das Neutrino gibt lediglich etwas Energie ab und fliegt ansonsten ungestört weiter. Ähnlich wie bei den Experimenten von Cowan und Reines liegt der Schlüssel für die Beobachtung dieser Reaktion beim Neutron. Jeder Kern, der ein Neutron einfängt, das durch eine Neutrino-Wechselwirkung freigesetzt wurde, gibt seine überschüssige Energie durch die Aussendung eines Gammastrahles ab, der wiederum ein verräterisches Lichtsignal erzeugt. Auch wenn die Bor-8-Neutrinos vor dem Erreichen des Detektors ihren Typ veränderten – die Zerlegung des Deuteriums sollte mit der Rate erfolgen, die vom Standardmodell der Sonne vorausgesagt wird, da sie nicht vom Typ des Neutrinos abhängt. Sollte die Zerlegung dagegen ähnlich wie beim Experiment von Davis mit einer reduzierten Rate erfolgen, wird man davon ausgehen müssen, daß mit der Sonne tatsächlich irgend etwas nicht in Ordnung ist.

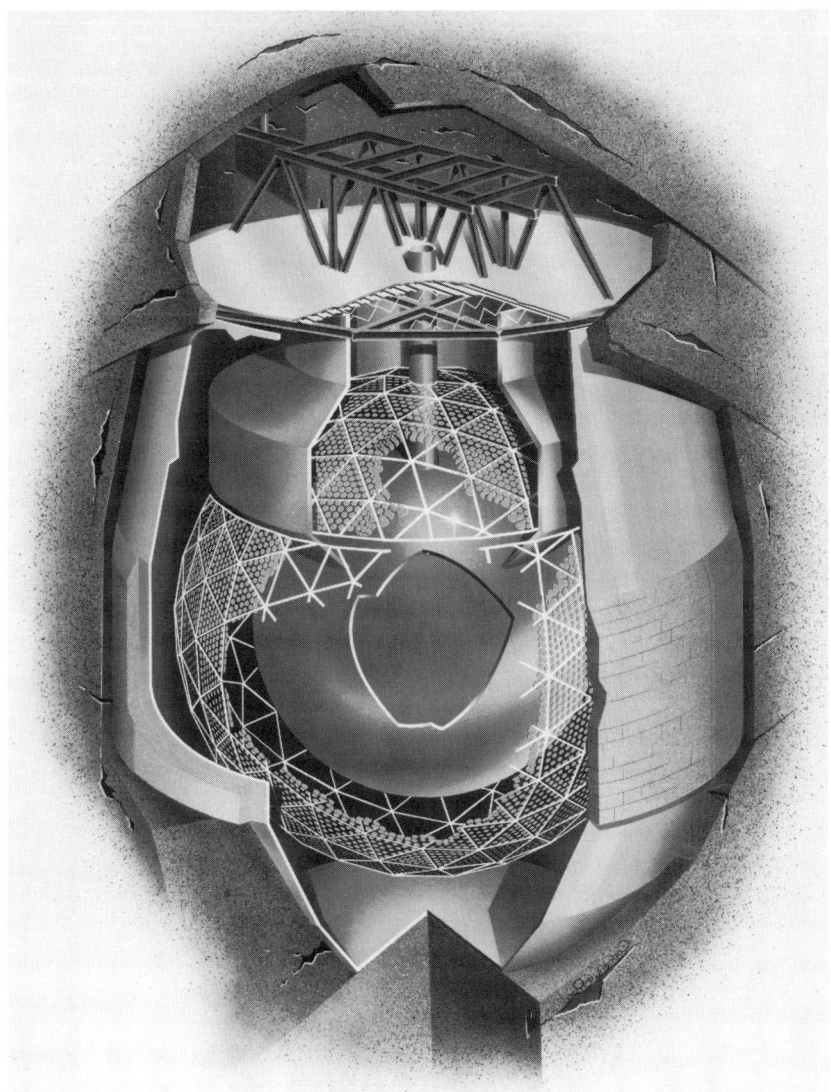

Das Sudbury-Neutrino-Observatorium (SNO) wird in einer 30 Meter hohen Höhle errichtet, die 2070 Meter unter der Erdoberfläche in einer Mine in Ontario liegt. Es wird in einem kugelförmigen Kessel aus durchsichtigem Acrylglas (Bildmitte) 1000 Tonnen schweres Wasser enthalten. Das schwere Wasser wird von einer äußeren Schicht von 7300 Tonnen gewöhnlichen Wassers umgeben sein und durch 6400 Photomultiplier überwacht werden (Davis Earle, Chalk River Laboratories, AECL Research, Kanada).

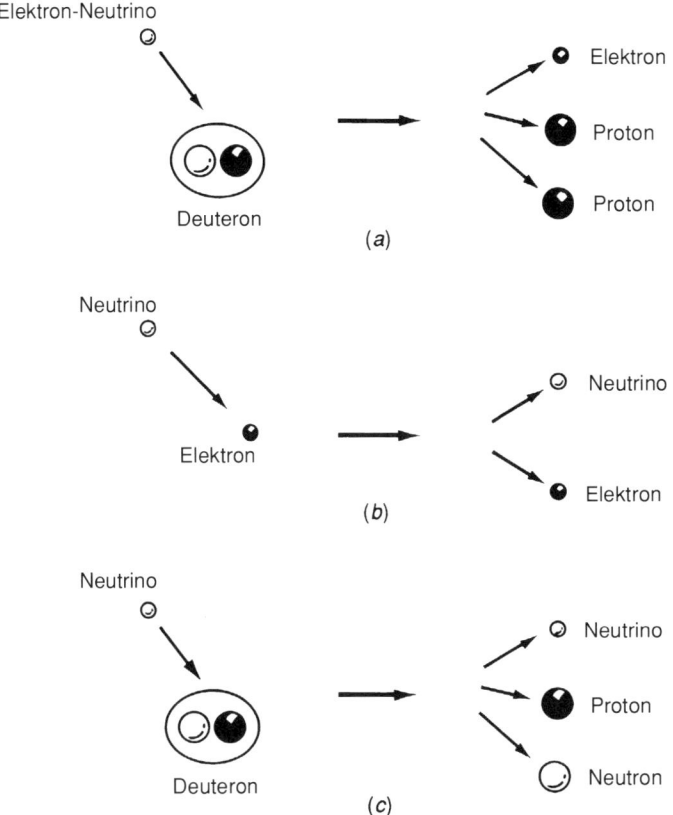

Die drei Reaktionen, über die SNO Neutrinos nachweisen wird. (a) Der inverse Betazerfall, bei dem ein Neutrino absorbiert wird, tritt nur für Elektron-Neutrinos auf; durch Messung der Energie des erzeugten Elektrons wird SNO ein Energiespektrum der Neutrinos liefern. (b) Eine Streuung zwischen Elektronen und Neutrinos wird gleichfalls auftreten; sie ist für Elektron-Neutrinos wahrscheinlicher als für die anderen Arten. (c) Neutralstrom-Reaktionen zwischen Neutrinos und Deuteronen (den Kernen des schweren Wasserstoffs) werden unabhängig von der Art der Neutrinos beobachtet werden und einen wichtigen Test für die MSW-Theorie der fehlenden solaren Neutrinos darstellen.

Die Aufgabe, der sich die Forscher beim Bau des Sudbury-Neutrino-Observatoriums gegenübersehen, ist von erschreckendem Ausmaß. Da sie für ihr Experiment eine der tiefsten Minen der westlichen Welt aussuchten, haben die Physiker weniger gegen die Kosmische Strahlung als gegen die natürliche Radioaktivität zu kämpfen – insbesonere wenn es um den Nachweis der Neutrinos geht, die beim Zerfall der Deuteronen erzeugt werden. Anders als Cowan und Reines haben sie kein zusätzliches Signal zur Verfügung, um die erwünschten von den unerwünschten Neutronen zu unterscheiden. Es handelt sich um ein enorm schwieriges

Problem; aber auch der Gewinn ist entsprechend hoch. Steven Weinberg äußerte dazu:

Es ist nun außerordentlich wichtig geworden, Experimente zur Suche nach solaren Neutrinos zu unternehmen, bei denen man nach Neutralstrom-Reaktionen Ausschau hält … Es steht mehr auf dem Spiel als lediglich die interessante Frage, wie die Sonne funktioniert. Eine Neutrino-Oszillation – gleichgültig, ob resonant oder nicht – setzt eine Neutrino-Massendifferenz voraus, und die Bestätigung einer Neutrinomasse würde Licht auf eines der ernstesten Probleme der Teilchenphysik werfen. (21)

Der perfekte Detektor?

„Dieses Experiment muß einfach durchgeführt werden!" (22)
Norman Booth, 1980

Alle Experimente zur Messung von Neutrinos, die bisher beschrieben wurden, erfassen nur hochenergetische Bor-8-Neutrinos. Der ideale Detektor für Experimente mit solaren Neutrinos würde die Energie der Neutrinos messen, die bei den grundlegenden Proton-Proton-Wechselwirkungen entstehen, die gewissermaßen das Zündmaterial für den solaren Hochofen darstellen. Ein derartiges Experiment auf der Basis von Indium-115 wurde 1976 von R.S. Raghavan von den Bell-Laboratorien vorgeschlagen.

Wenn Indium-115 (mit 49 Protonen und 66 Neutronen) ein Neutron absorbiert, wandelt es sich in Zinn-115 (mit 50 Protonen und 65 Neutronen) um. Der Zinn-115-Kern ist zum Zeitpunkt seiner Entstehung in einem angeregten Zustand und fällt nach etwa 3 ms unter Aussendung von zwei Gammaquanten in seinen Grundzustand zurück. Der Nachweis des bei der Umwandlung von Indium zu Zinn emittierten Elektrons, dem nach 3 ms zwei Gammastrahlen entsprechender Energie folgen, signalisiert die Absorption eines Neutrinos. Entscheidend ist dabei, daß diese Reaktion bereits für Neutrinos mit einer Energie von 0,12 MeV erfolgt, die deutlich unter der Maximalenergie von 0,42 MeV liegt, die bei den ursprünglichen Proton-Proton-Reaktionen in der Sonne emittiert wird.

Warum also hat bisher noch niemand einen Indium-Detektor für solare Neutrinos gebaut? Es hat sich herausgestellt, daß es dabei noch mehr Schwierigkeiten als sonst zu überwinden gibt, weil Indium-115 eine natürliche Radioaktivität besitzt. Seine Halbwertszeit ist sehr groß; sie beträgt fast 4×10^{24} Jahre. Bei 5×10^{24} Kernen pro Kilogramm Indium bedeutet dies, daß die Rate des natürlichen radioaktiven Zerfalls immer noch 10^{11} mal größer als die vom solaren Standardmodell vorausgesagte Absorptionsrate für solare Neutrinos ist! Darüber hinaus besitzt die Mehrzahl der beim Betazerfall des Indiums freiwerdenden Elektronen eine ähnliche Energie wie die Elektronen, die bei der Absorption emittiert werden.

Trotzdem ist nicht alles verloren. Die Gammastrahlen, die vom ange-regten Zinnkern nach 3 ms emittiert werden, sind ein einzigartiges Mittel zur Identifizierung der aus der Neutrinoabsorption stammenden Elektro-nen, wenn man die gleiche Methode der verzögerten Koinzidenz anwen-det, wie sie von Cowan und Reines benutzt wurde. Die Gammastrahlen besitzen wohldefinierte Energien von 116 keV und 497 keV. Außerdem kommt der Strahl mit der niedrigeren Energie in Indium nicht mehr als 1 mm weit, bis er seine Energie abgegeben hat; daher sollte sein Signal in unmittelbarer räumlicher Nähe des Signals erscheinen, das von dem 3 ms früher emittierten Elektron herrührt.

Wie kann man das Elektron und die Gammastrahlen nachweisen? Man erwog hierfür eine mit Indium angereicherte Szintillatorflüssigkeit. Erste Tests zeigten jedoch, daß es praktisch unmöglich wäre, die niederenergeti-schen Proton-Proton-Neutrinos vor dem Hintergrund des natürlichen Be-tazerfalls und der Gammastrahlung aus anderen Quellen nachzuweisen. Anfang der 80er Jahre schlugen Norman Booth und seine Kollegen von der Universität Oxford eine andere Möglichkeit vor, bei der die Eigenschaft des Indiums als Supraleiter ausgenutzt wird. Indium ist ein Metall, das bei Temperaturen unterhalb von 3,4 K (also 3,4 °C über dem Absoluten Null-punkt) supraleitend wird, das heißt seinen gesamten elektrischen Wider-stand verliert. Sobald dies geschieht, werden die an der Stromleitung teilnehmenden Elektronen lose zu Paaren miteinander verbunden, die sich im Atomgitter des Metalls leicht bewegen können. Ein energiereiches Elektron oder ein Gammastrahl, die ein Stück supraleitendes Indium durchqueren, brechen diese Paare auf und setzen Elektronen frei. Aufgabe eines Indium-Neutrino-Detektors wäre es, diese Elektronen irgendwie nachzuweisen, wobei die Stärke des Signals mit der Energie verknüpft wäre, die vom Elektron oder vom Gammastrahl abgegeben wird.

Vor einiger Zeit ging das Team aus Oxford dazu über, Detektoren aus Indiumantimonid herzustellen, das leichter als das reine, weiche metalli-sche Indium zu handhaben ist. In diesem Fall werden die Elektronen und Gammastrahlen über die von ihnen erzeugten Phononen nachgewiesen; das sind Schwingungen des von den Atomen gebildeten Kristallgitters. Auch die Phononen werden wieder mit einem Supraleiter nachgewiesen; dieser besteht hier aus Aluminium, das auf die Oberfläche des Indiums aufgebracht wird. Die ersten Versuche wurden mit Kristallen unternom-men, die einige Gramm Indiumantimonid enthielten, und verliefen recht vielversprechend. Booth und seine Kollegen konnten 60-keV-Gamma-strahlen mit hoher Effizienz nachweisen, wobei die Meßgenauigkeit etwa 1 keV betrug.

Interessanterweise besitzen die Neutrinos, die durch Beryllium-7 in der Sonne erzeugt werden, infolge der thermischen Bewegung im Sonnenin-neren eine Energieunschärfe von 1 keV. Beryllium-7 wird zu 15 % durch die Reaktionskette gebildet, die zur Entstehung von Helium in der Sonne führt. Manchmal fängt ein Beryllium-7-Kern ein Proton ein, wobei Beryllium-8

entsteht; dieses erzeugt die relativ hochenergetischen Neutrinos, die man
in den Chlor- und Wasser-Detektoren nachweist. Aber in nahezu 99% aller
Fälle fängt Beryllium-7 ein Elektron ein und wandelt sich unter Aussendung eines Neutrinos in Lithium-7 um. Da nur diese beiden Teilchen (der
Lithiumkern und das Neutrino) die freigesetzte Energie unter sich aufteilen, besitzen diese Neutrinos anstelle einer verbreiterten Energieverteilung
eine einheitliche Energie (vergleiche die Abbildung auf Seite 217. Sie ist mit
0,86 MeV so niedrig, daß sie in Chlor- oder Wasser-Detektoren nicht
nachzuweisen ist. Andererseits ist sie hoch genug, um ein vernünftiges
Signal in einem Indium-Detektor zu erzeugen. Der Indium-Detektor von
Booth könnte die Verbreiterung dieser Energie messen und damit direkt
einen Wert für die Temperatur im Sonnenkern ermitteln, unabhängig von
allen Sonnenmodellen. Es sieht ganz so aus, als könnte uns ein zukünftiger
Indium-Detektor für solare Neutrinos mit entscheidenden Informationen
über den uns nächsten Stern versorgen.

7. Kosmische Raumschiffe

> „Man stelle sich die Freude und Begeisterung der astronomi-
> schen Gemeinde auf der ganzen Welt vor, als am 24. Februar 1987
> gemeldet wurde, daß eine helle Supernova vom Typ II – mit
> bloßem Auge sichtbar – in einer Galaxis ganz in unserer Nähe
> erschienen war." (1)
>
> *Stan Woosley und Mark Phillips, 1988*

Vor ungefähr zehn Millionen Jahren wurde inmitten der heißen, aktiven
Gase einer kleinen Galaxis ein Stern geboren. Er war von Beginn an dazu
verurteilt, sein Leben mit einer spektakulären Explosion zu beenden – zu
einem Zeitpunkt, in dem er verglichen mit unserer Sonne noch ein Jüngling
war, doch von gewaltigen Ausmaßen. In einem einzigen Augenblick sollte
der explodierende Stern, die Supernova, so viel Energie freisetzen wie
hundert Sonnen während einer Lebenszeit von zehn Milliarden Jahren.
Und 170'000 Jahre später sollte ein winziger Bruchteil dieser Energie auf
der Erde in zwei großen Wassertanks aufgefangen werden, die tief unter
der Oberfläche vergraben waren.

Die Entdeckung dieser Energie am 23. Februar 1987 verriet den Tod
eines Sternes und markierte gleichzeitig auf der Erde die Geburt eines
neuen Zweiges der beobachtenden Astronomie, der „Neutrinoastronomie". Zum ersten Mal hatte ein Experiment Neutrinos aus den Bereichen
jenseits unserer eigenen Galaxis nachgewiesen.

Ungefähr drei Stunden, nachdem der Neutrinoausbruch unseren Planeten durchquert hatte, erreichte sichtbares Licht von der Supernova die
Erde. Rund einen Tag später wurde es von Ian Shelton bemerkt, einem
Astronomen am Las Campanas-Observatorium in Chile. Shelton war gerade dabei, die Große Magellansche Wolke zu photographieren, eine der
beiden kleinen Galaxien, die unser Milchstraßensystem umkreisen. Er
suchte routinemäßig nach veränderlichen Sternen und Novae; dies sind
lichtschwache Sterne, die eine plötzliche Aufhellung zeigen. Während der
dritten Beobachtungsnacht, am 24. Februar, hatte er Glück: Bei der Entwicklung der Photoplatten, die er drei Stunden lang am 25-cm-Linsentele-
skop belichtet hatte, bemerkte er einen neuen Stern. Sheltons Kollege
Robert Jedrzejewski erinnerte sich später daran, was dann geschah:

> *Er ging in den Kontrollraum und fragte, welche Helligkeit eine Nova in der
> Großen Magellanschen Wolke besitzen würde. Unserer Schätzung nach mußte
> sie etwa von der Größenordnung 8 sein.*
> *Dann erkundigte sich Ian danach, welcher Art ein Objekt sein könnte, dessen*

scheinbare Helligkeit +5 betrug, während sie in der Nacht davor noch +12 oder schwächer gewesen war. Barry (Madore) antwortete, daß es sich dabei um eine Supernova handeln mußte. Dann mischte sich Oscar Duhalde ein und erklärte, er habe das Objekt schon früher am Abend direkt gesehen. Schließlich verließen wir alle die Kuppel, um selbst nachzusehen. Die Nacht war außergewöhnlich klar und der neue Stern leicht zu erkennen. (2)

Duhalde, der „Nachtassistent", hatte den Stern schon ein paar Stunden zuvor bemerkt, als er einen Blick in den Himmel geworfen hatte; aber aus irgendeinem Grund versäumte er es, dies den Beobachtern mitzuteilen.

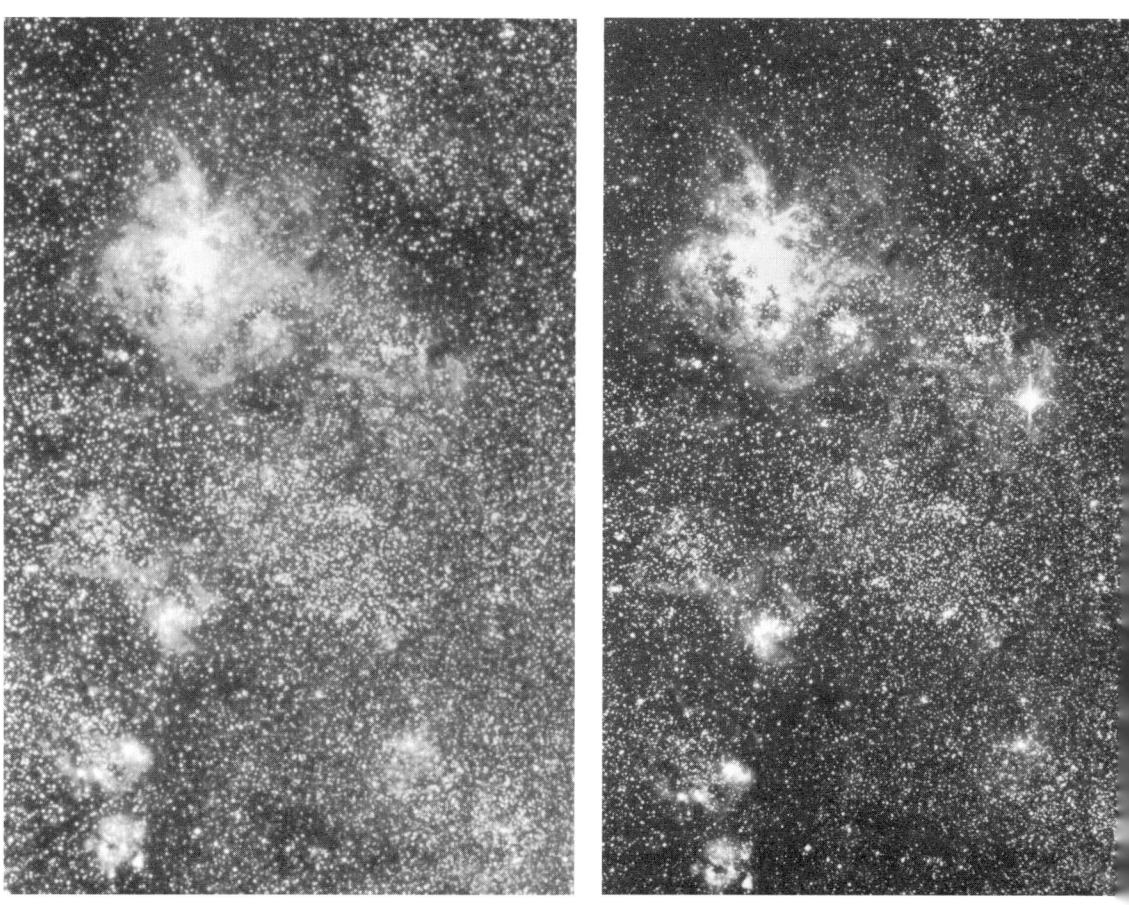

Die erste Supernova des Jahres (daher SN1987A genannt) explodierte am 23. Februar 1987 im Gebiet des Tarantula-Nebels am Rand der Großen Magellanschen Wolke. Diese Bilder zeigen das Gebiet vor der Explosion (links) und vier Tage später, am 27. Februar. Die Supernova ist rechts und etwas unterhalb des Tarantula-Nebels gut erkennbar (Europäische Südsternwarte).

„Wir müssen ihn wohl zu sehr mit Arbeit eingedeckt haben" (3), bemerkte Jedrzejewski später dazu.

Die Entdeckung wurde bald von anderen bestätigt. Sheltons Belichtung, welche die Supernova SN1987A erfaßt hatte, war um 4:20 Uhr Weltzeit am 24. Februar beendet worden. Albert Jones – ein Amateurastronom in Neuseeland – hatte in der Nacht davor das gleiche Himmelsgebiet durch sein kleines Teleskop beobachtet und nichts Ungewöhnliches festgestellt. Als er in der Nacht des 24. Februar wieder in den Himmel blickte, sah er in der Nähe des Tarantula-Nebels einen neuen Stern, dessen Größe er zwischen 5.0 und 7.0 schätzte. Damit hatte Jones die Supernova unabhängig von Shelton ebenfalls gefunden – weniger als vier Stunden, nachdem dieser sie auf seiner Aufnahme entdeckt hatte.

So wurde durch die vereinte Aufmerksamkeit von Amateur- und Berufsastronomen eines der bedeutendsten astronomischen Ereignisse des 20.Jahrhunderts entdeckt: die erste Supernova des Jahres 1987 und die erste seit ungefähr 400 Jahren, die mit bloßem Auge sichtbar war.

Das wichtigste Ereignis im Leben

> „Der Kollaps und die Explosion eines massereichen Sternes ist eines der großartigsten Naturschauspiele. Allein was die Energie betrifft, gibt es nichts Gleichwertiges. Während der ersten zehn Sekunden emittiert die Supernova aus einem zentralen Bereich von nur 30 km Durchmesser so viel Energie wie alle anderen Sterne und Galaxien des gesamten übrigen sichtbaren Universums zusammen … Es ist ein Schauspiel, das sogar die gut trainierte Vorstellungskraft der Astronomen überfordert." (4)
>
> *Stan Woosley und Tom Weaver, 1989*

Die Astronomen hatten die Position der neuen Supernova sehr bald genau vermessen und durchsuchten nun ihre Karten nach dem Objekt, das sich vorher dort befunden hatte. Bei dem explodierten Stern, der hellsten Supernova seit der Erfindung des Teleskops, handelte es sich offensichtlich um „Sanduleak –69°202", benannt nach seiner Position am Himmel und nach Nicholas Sanduleak, der ihn 1969 katalogisiert hatte. Es war ein „blauer Überriese" gewesen – ein Stern mit etwa der zwanzigfachen Masse und dem vierzigfachen Radius der Sonne und einer Oberflächentemperatur von ungefähr 15'000 K. Diese Temperatur, erkennbar an seiner blauen Farbe, ist mehr als doppelt so hoch wie die der Sonne, die uns gelb erscheint.

Die Identifizierung war für viele Astronomen eine Überraschung, hatten sie doch SN1987A schnell als eine Supernova vom Typ II identifiziert, also als eine Supernova, deren Lichtemission auf die Anwesenheit von Wasserstoff schließen ließ. (Typ-I-Supernovae zeigen keine Anzeichen für

die Existenz von Wasserstoff.) Frühere Identifizierungen hatten stets ergeben, daß Typ-II-Supernovae sich aus roten Überriesen bilden. Die Standardtheorie besagt: Wenn einem solchen massereichen Stern der Treibstoff
im Zentrum ausgeht, so führt die Gravitation zu einem Kollaps des Kernes;
dieser löst eine Stoßwelle aus, die die Außenschichten des Sternes ausein-
anderbläst. Es gab aber keine Beobachtungen, die darauf hinwiesen, daß
ein blauer Überriese zu einer Typ-II-Supernova führen könnte. Dennoch
hatten einige Forscher festgestellt, daß dies in Computersimulationen geschehen konnte. Sanduleak –69°202 war das erste berühmte Beispiel dieser
Art, das beobachtet werden konnte.

Im den vergangenen zwanzig Jahren hatten eine Reihe von Supernova-
Spezialisten Computerprogramme für die Simulation der Vorgänge im
Inneren massereicher Sterne entwickelt. Zu diesen Wissenschaftlern gehörten insbesondere Tom Weaver vom Livermore-Laboratorium in Kalifornien, Stan Woosley von der Universität von Kalifornien in Santa Cruz,
David Arnett von der Universität von Arizona und Ken'ichi Nomoto von
der Universität Tokio. Die Simulationen zeigen, daß diese Sterne sich zu
einer Art riesiger Zwiebel entwickeln.

Betrachten wir das Objekt Sanduleak –69°202. Nach Weaver und Woosley, deren Modelle den beobachteten Anstieg und nachfolgenden Abfall der
Helligkeit von SN1987A gut wiedergeben, wurde der ursprüngliche Stern
vor ungefähr 11 Millionen Jahren im Tarantula-Nebel geboren, einem
hellen, spinnenförmigen, von glühend heißen Gasen erfüllten Gebiet in der
Großen Magellan-Wolke. Ähnlich wie die Sonne begann Sanduleak –
69°202 sein Leben als eine überwiegend aus Wasserstoff bestehende Kugel
und erzeugte seine Energie anfangs durch das „Verbrennen" von Wasserstoff zu Helium. Die Kernenergie, die dabei frei wurde, wirkte dem von der
Gravitation hervorgerufenen Bestreben nach Kontraktion entgegen. So
existierte der Stern 10 Millionen Jahre lang, bis der gesamte Wasserstoff in
seinem Kern vollständig zu Helium umgesetzt war.

Unter vorübergehendem Raubbau an seinem Kernenergievorrat begann der Kern zu schrumpfen und sich aufzuheizen, wodurch sich seine
äußeren Schichten ausdehnten. Innerhalb von etwa 50'000 Jahren war der
Kern heiß und dicht genug geworden, um die Fusion von Helium zu
Kohlenstoff und Sauerstoff zu ermöglichen, während der Wasserstoff in
den kernnahen Schichten weiter in Helium umgewandelt wurde. Inzwischen war der Radius des Sternes von etwa 4 Millionen km auf 300
Millionen km gestiegen; das ist mehr als das 500fache des Sonnenradius.
Damit war Sanduleak –69°202 zu einem „roten Überriesen" geworden.

Ungefähr eine Million Jahre lang brannte das Helium im Kern des
Sternes weiter, bis es ebenfalls verbraucht war und die Kontraktion infolge
der Gravitation erneut einsetzte. Diesmal war der Kern genügend heiß und
dicht, um Kernreaktionen des Kohlenstoffs zu ermöglichen, wobei Kerne
von Neon, Natrium und Magnesium entstanden. Der Stern hatte nun einen
„zwiebelartigen" Aufbau mit einer Schicht aus Helium, die einen Kern aus

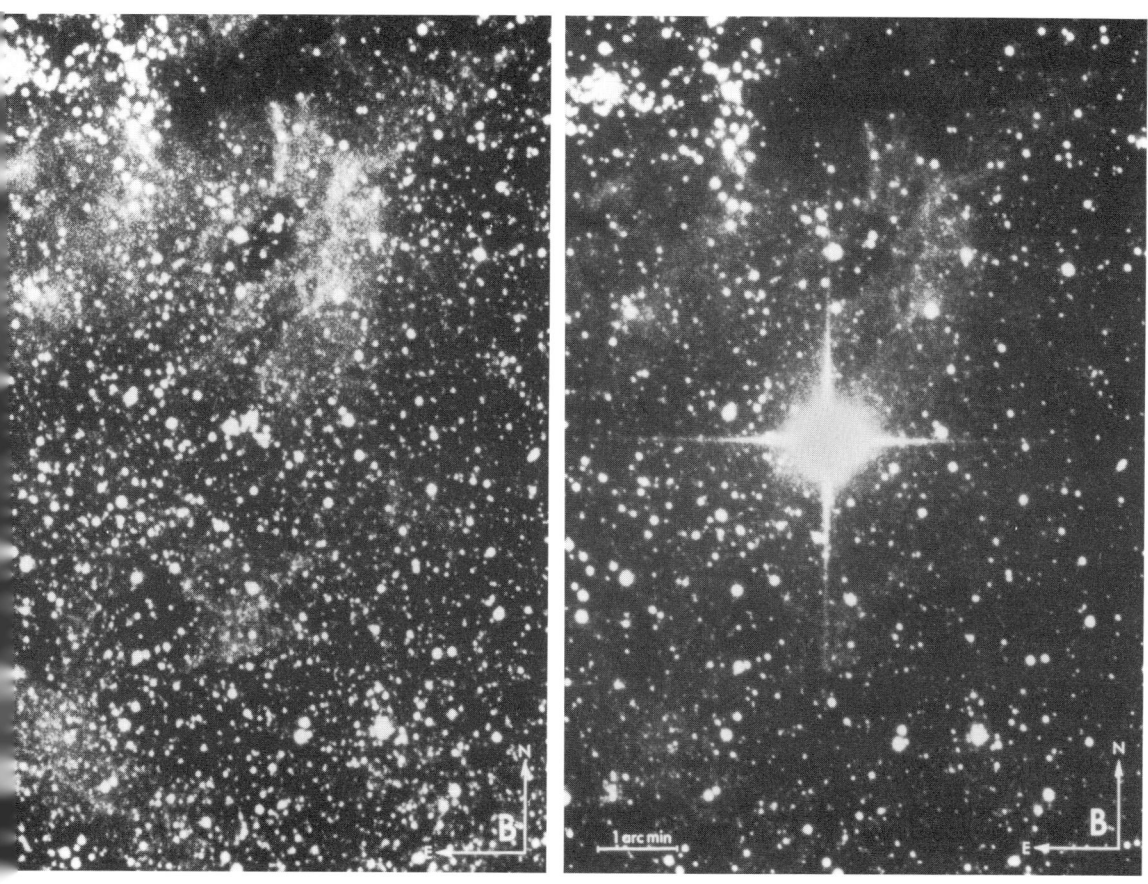

Der Stern, der als SN1987A explodiert war, wurde bald als der helle blaue Stern Sanduleak −69°202 identifiziert. Er erscheint auf dem linken Photo als der linke von zwei hellen Flecken nahe der Bildmitte. Das rechte Bild vom 26. Februar zeigt die Supernova drei Tage nach ihrem Aufleuchten. (Das Kreuz ist ein optischer Effekt im Teleskop). Beide Aufnahmen wurden mit blauem Licht gemacht, diejenige vor dem Ausbruch mit einer Belichtungszeit von 60 Minuten, die andere mit lediglich 15 Minuten (Europäische Südsternwarte).

Kohlenstoff umgab und selbst von einer Schicht aus Wasserstoff eingehüllt wurde. In diesem Stadium verlor der Stern einen Teil seiner riesigen Außenschicht; diese Kugelschale aus Gas wurde etwa 40'000 Jahre später sichtbar, als sie unter dem ultravioletten Lichtblitz der eigentlichen Explosion aufflammte. Die Temperatur war nun offensichtlich nicht mehr hoch genug, um die verbleibende Hülle stabil zu halten, so daß diese zu kontrahieren begann. Im Verlauf dieser Schrumpfung änderte der Stern seine Farbe von rot zu blau: Er wurde zu einem „blauen Überriesen".

Sanduleak −69°202 war jetzt auf dem Weg zu seiner Zerstörung schon weit vorangeschritten. Das Kohlenstoffbrennen dauerte nur etwa 12'000

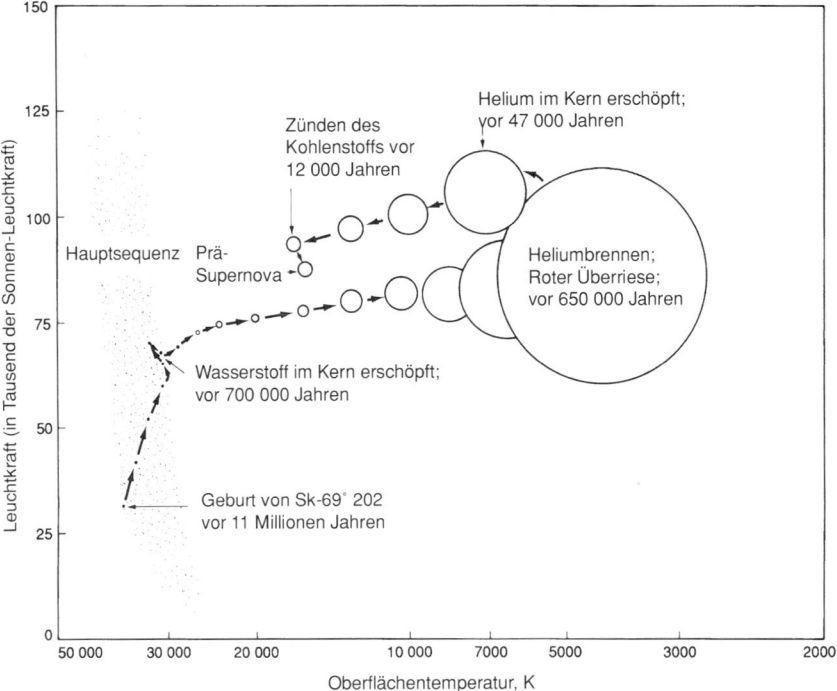

Nach dem theoretischen Modell von Stan Woosley und seinen Kollegen entstand
Sanduleak –69°202 wahrscheinlich vor etwa 11 Millionen Jahren. Seine Masse betrug
ungefähr das 18fache der Sonnenmasse. Durch seine anfänglichen Ausmaße war sein
Schicksal vorbestimmt, das hier schematisch dargestellt ist. Im Diagramm ist die
Leuchtkraft gegen die Oberflächentemperatur aufgetragen, und zwar für
verschiedene Entwicklungsstadien des Sternes bis zum Augenblick unmittelbar vor
der Supernova-Explosion. Man erkennt, daß die äußeren Schichten des Sternes sich
ausdehnten und abkühlten, nachdem er den gesamten Wasserstoff in seinem
Zentrum verbraucht hatte, bis er im rechten Teil des Diagrammes zu einem „Roten
Überriesen" geworden war. In diesem Stadium begann im Kern das
„Heliumbrennen", bei dem Kohlenstoff entstand. Nachdem das Helium im Kern
verbraucht war, begannen die Außenschichten zu kontrahieren, und der Stern wurde
kleiner und heißer: Er wurde zu einem „Blauen Überriesen" (Tom Weaver, Stan
Woosley und John Maduell, Lawrence Livermore National Laboratory, Livermore,
Kalifornien).

Jahre und wurde vom Neon- und vom Sauerstoffbrennen gefolgt, die
jeweils nur einige Jahre anhielten. Der Grund für diesen schnellen Ablauf
liegt überraschenderweise in den Neutrinos. Wenn der Kern während des
Kohlenstoffbrennens eine Temperatur von 5×10^8 K erreicht hat, besitzen
die abgestrahlten Photonen genügend Energie, um Paare aus Elektronen
und Positronen zu erzeugen. Diese Teilchen-Antiteilchen-Paare zerstrahlen gewöhnlich wieder zu Photonen (Gammastrahlen), erzeugen aber
manchmal auch Neutrino-Antineutrino-Paare. Die schwach wechselwir-

kenden Neutrinos und Antineutrinos können rasch aus dem Stern entweichen und tragen dabei Energie mit sich fort, die sonst das Aufhalten des Gravitationskollapses ermöglichte. Um Woosley und Weaver zu zitieren:

Beim Ansteigen der Temperatur des Kernes in den späten Entwicklungsstadien steigt die Neutrino-Leuchtkraft exponentiell an und führt zu einem ruinösen Energieverlust; dadurch wird der Tod des Sternes beschleunigt. (5)

Schließlich verbrannten Silizium und Schwefel – die Produkte des Sauerstoffbrennens – innerhalb von etwa einer Woche im Kern des Sternes zu Eisen, und dann war Sanduleak –69°202 bereit für den Zusammenbruch. Eisenkerne können durch Fusion keine Energie erzeugen; für diesen Prozeß wird viel mehr Energie benötigt. So erlosch der „Hochofen" im Zentrum des Sternes, und dieser konnte der Gravitation nichts mehr entgegensetzen. Sobald der Eisenkern eine kritische Masse vom 1,4fachen der Sonnenmasse und einen Durchmesser von ungefähr einem halben Erddurchmesser erreicht hatte, war das Schicksal des Sternes besiegelt.

Innerhalb einiger Zehntelsekunden kollabierte dieser dichte Eisenkern zu einer Kugel von etwa 50 km Durchmesser, wobei die äußeren Schichten Geschwindigkeiten von einem Viertel der Lichtgeschwindigkeit erreichten. Dann endete der Kollaps des Sterninneren dadurch, daß dieser zentrale Bereich eine größere Dichte als die eines Atomkernes annahm und die zwischen Protonen und Neutronen wirkenden Kernkräfte eine weitere Kompression der Materie verhinderten. Dabei kam die Kontraktion des inneren Bereiches nicht nur zum Stillstand, sondern die Materie prallte zurück und stieß dadurch mit den nachstürzenden äußeren Schichten zusammen. Das Ergebnis war eine ungeheure Stoßwelle, die sich explosionsartig durch die äußeren Kernbereiche fortpflanzte.

Die Geschwindigkeit, mit der dies alles ablief, ist wirklich bemerkenswert. Adam Burrows, ein theoretischer Astrophysiker an der Universität von Arizona, schrieb dazu:

Der Stern hat 10^7 Jahre lang gelebt und bricht nun in einer einzigen Sekunde zusammen. Innerhalb eines Tages hat er sich vollständig aufgelöst. (6)

Neutrinos und die schwache Kraft, die sie erzeugt, spielen beim plötzlichen Tod des Sternes eine entscheidende Rolle. Die theoretischen Modelle lassen darauf schließen, daß sie auch bei der nachfolgenden Explosion eine kritische Funktion besitzen. Erstaunlicherweise ist es sogar möglich, daß Neutrinos das Erscheinen der Supernova SN1987A beinahe verhindert hätten, um sie dann aber um so stärker wieder in Gang zu setzen.

Als die Stoßwelle auf die äußeren Schichten des Kernes zulief, verlor sie Energie, teilweise durch die Erzeugung von Neutrino-Antineutrino-Paaren, die aus den Außenbereichen des Kernes rasch entweichen konnten. Vermutlich kam die Stoßwelle beim Erreichen des äußeren Kernrandes

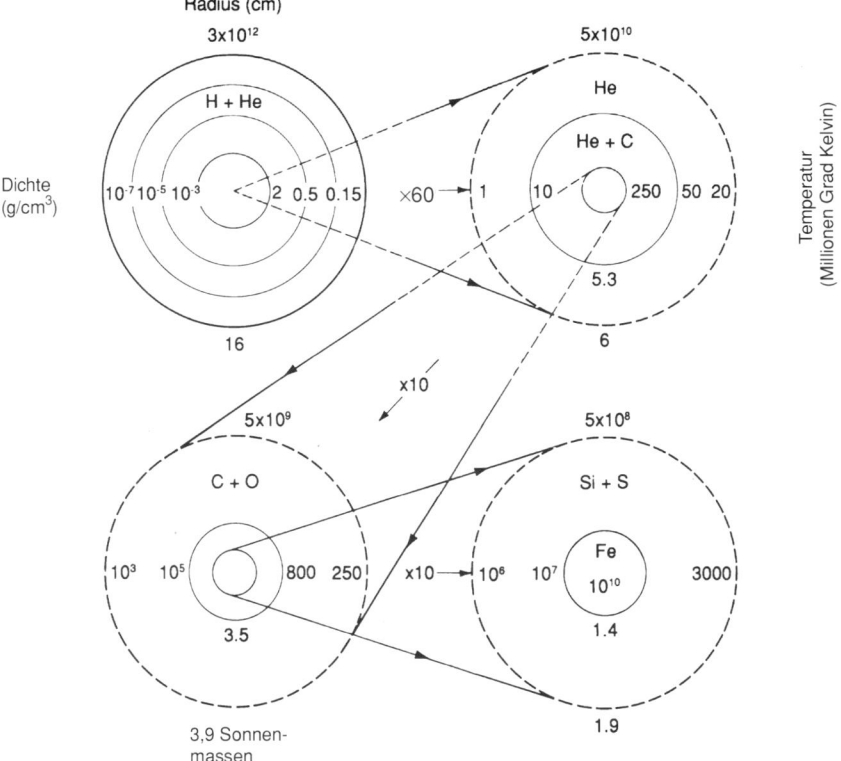

Unmittelbar vor seinem Kollaps ähnelte Sanduleak −69°202 einer riesigen stellaren Zwiebel, die aus konzentrischen Schalen bestand, die unterschiedliche Elemente enthielten. Dieses Diagramm zeigt die von Stan Woosley und seinen Kollegen berechnete Struktur, wobei das Zentrum in drei aufeinanderfolgenden Stufen um die Faktoren 60 beziehungsweise 10 und nochmals 10 vergrößert wurde. Oberhalb jedes Teilbereichs ist der Radius des dargestellten Gebiets in Zentimetern angegeben und unterhalb des Bereichs die zugehörige Masse in Sonnenmassen. Die Zahlen links vom Kern zeigen die Dichte der verschiedenen Schichten (in g/cm^3) und die Zahlen rechts vom Kern die Temperatur in 10^6 K.

zum Erliegen, weil ein großer Teil ihrer Energie von den flüchtigen Neutrinos davongetragen wurde.

Der innere Kern war jedoch heiß genug, um sehr energiereiche Gammastrahlen zu emittieren, die wiederum mehr Neutrino-Antineutrino-Paare produzierten. Zum anderen war die Dichte im Inneren des Kernes so hoch, daß die Neutrinos mehrere Sekunden benötigten, um nach außen zu diffundieren – tausendmal länger als bei einer niedrigeren Dichte. Diese Neutrino-Wechselwirkungen könnten genau die erforderliche Zutat zur Erzeugung einer Supernova gewesen sein. James Wilson und Ron Mayle vom Livermore-Laboratorium haben berechnet, daß die Übertragung von einigen Prozent der Energie der Neutrinos auf die Materie unmittelbar hinter dem abgebremsten Schock ausgereicht hätte, um die Stoßwelle erneut zu starten und das Feuerwerk von SN1987A zu zünden.

SN1987A gab den Astronomen erstmals Gelegenheit, ein ganzes Instrumentarium moderner Technologie beim Studium einer Supernova zu nutzen. Woosley und Weaver bemerkten dazu:

> *Für uns und Hunderte anderer Theoretiker und Beobachter, die auf allen möglichen Wellenlängen gemeinsam daran arbeiteten, dieses grandioseste aller Himmelsschauspiele zu dokumentieren, war es eine Zeit unvergleichlicher Freude, wissenschaftlicher Kooperation und intellektueller Herausforderung – das wichtigste Ereignis des Lebens. (7)*

Aber es waren nicht nur die Astronomen und Astrophysiker, die diese Einschätzung teilten.

Die ersten Botschafter

> „Der größte Triumph, der mit der LMC-Supernova verknüpft ist, besteht in der epochalen Entdeckung kurzer (etwa 10 s langer), aber gewaltiger Neutrinoausbrüche aus ihrem Kern. Zum ersten Mal haben wir die von einer Supernova ausgeschleuderte undurchsichtige Materie durchdrungen und einen Blick auf die heftigen Zuckungen geworfen, die einen stellaren Kollaps begleiten." (8)
>
> *Adam Burrows, 1988*

Bereits 1932 – einige Monate nach Chadwicks Entdeckung des Neutrons – hatte der russische Physiker Lew Landau die Existenz von Neutronensternen vorausgesagt. Das sind Sterne, in denen die Materie so stark komprimiert ist, daß Protonen und Elektronen miteinander verschmelzen und Neutronen bilden. Innerhalb von zwei Jahren hatten Walter Baade und Fritz Zwicky in Kalifornien die Verbindung zu den Supernovae hergestellt. Sie nahmen an, daß die mit der Supernova verbundene enorme Energie aus dem Kollaps eines gewöhnlichen Sternes zu einem Neutronenstern herrühren kann. Bei einem solchen Kollaps wird der Kern eines Sternes mit einer Gesamtmasse von wenigstens anderthalb Sonnenmassen in ein extrem dichtes Objekt von nur 10 bis 20 km Durchmesser zusammengepreßt. Damit dies geschehen kann, muß der Kern einen unvorstellbar großen Energiebetrag abgeben, die sogenannte Gravitations-Bindungsenergie. Diese Energiemenge kann relativ leicht berechnet werden und ergibt sich zu 2 bis 3×10^{46} Joule; das entspricht ungefähr dem Hundertfachen des gesamten Energieausstoßes der Sonne während ihrer voraussichtlichen Lebenszeit von 10 Milliarden Jahren. Dabei wissen wir, daß 99% der beim stellaren Kollaps abgegebenen Energie nicht in dem spektakulären Schauspiel frei wird, das wir im optischen Bereich beobachten (der nur 0,01% der gesamten Energie enthält), sondern in Form von Neutrinos in alle Richtungen ausgesandt wird.

Bis zur Erde, 170'000 Lichtjahre von der SN1987A-Explosion entfernt, hatte sich der Neutrinoschwarm beträchtlich verdünnt, obwohl es immer noch phänomenale 50 Milliarden Neutrinos pro Quadratzentimeter waren, die unseren Planeten durchströmten. Die meisten davon durchquerten uns, ebenso unempfindlich gegen unsere Anwesenheit wie wir gegen ihre. Sie rasten in die Südhalbkugel der Erde hinein, um in der nördlichen Hemisphäre wieder auszutreten. Natürlich schafften einige nicht die ganze Reise durch die Erdkugel. Wie wir wissen, wurden ungefähr zwanzig bei dem Versuch eingefangen, über die Nordhalbkugel zu entkommen: Sie wurden von den unterirdischen Detektoren in Japan und im Norden der USA auf ihrem Flug aufgehalten.

Sobald die Nachricht von der neuen Supernova verbreitet war, begannen Astrophysiker und Teilchenphysiker auf der ganzen Welt, über die Konsequenzen für den Neutrinonachweis auf der Erde nachzudenken. Von Abschätzungen auf der Rückseite von Briefumschlägen oder Bierdeckeln bis zu detaillierten Computeranalysen entstand eine Flut von Formeln und Zahlen. Unter den schnellsten Wissenschaftlern waren John Bahcall und seine Kollegen, deren Brief am 2. März – nur wenige Tage nach der Supernova – bei der Zeitschrift „Nature" einging. Sie hatten berechnet, wieviele Neutrinos von den laufenden Experimenten hätten entdeckt wer-

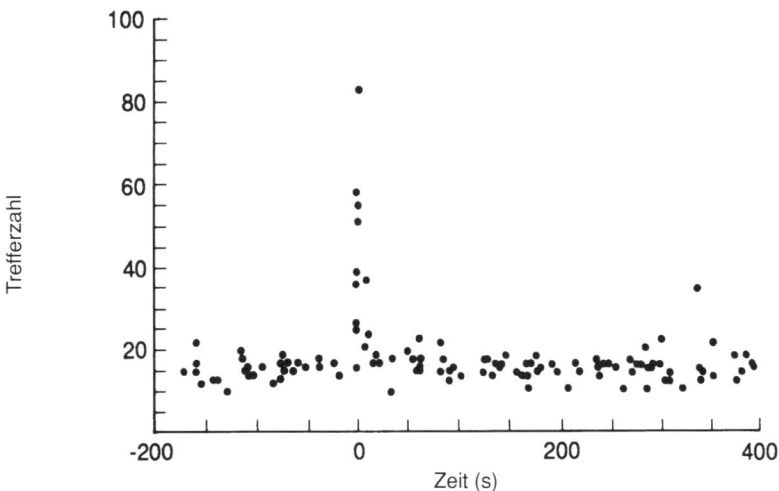

Die Anzahl der aktivierten Photomultiplier in Kamiokande II zeigte am 23. Februar 1987 um etwa 7:35 Uhr Weltzeit (dem Zeitpunkt 0 in diesem Diagramm) einen drastischen Anstieg über den normalen Untergrund. Das bewies, daß um diese Zeit im Detektor irgend etwas Ungewöhnliches geschah, und daß die der Supernova 1987A zugeschriebenen Ereignisse sehr wahrscheinlich keine zufälligen Fluktuationen waren.

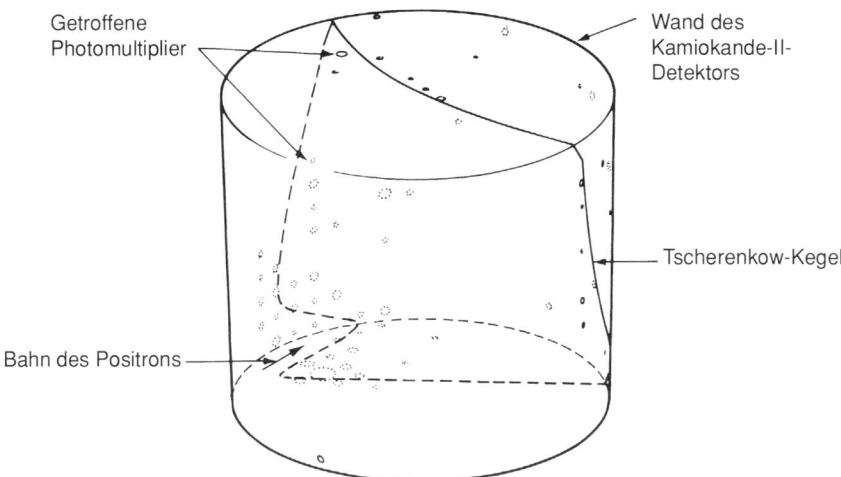

Getroffene Photomultiplier

Wand des Kamiokande-II-Detektors

Tscherenkow-Kegel

Bahn des Positrons

In dieser Rekonstruktion des höchstenergetischen Ereignisses, das von Kamiokande II während der Ankunft der Neutrinos von SN1987A registriert wurde, markieren die kleinen Kreise die an diesem Nachweis beteiligten Photomultiplier. Die Fläche jedes Kreises ist proportional zur Lichtmenge, die an der jeweiligen Stelle registriert wurde. Die Pfeile zeigen den Ursprung und die Richtung des Positrons an, das durch die Wechselwirkung des Neutrinos mit einem Proton im Wasser entstand. Die zusätzlichen Linien verbinden die Orte, an denen der vom Positron erzeugte Kegel aus Tscherenkow-Licht auf die Wände des Detektors traf. Gepunktete Linien bezeichnen entsprechende Details auf der gegenüberliegenden Oberfläche des Detektors (M. Koshiba, Kamiokande II).

den können. Davis' Detektor für solare Neutrinos in der Homestake-Mine (siehe Kapitel 6) hätte vermutlich ein Argonatom zusätzlich erzeugt, was sich bei einer normalen Produktionsrate von 1 bis 2 Atomen pro Tag nicht vom Hintergrund unterschieden hätte. Dagegen hätte nach Bahcall und seinen Kollegen der Kamiokande-Detektor in Japan (siehe Kapitel 6) eine gute Chance besessen, ungefähr 50 Neutrinos nachzuweisen, und zwar alle innerhalb weniger Sekunden, der Zeitspanne, welche die Supernova für den Kollaps und die Emission eines großen Teils der Neutrinos benötigt hatte. Das Erscheinen einer großen Anzahl von Teilchen in einem derart kleinen Zeitintervall sollte sich deutlich von den normalen Hintergrundereignissen abheben.

Der Zeitpunkt, zu dem man nach einem solchen Neutrinoausbruch zu suchen hatte, mußte kurz vor den ersten optischen Beobachtungen der Supernova liegen. Innerhalb der sich entwickelnden Supernova sollten sich die Neutrinos nach ihrem Entweichen schneller als die Stoßwelle bewegt haben und dadurch die Vorhut für das Licht bilden, das emittiert wurde, als die Stoßwelle die Schichten außerhalb des Eisenkernes durchquerte. Als die Forscher am Kamiokande-Detektor die gegen Ende Februar aufgezeichneten Daten zurückverfolgten, fanden sie tatsächlich einen solchen

Ausbruch. Am 23. Februar, ungefähr um 7:35 Uhr Weltzeit, waren 11 Ereignisse aufgetreten, die nach Neutrino-Wechselwirkungen aussahen. Alle lagen innerhalb von 13 Sekunden, die ersten neun sogar innerhalb von nur zwei Sekunden. Diese Ereignisse lagen etwa 18 Stunden vor dem Zeitpunkt, zu dem Ian Shelton die Supernova erstmals bemerkt hatte. Das Kamiokande-Team hatte Glück gehabt: Der Ausbruch ereignete sich nur Minuten nach einer routinemäßigen Eichung des Detektors, die alle vorherigen Neutrinosignale vollständig ausgelöscht hatte.

Andere Forscher, die an einem unterirdischen Detektor arbeiteten, wußten, daß sie ebenfalls gute Chancen besaßen, Neutrinos von SN1987A erfaßt zu haben. Als sie von den Ergebnissen von Kamiokande hörten, war ihnen klar, wo sie in ihren Daten zu suchen hatten. Ihr Gerät war der IMB-Detektor, benannt nach den Standorten der anfänglich beteiligten Forschungsinstitutionen: der Universität von Kalifornien in Irvine, der Universität von Michigan und dem Brookhaven National Laboratory. Dem Team gehörten auch zwei Wissenschaftler an, denen wir schon in früheren Kapiteln begegnet sind: Maurice Goldhaber und Fred Reines.

Der Detektor, ein Tank mit etwa 8000 Tonnen gereinigtem Wasser, befand sich in einer Höhle 600 m unter der Erde in der Morton-Thiokol-Salzmine in der Nähe von Fairport in Ohio. Wie der Kamiokande-Detektor war auch er für die Suche nach möglichen Protonenzerfällen gebaut worden. An den sechs Innenflächen des Tanks waren lichtempfindliche Photomultiplier mit einem Durchmesser von 20 cm in einem Abstand von 1 m angebracht. Sie wiesen Tscherenkow-Strahlung nach – Licht, das ausgesandt wird, wenn elektrisch geladene Teilchen das Wasser mit einer Geschwindigkeit durchqueren, die höher als die Lichtgeschwindigkeit in Wasser ist. Das Licht breitet sich in Form eines Kegels um die Teilchenbahn herum aus und trifft bei seiner Ankunft an der Detektorwandung auf einen Ring von Photomultipliern (vergleiche die Abbildung auf Seite 208.

Normalerweise stellen Neutrinos im IMB-Detektor einen unerwünschten Hintergrund von Signalen dar; ihre Wechselwirkungen im Wasser, die ungefähr zweimal am Tag erfolgen, können den Zerfall eines Protons perfekt vortäuschen. Anfang der 80er Jahre erkannte das Team jedoch, daß sich damit auch Neutrinos von einer Supernova leicht entdecken ließen. Der Kollaps eines benachbarten Sternes würde den Detektor mit Neutrinos überfluten, wobei es unmöglich wäre, die Tscherenkow-Ringe der einzelnen Teilchen voneinander zu trennen. (Ein Mitglied des Teams, John LoSecco, sandte eine Arbeit an „Nature", in der er diese Möglichkeit erörterte. Die Redaktion war davon wohl nicht sehr beeindruckt; denn die Arbeit wurde erst nach 14 Monaten veröffentlicht.)

Nach der Explosion von Sanduleak –69°202 ergab sich die Gelegenheit zur Beobachtung einer Supernova. Dabei wollte es der Zufall, daß dieses Ereignis einerseits weit genug entfernt stattfand, um den Detektor nicht mit Signalen zu überschwemmen, andererseits aber doch nahe genug, um einen überzeugenden Effekt hervorzubringen. Genau um 7:35:41:37 Uhr Weltzeit zündeten die ersten acht Neutrinos den IMB-Detektor; weitere sieben erreichten ihn im Verlauf der nächsten sechs Sekunden. Die vernachlässigbare Hintergrundrate statistischer Ereignisse im Detektor sowie die gleichzeitige Ankunft von Neutrinoschwärmen in Detektoren auf anderen Kontinenten waren beweiskräftig genug, um die Signale in IMB und in Kamiokande mit der Supernova in Verbindung zu bringen.

Eine Arbeit, die die Beobachtung der SN1987A-Neutrinos durch das Team von Kamiokande beschrieb, erreichte die Redaktion der „Physical Review Letters" am 10. März, drei Tage vor einem ähnlichen Artikel der IMB-Gruppe. Beide Publikationen erschienen zusammen am 6. April, sechs Wochen nach dem Auftauchen der Neutrinos aus der Supernova.

Die von uns nachgewiesenen Ereignisse und ihre zeitliche Nähe zu den optischen Beobachtungen der Supernova 1987A sind ein überzeugender Beweis dafür, daß Neutrinos entdeckt wurden, die aus dem Kollaps einer Supernova stammen. (9)

So lautete die Schlußfolgerung des IMB-Teams. Die Forscher am Kamiokande gingen noch einen Schritt weiter:

Dies ist die erste direkte Beobachtung der Neutrinoastronomie. Sie stimmt bemerkenswert gut mit den gegenwärtigen Modellen eines Supernova-Kollapses und der Bildung eines Neutronensternes überein. (10)

Etwas später schrieben Stan Woosley und Tom Weaver:

Die theoretische Bedeutung des Neutrinonachweises war beträchtlich … Der Nachweis eines Neutrinoausbruchs zeigt, daß sich – wie von der Theorie vorausgesagt – bei einer Typ-II-Supernova-Explosion ein Neutronenstern bildet. (11)

Beim Kollaps eines massereichen Sternes zu einem Neutronenstern sollten etwa 10^{57} Elektron-Neutrinos emittiert werden, die beim Verschmelzen von Protonen und Elektronen zu Neutronen entstehen (dieser Prozeß ist eine Form des inversen Betazerfalls). Diese Neutrinos sollten mit einer durchschnittlichen Energie von 10 MeV entweichen; das ist ein Wert, der mit Hilfe von Computersimulationen des Sternzusammenbruchs aus der Temperatur und der Dichte des Sternzentrums berechnet werden kann. Die Neutrinos sollten dem kollabierenden Stern eine Energiemenge von etwa $1,3 \times 10^{45}$ Joule entziehen. Das entspricht nur einem Zwanzigstel der insgesamt freigesetzten Energie.

In den Hochtemperaturbereichen des kollabierenden Sternes werden aber auch die Neutrino-Antineutrino-Paare erzeugt: die Teilchen, die so entscheidend zum katastrophalen Tod des Sternes beitragen. Neutralstrom-Wechselwirkungen, also Reaktionen, die über den Austausch eines Z°-Teilchens verlaufen (siehe Kapitel 5) und bis Anfang der 70er Jahre unbekannt waren, führen zur Produktion aller möglichen Typen von Neutrinos und Antineutrinos. Mit anderen Worten: außer Elektron-Neutrinos, die auch aus Ladungsstrom-Wechselwirkungen hervorgehen können, sollten zusätzlich Myon- und Tauon-Neutrinos sowie Antineutrinos entstehen. Darüber hinaus sollte der von den einzelnen Arten davongetragene Energieanteil ungefähr gleich sein.

Der Kamiokande- und der IMB-Detektor erlaubten es erstmals, diese Vorstellungen zu überprüfen; denn sie können alle Arten von Neutrinos aufgrund ihrer Zusammenstöße mit Elektronen im Wasser nachweisen. Ein Elektron entweicht ungefähr in der gleichen Richtung wie das einfallende Neutrino und erzeugt an der Wand des Tanks einen verräterischen Ring aus Tscherenkow-Licht. Elektron-Neutrinos können aber auch mit Protonen reagieren und dabei ein Positron und ein Neutron erzeugen. Dies ist

Im Inneren des mit Wasser gefüllten IMB-Detektors, 600 Meter unter der Erdoberfläche in der Morton-Thiokol-Salzmine nahe bei Cleveland, Ohio. Das Wasser wird von einer regelmäßigen Anordnung aus 4048 Photomultipliern überwacht. Jeder Multiplier ist auf einer quadratischen Kunststoffscheibe montiert, die das Licht sammelt, das den Multiplier nicht direkt trifft. Der Taucher nimmt gerade eine der monatlichen Inspektionen des Detektors vor. Sein Abstand zur Wand beträgt 20 Meter; dies macht die extreme Klarheit des gereinigten Wassers im Detektor deutlich (IMB Collaboration).

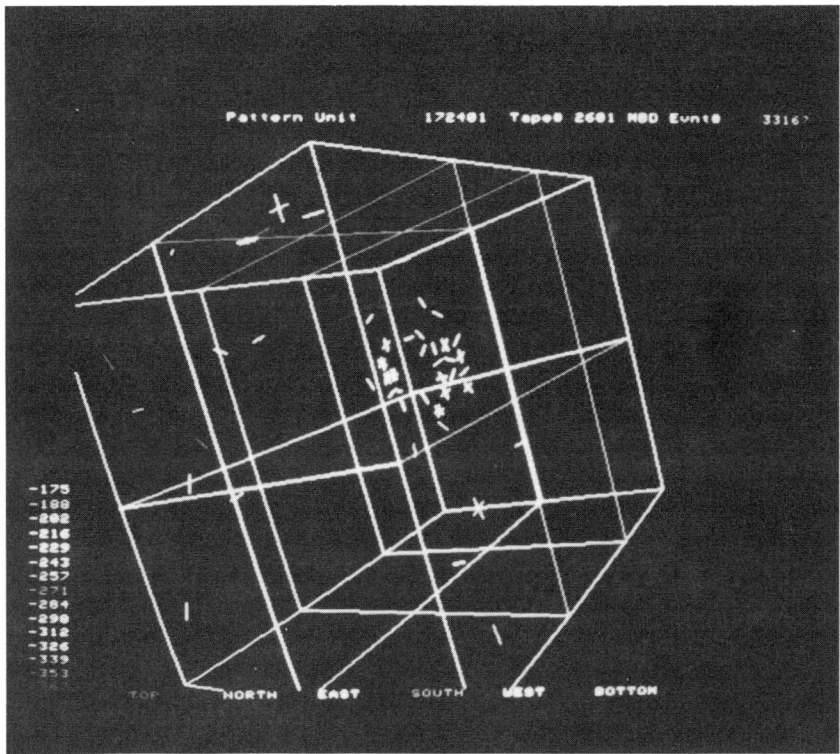

Diese Computer-Rekonstruktion zeigt den Ring aus Tscherenkow-Licht, der im IMB-Detektor durch die Wechselwirkung eines von SN1987A ausgesandten Neutrinos erzeugt wurde. Die langen geraden Linien markieren die Wände des Detektors. Die kurzen Striche und Kreuze kennzeichnen die Positionen der Photomultiplier, die Licht nachgewiesen haben, wobei die Anzahl der Striche an jedem Punkt proportional zur nachgewiesenen Lichtmenge ist (IMB Collaboration).

die Reaktion, die Cowan und Reines – wie in Kapitel 2 beschrieben – bei ihrem ersten Neutrinonachweis in den 50er Jahren untersuchten. In diesem Fall kann das Positron, das die Aussendung von Tscherenkow-Licht verursacht, in jede beliebige Richtung davonfliegen.

Der abschließenden Analyse zufolge scheint nur die Flugbahn eines einzigen der von Kamiokande entdeckten Neutrinos zurück auf die Große Magellan-Wolke zu weisen und somit auf eine elastische Streuung zwischen einem Neutrino und einem Elektron zurückzugehen. Die Mehrzahl der Ereignisse scheint ihre Ursache, wie erwartet, im Einfang von Elektron-Neutrinos durch Protonen zu haben. Aus der Zahl der wenigen entdeckten Elektron-Antineutrinos und ihrer durchschnittlichen Energie (die aus der Menge des Tscherenkow-Lichtes der nachgewiesenen Positronen bestimmt werden kann) läßt sich die Temperatur des Kernes der Supernova und die

Energie abschätzen, die insgesamt von allen Arten von Neutrinos und Antineutrinos davongetragen wird.

Die Ergebnisse liefern erstaunliche Beweise dafür, daß unser Bild eines stellaren Zusammenbruchs grundsätzlich richtig ist. Auf der Neutrino-88-Konferenz, die an der Tufts-Universität in Massachusetts abgehalten wurde, stellte Adam Burrows fest:

Der Kollaps von Kernen wurde seit über 30 Jahren erforscht, und Neutronensterne wurden seit 50 Jahren untersucht – in selbst theoretischer Isolation. Daß die Theoretiker der Sache dabei so nahe kamen, ist sehr erfreulich ...

Dieser Nachweis von Neutrinos von SN1987A liefert uns den ersten definitiven Test der grundlegenden Theorie über den Tod von Sternen, Supernovae und die Geburt von Neutronensternen.

Innerhalb von etwa 10 Sekunden wurde diese Theorie am 23. Februar 1987 in Astronomie verwandelt. (12)

Die nachgewiesenen Neutrinos lassen darauf schließen, daß SN1987A eine Energie von insgesamt 2 bis 3×10^{46} Joule emittiert hat; das entspricht der theoretischen gravitativen Bindungsenergie, die beim Kollaps eines Kernes von etwa 1,5 Sonnenmassen zu einem Neutronenstern freigesetzt wird. Zudem kamen die Neutrinos im Abstand von einigen Sekunden auf der Erde an; das bestätigt, daß sie – wie mit Hilfe von Computersimulationen berechnet – tatsächlich relativ langsam aus dem dichten Kern nach außen diffundieren. Das einzige unbewiesene Glied in der Argumentationskette ist die Rolle der Neutrinos bei der „Wiederbelebung" des abgebremsten Stoßes, das heißt bei dem Mechanismus, der die Stoßwelle wieder anwirft, wenn ihr die Energie ausgegangen ist.

Wir werden keine weiteren 400 Jahre auf eine andere Supernova warten müssen, um Antworten auf diese Fragen zu erhalten. Mit SN1987A wurde

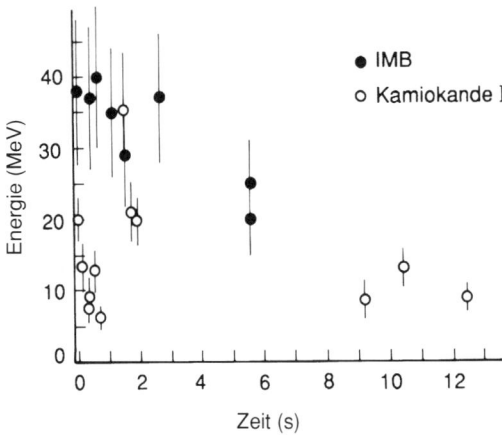

Die Darstellung zeigt die Ankunftszeiten der Neutrinos im Kamiokande-II-Detektor und im IMB-Detektor (mit s=0 für 7:35:40 Weltzeit). Man sieht, daß die Neutrinos über einen Zeitraum von etwa 12s verteilt eintreffen. Dies bestätigt offenkundig theoretische Vorstellungen, nach denen die Neutrinos innerhalb einiger Sekunden aus dem dichten Kern einer Supernova austreten.

die Wissenschaft der Neutrinoastronomie ins Leben gerufen, und die auf diesem Gebiet Forschenden wissen jetzt, wie die Ausbrüche einer Supernova aussehen. Daher sollten sie ein Supernova-Ereignis auch dann entdecken können, wenn sein optisches Signal für einen Nachweis zu schwach oder wenn die Quelle unseren Blicken verborgen ist, beispielsweise durch den Staub in der Scheibenebene unserer eigenen Galaxis. Auf der Neutrino-88-Konferenz gab Lew Okun vom Institut für Theoretische und Experimentelle Physik in Moskau folgenden Kommentar:

> *Die hauptsächliche Bedeutung von SN1987A besteht darin, daß es sich dabei um eine spektakuläre Generalprobe handelt. Heute denken mehr Physiker als vor dem 24. Februar 1987 über das Geschehen am Himmel nach. Das Datum für das nächste derartige Geschehen – die eigentliche Aufführung – wird am Ende dieses Vortrags bekanntgegeben werden.* (13)

Okun hatte nicht gescherzt, sondern seine Worte tatsächlich „absolut ernst" gemeint:

> *Es ist nicht schwieriger, das Jahr der Explosion einer Supernova vorauszusagen, als das Jahr, in dem die Gelder für einen großen Beschleuniger oder einen großen Detektor bewilligt werden.* (14)

Seine Argumentation war sehr einfach. Während der letzten tausend Jahre konnten in unserer Galaxis nur sechs Supernovae beobachtet werden, die alle in relativer Nähe der Sonne erschienen, aber nicht in der Richtung des galaktischen Zentrums. Beobachtungen anderer Galaxien zeigten dagegen, daß Supernovae am häufigsten in der Nähe des Zentrums von Galaxien auftreten, gerade in dem Bereich unserer Galaxis, der unseren Blicken durch Staub verborgen ist. Dazu bemerkte Okun:

> *Das erklärt, warum unsere Vorfahren dort keine Supernovae gesehen haben. Aber Staub ist für Neutrinos durchsichtig. Jüngsten Schätzungen der Experten zufolge ereignen sich in unserer Galaxis in jedem Jahrhundert zwei oder drei Supernova-Explosionen. Große Neutrinodetektoren wurden erst in letzter Zeit gebaut, so daß wir die Chance im 20. Jahrhundert bereits verpaßt haben könnten. Ich bin jedoch optimistisch und erwarte als Jahr der nächsten Supernova-Explosion 2003 ± 15 Jahre …*
> *… Besonders wichtig ist dabei das Minuszeichen. Die Neutrinos der nächsten Supernova könnten diesen Saal erreichen, bevor ich meinen Vortrag beendet habe. Wir müssen uns daher beeilen!* (15)

Okun braucht sich keine Sorgen zu machen. Inspiriert durch SN1987A, sind Neutrinoastronomen in der ganzen Welt mit dem Bau neuer Detektoren für die 90er Jahre beschäftigt und träumen von weiteren, die im nächsten Jahrhundert gebaut werden könnten. Es besteht die Hoffnung, daß diese neugeborene Wissenschaft nicht sehr viel Zeit braucht, um erwachsen zu werden.

Extraterrestrische Neutrinos

> „Schließlich wird man sogar die Hochenergie-Neutrinoastrono-
> mie ins Auge fassen, denn Neutrinos fliegen auf geraden Linien,
> anders als die gewöhnliche Kosmische Strahlung …, und die
> Neutrinos werden astronomische Informationen überbringen,
> die von ganz anderer Art als die sind, die von sichtbarem Licht
> oder Radiowellen übertragen werden." (16)
>
> *Kenneth Greisen, 1960*

Zehn Jahre nach seiner Arbeit mit Clyde Cowan – durch die bewiesen wurde, daß Paulis Neutrino tatsächlich als ein reales Teilchen existiert – konnte man Fred Reines etwa 3200 m unter der Erdoberfläche in einer Goldmine in Südafrika antreffen. Wieder einmal suchte er nach Neutrinos, diesmal allerdings nicht nach solchen, die in einem Kernreaktor künstlich erzeugt waren. Vielmehr fahndete er nach hochenergetischen Neutrinos, die in der Erdatmosphäre auf natürliche Weise durch energiereiche Teilchen entstanden, deren Ursprung weit jenseits des Sonnensystems lag. Die Apparatur begann im Herbst 1964 zu arbeiten. Reines und sein Kollege J.P.F. Sellschop schrieben später darüber:

Am 23. Februar 1965 registrierten die Detektoren ein Myon, das sich in horizontaler Richtung fortbewegt hatte – das erste „natürliche" hochenergetische Neutrino, das jemals beobachtet wurde! (17)

Neutrinos mit Energien bis zu Beträgen, die jenseits aller Werte liegen, die wir in Labors erzeugen können, strömen unuunterbrochen durch uns hindurch. Am häufigsten sind allerdings die mit den niedrigsten Energien. Die Neutrinos von der Sonne besitzen meist eine Energie von 14 MeV; die Neutrinos von SN1987A hatten den theoretischen Modellen für Typ-II-Supernovae zufolge nur dann eine durchschnittliche Energie ähnlicher Größe, wenn sie aus dem relativ seltenen Zerfall von Bor-8 stammten. Die Erdoberfläche wird aber auch von Neutrinos mit tausendfach höheren Energien erreicht, die bei den Wechselwirkungen hochenergetischer geladener Teilchen mit Materie in der Erdatmosphäre oder im interstellaren Raum und noch weiter entfernt in anderen Sternsystemen und wahrscheinlich anderen Galaxien entstehen. Während Sie diese Seite lesen, wird sie pro Sekunde von etwa zwei Neutrinos mit Energien von über 10^{10} eV (das sind 10'000 MeV) durchquert, die aus Kernreaktionen in der Atmosphäre hervorgingen.

Die obere Erdatmosphäre wird ununterbrochen von einem Hagel sehr energiereicher kosmischer Strahlungsteilchen – meistens Protonen – bom-

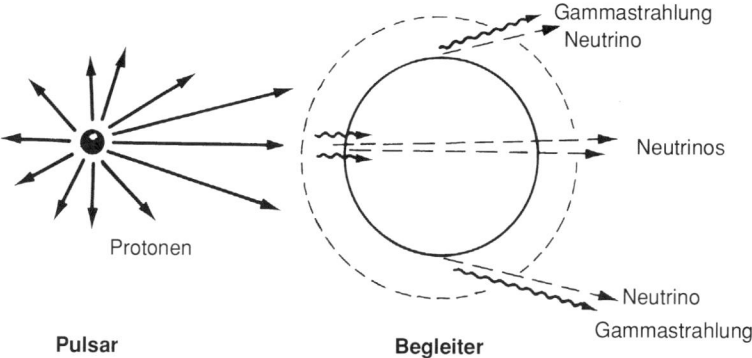

Eine mögliche Quelle sehr hochenergetischer Kosmischer Strahlung könnte ein Doppelsternsystem sein, das aus einem Pulsar (einem schnell rotierenden Neutronenstern) und einem Begleiter besteht, von dem Materie zum dichten Neutronenstern hinübergezogen wird. Teilchen, die von den starken Feldern in der Nähe des Pulsars beschleunigt werden, könnten mit dieser Materie wechselwirken, wobei sowohl geladene Teilchen als auch Neutrinos und Gammastrahlen entstehen könnten. Die geladenen Teilchen würden sich unter dem Einfluß der im Weltraum existierenden Magnetfelder auf Spiralbahnen entfernen und zu Bestandteilen der Kosmischen Strahlung werden. Die Neutrinos und Gammastrahlen hingegen würden nicht abgelenkt und könnten bei ihrem Nachweis auf der Erde die Richtung der Quelle verraten. In manchen Fällen könnten die Gammastrahlen durch Absorption in der Materie zwischen Quelle und Erde verlorengehen, so daß nur noch die Neutrinos nachzuweisen wären.

bardiert. Wenn die Kosmischen Strahlen in der Atmosphäre mit Atomkernen zusammenstoßen, erzeugen sie geladene und neutrale Pionen (vergleiche Kapitel 4); wenn die geladenen Pionen zerfallen, bringen sie gewöhnlich Myonen und Myon-Neutrinos hervor. Häufig zerfallen auch die Myonen vor dem Erreichen der Erdoberfläche in Elektronen, Elektron-Neutrinos und weitere Myon-Neutrinos. Die Kosmischen Strahlen, die diese „Schauer" sekundärer Teilchen erzeugen, besitzen Energien von 10^{20} eV und mehr – zehnmillionenmal höher als die höchsten Energien, die die Teilchenbeschleuniger derzeit erreichen können.

Kosmische Strahlen höchster Energie sind tatsächlich selten. Etwa hundert Teilchen mit einer Energie oberhalb 10^{16} eV durchqueren pro Jahr ein Zimmer durchschnittlicher Größe, während Energien von über 10^{20} eV pro Quadratkilometer und Jahrhundert nur ein paar Male auftreten. Diese ultra-hochenergetischen Kosmischen Strahlen können aber Neutrinos mit sehr hohen Energien erzeugen.

Der Ursprung der Kosmischen Strahlung ist noch nicht genau bekannt. Alle Informationen über die Richtung der geladenen Teilchen aus dem Weltraum gehen beim Durchqueren des galaktischen Magnetfeldes verloren; denn dieses verformt die Teilchenbahnen zu Spiralen, und die Partikel gelangen aus nahezu allen Richtungen auf die Erde. Es wurde vermutet,

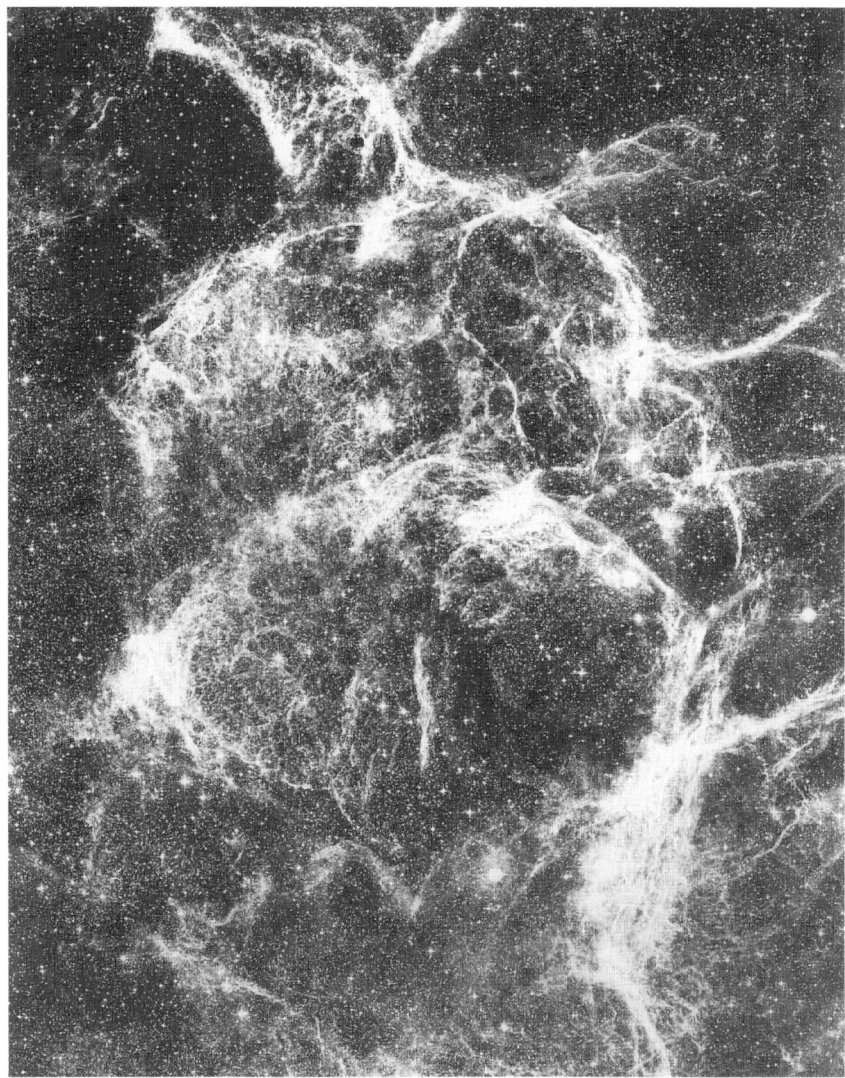

Die Abbildung zeigt feinverteilte, leuchtende Filamente einer grob kreisförmigen, etwa 6 Grad großen Gashülle im südlichen Sternbild Vela. Die Filamente markieren die heutige Position der sich immer noch ausbreitenden Explosionswolke einer Supernovaexplosion, die sich vor einigen zehntausend Jahren ereignete. Das verdünnte interstellare Material wird durch das Passieren der Stoßfront aufgeheizt und ist dann in der Lage, sichtbares Licht auszusenden. Etwas vom Zentrum der Hülle versetzt befindet sich der Pulsar 0833-45, ein rasch rotierender Neutronenstern, der einen Durchmesser von wenigen Kilometern besitzt und von dem man annimmt, daß er der Überrest des explodierten Sterns darstellt. Der Vela-Pulsar blitzt 17mal pro Sekunde auf und ist erst der zweite Pulsar, der im optischen Bereich nachgewiesen werden konnte. Mit Radioteleskopen wurden einige hundert Pulsare entdeckt (Photo von D.F. Malin, Anglo-Australian Observatory, and Photolabs. © 1994 Royal Observatory, Edinburgh).

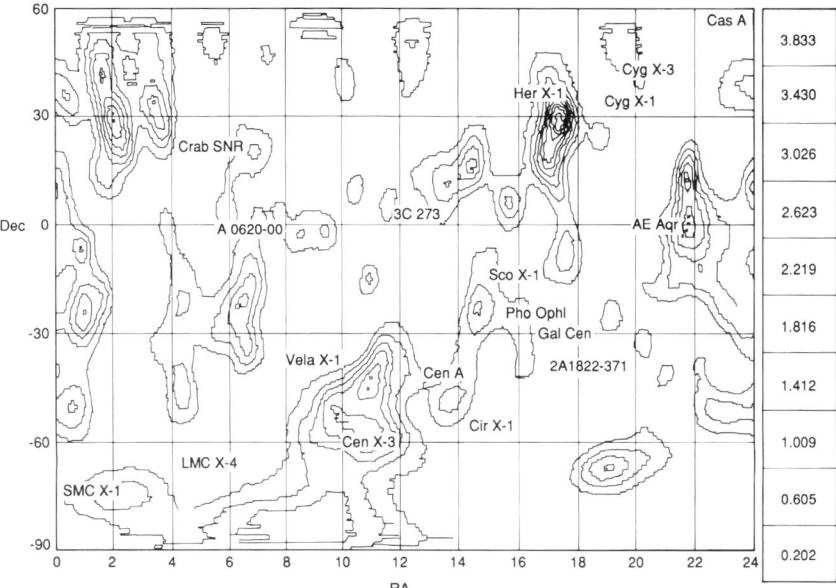

Diese „Neutrino-Himmelskarte" wurde aufgrund der Verteilung der kosmischen Neutrinos erstellt, die mit dem IMB-Wasser-Tscherenkow-Detektor nachgewiesen wurden (vergleiche Seite 248). Sie zeigt die jeweilige Wahrscheinlichkeit dafür, daß die Anzahl der nachgewiesenen Neutrinos den statistischen Untergrund übersteigt. Obwohl der Detektor nicht als Neutrino-Observatorium gebaut wurde, vermittelt IMB einen faszinierenden Ausblick auf die Möglichkeiten, die sich künftig mit größeren Detektoren eröffnen, und liefert Hinweise auf erhöhte Neutrinozahlen an einigen Stellen des Himmels, beispielsweise in der Nähe von Hercules X-1 (Ralph Becker-Szendy, Universität von Hawaii).

die geladenen Teilchen seien von Stoßwellen beschleunigt worden, wie sie von Supernovae erzeugt werden. Eine andere, gegenwärtig besonders populäre Idee besagt, daß Kosmische Strahlen ihre hohen Energien in der Umgebung exotischer astronomischer Objekte wie Pulsare gewinnen könnten; das sind schnell rotierende Neutronensterne, die oft Überreste von Typ-II-Supernovae darstellen.

Dagegen werden Gammastrahlen von Magnetfeldern nicht beeinflußt. Die Anzahl hochenergetischer Gammaquanten in der Kosmischen Strahlung beträgt weniger als 0,1% der Anzahl der geladenen Teilchen. Dennoch wurden mehrere Detektoren für die Suche nach den Schauern aus Elektronen, Positronen und Gammaquanten gebaut, die von hochenergetischen Gammastrahlen bei ihrer Wechselwirkung mit Kernen in der Atmosphäre erzeugt werden.

In den letzten Jahren haben diese Detektoren eine Anzahl von Quellen für Gammastrahlen sehr hoher Energie, weit oberhalb von 10^{12} eV, entdeckt. Gammastrahlen niedrigerer Energie können als Strahlung beschleunigter Elektronen erklärt werden; man kann sich jedoch nur schwer vorstellen, daß strahlende Elektronen auch die Quelle der hochenergetischen Gammastrahlung sein könnten. Plausibler scheint zu sein, daß beispielsweise Protonen irgendwie auf diese hohen Energien beschleunigt wurden und mit Materie wechselwirken, wobei Schauer aus Pionen erzeugt werden. Die neutralen Pionen zerfallen bald in Gammastrahlen. Daher handelt es sich bei den Quellen der hochenergetischen Gammastrahlen vielleicht um die gleichen kosmischen Beschleuniger, die Protonen (und in geringerem Maße auch andere Kerne) auf weit höhere Energien treiben, als wir sie in absehbarer Zeit erreichen können.

Wenn diese Quellen neutrale Pionen hervorbringen, müssen sie auch geladene Pionen produzieren, und diese werden – bei ihrem Zerfall zu Myonen – Neutrinos erzeugen. Die Myonen werden aufgrund ihrer Ladung durch die Magnetfelder im Weltraum abgelenkt. Die Neutrinos bleiben jedoch wie die Gammastrahlen davon unbeeinflußt und sollten auf direktem Wege zur Erde gelangen. Würde ein Detektor eine Quelle ultrahochenergetischer Neutrinos ausmachen, wäre dies der bisher beste Beweis für die Existenz eines kosmischen Beschleunigers; denn während der Ursprung der Gammastrahlen noch fraglich ist, gibt es wenig Zweifel daran, daß Neutrinos mit ähnlich hohen Energien aus nuklearen Wechselwirkungen zwischen subatomaren Teilchen stammen.

Die Herausforderung der Neutrinoastronomie besteht damit auch 25 Jahre nach Reines' bahnbrechendem Experiment weiter fort. Gegenwärtig werden in der ganzen Welt neue Experimente vorbereitet, und viele liegen noch auf den Zeichenbrettern oder existieren erst als Ideen derjenigen Physiker, die davon fasziniert sind, Jagd auf etwas zu machen, dessen Entdeckung nahezu unmöglich ist.

Neutrino-Teleskope

> „Es ist unmittelbar einsichtig, daß der Detektor groß sein muß …
> Ebenso muß man in der Lage sein, Hintergrundereignisse bis
> hinab zu einer Rate von einem Ereignis pro Jahr zu vermeiden,
> die Neutrino-Wechselwirkungen vortäuschen könnten … Es ist
> erforderlich, das Experiment tief unter der Erdoberfläche durchzuführen, um den Effekt der Kosmischen Strahlung zu reduzieren, der nicht auf Neutrinos zurückgeht." (18)
>
> *Kenneth Greisen, 1960*

Der Beginn der 90er Jahre markiert den Aufbruch der Neutrinoastronomie. Viele Forscherteams arbeiten an Neutrino-„Teleskopen", die von skizzierten Vorstellungen über fertige, allerdings noch nicht genehmigte Entwürfe bis hin zu Detektoren reichen, die schon geduldig auf extraterrestrische Neutrinos warten. Einige dieser Teleskope wurden – wie in Kapitel 6 beschrieben – speziell für den Nachweis der Neutrinos von der Sonne entwickelt. Andere sind auf die Entdeckung von Neutrinos aus Supernovae (größtenteils in unserer eigenen Galaxis) zugeschnitten, und die Teleskope einer dritten Gruppe richten ihre Blicke in noch größere Ferne und suchen nach entfernten Quellen sehr hochenergetischer Neutrinos, derjenigen Teilchen, die vielleicht helfen könnten, das Rätsel vom Ursprung der Kosmischen Strahlung zu lösen.

Diese Neutrino-Teleskope besitzen wenig Ähnlichkeit mit konventionellen optischen und Radio-Teleskopen. Zunächst einmal errichtet man sie gewöhnlich unter den Bergen und nicht auf deren Gipfel, um sie vom Großteil der Kosmischen Strahlung abzuschirmen, die die Detektoren des Teleskops sonst mit unerwünschten Signalen überschwemmen würde. Eine andere Forderung besteht darin, daß das Teleskop eine große Menge an Material „überwachen" muß, um eine Chance zu haben, Neutrinos über ihre Wechselwirkung mit Materie nachzuweisen.

Bei den niederenergetischen solaren Neutrinos oder den Neutrinos von einer Supernova besteht das Ziel darin, die Teilchen über ihre Wechselwirkungen im Detektor selbst nachzuweisen. Dabei ist das Teleskop sowohl Detektor als auch „Ziel". Weil Neutrino-Wechselwirkungen nun einmal selten sind, muß das Ziel sehr groß sein, wie wir bereits an den Beispielen der Detektoren für solare Neutrinos gesehen haben.

Die Suche nach hochenergetischen kosmischen Neutrinos erfordert ein anders Vorgehen. Diese Neutrinos sind seltener: Jeden Quadratmeter der Erdoberfläche treffen etwa zweimillionenmal mehr Neutrinos von der Sonne als solche mit Energien über 10^9 eV. Die Erzeugung einer verwertbaren Anzahl von Wechselwirkungen erfordert daher ein viel größeres Ziel. Das Bestreben geht dahin, die Erde selbst als Zielobjekt zu benutzen! Die meisten Neutrinos passieren die Erde ohne Mühe. Einige – besonders die mit hohen Energien – können bei ihren Wechselwirkungen Myonen erzeugen, und glücklicherweise sind Myonen sehr durchdringende Teilchen. Ein Myon, das im Erdboden Dutzende von Metern tief unter einem Detektor erzeugt wurde, kann in diesem eine verräterische, nach oben gerichtete Spur erzeugen; diese dient dann als Signal der in der Nähe abgelaufenen Wechselwirkung eines Neutrinos, das auf der entgegengesetzten Hemisphäre in die Erde eingedrungen war.

Wie lassen sich die aufwärts fliegenden Myonen von ihren wesentlich zahlreicheren Artgenossen unterscheiden, die von oben nach unten fliegen? Die eine Methode hängt davon ab, wie genau man die Zeitpunkte erfassen kann, zu denen ein Myon die verschiedenen Schichten des Detektors passiert. Ein Myon, das sich von oben nach unten bewegt, erzeugt an der Oberseite des Detektors etwas früher ein Signal als an seiner Unterseite. Umgekehrt wird ein aufwärts fliegendes Myon zuerst Signale an der Unterseite des Detektors hervorrufen. Anhand der längs der Teilchenbahn ermittelten Zeitdifferenzen kann die Flugrichtung bestimmt werden. Allerdings betragen die Zeitdifferenzen zwischen Ober- und Unterseite sogar in

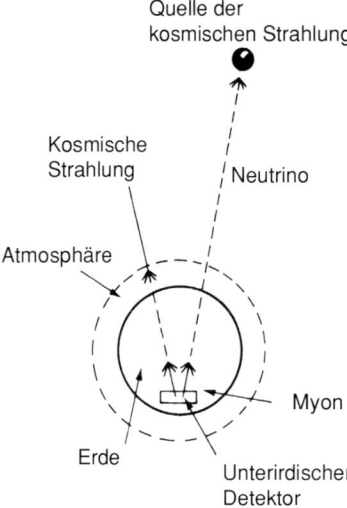

Quelle der
kosmischen Strahlung

Kosmische
Strahlung

Neutrino

Atmosphäre

Myon

Erde

Unterirdischer
Detektor

Ein „Neutrino-Observatorium" kann die Erde selbst als Ziel für hochenergetische Neutrino-Wechselwirkungen benutzen. Das Observatorium müßte die erzeugten Myonen nachweisen, die praktisch in der gleichen Richtung aus der Erde austreten, in der das Neutrino auf der anderen Seite in die Erde eingedrungen war. Die so nachgewiesenen Neutrinos könnten sowohl aus Wechselwirkungen Kosmischer Strahlung in der Atmosphäre auf der gegenüberliegenden Erdseite stammen, als auch echte kosmische Neutrinos darstellen, die bei ähnlichen Wechselwirkungen in entfernten Quellen erzeugt wurden – vielleicht von der Art, wie sie auf den Seiten 252–256 beschrieben wurde.

einem 10 m großen Detektor für ein Teilchen, das sich nahezu mit Lichtgeschwindigkeit bewegt, nur etwa 30 Nanosekunden (30 Milliardstel einer Sekunde). Der Detektor muß zeitlich so eng benachbarte Signale deutlich auflösen können.

Die genannten Eigenschaften – unterirdische Installation, große Ausmaße und hohe Zeitauflösung – kennzeichnen einen Detektor, der das erste Teleskop zum Nachweis entfernter „Punktquellen" von Neutrinos werden könnte. MACRO, das „Monopole, Astrophysics and Cosmic Ray Observatory" wird von einem Team errichtet, das überwiegend Forscher aus Italien und den USA sowie einige Mitglieder des CERN umfaßt. Der Detektor wird am Gran-Sasso-Labor in Mittelitalien aufgebaut (vergleiche Kapitel 6).

MACRO ist nicht nur ein Neutrinoteleskop, sondern wurde auch für den Nachweis anderer Arten kosmischer Teilchen entwickelt, insbesondere von Monopolen – hypothetischen Teilchen, die einen einzelnen magnetischen Pol tragen. MACRO ist 10 m hoch, 12 m breit und wird in fertigem Zustand 72 m lang sein. Das ganze Observatorium ist sozusagen ein riesiges Sandwich aus mehreren Schichten von Detektoren, die durch Felsschichten mit niedriger Radioaktivität voneinander getrennt sind; diese absorbieren die Energie und sollen bei der Identifizierung durchdringender geladener Teilchen helfen.

Einige der Schichten sind flache Behälter mit Szintillatorflüssigkeit. Der Szintillator ähnelt demjenigen, der vor etwa vierzig Jahren zum ersten Nachweis von Neutrinos benutzt wurde, und sendet winzige Lichtblitze aus, wenn er von geladenen Teilchen durchquert wird. Die Blitze werden von Photomultipliern erfaßt, die ein Signal abgeben, das innerhalb von 1,7 Nanosekunden den zeitlichen Verlauf des Fluges eines Teilchens durch den Detektor anzeigt. Diese genauen Zeitangaben bedeuten, daß MACRO in

Die Montage des Detektors MACRO im Gran-Sasso-Laboratorium in Italien. Der
Detektor besteht aus mehreren Lagen gasgefüllter Röhren, die oben und unten von
Schichten eingeschlossen werden, die mit einer Szintillatorflüssigkeit gefüllt sind. Der
Detektor ist 12 Meter breit, 12 Meter hoch und 72 Meter lang (G. Giacomelli, MACRO).

der Lage sein sollte, zwischen den innerhalb eines Jahres zu erwartenden
einigen hundert aufwärts fliegenden Teilchen und den etwa 10 Millionen
anderen Partikeln zu unterscheiden, die den Detektor im gleichen Zeit-

raum von oben nach unten durchqueren. Außerdem liefert die Intensität der Lichtblitze aus dem Szintillator ein Maß für die Energie der nachgewiesenen Teilchen.

Andere Schichten des Detektors in MACRO verfolgen die Spuren der geladenen Teilchen selbst und weniger deren Zeitabhängigkeit. Es handelt sich dabei um floßähnliche Schichten aus Kunststoffröhren, jede davon 12 m lang und mit einem Querschnitt von 3 cm^2. Dieser Detektortyp – häufig nach seinem Erfinder E. Iarocci, einem Mitglied des MACRO-Teams, benannt – wurde bei mehreren Experimenten als eine relativ einfache und billige Einrichtung benutzt, um Teilchenspuren über große Flächen hinweg zu verfolgen. Jede Röhre enthält längs ihrer Achse einen Draht und ist mit einem speziellen Gasgemisch gefüllt. Zwischen Draht und Röhre wird eine Spannung angelegt, wobei der Draht positiv ist. In diesem elektrischen Feld erfolgt eine Entladung, wenn ein geladenes Teilchen das Gasgemisch ionisiert. Metallstreifen zwischen den einzelnen Rohrschichten registrieren die Entladungen und erzeugen elektrische Signale, aus denen sich ablesen läßt, welche Röhre von dem Teilchen ausgelöst wurde.

Die von MACRO über aufwärts fliegende Myonen nachgewiesenen Neutrinos besitzen Energien von über 10 eV, und ihre Flugrichtung sollte nicht mehr als 1° von der Richtung der Neutrinos abweichen, die sie hervorgebracht haben. Das kleinste Himmelsgebiet, das MACRO noch auflösen kann, hat daher einen Winkeldurchmesser von 1°, was der dop-

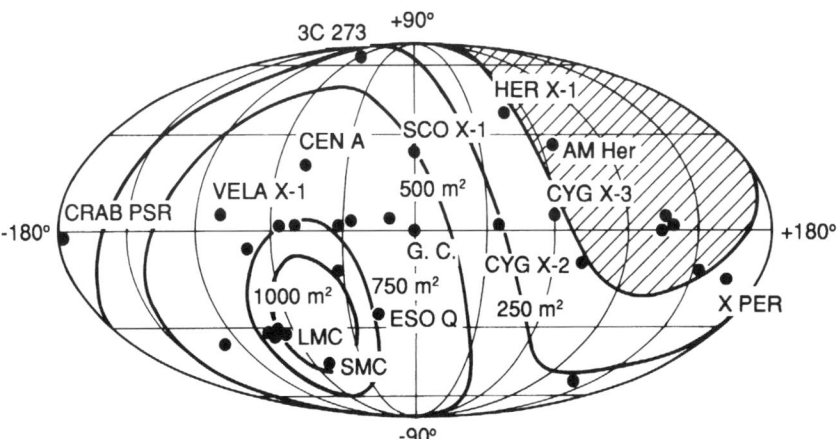

Der „Blick", den der Detektor MACRO durch den Nachweis kosmischer Neutrinos auf den Himmel vermittelt, ist hier mit verschiedenen potentiellen Neutrinoquellen dargestellt. Dabei wurden galaktische Koordinaten verwendet, so daß sich die Milchstraße in horizontaler Richtung quer über die Mitte des Ovals erstreckte. Da die nachgewiesenen Neutrinos die Erde durchquert haben müssen, kann MACRO keine Neutrinos aus dem Gebiet des Himmels über Italien entdecken. Dies entspricht dem schraffierten Bereich der Karte.

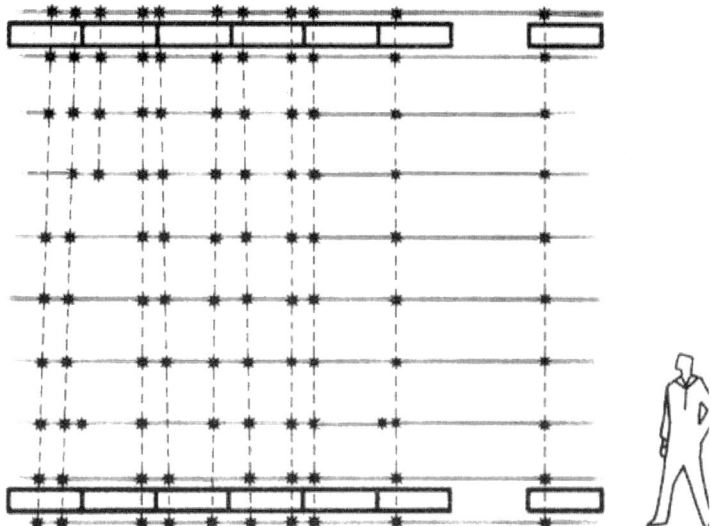

In dieser Skizze sind die Spuren eines Bündels hochenergetischer Myonen dargestellt, die das erste „Supermodul" von MACRO durchquert haben. Die Sternchen zeigen an, wo das jeweilige Myon in den einzelnen Nachweiskammern registriert wurde, während die Kästchen den Szintillator markieren, der vom Myon durchquert wurde. Man beachte, daß ein Myon im Detektor steckengeblieben ist (G. Giacomelli, MACRO).

pelten Größe des Mondes entspricht. Berechnungen haben ergeben, daß Neutrinos, die in der Atmosphäre der südlichen Erdhalbkugel produziert werden, in MACRO in 10 Jahren nur ein einziges aufwärts fliegendes Myon pro 1° am Himmel erzeugen sollten. Das liegt deutlich unter der Zahl der Neutrinos aus besonderen Quellen, die aus der Anzahl der nachgewiesenen Gammastrahlen abgeschätzt wurden. Die beiden „Binärsyteme" Vela X1 und LMC X4 (Systeme, die Röntgenstrahlung emittieren und aus einem Pulsar und einem anderen Stern bestehen, die einander umkreisen) sind als Quellen ultra-hochenergetischer Gammastrahlung identifiziert worden. Sie sollten in MACRO jährlich jeweils zwischen 5 und 10 Myonen erzeugen. Diese Quellen in der südlichen Hemisphäre besitzen eine ideale Lage für den Nachweis durch MACRO, das anders als konventionelle Teleskope sozusagen durch die Erde hindurch in den Himmel blickt.

Obwohl MACRO vielleicht erst 1994 voll einsatzfähig sein wird, arbeitet ein erstes komplettes Teilsegment bereits seit dem Frühjahr 1989. Während einer dreimonatigen Periode durchquerten 98'000 Myonen das gesamte Segment von oben nach unten, wobei ein Myon entdeckt wurde, das von unten nach oben flog. Damit war zumindest nachgewiesen, daß MACRO zwischen aufwärts und abwärts fliegenden Myonen unterscheiden kann.

Unterwasser-Neutrinos

„Wir schlagen vor, Apparaturen in einem unterirdischen See oder
tief im Meer zu installieren, um die Richtungen geladener Teilchen anhand der Tscherenkow-Strahlung zu ermitteln." (19)
Moisej Markow, 1960

Wasser ist auf der Erde eine der verbreitetsten Substanzen. In Seen und
Meeren überreichlich vorhanden, kann es auch zum Nachweis kosmischer
Neutrinos dienen. Hochenergetische Myon-Neutrinos, die eine große Was-
sermenge durchqueren, haben eine zwar geringe, aber endlich große Chance, bei einer Wechselwirkung ein energiereiches Myon zu erzeugen. Da das
Myon geladen ist, emittiert es bei seinem Flug durch das Wasser Tscherenkow-Strahlung. Es liegt daher nahe, dem Vorschlag zu folgen, den Moisej
Markow vom Vereinigten Institut für Kernforschung in Dubna nahe Moskau auf der Rochester-Konferenz 1960 gemacht hatte: einen Detektor in
einem See oder im Meer zu installieren und nach Tscherenkow-Strahlung
zu suchen, die von Myonen ausgeht, die von kosmischen Neutrinos erzeugt werden. Die Natur hat uns kostenlos mit dem dazu erforderlichen
Nachweismaterial versorgt, so daß der Detektor eine große Fläche überdecken würde und eine bessere Chance besäße, eines der seltenen ultra-
hochenergetischen Neutrinos einzufangen.

Aufgrund der Ideen von Markow und der etwa gleichzeitig publizierten Vorschläge anderer Forscher wurden einige Zeit später die großen
Wasserdetektoren IMB und Kamiokande errichtet, die in diesem Kapitel
bereits beschrieben wurden. Sie entstanden in den frühen 80er Jahren und
sollten den möglichen Zerfall von Protonen nachweisen, wurden jedoch in
der Nacht des 23. Februar 1987 unbeabsichtigt zu Detektoren für kosmische
Neutrinos, als sie den Ausbruch der Supernova SN1987A entdeckten. Zur
Zeit nimmt nun endlich auch das ursprüngliche Konzept von Unterwas-
ser-Neutrinoteleskopen in zwei neuen internationalen Projekten Gestalt
an, eines davon (mit Markows Ermutigung) im Baikalsee, das andere,
weiter fortgeschrittene im Ozean nicht weit von Hawaii.

Die Gewässer um die Hawaii-Inseln sind für Neutrinoteleskope denk-
bar gut geeignet. Das Wasser ist sehr klar, klarer noch als in tiefen Süßwas-
serseen. Dadurch kann das Licht Dutzende von Metern mit geringer Absorption durchqueren, so daß die Detektoren, welche das Tscherenkow-
Licht nachweisen, relativ weit voneinander entfernt installiert werden
können. Außerdem existieren in der Nähe der Inseln keine starken Strö-
mungen, die den Detektor stören könnten. Die vulkanische Natur der
Hawaii-Inseln bringt es mit sich, daß ihre Küsten sehr steil sind und sich
auch unter Wasser so fortsetzen, so daß das Meer auch nahe bei den Inseln
sehr tief ist.

Diese Gewässer werden bald DUMAND beherbergen, den „Deep Un-
derwater Muons and Neutrinos Detector". Seine Ursprünge liegen in

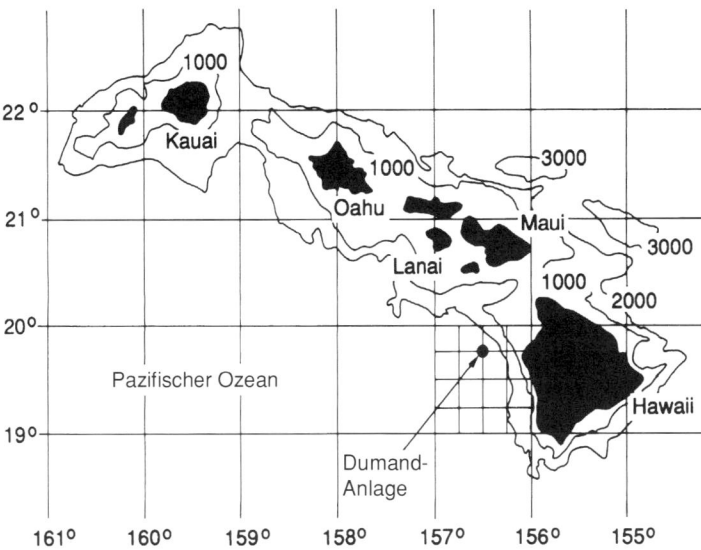

Der Unterwasser-Detektor DUMAND soll vor der Südwestküste der Hauptinsel von Hawaii installiert werden, wo das Wasser tief und außergewöhnlich klar ist. Die Tiefe ist in Faden angegeben (1 Faden = 1,83 m).

Diskussionen auf der Internationalen Konferenz 1973 in Denver über Kosmische Strahlen und in nachfolgenden „DUMAND-Workshops", auf denen interessierte Gruppen ihre Ideen genauer ausarbeiten. Diese Pläne, die Fred Reines von der Universität Irvine (Kalifornien) initiierte, wurden später unter der Leitung von John Learned, Art Roberts und Vic Stenger (alle von der Universität von Hawaii) allmählich Realität. Der Weg dahin war alles andere als leicht, da die Forscher große Schwierigkeiten hatten, die Teilchenphysik „zu Wasser" zu bringen, und beim Entwurf ihres Detektors mehreren falschen Spuren folgten. John Learned erinnert sich:

> *Wir erlebten eine Menge Abenteuer: Als Hochenergiephysikern wurden uns von dem wilden und unbezähmbaren Meer einige schmerzliche Lektionen erteilt … Manche Leute hatten schreckliche Probleme vorausgesagt: Ungeheuer der Tiefe (unterhalb 2 km gibt es nicht viel davon), hell leuchtende Fische und Bakterien (selten und nicht sehr aktiv, solange man sie nicht mit den Instrumenten anrempelt) … Als wir zum ersten Mal über DUMOND sprachen, wurden wir von unseren Freunden an den Beschleunigern ausgelacht und für verrückt erklärt. (Jetzt fragen sie uns, warum der Detektor noch nicht in Betrieb ist.) Es war ein langer Kampf, aber wir hatten auch eine Menge Spaß dabei. (20)*

Zudem bestand das nicht unbeträchtliche Problem, die Bewilligungsausschüsse davon zu überzeugen, daß DUMAND nicht nur technisch reali-

sierbar, sondern auch wissenschaftlich sinnvoll war. Einige Wissenschaftler verließen das Projekt vorzeitig, während andere dazustießen. Im Jahre 1990 gehörten dem Team schließlich Forscher der Universitäten Aachen, Bern, Boston, Hawaii, Kiel, Tohuko, Tokio, Washington (Seattle) und Wisconsin sowie der Vanderbilt-Universität in Nashville und des Scripps-Instituts für Ozeanographie an.

Die Auswahl eines geeigneten Ortes und die Untersuchung möglicher Gefahren bildeten aber nur einen Teil der Geschichte. Viel Forschungsarbeit mußte auch in den Entwurf eines geeigneten Moduls für den Nachweis des Tscherenkow-Lichtes investiert werden, einer Apparatur, die robust, aber empfindlich sowie groß, aber gut handhabbar und zuverlässig, jedoch nicht zu teuer sein sollte, und vor allem in der Lage sein mußte, den hohen Drücken zu widerstehen, die in einigen Kilometern Wassertiefe herrschen. Die Forscher, die DUMAND entworfen hatten, nahmen viele Berechnungen vor, führten zahlreiche Tests durch und überwanden eine Reihe von Fehlschlägen, bis sie schließlich die Versuche mit einem Prototyp des Detektors im Meer erfolgreich abschließen konnten.

Im Oktober und November 1987 fuhren Mitglieder des DUMAND-Teams von den Großen Hawaii-Inseln 35 km weit auf das Meer hinaus, um nach kosmischen Myonen und Neutrinos zu angeln. Ihr Schiff war die „Kaimalino", ein sehr stabiles „SWATH"-Fahrzeug mit doppeltem Rumpf und einer darüber angebrachten Plattform. Von einem Schacht in der Mitte tauchte ein Kabel in die Tiefe, das mit mehreren Modulen verbunden war und sich bei manchen Tests bis zu 4 km weit unter die Oberfläche erstreckte. Diese als „Short Prototype String" bezeichnete Anordnung bestand aus sieben optischen Modulen mit einem jeweiligen vertikalen Abstand von 5 m, die Tscherenkow-Licht nachwiesen und Signale zu einem Relais sandten, das diese wiederum über eine Glasfaserleitung zum Schiff hinaufsandte, wo sie mit Hilfe von Computern analysiert wurden.

Ein hochenergetisches Myon, das in der Nähe der Module das Wasser von oben kommend durchquert, emittiert um seine Flugbahn herum einen Kegel aus Tscherenkow-Licht. Ein Teil dieses Lichtes wird von allen sieben Modulen nachgewiesen, wobei das Licht etwas eher am oberen als am unteren Ende der Anordnung eintrifft. Der Nachweis von Signalen mit einem solchen Zeitverlauf zeigt daher das Eintreffen eines Myons an, während die relative Intensität der Signale ein Maß für die Entfernung der Flugbahn des Myons von der Anordnung liefert. Auf ähnliche Weise erzeugt ein Myon, das durch das Wasser nach oben fliegt, am unteren Ende

---

< Tests mit DUMAND I, einem Kabel mit sieben optischen Modulen, bewiesen die Möglichkeiten des DUMAND-Projektes: Es konnten Unterwasser-Myonen aus einem 400 Quadratmeter großen Gebiet nachgewiesen werden. Hier sind Mitglieder des Teams dabei, das Kabel vom Schiff „Kaimalino" herunterzulassen. Man erkennt deutlich die kugelförmigen optischen Module (J.G. Learned, DUMAND collaboration).

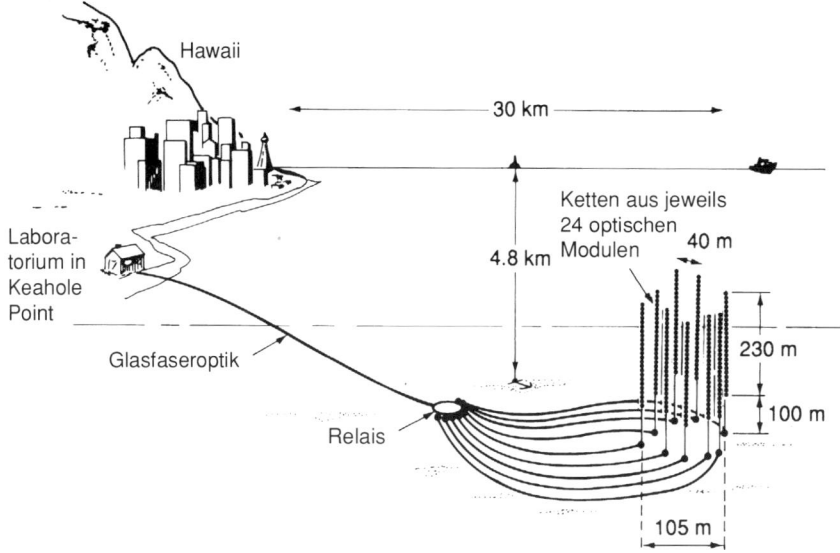

DUMAND II wird eine achteckige Anordnung darstellen, die aus acht Kabeln mit optischen Modulen und einem neunten Kabel in der Mitte besteht. Die Apparatur wird rund 30 Kilometer vor der Küste 4,8 Kilometer tief versenkt. Ein einziges Kabel, das eine Fiberglasleitung enthält, wird alle Daten zum Laboratorium in Keyhole Point an der Küste übermitteln. Die Module sind jeweils im Abstand von 10 Metern an den Kabeln angebracht, das niedrigste Modul nur 100 Meter über dem Meeresboden.

der Anordnung früher Signale als am oberen. Die Möglichkeit, die Richtungen zu unterscheiden, ist von großer Wichtigkeit. Dazu bemerkte Kenneth Greisen 1960 auf einer Konferenz in Berkeley (Kalifornien), als er die Möglichkeit eines Wasser-Tscherenkow-Detektors diskutierte:

> *Der Tscherenkow-Detektor sollte so ausgelegt werden, daß er die Richtungen aller Ereignisse ermitteln kann. Dies bedeutet eine Hilfe bei der Abgrenzung gegen den Hintergrund, da die horizontalen und die aufwärts gerichteten Ereignisse nur auf Neutrinos zurückzuführen sind.* (21)

Die Tests mit dem Short Prototype String waren sehr erfolgreich. Sie wiesen nicht nur abwärts fliegende Myonen nach, sondern auch ein aufwärts fliegendes Myon, das vermutlich von einem Neutrino erzeugt worden war. Die Ergebnisse demonstrierten die Leistungsfähigkeit der verwendeten Technik, denn sie ließen darauf schließen, daß die Anordnung der sieben optischen Module in der Lage war, Myonen über ein Gebiet von mehr als $400\,\text{m}^2$ nachzuweisen, also über eine Fläche, die der des gesamten IMB-Detektors vergleichbar ist.

Der Erfolg des Short Prototype String veranlaßte das Team dazu, im Jahre 1988 den Bau eines größeren Detektors – DUMAND „Phase II" –

vorzuschlagen; er wurde im April 1990 in vollem Umfang bewilligt. Der Detektor wird aus neun Reihen optischer Module bestehen, die in Form eines Achtecks mit 40 m Seitenlänge und einer neunten Reihe im Zentrum des Achtecks angeordnet sind. Jede Reihe wird 24 optische Sensoren in einem vertikalen Abstand von 10 m enthalten, wobei sich der tiefstgelegene Sensor nur 100 m über dem Meeresgrund befindet, der hier 4800 m tief liegt. Das Relais am Ende jeder Reihe ist mit einer Zentraleinheit verbunden, in der die Informationen der einzelnen Reihen kombiniert werden. Diese Daten werden über eine 40 km lange Glasfaserleitung nach Keahole Point auf Hawaii übertragen. Dort befindet sich eine Forschungsstation für ozeanographische Untersuchungen. Im Sommer 1993 soll mit dem Verlegen des Kabels vom Beobachtungsort zur Küste begonnen werden, so daß die letzte Reihe optischer Sensoren 1994 installiert werden kann. John Learned bemerkte dazu:

> *Es ist gefährlich, Voraussagen über den Nachweis von Phänomenen zu machen, die ihrer Natur nach unvorhersagbar sind, wie dies bei den gegenwärtigen Versuchen zur Einführung der Hochenergie-Neutrinoastronomie der Fall ist. Wenn jedoch die Gammastrahlen-Messungen bei sehr hohen Energien korrekt sind, können wir damit rechnen, mit DUMAND-II mindestens ein halbes Dutzend Punktquellen von Neutrinos nachzuweisen.* (22)

Nur die energiereichsten abwärts fliegenden Myonen werden die Sensoren in der Tiefe erreichen und Signale mit einer geschätzten Rate von 3 pro Minute erzeugen. Die Anzahl der auf atmosphärische Neutrinos zurückgehenden Myonen wird viel geringer sein und, summiert über alle Winkel, im Bereich von etwa 10 Ereignissen pro Tag liegen. Gegen diesen Hintergrund atmosphärischer Neutrinos sollten sich die hochenergetischen Neutrinos aus dem Weltraum klar abheben – vorausgesetzt, es werden pro Jahr genügend derartige Teilchen in einem Winkelbereich von 1° emittiert, um etwa zehn oder mehr Wechselwirkungen im Wasser oberhalb von DUMAND hervorzurufen.

In letzter Zeit nimmt ein zweiter Unterwasser-Neutrinodetektor Gestalt an, diesmal im Mittelmeer nahe bei Pylos an der Südwestküste von Griechenland. NESTOR (für „Neutrinos from Supernovae and TeV Sources Ocean Range") wurde von einem Team an der Universität Athen und vom Russischen Institut für Kernforschung und Ozeanographie vorgeschlagen. In der Nähe von Pylos verläuft der tiefste Graben des Mittelmeeres. Er bietet mit einer Tiefe von 3800 m und einer Entfernung von 12 km vom Festland ebenso gute Bedingungen, wie sie für DUMAND vorliegen. Nach erfolgreichen Tests im Jahre 1991 erhielt das Team die Bewilligung und die erforderliche Unterstützung. Es konnte daraufhin mit dem Bau einer Anordnung beginnen, die Neutrinos über ein Gebiet nachweisen soll, das fünfmal so groß wie die von DUMAND überdeckte Fläche ist.

Am Baikalsee nutzen die Mitglieder des NT-200-Teams während der Wintermonate
die dicke Eisschicht, um ihr Testkabel für einen Unterwasser-Neutrinodetektor zu
verlegen. Auf dem Bild wird gerade ein Paar optischer Module in das Wasser unter
dem Eis abgesenkt. Jedes Modul enthält einen Photomultiplier von 35 Zentimetern
Durchmesser. Die Kugeln sind aus Glas, können aber dem Wasserdruck in Tiefen bis
zu einigen Kilometern widerstehen (C. Spiering, Institut für Hochenergiephysik,
Zeuthen).

Inzwischen hat ein anderes Forscherteam im tiefsten Süßwassersee der Erde – dem Baikalsee in Ostsibirien – Fortschritte mit NT-200 gemacht, einem Entwurf für ein „Neutrinoteleskop mit 200 Photomultipliern". In den Jahren 1984 und 1985 testete eine internationale Gruppe, der Physiker aus Irkutsk, Moskau und Tanzsk sowie Budapest und Berlin angehörten, Anordnungen aus bis zu neun optischen Modulen in Tiefen zwischen 850 und 1350 m. Die Forscher fanden heraus, daß sich die Detektoren im Winter relativ einfach auslegen lassen, da sie dann über eine natürliche Plattform in Gestalt einer dicken Eisschicht verfügen, die den Baikalsee von Februar bis April bedeckt. Außerdem konnten die Kabel für die Übermittlung der Signale zum Land durch einen Schlitz im Eis verlegt werden, der von einer gewaltigen Säge hinter einem Schlitten in das Eis gefräst wurde.

In seiner endgültigen Form wird NT-200 aus acht Reihen von je sechs optischen Modulen (mit vier Photomultipliern von 37 cm Durchmesser pro Modul) bestehen, die Myonen in einem Gebiet von 2000 m² nachweisen werden. Die Modulketten sollen von einem schirmartigen Rahmen herabhängen, der in 1 km Tiefe verankert wird, 300 m über dem Grund des Sees. Im Frühjahr 1993 wurden die ersten 36 Photomultiplier an drei Ketten an dem Rahmen installiert, der am Ende die acht Ketten tragen soll. Während der ersten Monate hatte „NT-36" bereits 30 Millionen Myonen der Kosmischen Strahlung nachgewiesen. Es ist geplant, im Frühjahr 1994 alle 96 Photomultiplier zu installieren. Diese Anlage sollte ausreichen, die wesentlich selteneren Neutrino-Wechselwirkungen nachzuweisen, die von Myonen herrühren.

Zwanzig Jahre zuvor hatten Fred Reines und J.P.F. Sellschop nach ihrer ersten Entdeckung atmosphärischer Neutrinos geschrieben:

Es ist schwierig, die Zukunft der Neutrinoastronomie vorherzusagen. Doch das, was vor 35 Jahren als eine geniale Rechtfertigung für einen unerklärlichen Energieverlust begann, wird die Physiker wahrscheinlich einmal in die Lage versetzen, die fundamentalen Kräfte der Natur im subatomaren Bereich zu erforschen und außerdem viel über die Prozesse im Zentrum der Sonne und vielleicht auch bei weiter entfernten astronomischen Ereignissen herauszufinden. (23)

Heute ist es 60 Jahre her, daß Pauli sich dafür entschuldigte, das Neutrino eingeführt zu haben. Inzwischen hat das „entfernte astronomische Ereignis" von SN1987A die Möglichkeiten der Neutrinoastronomie bewiesen. Die Voraussage ihrer Zukunft bleibt schwierig, wie alle Prognosen über die Fortschritte der reinen Forschung; aber, um eine Äußerung von Reines und LeRoy Price aus neuerer Zeit zu zitieren,

unser Gebiet – die Neutrino-Astrophysik – hatte einen bemerkenswerten und unvorhersehbaren Start. Nun ist es an der Zeit, kühn und entschlossen weiter voranzuschreiten. (24)

Am Anfang schuf …

> „Die Bemühung, das Universum zu verstehen, gehört zu den
> ganz wenigen Dingen, die das menschliche Leben über die Lä-
> cherlichkeit erheben und ihm ein wenig tragische Würde verlei-
> hen." (25)
>
> *Steven Weinberg, 1977*

Neutrinos strömen durch den Weltraum, erzeugt durch Kernfusionen im
Sterninneren, durch Prozesse, die das katastrophale Ende von Sternen
bestimmen, und Wechselwirkungen in exotischen kosmischen Beschleunigern. Es gibt aber eine noch ältere Quelle, die sich längst über ihre frühen
Stadien hinausentwickelt hat, während ihre Neutrinos als Überbleibsel
einer vergangenen Epoche noch immer vorhanden sein sollten. Gemeint
ist das Universum in seinem Urzustand, nicht mehr als eine Sekunde alt.
Alle Neutrinos, die damals existierten, sollten das Universum auch heute
noch durchqueren: mehrere hundert in jedem Kubikzentimeter des Weltraums, als Zeugen der Evolution des Universums.

Das gegenwärtige „Standardmodell" des Universums ist die sogenannte Urknall-Theorie. Nach dieser hat sich das Universum aus einem Zustand
unendlich hoher Dichte und Temperatur heraus ausgedehnt, in dem es
zum Zeitpunkt Null existierte. Bei seiner Expansion kühlte es sich ab. Zwar
besitzen wir noch keine Theorie, die genau genug wäre, um seinen An-
fangszustand zu beschreiben; aber wir können mit Hilfe der hinreichend
verstandenen Physik unserer heutigen Umgebung herausfinden, wie das
Universum zu verschiedenen Zeitpunkten seiner Abkühlung beschaffen
war.

Seit dem Urknall vor ungefähr 15 Milliarden Jahren hat sich die Materie
im Universum zu derjenigen entwickelt, die wir jetzt in Form von Atomen
und Kernen in den Planeten und der Sonne sowie in unserer Galaxis und
vielen anderen Galaxien beobachten. Erstaunlicherweise scheinen sich die
Kräfte, die das Verhalten der Materie bestimmen, ebenfalls mit der Abkühlung des Universums entwickelt zu haben. Im derzeitigen Universum ist
die in einem Atomkern wirkende „starke" Kraft stark genug, die elektrische Abstoßung zwischen den Protonen zu überwinden, während die
„schwache" Kraft schwach genug ist, um die Sonne einige Milliarden Jahre
lang am Leuchten zu halten. Doch in der Hochtemperatur-Umgebung des
sehr frühen Universums waren die Kräfte von weniger unterschiedlicher
Stärke, und die schwachen Wechselwirkungen unter Beteiligung von W-
und Z°-Teilchen dürften von gleicher Häufigkeit gewesen sein wie die
starken Wechselwirkungen unter Beteiligung von Gluonen. Vermutlich
gab es daher zur Zeit des Urknalls nur eine einzige „vereinigte" Kraft, die
nicht nur die starke, die elektromagnetische und die schwache Wechselwirkung, sondern auch die Gravitation einschloß. Als sich das Universum
dann abkühlte, gingen die fundamentalen Kräfte, die heute so verschieden

erscheinen, aus dieser vereinigten Kraft hervor – so ähnlich wie sich das Fett von einer mehr gallertartigen Substanz trennt, wenn sich das ursprünglich homogene Bratenfett abkühlt.

In den ersten Augenblicken unmittelbar nach dem Urknall bestand das Universum wohl aus einer äußerst heißen „Suppe" von Elementarteilchen, die Quarks und Leptonen zusammen mit den kraftübertragenden Photonen, Gluonen, W- und Z°-Teilchen sowie vielleicht auch andere Teilchen enthielt, die noch nicht entdeckt worden sind. Bei dieser enormen Temperatur wäre die mittlere Energie aller Teilchen zu hoch gewesen, um die Bildung stabiler Protonen oder Neutronen zu gestatten, geschweige denn die von Atomkernen. Erst als sich das Universum abkühlte und die mittlere Energie mit der Temperatur sank, konnten sich die Protonen und Neutronen bilden, darauf die Atomkerne und noch später die Atome. Schließlich sollten sich die Atome zu Sternen und Galaxien zusammengeballt und das Universum gebildet haben, wie wir es heute wahrnehmen.

Das expandierende Universum

> „Wir brauchen lediglich die relativistischen Formeln für die Expansion des Universums sowie die empirischen Daten für die verschiedenen Kernreaktionen ernstzunehmen und nachzusehen, ob die Berechnungen zu einem Ergebnis führen, das der beobachteten Häufigkeit der bekannten atomaren Spezies ähnlich sieht." (26)
>
> *George Gamow, 1952*

Die Theorie des Urknalls entstand in den 40er Jahren, als George Gamow einen Mechanismus einzuführen versuchte, den er als einen „urzeitlichen Schnellkochtopf" bezeichnete. In diesem Topf sollten grundlegende Ingredienzien zu chemischen Elementen „zusammengekocht" worden sein, deren Häufigkeitsverhältnisse den heute anzutreffenden entsprachen. Der russische Physiker Gamow war in die USA emigriert, wo er Professor an der George-Washington-Universität im Staat Washington wurde. Ende der 20er Jahre postulierte er den quantenmechanischen Tunneleffekt. Mit diesem Mechanismus erklärte er 1935, wie thermonukleare Reaktionen Sterne wie die Sonne mit „Brennstoff" versorgen können (vergleiche Kapitel 6). Nachdem er eine Theorie über die Entstehung der Elemente in den Sternen ausgearbeitet hatte, wandte er sich in den 40er Jahren der Frage zu, die damals viele Forscher beschäftigte: Wie sind die Elemente im urzeitlichen Universum entstanden?

Gamows erste Arbeit über die Bildung von Elementen im frühen Universum erschien 1946; im Jahre 1948 folgte eine berühmte Publikation, die er gemeinsam mit seinem Studenten Ralph Alpher unter dem Titel „Der Ursprung der chemischen Elemente" verfaßte. Ein für Gamow typischer

Scherz war, Hans Bethe (in absentia) mit dessen Erlaubnis als Mitautor aufzuführen, so daß die Autoren als Alpher, Bethe und Gamow aufgelistet werden konnten. Als die Arbeit – durch reinen Zufall – gerade am 1. April in „The Physical Review", Band 73, erschien, waren die Worte „in absentia" irgendwie verlorengegangen. (Zu Gamows großem Verdruß weigerte sich Robert Herman, der an späteren Veröffentlichungen von Gamow und Alpher beteiligt war, seinen Namen in „Delter" zu ändern.)

Gamow und seine Kollegen versuchten, die heute beobachtete Häufigkeit der Elemente im Universum zu erklären. Die entscheidende Bedingung dabei war, daß das Weltall sich ausdehnt. Der amerikanische Astronom Edwin Hubble hatte 1929 die ersten Beweise für ein expandierendes Universum geliefert. Beobachtungen, die seit etwa 1912 angestellt wurden, zeigten, daß eine Reihe von Galaxien sich von uns entfernt. Hubbles entscheidender Schritt bestand darin, diesen Galaxien bestimmte Entfernungen zuzuordnen und nachzuweisen, daß sie sich um so schneller von uns weg bewegen, je weiter sie bereits von uns entfernt sind. Diese Proportionalität wird heute „Hubble-Gesetz" genannt.

Die Beziehung zwischen Geschwindigkeit und Entfernung wird für das Weltall als Ganzes sehr bedeutsam, wenn wir annehmen, daß wir nicht das Privileg besitzen, in einem ganz besonderen Teil der Universums zu leben, mit anderen Worten: wenn wir folgern, daß sich alle Galaxien gemäß dem Hubbleschen Gesetz voneinander entfernen. Dann ist die Proportionalität zwischen Geschwindigkeit und Entfernung genau das, was wir erwarten, wenn sich das Weltall ausdehnt. In seinem Buch „Das expandierende Universum" beschreibt Arthur Eddington die Folgerungen, die er und seine Zeitgenossen sofort aus der Hubbleschen Entdeckung zogen:

> *Wenn man danach fragt, welches Bild vom Universum heute in den Köpfen der Leute existiert, die sich mit der praktischen Erforschung seiner großräumigen Eigenschaften beschäftigen ..., so ist es das Bild eines expandierenden Universums. Das Supersystem der Galaxien zerstreut sich, wie sich eine Rauchwolke auflöst.* (27)

Die Interpretation von Hubbles Gesetz über die Expansion des Universums führt unter anderem dazu, daß es ein „Alter" für das Weltall liefert. Wenn sich alle Galaxien voneinander entfernen, müssen sie in der Vergangenheit näher zusammen gewesen sein. Und zu einem bestimmten Zeitpunkt, den wir als den Anfang des Universums definieren können, müssen sie sich alle am gleichen Ort befunden haben. Aus dem beobachteten Wert der Hubbleschen Proportionalitätskonstanten zwischen Entfernung und Geschwindigkeit können wir berechnen, wie lange es her sein muß, daß alle Galaxien zusammenlagen, und finden einen Wert zwischen 10 und 20 Milliarden Jahren. Zum Glück ist dieser Wert beispielsweise mit Abschätzungen des Alters der Erde verträglich, die auf der gänzlich andersartigen Methode der Radioaktivitätsmessung von Gesteinen beru-

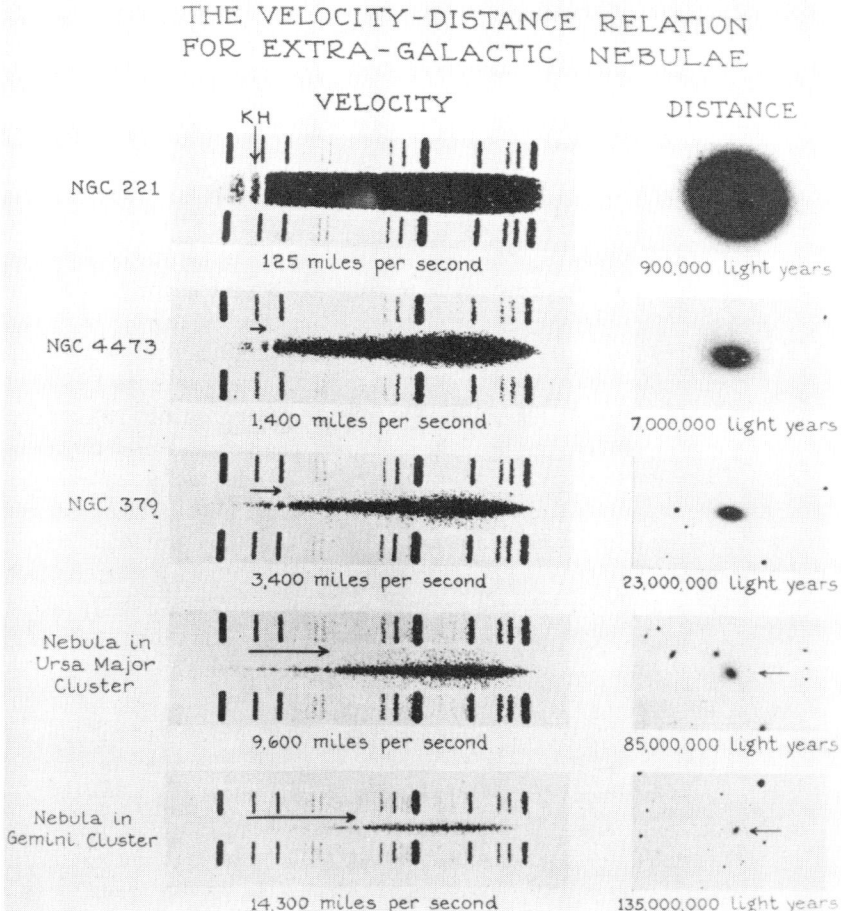

THE VELOCITY-DISTANCE RELATION
FOR EXTRA-GALACTIC NEBULAE

VELOCITY   DISTANCE

KH

NGC 221   125 miles per second   900,000 light years

NGC 4473   1,400 miles per second   7,000,000 light years

NGC 379   3,400 miles per second   23,000,000 light years

Nebula in
Ursa Major   9,600 miles per second   85,000,000 light years
Cluster

Nebula in
Gemini Cluster   14,300 miles per second   135,000,000 light years

Die Zunahme der Fluchtgeschwindigkeiten einer Reihe von Galaxien – in der
Abbildung rechts – wurde aus einer Analyse ihrer Spektren ermittelt, die links
dargestellt sind. Die länglichen dunklen Strukturen stellen das beobachtete Spektrum
des Lichtes der betreffenden Galaxis dar; die dunklen Linien darüber und darunter
sind die Spektrallinien einer Standard-Heliumlampe im Labor. In jedem Spektrum ist
ein Paar heller Linien (H und K) sichtbar, die auf die Absorption durch Calcium
zurückgehen und von oben nach unten immer weiter zum roten Ende des Spektrums
(nach rechts) verschoben erscheinen. Das läßt auf die zunehmende Geschwindigkeit
schließen, mit der sich die jeweilige Galaxis von uns entfernt. Diese
Fluchtgeschwindigkeit ist direkt mit der Entfernung der Galaxis verknüpft. Dies ist
ein deutliches Indiz dafür, daß sich das Universum ausdehnt („The Realm of the
Nebulae" von Edwin Hubble; OUP, London 1936).

hen. Dies war jedoch nicht immer so, da die ersten Werte für die Hubble-
Konstante darauf schließen ließen, daß das Universum jünger als die Erde
ist! Später führten verbesserte astronomische Beobachtungen zu dem

gegenwärtig akzeptierten Wert und einer in sich konsistenten Theorie, eben der Urknall-Theorie.

Die Expansion des Universums stellt für sich genommen keinen Beweis für den Urknall dar, sondern ist eher eine Grundlage dieser Theorie. Nach Beweisen dafür müssen wir woanders suchen. Hinweise darauf, wo dies geschehen kann, gab eine Arbeit, die 1948 von Gamows Kollegen Alpher und Herman in der Zeitschrift „Nature" veröffentlicht wurde. Diese Publikation ist die Verbesserung eines Versuchs, den Gamow zuvor im gleichen Band von „Nature" unternommen hatte. Dieser Ansatz lief darauf hinaus, die Evolution von Materie und Strahlung im Universum zu verfolgen: von einer Sekunde nach dem Urknall bis zur Bildung von Galaxien, die einsetzte, als die Dichten von Materie und Strahlung ungefähr gleich groß waren. Der Ausgangspunkt wäre ein sehr dichtes und demzufolge sehr heißes Universum, das ausschließlich aus Neutronen bestünde, die von Strahlung eingehüllt wären. Danach zerfielen die Neutronen und erzeugten Protonen, worauf sich beide Teilchensorten zu Deuteronen vereinigten. Die Berechnungsmethode bestünde darin, die eine Sekunde nach dem Urknall vorliegenden Dichten von Materie und Strahlung zu bestimmen und auf den Zeitpunkt zu extrapolieren, zu dem sie gleich groß würden.

Gamows Behandlung enthielt nicht nur einige Fehler; seine Extrapolation resultierte auch in einer zu langen Zeitskala für die Bildung von Atomen; das Ergebnis war tatsächlich größer als das allgemein angenommene Alter des Universums. Alpher und Herman fanden heraus, daß sie die Entwicklung der Dichten ohne Extrapolation verfolgen konnten, und erhielten eine vernünftigere Zeitskala, die darauf schließen ließ, daß die Dominanz der Strahlung über die Materie nach 10 Millionen Jahren abgeklungen war. Außerdem schätzten sie die gegenwärtige Strahlungstemperatur zu etwa 5 K über dem Absoluten Nullpunkt ab.

Die Temperatur des Gases zur Zeit der Kondensation betrug 600 K, und die Temperatur des Universums zum gegenwärtigen Zeitpunkt ergibt sich zu etwa 5 K. (28)

Beim Expansionsprozeß sollten die hochenergetischen Photonen der Gammastrahlung des heißen frühen Universums im Laufe der Zeit zu niederenergetischer 5-K-Strahlung in Form von Mikrowellen geworden sein.

Diese Voraussage blieb weitgehend unbeachtet, wahrscheinlich weil es – wie Steven Weinberg in seinem Buch „Die ersten drei Minuten" vermutet – damals schwierig war, überhaupt irgendeine Theorie des sehr frühen Universums ernstzunehmen. Weinberg meinte dazu:

Die ersten drei Minuten sind von uns zeitlich so weit entfernt und die Temperatur- und Dichtewerte für uns so ungewohnt, daß wir uns unbehaglich

dabei fühlen, unsere gewohnten Theorien der statistischen Mechanik und Kernphysik auf sie anzuwenden …
Gamow, Alpher und Herman verdienen größte Hochachtung für ihre Bereitschaft, das frühe Universum ernstzunehmen … Aber sogar sie taten nicht den letzten Schritt, nämlich die Radioastronomen dazu zu bringen, nach einem Untergrund aus Mikrowellenstrahlung zu suchen. (29)

Zwei Jahrzehnte später entdeckten zwei Physiker der Bell Telephone Laboratories (New Jersey) eine Mikrowellenstrahlung, die einer Temperatur von 3 K entsprach und das ganze Universum zu durchdringen schien. Ihre Veröffentlichung trug den bescheidenen Titel „Messung einer Exzess-Antennentemperatur bei 4080 MHz" und erschien 1965 im „Astrophysical Journal". Sie beschrieb den ersten soliden Beweis für den „heißen" Urknall. Arno Penzias und Robert Wilson hatten den Widerschein des urtümlichen Zustands hoher Temperatur entdeckt, der sich bei der kontinuierlichen Expansion des Universums während etwa 15 Milliarden Jahren auf bloße 3 K über dem Absoluten Nullpunkt abgekühlt hatte. Dazu meinte Weinberg:

Die wichtigste Konsequenz der definitiven Entdeckung des 3-K-Hintergrundes im Jahre 1965 war die, daß wir alle gezwungen waren, die Idee der realen Existenz eines frühen Universums ernstzunehmen. (30)

Viele Astrophysiker glauben allerdings, daß sich der heiße Urknall am besten beweisen läßt, indem man der ursprünglichen Absicht von Gamow folgt. Danach ist ein Modell der Bildung der Elemente im frühen Universum zu entwickeln, das die relativen Häufigkeiten der leichten Elemente im heutigen Universum voraussagt. Es ist in der Tat bemerkenswert, daß die Untersuchungen der Urknall-Nukleosynthese (des Prozesses der Bildung leichter Kerne aus Protonen und Neutronen) die korrekten Elementhäufigkeiten liefern, die ungefähr 15 Milliarden Jahre später beobachtet werden. Das ist um so erstaunlicher, als sich die Häufigkeiten von Element zu Element bis zum Milliardenfachen unterscheiden.

Der kosmische Kochtopf

„Die Anzahl der Elementarteilchen muß begrenzt sein, sonst würde sich das Universum von dem unterscheiden, das wir kennen." (31)

David Schramm und Gary Steigman, 1988

Die Urknall-Nukleosynthese kann erklären, was im Universum nach den ersten Hunderttausendsteln einer Sekunde geschah. Zu dieser Zeit hatte sich das Universum infolge Expansion auf etwa 10^{12} K abgekühlt, und Protonen und Neutronen waren aus einem hochenergetischen Brei aus

Arno Penzias (rechts) und Robert Wilson an der Hornantenne, mit der sie die kosmische Hintergrundstrahlung entdeckten – das heutige Überbleibsel des „heißen" Urknalls (Bell Laboratories).

Quarks und Gluonen heraus kondensiert. Außerdem gab es Neutrinos, Elektronen, Myonen und ihre Antiteilchen sowie Photonen – alle milliardenfach häufiger als die Protonen und Neutronen. Zunächst herrschte zwischen Protonen und Neutronen ein Gleichgewicht: Protonen wandelten sich über die schwache Wechselwirkung mit Antineutrinos ebenso schnell in Neutronen um, wie sich Neutronen über ähnliche Wechselwirkungen mit Neutrinos in Protonen transformierten. Als sich das Universum dann weiter ausdehnte und abkühlte, verlangsamte sich die schwache

Wechselwirkung, und die Umwandlung von Neutronen zu Protonen durch den normalen Betazerfall wurde dominierend. Dadurch wurden die Protonen zahlreicher als die Neutronen.

Als das Universum rund eine Sekunde alt war, war seine Temperatur auf 10^{10} K und die Durchschnittsenergie der Teilchen auf etwa 1 MeV gefallen. Jetzt war die Rate der Kollisionen infolge der schwachen Wechselwirkung kleiner als die Expansionsrate des Universums. Von nun an stand den Protonen und Neutronen als einzige schwache Wechselwirkung lediglich noch der Betazerfall des Neutrons zur Verfügung. Zu diesem Zeitpunkt kam auf drei Protonen nur noch ein Neutron. Wäre bei der unaufhaltsamen Expansion des Universums nicht etwas Neues geschehen, so wären die verbliebenen Neutronen in den folgenden 15 Minuten zerfallen. Aber nach etwa 2 Minuten wurden die ersten Neutronen in einfachen Atomkernen eingeschlossen: Hundert Sekunden nach dem Urknall hatte die Nukleosynthese – die Entstehung der Elemente – begonnen.

Die Temperatur des Universums war inzwischen auf 10^9 K gefallen – tief genug, um den Zusammenschluß von Protonen und Neutronen zu Deuteriumkernen (den Atomkernen des schweren Wasserstoffs) zu ermöglichen. Bei den zuvor herrschenden höheren Temperaturen war die das Universum durchdringende Strahlung energiereich genug gewesen, die Deuteriumkerne sofort nach ihrer Entstehung wieder zu spalten; nun aber konnten sie lange genug überleben, um an weiteren Reaktionen teilzunehmen. Sie konnten mit zusätzlichen Protonen oder Neutronen wechselwirken und Kerne von Helium-3 oder von Tritium (Wasserstoff mit zwei Neutronen) bilden. Helium-3 bzw. Tritium konnte sich wiederum mit einem Proton bzw. einem Neutron zu dem sehr stabilen Kern des Helium-4 (zwei Protonen, zwei Neutronen) zusammenschließen. Auch Lithium-7 entstand in kleinen Mengen, und zwar in Reaktionen von Helium-4 mit Tritium. Entscheidend in diesem Stadium war, daß die Temperatur – obwohl niedrig genug, um Deuterium entstehen zu lassen – hoch genug war, um den positiv geladenen Kernfragmenten zu erlauben, sich nahe genug zu kommen und über Gamows quantenmechanischen Tunneleffekt ihre gegenseitige elektrische Abstoßung zu überwinden.

In diesem urzeitlichen Hochofen konnten keine Elemente erzeugt werden, die schwerer als Lithium sind, da bei Reaktionen zwischen Helium-4 und Protonen oder Neutronen beziehungsweise zwischen zwei Helium-4-Kernen keine stabilen Kerne gebildet werden. Es bedarf vielmehr der hohen Temperaturen und Dichten, die im Zentrum von Sternen wie der Sonne herrschen, um drei Helium-Kerne zur Bildung von Kohlenstoff-12 zusammenzubringen. So mußten über 300'000 Jahre vergehen, bevor die ersten Sterne „zünden" und neue Elemente hervorbringen konnten.

Der erste Schub der Bildung von Elementen im frühen Universum dauerte etwas mehr als 3 Minuten. Danach waren die Neutronen, die nach den ersten Sekunden entstanden waren, meist in Helium-4-Kernen eingeschlossen, zu einem kleineren Anteil auch in Deuterium und Helium-3;

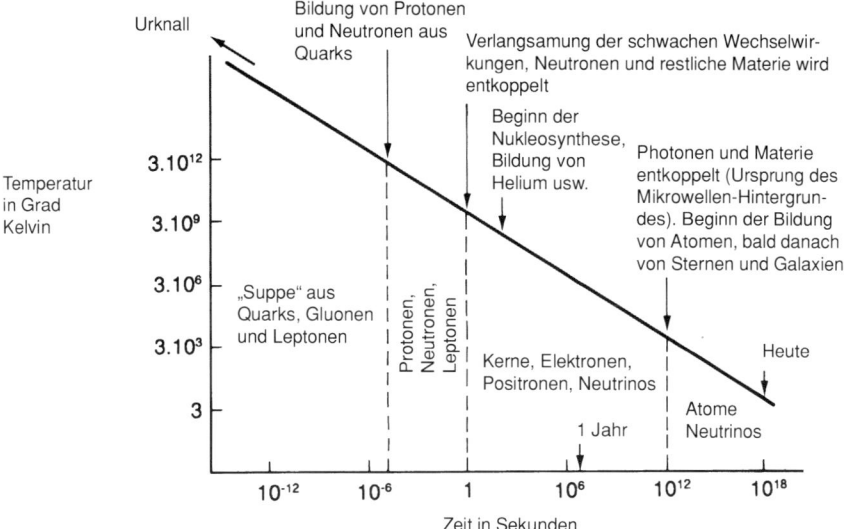

Seit dem Urknall hat sich das Universum ausgedehnt und auf seine gegenwärtige Temperatur von 3 K abgekühlt. Bei seiner Abkühlung durchlief es verschiedene Phasen: Helium und andere leichte Kerne bildeten sich, nachdem die Energie in ihrer Umgebung nicht mehr ausreichte, um sie wieder aufzulösen. Zu diesem Zeitpunkt war das Universum drei Minuten alt; es vergingen 300'000 Jahre, bis das Universum kühl genug war, um die Bindung von Elektronen an Kerne und damit die Bildung von Atomen zu ermöglichen.

noch weniger befanden sich in Lithium-7-Kernen. Damit waren die relativen Häufigkeiten der leichtesten Kerne (Wasserstoff, Deuterium, Helium und Lithium) festgelegt, aus denen sich das gegenwärtige Universum entwickelt hat. Jedoch erst nach 300'000 Jahren, als sich das Universum wohl auf etwa 3000 K abgekühlt hatte, konnten sich Atome bilden. Nun waren die Kerne also in der Lage, Elektronen einzufangen und sie festzuhalten, und bald danach sollte auch die Entwicklung von Sternen und Galaxien beginnen.

Elektronen existierten ebenso wie Quarks und Gluonen im Inneren der Kernteilchen von den ersten Augenblicken des Universums an. Als die Neutronen und Protonen nach einigen Hundertstelsekunden „auskondensierten", enthielt der urzeitliche Dampfkessel nicht nur Quarks und Gluonen, sondern auch Elektronen, Neutrinos und natürlich Photonen. In diesem Stadium standen Elektronen und Neutrinos mit den Photonen im Gleichgewicht. Mit anderen Worten: die Photonen konnten ebenso schnell Elektron-Positron-Paare erzeugen, wie diese wieder zu Photonen zerstrahlten; auf ähnliche Weise standen auch Neutrinos und Antineutrinos über ihre schwachen Wechselwirkungen im Gleichgewicht.

Im Jahre 1969 wies V.F. Schwarzman von der Moskauer Staatsuniversi-

tät auf folgenden Umstand hin: Die Menge des heute existierenden urzeitlichen Heliums – das heißt des Heliums, das im frühen Universum und
nicht in Sternen (siehe Kapitel 6) erzeugt wurde – hängt von der Dichte der
leichten Teilchen ab, die während dieser Periode vor der Nukleosynthese
vorlag. Schwarzman bezog sich dabei insbesondere auf „DZPs" (für „dif-
ficult-to-oberve particles with zero rest mass", schwer zu beobachtende
Teilchen mit der Ruhemasse null) (32). Zu diesen sollten „alle unbekannten
ultraschwach wechselwirkenden Teilchen gehören, die aus der superdich-
ten Phase übriggeblieben waren". In einem in den „JETP Letters" veröffentlichten Artikel wies er nach, daß die gegenwärtige Dichte solcher Teilchen
weniger als ein Fünftel der Dichte der Photonen im Mikrowellen-Hinter-
grund betragen haben mußte, damit die Nukleosynthese zu der beobachteten Heliumhäufigkeit von weniger als 40% führen konnte.

Der Grund für eine derartige Begrenzung liegt in dem kritischen Wech-
selspiel zwischen der Expansionsrate des frühen Universums und der Rate
der fundamentalen Wechselwirkungen. Je mehr Arten von Teilchen zu
einem bestimmten Zeitpunkt im Gleichgewicht mit der Strahlung standen,
desto höher waren zur selben Zeit die Energiedichte und die Expansionsrate.
Hätte sich das Universum unmittelbar vor dem Einsetzen der Nukleosynthese schneller ausgedehnt, so wäre zu der Zeit, als die Expansionsrate die
Rate der schwachen Wechselwirkungen zwischen Protonen und Neutronen
überstieg, das Zahlenverhältnis zwischen Protonen und Neutronen größer
gewesen. Weiterhin hätten die Neutronen weniger Zeit gehabt, zu zerfallen,
bevor das Universum kühl genug für die Bildung von Deuteriumkernen
geworden war. Als Ergebnis eines schneller expandierenden Universums
wären daher mehr Neutronen zum Zeitpunkt der Nukleosynthese vorhanden gewesen; damit wäre schließlich auch mehr Helium-4 entstanden.

Die Untersuchungen von Schwarzman und die Arbeiten vieler anderer
Forscher nach ihnen haben gezeigt, daß die Teilchenphysiker keine unbegrenzte Freiheit haben, neue Partikel zur Erklärung jedes unerwarteten
neuen Effektes einzuführen – nicht nur weil sich jedes neue Teilchen in die
Theorie der Teilchenphysik einfügen muß, sondern auch weil es sich so
verhalten muß, daß die Kosmologen die Entwicklung des Universums vom
Urknall bis zum gegenwärtigen Zustand erklären können. Wie Gary Steigman, David Schramm und James Gunn bereits 1977 zeigen konnten, ist die
Zahl der Neutrinoarten, die vor dem Beginn der Nukleosynthese existierten, eng mit der Menge an urzeitlichem Helium-4 verknüpft, den wir heute
ermitteln.

Die drei amerikanischen Astrophysiker wurden 1976 durch die Entdeckung des dritten Typs eines geladenen Leptons – des Tauons – durch
Martin Perl und seine Kollegen (vergleiche Kapitel 4) zu ihrer Erklärung
angeregt. Steigman, Schramm und Gunn erkannten, daß die Existenz einer
dritten Neutrinoart, des ungeladenen Partners des Tauons, die Expansion
des frühen Universums beschleunigt und damit zur Anwesenheit von
mehr Helium-4 zum gegenwärtigen Zeitpunkt geführt haben mußte. Ende

November 1976 sandten sie eine Arbeit an die „Physical Letters", die im Januar 1977 erschien. Darin wiesen sie nach, daß es höchstens sieben Arten leichter Neutrinos (einschließlich Elektron- und Myon-Neutrinos) geben durfte, wenn ihre Berechnungen der Nukleosynthese im Urknall die Schätzungen des relativen Anteils von urzeitlichen Helium-4 im gesamten Universum richtig wiedergeben sollte. Sie schlossen aber mit der Warnung:

> *Man sollte natürlich daran erinnern, daß das Standardmodell des Urknalls keineswegs streng bewiesen ist, sondern lediglich das einfachste Modell darstellt, das mit den Beobachtungen verträglich erscheint.* (33)

Auch als in den folgenden Jahren noch mehr Daten gesammelt und die Messungen verfeinert wurden, blieb der Urknall das einzige astrophysikalische Modell, das den korrekten Betrag an urzeitlichem Helium-4 und Deuterium ergab. Damit wuchsen seine Ansprüche auf Legitimität weiter an. Im Juni 1984 konnten Schramm und Steigman zusammen mit Jonman Yang, Michael Turner und Keith Olive einen großen Artikel im „Astrophysical Journal" mit den Worten einleiten:

> *Die beinahe universelle Akzeptanz des Standard- (das heißt des einfachsten) Urknall-Modells … beruht vor allem auf dem Erfolg dieses Modells beim Erklären der Häufigkeit der leichten Elemente, speziell der von Helium-4 und Deuterium.* (34)

In der Arbeit wurde unter anderem gezeigt, daß es maximal vier leichte Neutrinotypen geben kann, wobei der vierte Typ kaum noch im Rahmen des Erlaubten lag. Auf diese Weise lieferte die Nukleosynthese eine Zeitlang eine strengere Begrenzung der Zahl der möglichen Neutrinoarten als die Experimente der Teilchenphysik. Erst 1989 ergaben die Versuche am LEP-Beschleuniger und am SLC-Gerät (im SLAC) eine engere Grenze: Die Messungen des Zerfalls der bei Elektron-Positron-Stößen erzeugten Z-Teilchen ergaben, daß höchstens drei Arten leichter Neutrinos existieren können.

Neutrinos als Zeugen der Vergangenheit

> „Die dramatischste mögliche Bestätigung des Standardmodells des frühen Universums wäre die Entdeckung dieses Neutrino-hintergrundes." (35)
>
> *Steven Weinberg, 1977*

Das sehr frühe Universum war „strahlungsdominiert". Mit anderen Worten: der Hauptanteil seiner Energie stammte von Photonen und anderen Teilchen, die sich nahezu mit Lichtgeschwindigkeit bewegten. Im Gegensatz dazu ist das gegenwärtige Universum „materiedominiert". Bei der

Expansion und Abkühlung des Universums sank die Energie der Photonen, so daß der Hauptteil der Energie des Universums heute in niederenergetischen, aber massereichen Teilchen steckt, nämlich den Protonen und Neutronen der Kernmaterie. Während seiner frühen, strahlungsdominierten Phase verhielt sich das Universum wie ein Strahlungs-„Gas" im Zustand des thermischen Gleichgewichts. Das macht die Berechnung der Dichte der Photonen und anderer Teilchen, die bei einer bestimmten Temperatur (und damit zu einer bestimmten Zeit) vorlagen, zu einer relativ unkomplizierten Angelegenheit. Die Dichte hängt teilweise vom Spin der Teilchen ab; Photonen besitzen einen Spin von 1, und Neutrinos haben den Spin $1/2$. Das bedeutet, daß es während der ersten Sekunden des Universums $3/2$-mal so viel Neutrinos einer einzelnen Art wie Photonen gegeben hat – vorausgesetzt, es handelt sich bei den Neutrinos um Dirac-Teilchen, bei denen man (wie in Kapitel 4 erläutert) Teilchen und Antiteilchen unterscheiden kann. (Wenn Neutrinos aber Majorana-Teilchen sind, bei denen Teilchen und Antiteilchen den gleichen Zustand verkörpern, hätte es nur die halbe Zahl von Neutrinos gegeben, das heißt $3/4$-mal so viel wie Photonen.)

Als das Universum sich nach etwa einer Sekunde auf ungefähr 10^{10} K abgekühlt hatte, wurde die Rate der schwachen Wechselwirkungen zwischen den Neutrinos langsamer als seine Expansionsrate. Von diesem Zeitpunkt an befanden sich die Neutrinos nicht mehr im Gleichgewicht mit den anderen Teilchen und wurden mit der weiteren Ausdehnung des Universums immer dünner verteilt. 500'000 Jahre später fand eine ähnliche „Entkopplung" der Photonen im Weltall statt. Inzwischen hatte sich das Universum auf etwa 3000 K abgekühlt, was einer Photonenenergie von 0,3 eV entspricht. Die Photonen hatten nun nicht mehr genügend Energie, um die Elektronen von den Atomkernen fernzuhalten, die während der Nukleosynthese entstanden waren; und so begannen sich neutrale Atome zu bilden, überwiegend Wasserstoff und Helium. Seitdem hat sich die Verteilung der Photonen, die aus dem frühen Universum übriggeblieben waren, mit dem Weltall ausgedehnt und dabei auf 2,7 K abgekühlt. Das sind die Photonen-Überreste, die Penzias und Wilson in Form des Mikrowellenhintergrundes entdeckt hatten. Messungen ergaben, daß es im gegenwärtigen Universum noch ungefähr 400 dieser Photonen pro Kubikzentimeter gibt.

Man könnte glauben, daß die Anzahl der übriggebliebenen Neutrinos eines bestimmten Typs einfach das $3/2$- oder $3/4$-fache der gegenwärtigen Anzahl der übriggebliebenen Photonen betragen müßte. In den frühen Tagen des Universums wurde aber die Anzahl der Photonen bald nach dem Verlust des Gleichgewichts zwischen Neutrinos und Photonen bei einer Temperatur von ungefähr 10^{10} K erhöht. Bei Temperaturen unterhalb etwa 3×10^9 K besaßen die Photonen nicht mehr genügend Energie, um Paare aus Elektronen und Positronen zu erzeugen, so daß sich diese Teilchen nicht mehr im thermischen Gleichgewicht befanden. Die Zerstrahlung von Elektronen und Positronen ging jedoch weiter; dadurch nahm die Anzahl der Photonen zu, während sich die der Elektronen und Positronen verringerte. Tatsächlich sollte sich die Zahl der Photonen nahezu verdreifacht haben, was wiederum zur Folge hätte, daß die Anzahl von Neutrinos einer bestimmten Art heute nur die Hälfte (oder ein Viertel) der Photonenanzahl beträgt.

Das ist immer noch eine große Zahl von Neutrinos. Nehmen wir an, daß es drei verschiedene Neutrinoarten gibt. Dann sollten in jedem Kubikzentimeter des Raumes 300 bis 600 Neutrinos übriggeblieben sein, natürlich vorausgesetzt, daß Neutrinos entweder stabil sind oder Lebensdauern von mehr als 15 Milliarden Jahren (dem Alter des Universums) besitzen. Ob wir diesen „Neutrinohintergrund" jemals nachweisen können, hängt auch vom Erfindungsreichtum der Physiker ab. Was aber ist, wenn einige oder alle dieser Neutrinos tatsächlich relativ stabil sind und Masse besitzen?

Wird die Expansion des Universums jemals zu einem Halt kommen? Die Antwort hängt von der Menge der Materie im Universum ab, genauer gesagt von der Energiedichte. Ist diese hoch genug, so wird die Expansion schließlich aufhören und das Universum wird beginnen, sich wieder zusammenzuziehen: Es wäre „geschlossen". Im Gegensatz dazu würde sich das Universum für immer ausdehnen, wenn seine Dichte nicht groß genug ist, diese Expansion aufzuhalten; es handelte sich dann um ein „offenes" Universum. Eine dritte Möglichkeit besteht darin, daß die Dichte zwar gerade ausreichend ist, um die Expansion nach einer unendlich langen Zeit zum Stillstand zu bringen, aber nicht hoch genug, um eine Kontraktion in Gang zu setzen. In diesem Fall wäre das Universum „flach".

Die für ein flaches Universum erforderliche Dichte wird als „kritische Dichte" bezeichnet; ihr Wert kann aus der Newtonschen Gravitationskonstanten und der Hubble-Konstanten berechnet werden, die die Fluchtgeschwindigkeit der Galaxien mit ihrer Entfernung verknüpft. Die Hubble-Konstante ist nur bis auf einen Faktor 2 genau bekannt, aber dies reicht aus, um für die Dichte einen kritischen Wert zwischen etwa 3 und 10 keV pro Kubikzentimeter zu berechnen. Wenn pro Kubikzentimeter 400 urzeitliche Photonen mit einer gegenwärtigen Energie von 0,0003 eV übriggeblieben sind, würde sich ihr Beitrag zur gesamten Energiedichte des Universums auf 0,12 eV pro Kubikzentimeter belaufen; das liegt bis zu 100'000fach unterhalb der kritischen Dichte.

Sollten Neutrinos überhaupt keine Masse besitzen, so wäre der Beitrag der urzeitlichen Neutrinos zur Gesamtdichte gleichermaßen null. Aber schon eine kleine Masse könnte einen gewaltigen Unterschied bedeuten. Bei einer Masse von 30 eV würden hundert Neutrinos pro Kubikzentimeter eine Energiedichte von 3 keV pro Kubikzentimeter erzeugen; dieser Wert liegt in der Nähe der Abschätzungen für die kritische Dichte. Damit ergibt sich die erstaunliche Möglichkeit, daß die Neutrinos – Partikel, die beinahe schon dem Nichts angehören – das Schicksal des Universums bestimmen könnten.

Die Masse der Neutrinos ist furchtbar schwer zu messen. Wie in Kapitel 3 beschrieben, ließen die Ergebnisse des Experiments eines Physiker-teams in Moskau darauf schließen, daß die Masse des Elektron-Neutrinos zwischen 20 und 40 eV liegen könnte. Dieser Wert rief sowohl unter den Kosmologen als auch unter den Teilchenphysikern große Aufregung her-vor. Zehn Jahre später – im Jahre 1991 – hatten andere Experimente gezeigt, daß die Masse des Elektron-Neutrinos weniger als 15 eV betragen muß und daß die Analyse der Messungen aus Moskau irgendwie nicht ganz in Ordnung gewesen sein konnte. Zur Zeit liegen die bei Laborexperimenten ermittelten Grenzen für die Masse des Myon- und des Tauon-Neutrinos mit 250 keV beziehungsweise 35 MeV wesentlich höher.

Tatsächlich liefern kosmologische Argumente engere Grenzen für die möglichen Neutrinomassen. Astronomische Messungen der Expansions-rate des Universums – gleichfalls eine schwierig zu bestimmende Größe – lassen darauf schließen, daß die Dichte nicht mehr als das Doppelte der kritischen Dichte ausmachen kann. In diesem Fall kann die Gesamtmasse der drei Neutrinoarten nicht mehr als etwa 100 eV betragen.

Was wäre nun, wenn die Neutrinos keine großen Lebensdauern besit-zen? Wir wissen zum Beispiel, daß Elektron-Neutrinos eine Lebensdauer von wenigstens 500'000 Sekunden (etwa 6 Tage) haben müssen, sonst hätte man auf der Erde keine Neutrinos von der Supernova SN1987A nachweisen können. Das ist eine sehr kurze Zeit, verglichen mit den Jahrmilliarden, die seit dem Urknall vergangen sind. Und was ist mit den anderen Neutrinoarten? Sollten Neutrinos tatsächlich instabil sein, so entstünde die Frage, welche Wirkungen von den Teilchen ausgehen, in die sie zerfallen; denn die Energieerhaltung besagt, daß sie nicht einfach verschwinden können.

Eine Reihe von Beobachtungen macht es unwahrscheinlich, daß Neu-trinos zu Photonen zerfallen können. Urzeitliche Neutrinos, die zerfallen wären, nachdem sich Atome bildeten und das Universum für Photonen transparent wurde, hätten Strahlung oberhalb des Mikrowellenhintergrun-des erzeugt; doch eine solche Strahlung ist nicht nachzuweisen.

Diese Beobachtungen – besser gesagt, diese fehlenden Beobachtungen – schränken die möglichen Kombinationen von Lebensdauer und Masse der Neutrinos ein, wenn diese in Photonen zerfallen sollen. Es kann sein, daß Neutrinos auf andere Weise zerfallen; Versuche, die Theorien mit den verschiedenen Beobachtungen in Einklang zu bringen, führen aber fast immer zu Effekten, die außerhalb des Standardmodells der Teilchen-physik liegen. Zudem zeigen Argumente bezüglich der Energiedichte des Universums, die sicherstellen, daß die gegenwärtige Dichte nicht größer als mit den Beobachtungen verträglich ist, daß bestimmte Kom-binationen aus Massen und Lebensdauern vollständig ausgeschlossen sind, und zwar auch dann, wenn Neutrinos auf eine Weise zerfallen sollten, von denen sich die Theoretiker bisher noch keine Vorstellung gemacht haben.

Neutrinos als Dunkle Materie

„Von all den vielen Kandidaten für Dunkle Materie, die in den
vergangenen Jahren vorgeschlagen wurden, sind Neutrinos die
einzigen, die mit Sicherheit existieren; wir wissen nur nicht, ob
sie die dafür erforderliche Masse besitzen." (36)

Graciela Gelmini, 1988

Ein Problem der Kosmologie, das eng mit der Frage der Energiedichte
urzeitlicher Neutrinos verknüpft ist, liegt im Geheimnis der fehlenden oder
„Dunklen" Materie. Diese Materie spielt in zwei verschiedenen Ebenen der
kosmologischen Diskussionen eine Rolle. Erstens wissen die Astrophysiker
aus Messungen der Dynamik der Spiralgalaxien, daß die leuchtende Materie, die sie in einer Galaxis beobachten, nur etwa 10% der gesamten
galaktischen Masse bilden kann. Um die Umlaufgeschwindigkeiten von
Sternen und Gas in einer solchen Galaxis zu erklären, muß man annehmen,
daß sie von einem kugelförmigen Bereich – einem „Halo" – aus nichtleuch-
tender Materie umgeben sind, der sich zehnmal weiter als die sichtbare
Scheibe der Galaxis in den Raum erstreckt.

Die Energiedichte der leuchtenden Materie selbst beträgt etwa 1% des
kritischen Wertes. Die Berücksichtigung der galaktischen Dunklen Materie
erhöht die Energiedichte auf 10% der kritischen Dichte. Ähnliche Argumente hinsichtlich der Dynamik der Bewegung von „Superhaufen" von
Galaxien erfordern die Einführung weiterer Dunkler Materie und führen
zu einem Schätzwert für die Gesamtdichte des Universums von 20% der
kritischen Dichte.

Erstaunlicherweise liegt dieser Wert bereits nahe genug an 100%, um
kosmologische Probleme aufzuwerfen, und zwar aus dem folgenden
Grund: In einem expandierenden Universum muß die Dichte in der Vergangenheit größer gewesen sein; natürlich kann sie nicht viel größer als die
kritische Dichte gewesen sein. Wenn wir nun eine heutige Dichte von 20%
des kritischen Wertes zeitlich zurückrechnen, dann muß die ursprüngliche
Dichte dem kritischen Wert in der Tat sehr nahe gewesen sein, und zwar
bis auf 50 Stellen nach dem Komma!

Es erscheint bemerkenswert, daß der Start des Universums mit einer –
wie die Kosmologen sagen – derartigen „Feinabstimmung" erfolgt sein
soll. Dieser Vermutung ist offenkundig die Annahme vorzuziehen, daß
das Universum mit der exakten kritischen Dichte begann und diese auch
heute noch besitzt. Darüber hinaus geht eine derzeit sehr populäre modi-
fizierte Version des Urknall-Modells – als „Inflationäres Universum" bezeichnet – davon aus, daß das Universum in der Tat die kritische Dichte
besitzt. Das Modell des Inflationären Universums hat unter den Kosmologen viel Anklang gefunden, weil es eine Reihe von Problemen löst, die
sich ansonsten für das sehr frühe Universum ergeben. Wir wollen nicht
versuchen, dieses Modell genauer zu erklären; es genügt festzustellen, daß

Messungen der Bewegungen in Galaxienhaufen wie dem hier abgebildeten
Virgo-Haufen liefern Beweise für die Existenz „Dunkler" Materie, die lediglich durch
ihren Gravitationseinfluß nachgewiesen werden kann (© 1994 Royal Observatory,
Edinburgh).

es der Annahme großen Auftrieb verliehen hat, das Universum besitze
genau die kritische Dichte. Wenn dies aber so ist, bleibt das Problem, daß
wir nur 1% der Materie im Universum direkt sehen können und die
restlichen 99% des Weltalls aus unsichtbarer „Dunkler Materie" bestehen.
Was kann das sein?

Es wurden viele Möglichkeiten diskutiert und viele neue hypothetische
Teilchen vorgeschlagen. Es kann sein, daß die Antwort in einer Kombination verschiedener Arten unsichtbarer Materie liegt. Eine Interpretation,
deren Popularität im vergangenen Jahrzehnt stark schwankte, ist die, daß
die Dunkle Materie von Neutrinos gebildet wird.

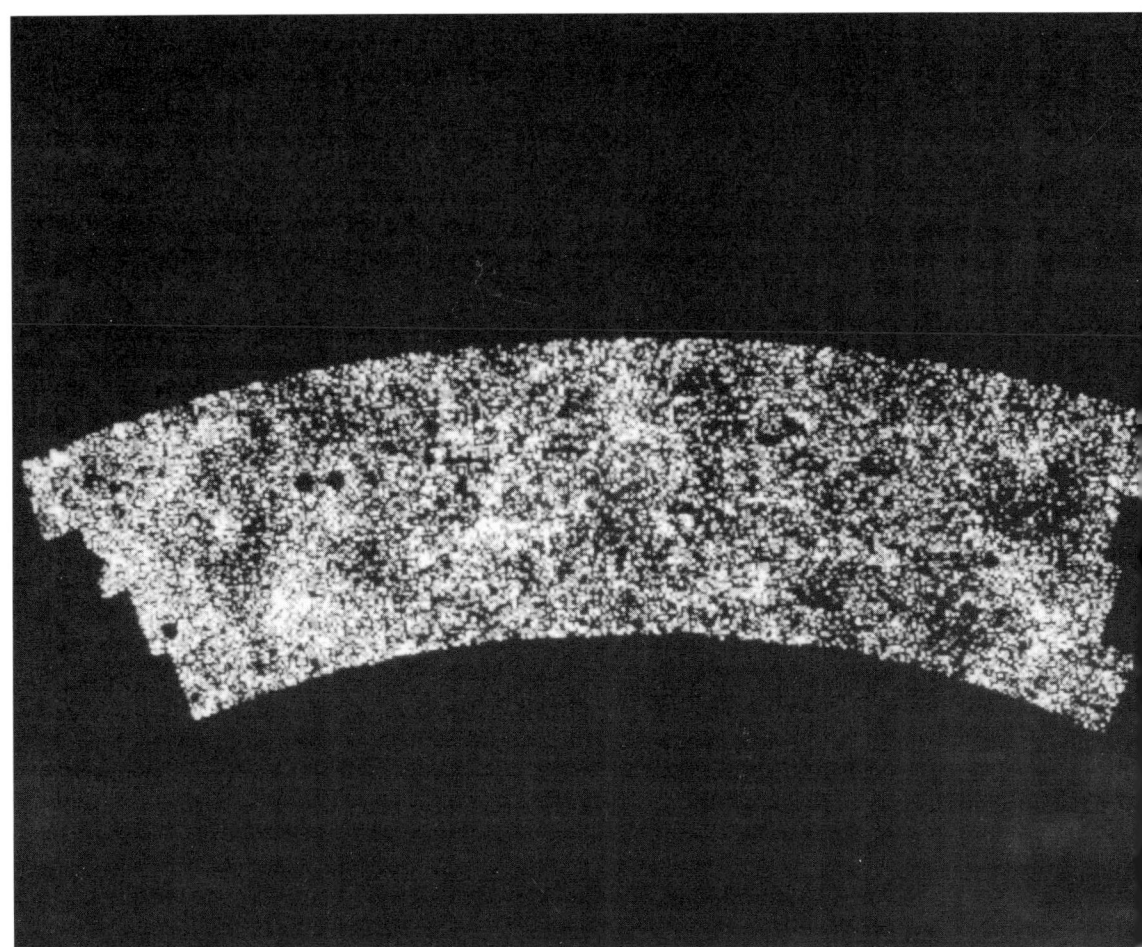

Dieses Mosaik zeigt die Verteilung von 80'000 lichtschwachen Galaxien in Richtung
des Südpols der Galaxis, die vom UK-Schmidt-Teleskop aufgenommen und im
Edinburgh-Durham-Galaxien-Katalog klassifiziert wurden. Deutlich ist erkennbar,
daß die Galaxien nicht gleichmäßig über den Himmel verteilt sind, sondern sich an
bestimmten Stellen zusammenballen und anderswo große, dünner besetzte Flecken
hinterlassen. Eine solche Unregelmäßigkeit ist mit der Uniformität des
Mikrowellenhintergrundes im gesamten Universum schwer in Einklang zu bringen.
Sie ist besser durch Theorien zu erklären, die davon ausgehen, daß das Universum
große Mengen an unsichtbarer, „Dunkler" Materie enthält (© 1994 Royal Observatory,
Edinburgh).

Wie oben erläutert, könnten stabile Neutrinos mit einer Masse von etwa
30 eV als Überbleibsel des frühen Universums die kritische Dichte liefern.
Diese Lösung des Problems verlor allerdings an Attraktivität, als sich
herausstellte, daß die im Universum gebildete Materie sich zuerst in einem

sehr großen Maßstab – viel größer als die Größenordnung der Galaxien – zusammenballte und sich Galaxien erst später (zu spät) bildeten. In den 80er Jahren fanden Astronomen zunehmend Beweise für die Existenz riesiger Strukturen im Weltall, deren Größe einer enormen Zahl von Galaxien entsprach. Außerdem entdeckten die Kosmologen eine Möglichkeit, die Geschwindigkeit der Galaxienbildung in einem von leichten Neutrinos dominierten Universum zu steigern; und wieder wurden die Neutrinos zu möglichen Kandidaten für die Dunkle Materie.

Es ist auch vorstellbar, daß die Dunkle Materie aus schwereren Neutrinos (beispielsweise Tauon-Neutrinos) mit einer Masse von 1 keV besteht – vorausgesetzt, diese Neutrinos sind stabil. In diesem Fall würden die mit der Galaxienbildung im Universum verknüpften Probleme allerdings noch schwerer lösbar, und niemand kann sich vorstellen, welcher Mechanismus es dem Universum gestattet hätte, seinen gegenwärtigen Zustand zu erreichen. Eine andere Möglichkeit besteht darin, daß es noch nicht entdeckte neutrinoähnliche Teilchen gibt, die mindestens so schwer wie Protonen sind. Die Existenz neuer Arten schwerer Neutrinos wird durch die Erzeugung von Helium-4 während der ersten drei Minuten des Universums nicht vollkommen ausgeschlossen, da diese Einschränkung nur für leichte Neutrinos mit einer Masse von weniger als etwa 25 MeV gilt. Darüber hinaus gibt es für schwere Neutrinos als Dunkle Materie kein Problem mit der Galaxienbildung im Universum, weil diese Teilchen die Tendenz besitzen, die Materie zuerst in galaktischem Maßstab zusammenzuballen; dann würden die Galaxien erst später zu Haufen und „Superhaufen" zusammentreten. Solche Neutrinos könnten dagegen nur bei Zerfällen von Z°-Teilchen erzeugt werden und würden so deren Lebensdauer in meßbarer Weise beeinflussen. Die Messungen an Z-Teilchen am CERN (vergleiche Kapitel 4) scheinen diese Möglichkeit auszuschließen.

Die Natur der Dunklen Materie im Universum, die zweifelsohne existiert – und sei es nur, um die Dynamik von Galaxien erklären zu können – stellt eines der wichtigsten wissenschaftlichen Rätsel des ausgehenden 20. Jahrhunderts dar. Seine Bedeutung reicht weit über die Grenzen der beobachtenden Astronomie hinaus in die Kosmologie und die Teilchenphysik hinein. Das Problem demonstriert die Art und Weise, in der Untersuchungen eng miteinander verwoben sind, die scheinbar nichts miteinander zu tun haben und sich mit Objekten beschäftigen, die im Maßstab derart unterschiedlich sind wie die Atome und das Universum. Die Aufklärung der Natur der Dunklen Materie könnte einer der ersten großen wissenschaftlichen Erfolge des 21. Jahrhunderts werden. Dann werden wir wissen, ob Paulis bescheidenes Neutrino eine weitere unsichtbare Rolle bei der Formung des Universums spielt, in dem wir leben.

8. Neutrinos auf der Mondstation

> „Lassen Sie mich einen Traum schildern, den ich für die Zukunft
> hege ..." (1)
>
> *Masa-Toshi Koshiba, 1987*

Es ist nun über sechzig Jahre her, daß Wolfgang Pauli widerstrebend sein „verzweifeltes Heilmittel" für das Problem des nuklearen Betazerfalls einführte, und vierzig Jahre, daß Fred Reines und Clyde Cowan ihre bahnbrechenden Versuche zum Nachweis von Neutrinos begannen. Vor dreißig Jahren wurde mit dem Neutrinostrahl aus einem Teilchenbeschleuniger die Existenz des Myon-Neutrinos nachgewiesen, und vor zwanzig Jahren entdeckte man die ersten solaren Neutrinos. Zu einer Zeit, in der viele wissenschaftliche Fortschritte in atemberaubendem Tempo aufeinanderfolgen, hat die große Flüchtigkeit des Neutrinos die Erforschung dieses Teilchens zu einer quälend langsamen Prozedur gemacht. Zudem erfordert sie, zumindest was die Experimente betrifft, enorme Geduld, Sorgfalt und auch Phantasie.

In den vorangegangenen Kapiteln konnten wir verfolgen, wie die Experimente mit Neutrinos – unter Wahrung einer der besten Traditionen der wissenschaftlichen Forschung – die Technik oft an ihre äußersten Grenzen trieben. So langsam sich die Erfolge auch einstellten, waren sie doch von enormer Bedeutung. Der erste Beweis, daß die elektromagnetische und die schwache Kraft verschiedene Aspekte einer grundlegenderen Kraft sind, und der Existenznachweis der Quarks und Gluonen im Inneren von Protonen und Neutronen sowie die klare Bestätigung der Theorien über den Tod eines Sternes als Typ-II-Supernova – alle diese Erfolge beruhten auf der hartnäckigen Entschlossenheit, an schwierigen Experimenten festzuhalten, und auf der Fähigkeit, an Dinge zu glauben, deren Umsetzung in die Realität als unmöglich galt.

Auf diesen letzten Seiten möchte ich versuchen, eine Vorstellung von den Träumen zu vermitteln, die die Neutrinos den Physikern noch immer eingeben – von Ideen, die heute oft noch undurchführbar scheinen, im 21. Jahrhundert aber Wirklichkeit werden könnten.

Der eingangs zitierte Satz von Masa-Toshi Koshiba stammt aus seinem Artikel „Beobachtende Neutrino-Astrophysik", den er 1987 nach der spektakulären Beobachtung der Supernova SN1987A verfaßte. Koshibas Experiment – Kamiokande II – entdeckte nicht nur von der Supernova stammende Neutrinos; es war auch das erste, das in „Echtzeit" solare Neutrinos nachwies, deren Ursprung in der Sonne durch die Registrierung der Flugbahnen bewiesen wurde. Im Frühjahr 1991 erhielt das Team die Bewilligung für Super-Kamiokande, eine vergrößerte Version seines Tscherenkow-Wasser-Detektors. Mit ihm sollten genügend Neutrinos nachzuweisen sein, um die Temperatur des Sonnenkernes über einen Zeitraum von einer Woche auf 1% genau zu ermitteln.

In seinem Artikel von 1987 hatte Koshiba aber noch weiter vorausgeblickt – bis hin zu einer weltweiten Verknüpfung ähnlicher Super-Neutrino-Observatorien, die alle eine hohe Zeitauflösung besitzen sollten. Koshiba zufolge könnten sie gemeinsam die täglichen Schwankungen der Temperatur des Sonnenkernes auf 1% genau bestimmen. Die Detektoren könnten außerdem ein „Supernova-Frühwarnsystem" darstellen, da sie Neutrinoausbrüche aus Supernova-Explosionen deutlich vor dem Eintreffen der ersten optischen Signale entdecken würden. Eine weitere Vision Koshibas besteht in einem ähnlichen Netzwerk aus Detektoren für hochenergetische kosmische Neutrinos, die in Seen in der ganzen Welt installiert würden und den gesamten Himmel kontinuierlich überwachen könnten.

Von einem etwas anderen Traum beflügelt, suchen Francis Halzen und seine Kollegen in den Vereinigten Staaten inzwischen nach einer erfolgversprechenden Methode für weitere Untersuchungen von höchstenergetischen kosmischen Neutrinos. Sie planen den Bau eines Detektors, der den geringen Preis des Mediums beim Unterwasser-Nachweis mit der Stabilität einer unterirdischen Anlage verbindet. Er soll die Tscherenkow-Strahlung nachweisen, die von Myonen ausgesandt wird, wenn sie Wasser durchqueren – allerdings in gefrorener Form im tiefen Eis der Antarktis. Das Team unternahm bereits erste Tests, bei denen im August 1990 im arktischen Eis Myonen nachgewiesen wurden. Die Forscher verwendeten eine Anordnung aus drei Lichtverstärkern, die untereinander in ein Bohrloch gehängt wurden, das ungefähr 100 m tief unter dem Packeis und etwa 200 m unter die Oberfläche reichte.

Im Sommer 1991/92 bohrte das Team mit heißem Wasser am Südpol Löcher in das Eis und ließ zwei Prototypen von Modulketten etwa 800 m tief in die mit Wasser gefüllten Löcher hinab. Die optischen Module überstanden das Einfrieren in den Löchern und konnten Myonen mit einer Rate nachweisen, die darauf schließen läßt, daß das Eis bis hinab in 800 m Tiefe transparent und blasenfrei ist. Im Jahre 1992 kam das Team mit der Bewilligung des Baus von AMANDA („Antarctic Muons and Neutrinos Detector Array") einen großen Schritt weiter. Diese Anordnung überdeckt eine Fläche von 0,1 Quadratkilometern am Südpol und reicht 1 km tief hinab.

Eine alternative Methode der Nutzung von Eis zum Nachweis ultrahochenergetischer Neutrinos wird von I.M. Zeleznich von der Akademie der Wissenschaften in Moskau und von anderen Forschern erkundet. Sie planen, Radiowellen aufzufangen, die durch den Tscherenkow-Effekt erzeugt werden. Mit diesen Wellen soll der gesamte Ausbruch geladener Teilchen erfaßt werden, der für die Wechselwirkung eines hochenergetischen Neutrinos charakteristisch ist. Dabei würde die große Zahl der beteiligten Neutrinos die von Radiowellen transportierte geringe Energie kompensieren. In RAMAND, dem „Radio Antarctic Muons and Neutrinos Detector", sollen Radioantennen an der Oberfläche die Signale registrieren, die bei den Wechselwirkungen von Neutrinos im darunterliegenden Eis erzeugt werden.

Während Koshiba, Halzen, Zeleznich und ihre Kollegen von einer Ausweitung der gegenwärtigen Grenzen der Neutrinoastronomie hier auf der Erde träumen, haben sich andere Forscher von ihren Phantasien schon über die Erde hinaustragen lassen. Bereits 1965 hatte beispielsweise Fred Reines die Vorteile eines Stützpunktes auf dem Mond für die Untersuchung kosmischer Neutrinos erkannt.

Eine der großen Schwierigkeiten beim Studium kosmischer Neutrinos entsteht durch den Hintergrund von Neutrinos, die bei Wechselwirkungen geladener Teilchen der Kosmischen Strahlung hoch in der Atmosphäre erzeugt werden. Insbesondere geladene Pionen und Kaonen, die dabei entstehen, senden bei ihrem Zerfall Neutrinos aus. Bei ultrahohen Energien – höher als 10^{12} eV – ist das Problem weniger gravierend, da infolge der Zeitdehnung (vergleiche Kapitel 4) die geladenen Elternteilchen länger leben und vor ihrem Zerfall in der Atmosphäre wechselwirken können. Deshalb könnten Detektoren wie DUMAND nur für Neutrinos mit Energien oberhalb etwa 10^{12} eV von Nutzen sein. Bei höheren Energien ist jedoch die Zahl der Neutrinos geringer; solche Detektoren müssen daher sehr lange auf seltene Ereignisse warten. Es wäre vorteilhaft, wenn sich die atmosphärischen Neutrinos beseitigen ließen. Leider kann man die Atmosphäre auf der Erde aber nicht los werden!

Eben das wäre bei einem Neutrinoexperiment auf dem Mond der Fall. Es müßte allerdings unter dem überwiegend aus Regolith bestehenden Mondboden stattfinden. Diese Schicht würde, analog zur irdischen Atmosphäre, zur Absorption der primären Kosmischen Strahlung dienen. Dabei wäre das Regolith auch dicht genug, um sekundäre geladene Pionen und Kaonen vor ihrem Zerfall zu absorbieren, so daß der Schutzschirm nicht selbst zu einer Neutrinoquelle würde. Natürliche Kavernen oder „Lavaröhren", die sich bis ungefähr 10 m unter die Mondoberfläche erstrecken, wurden bereits als mögliche Orte für zukünftige bemannte Stationen auf dem Mond erwogen, da das Regolith eine natürliche Möglichkeit böte, die Besatzung vor Kosmischer Strahlung und vor Meteoriten zu schützen. Eine große Höhle dieser Art wäre auch für ein Neutrinoteleskop geeignet.

Die Vorteile einer lunaren Neutrinoastronomie wurden besonders von Maurice Shapiro von der Universität von Maryland und Rein Silberberg vom Marine-Forschungslaboratorium in Washington diskutiert. Die beiden Forscher weisen darauf hin, daß sich der größte Vorteil für den Nachweis der kosmischen Neutrinos mit Energien zwischen 10^9 und 10^{12} eV ergäbe. Obwohl die Wahrscheinlichkeit, ein einzelnes Neutrino in diesem Energiebereich nachzuweisen, geringer als für Energien über 10^{12} eV ist, wird dies durch die größere Anzahl kosmischer Neutrinos mit niedrigen

Energien ausgeglichen. Auf der Erde ist dieser Bereich wegen des in der Atmosphäre erzeugten Neutrinohintergrundes unzugänglich.

Shapiro und Silberberg führen an, daß ein lunares Observatorium die Entdeckung von Neutrinos mit Energien zwischen 10^9 und 10^{12} eV ermöglichen würde, die entweder aus ausgedehnten diffusen Quellen wie dem Zentrum unserer Galaxis oder aus klar abgegrenzten, diskreten Quellen stammen könnten, die nicht genügend Neutrinos aussenden und daher durch DUMAND oder ähnliche Observatorien auf der Erde nicht nachzuweisen sind. Eine weitere Möglichkeit bestünde in der Entdeckung hochenergetischer Neutrinos, die in solaren „Flares" produziert werden; das sind Eruptionen auf der Sonnenoberfläche, die Ansammlungen geladener Teilchen in den Raum schleudern, die eine Strahlungsgefährdung für Astronauten hervorrufen können. Der Nachweis von Solar-Flare-Neutrinos – besonders von solchen, die von der Rückseite der Sonne stammen und durch die Sonne hindurchgeflogen sind – könnte ein „Flare-Frühwarnsystem" ermöglichen.

Wie Michael Cherry von der Louisiana State University dazu bemerkte, ist die Verwirklichung dieser Idee zweifellos erst im 21. Jahrhundert zu erwarten. Der Mondkörper könnte dabei zwar als „Ziel" für die kosmischen Neutrinos dienen; die Apparaturen für den Nachweis der bei den Einwirkungen der Neutrinos entstandenen Myonen jedoch müßten aus Material zusammengebaut werden, das von der Erde anzuliefern wäre. Schon ein Detektor der leichtesten heute vorstellbaren Bauart würde den Transport von etwa 200 Tonnen Material zum Mond erfordern.

Auf der sicheren Erde haben andere Physiker über die Rolle der Neutrinos nicht nur in der Astrophysik, sondern auch in der Geophysik nachgedacht. Die Erde selbst ist radioaktiv und damit eine Quelle von Antineutrinos aus dem Betazerfall der natürlich vorkommenden instabilen Kerne. Man schätzt, daß allein die Lithosphäre (die etwa 1000 km dicke äußere Schicht der Erde) pro Sekunde und Quadratzentimeter etwa 6 Millionen Antineutrinos emittiert, die größtenteils aus den Zerfällen von Uran-238, Thorium-232, Rubidium-87 und Kalium-40 stammen. Diese Zahl von Antineutrinos mag groß erscheinen, sie entspricht jedoch nur einem Zehntausendstel der Zahl der solaren Neutrinos, von denen die Erde ununterbrochen bombardiert wird. Experimente der Neutrino-Geophysik würden Apparaturen erfordern, die tausendmal so empfindlich sind wie die Detektoren, die für den Nachweis solarer Neutrinos entwickelt wurden. Hier stellt sich anscheinend eine unmögliche Aufgabe, von deren Lösung man aber trotzdem träumen kann.

Angenommen, man könnte einen Detektor bauen, der empfindlich genug ist, die Erd-Neutrinos nachzuweisen: Was könnten sie uns erzählen? In der Zeitschrift „Nature" haben die Theoretiker Lawrence Krauss, Sheldon Glashow und David Schramm 1984 die einmaligen geophysikalischen Botschaften erörtert, die von den Antineutrinos übermittelt würden. Ein Vorteil dieser flüchtigen Teilchen besteht in ihrem enormen Durchdringungsvermögen; das bedeutet, daß jede Messung die Bedingungen in der Erde als Ganzes und nicht nur die an der Oberfläche widerspiegelt.

Die Anzahl aller pro Sekunde emittierten Antineutrinos würde der gesamten Radioaktivität der Erde und damit dem Betrag der auf diese Weise erzeugten Wärme entsprechen. Andererseits könnte man Einblicke in eine Vielzahl geologischer Prozessen gewinnen, und zwar durch die Ermittlung der Beiträge verschiedener radioaktiver Isotope, die man durch den Nachweis von Antineutrinos in verschiedenen Energiebändern voneinander trennen würde. Die Ermittlung der Menge von Rubidium-87 in der ganzen Erde im Vergleich zu dem Anteil in der Oberflächenschicht könnte beispielsweise bei der Erforschung der Konvektionsströme im Erdmantel etwa 700 km unterhalb der Erdoberfläche hilfreich sein.

Eine andere Rolle, die die Neutrinos in der Geophysik spielen könnten, wurde erstmals 1974 durch Georgi Zatsepin und L.V. Wolkowa in Betracht gezogen. Danach soll ein hochenergetischer Neutrinostrahl aus einem Beschleuniger zur Ermittlung der unterschiedlichen Dichte der Erde dienen, ähnlich wie Röntgenstrahlen die verschiedenartigen Bereiche des menschlichen Körpers sichtbar machen. Die grundlegende Idee besteht darin, Neutrinostrahlen über einen großen Winkelbereich auf die Erde zu richten und die Teilchen nachzuweisen, die auf der anderen Seite wieder austreten.

Wie Thomas Wilson vom Lyndon-B.-Johnson-Raumfahrtzentrum der NASA 1984 in „Nature" anmerkte, würde diese Methode nur dann richtig funktionieren, wenn sowohl die Teilchenquelle als auch der Detektor nach Art einer Ganzkörper-Röntgenapparatur um das Objekt herumbewegt würden. Das dürfte mit einem großen Teilchenbeschleuniger als Quelle und einem Detektor wie DUMAND kaum praktikabel sein. Eine Alternative bestünde aus einer Kombination von Detektoren, die Neutrinos aus einer astronomischen Quelle nachwiesen. Die Rotation der Erde würde gewährleisten, daß sich die Quelle sozusagen um das Objekt herumbewegt, während das Netzwerk der Detektoren die Bewegung einer einzelnen Apparatur ersetzen würde. Sollte eine genügend starke hochenergetische Quelle gefunden werden, so könnte das eine weitere Anwendung von Koshibas weltweitem Netzwerk aus „See-Detektoren" sein.

Aus diesen wenigen Beispielen wird klar, daß die Zukunft der Forschung mit Neutrinos in jeder Hinsicht so aufregend wie die Vergangenheit sein wird. Seit über 60 Jahren werden die Physiker, deren Interessen von den kleinsten Strukturen im Inneren der Atome bis zur großräumigen Dynamik des Universums reichen, von den Neutrinos verwirrt, fasziniert, frustriert und überrascht. Mag es sich bei diesen Teilchen auch nahezu um ein Nichts handeln, so haben sie ihre immense Bedeutung für unser Verständnis der fundamentalen Prozesse im Universum doch bereits hinreichend bewiesen. Auch wenn sie nicht die absoluten „Herrscher des Universums" sind, gehören sie doch zu den faszinierendsten „Raumschiffen", die man sich vorstellen kann. Ich hoffe, die Reise hat Ihnen Spaß gemacht.

Weiterführende Literatur

Im Folgenden finden Sie eine Auswahl der Bücher, die ich während meiner Lektüre über Neutrinos interessant gefunden habe. Im Quellenverzeichnis sind weitere nützliche Informationsquellen verzeichnet.

Bücher für den interessierten Laien

Leon Lederman, David Schramm: **Vom Quark zum Kosmos**, Heidelberg (Spektrum Verlag) 1991. Ein Teilchenphysiker und ein Kosmologe verfassen mit vereintem Wissen eine Einführung in diese beiden miteinander verbundenen Wissensgebiete.

Frank Close, Michael Marten, Christine Sutton: **Spurensuche im Teilchenzoo**, Heidelberg (Spektrum Verlag) 1990. Eine illustrierte Einführung in die Entdeckungen der Elementarteilchenphysik, vom Elektron bis zu den W- und Z- Teilchen.

Paul Murdin: **Flammendes Finale**, Basel (Birkhäuser Verlag) 1991. Eine gute Zusammenfassung aller Ereignisse und Erkenntnisse um die Supernova SN1987A von einem führenden britischen Astronomen.

Joseph Silk: **Der Urknall**, Basel (Birkhäuser Verlag) 1990. Eine ausführliche Darstellung der Urknalltheorie unter Berücksichtigung der Erkenntnisse der Elementarteilchenphysik.

Steven Weinberg: **Die ersten drei Minuten**, München (Piper) 1986. Eine relativ alte, aber noch immer exzellente Darstellung der frühen Phasen des Universums.

Bücher über Neutrinos auf wissenschaftlichem Darstellungsniveau

James S. Allen: **The Neutrino**, Princeton (Princeton University Press), New Jersey 1958. Möglicherweise das erste Buch zu diesem Thema, enthält interessantes Material, ist aber streckenweise veraltet.

Charles Strachan: **The Theory of Beta-decay**, Oxford (Pergamon Press) 1969. Eine nützliche Einführung in Fermis Theorie und die nachfolgenden Entwicklungen; ferner sind wichtige Forschungsarbeiten reproduziert.

Physics of Massive Neutrinos, hrsg. v. Felix Boehm und Peter Vogel, Cambridge (Cambridge University Press), 2. Auflage 1992. Ein guter Überblick über Experimente und theoretische Arbeiten über Neutrinos.

John Bahcall: **Neutrino Astrophysics**, Cambridge (Cambridge University Press) 1989. Das Buch beschäftigt sich hauptsächlich mit Sonnenneutrinos und ist von einem führenden Experten auf diesem Feld verfasst.

Neutrino Physics, hrsg. v. Klaus Winter, Cambridge (Cambridge University Press) 1991. Ein umfassender Überblick über die Neutrinophysik; enthält auch Nachdrucke wichtiger Forschungsarbeiten aus der Frühzeit.

Bücher über historische Aspekte der Elementarteilchenphysik

Proceedings des International Colloquium on the History of Particle Physics, Juli 1982, Paris, veröffentlicht in: Journal de Physique, Bd. 43, Supplement C8, 1982. Der Band enthält interessante Gespräche zwischen Fred Reines und Bruno Pontecorvo.

The Bird of Particle Physics, hrsg. v. L.M. Brown und L. Hoddeson, Cambridge (Cambridge University Press) 1983. Proceedings eines Symposiums über die Elementarteilchenphysik zwischen 1930 und 1959, das von vielen damals aktiven Physikern besucht wurde.

Pions to Quarks, hrsg. v. L.M. Brown, M. Dresden und L. Hoddeson, Cambridge (Cambridge University Press) 1989. Proceedings des zweiten **International Symposium on the History of Particle Physics,** das im Mai 1985 am Fermilab stattgefunden hat. Dieser Band ist gewissermaßen die Fortsetzung von **The Birth of Particle Physics** und befasst sich mit der Elementarteilchenphysik in den 50er Jahren.

Abraham Pais: **Inward Bound**, Oxford (Oxford University Press) 1986. Ein Physiker beschreibt die Entwicklung der Elementarteilchenphysik (bis in die 50er Jahre) aus der Sicht eines Beteiligten.

Quellenverzeichnis

Kapitel 1

1. H. Harari: *Proc. 13th Int. Conf. on Neutrino Physics and Astrophysics, Boston (Medford), June 5-11, 1988*, S. 574. © World Scientific Publishing Company.

Kapitel 2

1. B. Pontecorvo: *Proc. Int. Colloqium on the History of Particle Physics, J. de Phys.* **43**, Suppl. C8, 1982, S. 221.
2. W. Pauli in einem Brief an L. Meitner et al., auf Deutsch abgedruckt in *Collected Scientific Papers by Wolfgang Pauli* (Wiley Interscience, New York, 1964), R. Kronig und V.F. Weisskopf (Hrsg.), Bd. 2, S. 1316.
3. W. Pauli, *ebenda*.
4. E. Rutherford in einem Brief an O. Hahn, abgedruckt in *Rutherford* (Cambridge University Press, Cambridge, 1939), von A.S. Eve, S. 207.
5. E. Rutherford und H. Geiger: *Proc. Roy. Soc.* **A81**, 1908, S. 162.
6. L. Meitner: *Bull. At. Sci.*, November 1964, S. 2. Abgedruckt mit freundlicher Genehmigung des *Bulletin of the Atomic Scientists*, einer Zeitschrift für Wissenschaft und Politik; © 1964, bei der Educational Foundation for Nuclear Science, 6042 South Kimbark Avenue, Chicago, IL 60637, USA.
7. L. Meitner, *ebenda*.
8. J. Chadwick in einem Brief an E. Rutherford, Cambridge University Manuscript Collection, abgedruckt mit freundlicher Genehmigung der Syndics of the University Library, Cambridge.
9. C.D. Ellis und W.A. Wooster: *Proc. Roy. Soc.* **A117**, 1928, S. 109.
10. B. Russell: *The ABC of Atoms* (Kegan Paul, Trench, Trubner & Co, London, 1923), S. 142.
11. N. Bohr in einem Brief an R.H. Fowler, abgedruckt in *Niels Bohr - Collected Works* (North Holland, Amsterdam, 1986), R. Peirels (Hrsg.), Vol. 9, S. 555.
12. N. Bohr: *J. Chem. Soc.* **135**, 1932, S. 349.
13. N. Bohr, *ebenda*.
14. N. Bohr, *ebenda*.
15. N. Bohr, *ebenda*.
16. N. Bohr, *ebenda*.
17. W. Pauli, Anmerkungen zur siebten Solvay-Konferenz im Oktober 1933, abgedruckt auf Französisch in *Collected Scientific Papers by Wolfgang Pauli* (Wiley Interscience, New York, 1964), R. Kronig und V.F. Weisskopf (Hrsg.), Vol. 2, S. 1319.
18. N. Bohr in einem Brief an W. Pauli, abgedruckt und übersetzt in *Niels Bohr - Collected Works* (North Holland, Amsterdam, 1986), U. Hoyer (Hrsg.), Vol. 6, S. 443.
19. W. Pauli in einem Brief an N. Bohr, abgedruckt und übersetzt in *Niels Bohr - Collected Works* (North Holland, Amsterdam, 1986), U. Hoyer (Hrsg.), Vol. 6, S. 446.
20. W. Pauli, siehe Anm. 2.
21. J. Chadwick: *Proc. Roy. Soc.* **A136**, 1932, S. 692.
22. J. Chadwick, abgedruckt mit freundlicher Genehmigung aus: *Nature* **129**, 1932, S. 312. © 1932, Macmillan Magazines Ltd.
23. J. Chadwick, *ebenda*.
24. D. Iwanenko: *Comptes Rendus* **195**, 1932, S. 439.

25. P.A.M. Dirac in *The Bird of Particle Physics* (Cambridge University Press, Cambridge, 1983), L.M. Brown und L. Hoddeson (Hrsg.), S. 49.
26. D. Iwanenko, siehe Anm. 24.
27. P.A.M. Dirac, siehe Anm. 25.
28. N. Bohr in einem Brief an F. Bloch, abgedruckt und übersetzt in *Niels Bohr - Collected Works* (North Holland, Amsterdam 1986), R. Peierls (Hrsg.), Vol. 9, S. 541.
29. D. Iwanenko, siehe Anm. 24.
30. F. Perrin: *Comptes Rendus* **197**, 1933, S. 625.
31. E. Fermin in *Z. für Physik* **88**, 1934, S. 161. Diese Übersetzung ist abgedruckt mit freundlicher Genehmigung von *The Theory of Beta Decay* von C. Strachan, S. 107. © 1969, Pergamon Press plc.
32. E. Fermi, *ebenda*.
33. E. Fermi, *ebenda*.

Kapitel 3

1. H.R. Crane: *Rev. Mod. Phys.* **20**, 1948, S. 278.
2. R. Peierls: *Contemporary Physics* **24**, 1983, S. 221.
3. R. Peierls, *ebenda*.
4. A.S. Eddington: *The Philosophy of Physical Science* (Cambridge University Press, Cambridge, 1939), S. 112.
5. F. Reines: *Proc. Int. Colloqium on the History of Particle Physics, J. de Phys.* **43**, Suppl. C8, 1982, S. 237.
6. F. Reines, *ebenda*.
7. F. Reines, *ebenda*.
8. F. Reines, *ebenda*.
9. F. Reines, *ebenda*.
10. F. Reines and C.L. Cowan: *Phys. Rev.* **92**, 1953, S. 830.
11. F. Reines, siehe Anm. 5.
12. F. Reines, *ebenda*.
13. C.N. Yang: *Nobel Lecture*, 11. December 1957. © The Nobel Foundation 1958.
14. C.N. Yang, *ebenda*.
15. T.D. Lee and C.N. Yang: *Phys. Rev.* **104**, 1956, S. 254.
16. T.D. Lee and C.N. Yang, *ebenda*.
17. T.D. Lee, unveröffentlicht.
18. T.D. Lee, unveröffentlicht.
19. W. Pauli in einem Brief an V.F. Weisskopf, abgedruckt und übersetzt in *Collected Scientific Papers by Wolfgang Pauli* (Wiley Interscience, New York, 1964), R. Kronig und V.F. Weisskopf (Hrsg.), Vol. 1, S. xiii.
20. A. Salam: *Imperial College Inaugural Lectures* (1956-57, 1957-58), S. 54.
21. A. Salam: *Nobel Lecture*, 8. Dezember 1979. © The Nobel Foundation 1980.
22. A. Salam, *ebenda*.
23. A. Salam, *ebenda*.
24. A. Salam, *ebenda*.
25. M. Goldhaber: *1958 Ann. Int. Conf. on High Energy Physics at CERN* (CERN, Geneva, 1958), S. 233.
26. J.L. Vuilleumier: *Rep. Prog. Phys.* **49**, 1986, S. 1293.
27. W. Pauli in einem Brief an L. Meitner et al., auf Deutsch abgedruckt in *Collected Scientific Papers by Wolfgang Pauli* (Wiley Interscience, New York, 1964), R. Kronig und V.F. Weisskopf (Hrsg.), Vol. 2, S. 1316.
28. E. Fermi: *Z. für Physik* **88**, 1934, S. 161.
29. J.L. Vuilleumier, siehe Anm. 27.
30. M. Fritschi et al.: *Phys. Lett.* **B173**, 1986, S. 485.
31. M. Fritschi et al., *ebenda*.
32. S. Boris et al.: *Phys. Rev. Lett.* **58**, 1987, S. 2019.

33. J.F. Wilkerson et al.: *Phys. Rev. Lett.* **58**, 1987, S. 2023.
34. B. Pontecorvo: *Proc. Int. Colloquium on the History of Particle Physics, J. de Phys.* **43**, Suppl. C8, 1982, S. 221.
35. E. Fermi, zitiert von B. Pontecorvo in Anm. 36.
36. E. Majorana: *Nuo. Cim.* **5**, 1973, S. 171, übersetzt von B. Pontecorvo.
37. E. Majorana, *ebenda.*
38. B. Pontecorvo, siehe Anm. 36.
39. B. Pontecorvo, *ebenda.*
40. J. Bernstein: *Neutrino Cosmology,* CERN Report 84-06 (CERN, Genf, 1984), S. 7.

Kapitel 4

1. C.D. Anderson in *The Bird of Particle Physics* (Cambridge University Press, Cambridge, 1983), L.M. Brown und L. Hoddeson (Hrsg.), S. 146.
2. H. Yukawa, *Tabibito* (World Scientific, Singapore, 1982), S. 190.
3. H. Yukawa, *ebenda* S. 194 und 195.
4. H. Yukawa, *ebenda* S. 202.
5. H. Yukawa, *ebenda* S. 203.
6. L. Lederman: *Scientific American,* März 1963, S. 60.
7. B. Pontecorvo: *Proc. Int. Colloquium on the History of Particle Physics, J. de Phys.* **43**, Suppl. C8, 1982, S. 221.
8. B. Pontecorvo, *ebenda.*
9. B. Pontecorvo, *ebenda.*
10. F. Reines: *Proc. Int. Colloquium on the History of Particle Physics, J. de Phys.* **43**, Suppl. C8, 1982, S. 237.
11. M. Schwartz: *Adventures in Experimental Physics,* (World Science Communications, New Jersey, 1972), B. Maglich (Hrsg.), Vol. α, S. 82.
12. L.M. Lederman: *Proc. Int. Conf. on Instrumentation for High-Energy Physics* (University of California, Berkeley, 1961), S. 201.
13. L.M. Lederman: *Femilab Report,* Oktober 1988, S. 3.
14. G. Danby et al.: *Phys. Rev. Lett.* **9**, 1962, S. 36.
15. M.L. Perl: *The Science Teacher,* Dezember 1980, S. 16. © 1980, National Teachers Association.
16. M.L. Perl, *ebenda.*
17. S. Weinberg: *Int. J. Mod. Phys. A* **2**, 1987, S. 301. © World Scientific Publishing Company.
18. J. Bernstein: *Neutrino Cosmology,* CERN Report 84-06 (CERN, Genf, 1984), S. 23.
19. M. Goldhaber: *Neutrinos - 1974* (American Institute of Physics, New York, 1974), AIP Conf. Proc. No. 22, S. 1.
20. A. Pais in *Inward Bound* (Oxford University Press, Oxford, 1986), S. 521.
21. F. Halzen und K. Mursula: *Phys. Rev. Lett.* **51**, 1983, S. 857.

Kapitel 5

1. L.M. Ledermann: *High Energy Physics* (Academic Press, New York, 1967), E.H.S. Burhop (Hrsg.), Vol. II, S. 303.
2. C.A. Ramm: *CERN Courier* **6**, 1966, S. 211.
3. B.C. Barish: *Scientific American,* August 1973, S. 30.
4. A. Rousset in einem Gespräch an der Universität Paris-Süd im Zentrum von Orsay am 12. März 1975, aufgezeichnet in *Hommage à André Lagarrigue,* S. 13.
5. P. Musset in einem Gespräch am Int. Colloq. on High Energy Neutrino Physics der Polytechnischen Schule am 20. März 1975, aufgezeichnet in *Hommage à André Lagarrigue,* S. 35.

6. P. Musset, *ebenda.*
7. *CERN Courier* **10**, 1970, S. 382.
8. D.H. Perkins: *Proc. 1973 School for Young High Energy Physicists,* Rutherford Laboratory Report 74-38, S. vi-I. © SERC 1974.
9. S. Coleman: *Science* **206**, 1979, S. 1290. © 1979, AAAS.
10. S. Weinberg: *Nobel Lecture,* 8. Dezember 1979. © The Nobel Foundation 1980.
11. S. Weinberg, *ebenda.*
12 A. Salam: *Nobel Lecture,* 8. Dezember 1979. © The Nobel Foundation 1980.
13. A. Rousset: *Neutrinos - 1974* (American Institute of Physics, New York, 1974), AIP Conf. Proc. No. 22, S. 141.
14. D.H. Perkins: *Proc. 1974 CERN School of Physics,* CERN Report 74-22 (CERN, Genf, 1974) S. 180.
15. R.P. Feynman: *Neutrinos - 1974* (American Institute of Physics, New York, 1974), AIP Conf. Proc. No. 22, S. 300.
16. W.K.H. Panofsky: *Proc. 14th Int. Conf. on High-Energy Physics* (CERN, Genf, 1968), S. 23.
17. J. Bjorknes: *Proc. Int. School of Physics 'Enrico Fermi',* Course XLI (Academic Press, New York and London, 1968), S. 55. © 1968, Societa Italiana di Fisica.
18. R.P. Feynman: *Science* **183**, 1974, S. 106. © 1974, AAAS.
19. R.P. Feynman: *Proc. 5th Hawaii Topical Con. in Particle Physics,* S. 3. © 1974, University Press of Hawaii, Honolulu.
20. R.P. Feynman, siehe Anm. 18.
21. R.P. Feynman, *ebenda.*
22. J. Steinberger: Proc. 12th SLAC Summer Inst. on Particle Physics, June 1981: *The Sixth Quark - Pief Fest,* SLAC Report 281, S. 691.
23. J. Steinberger, *ebenda.*
24. D.H. Perkins: *Introduction to High Energy Physics* (2. Auflage), S. 275. © 1982, Addison-Wesley Publishing Co. Inc., Reading, Massachusetts. Mit freundlicher Genehmigung des Herausgebers.
25. P.V. Landshoff: *Proc. 1974 CERN School of Physics,* CERN Report 74-22 (CERN, Genf, 1974), S. 123.
26. R.P. Feynman, siehe Anm. 15.
27. D.H. Perkins: *Proc. 5th Hawaii Topical Conf. in Particle Physics,* S. 507. © 1974, University Press of Hawai, Honolulu.
28. D.H. Perkins, siehe Anm. 14.
29. R.P. Feynman, siehe Anm. 18.
30. R.P. Feynman, siehe Anm. 15.
31. D.H. Perkins, siehe Anm. 24, S. 272.

Kapitel 6

1. P. Morrison: *Scientific American,* August 1962, S. 91.
2. A.S. Eddington: *The Nature of the Physical World* (Cambridge University Press, Cambridge, 1929), S. 165.
3. H.A. Bethe: *The Sciences,* Oktober 1980, S. 6.
4. J.N. Bahcall und R. Davis Jr.: *Essays in Nuclear Astrophysics* (Cambridge University Press, Cambridge, 1982), C.A. Barnes, D.D. Clayton und D. Schramm (Hrsg.), S. 243; ebenfalls erschienen in *Neutrino Astrophysics* (Cambridge University Press, Cambridge, 1989) von J.N. Bahcall, S. 487.
5. F. Reines, abgedruckt mit freundlicher Genehmigung des *Annual Review of Nuclear Science,* Vol. 10, S. 1. © 1960, Annual Reviews Inc.
6. J.N. Bahcall und R. Davies Jr., siehe Anm. 4.
7. J.N. Bahcall und R. Davies Jr., *ebenda.*
8. J.N. Bahcall und R. Davies Jr., *ebenda.*
9. J.N. Bahcall: *Scientific American,* Juli 1969, S. 29.

10. J.N. Bahcall und R. Davies Jr., siehe Anm. 4.
11. J.N. Bahcall und R. Davies Jr., *ebenda.*
12. J.N. Bahcall und R. Davies Jr., *ebenda.*
13. L. Wolfenstein und E.W. Beier: *Physics Today,* Juli 1989, S. 28.
14. K.S. Hirata et al.: *Phys. Rev. Lett.* **65**, 1990, S. 1297.
15. J.N. Cahcall, abgedruckt mit freundlicher Genehmigung von *Nature* **330**, 1987, S. 318. © 1987, Macmillan Magazines Ldt.
16. P. Rosen: *'86 Massive Neutrinos: Sixth Moriond Workshop of XXIst Rencontres de Moriond* (Editions Frontieres, Gif-sur-Yvette, 1986), J. Tran Thanh Van (Hrsg.), S. 25.
17. J.N. Bahcall: *Neutrino Astrophysics* (Cambridge University Press, Cambridge, 1989), S. 31.
18. L. Wolfenstein und E.W. Beier, siehe Anm. 13.
19. J.N. Bahcall, siehe Anm. 17.
20. H.H. Chen: *Phys. Rev. Lett.* **55**, 1985, S. 1534.
21. S. Weinberg: *Int. J. Mod. Phys.* A**2**, 1987, S. 301. © World Scientific Publishing Company.
22. N.E. Booth et al.: *Solar Neutrinos und Neutrino Astronomy* (American Institute of Physics, New York, 1984), AIP Conf. Proc. No. 126, S. 216.

Kapitel 7

1. S.E. Woosley und M.M. Phillips: *Science* **240**, 1988, S. 750. © 1988, AAAS.
 2. R. Jedrzejewski, zitiert von R.A. Schorn in *Sky & Telescope,* Mai 1987, S. 470.
 3. R. Jedrzejewski, *ebenda.*
 4. S.E. Woosley und T. Weaver: *Scientific American,* August 1989, S. 24.
 5. S.E. Woosley und T. Weaver, *ebenda.*
 6. A. Burrows: *Physics Today,* September 1987, S. 28.
 7. S.E. Woosley und T. Weaver, siehe Anm. 4.
 8. A. Burrows: *Proc. 13th Int. Conf. on Neutrino Physics and Astrophysics, Boston (Medford), June 5 - 11, 1988*, S. 142.© World Scientific Publishing Company.
 9. R.M. Bionta et al.: *Phys. Rev. Lett.* **58**, 1987, S. 1494.
10. K. Hirata et al.: *Phys. Rev. Lett.* **58**, 1987, S. 1490.
11. S.E. Woosley und T. Weaver, siehe Anm. 4.
12. A. Burrows, siehe Anm. 8.
13. L.B. Okun: *Proc. 13th Int. Conf. on Neutrino Physics and Astrophysics, Boston (Medford), June 5 - 11, 1988*, S. 828. © World Scientific Publishing Company.
14. L.B. Okun, *ebenda.*
15. L.B. Okun, *ebenda.*
16. K. Greisen: *Proc. Int. Conf. on Instrumentation for High-Energy Physics* (University of California, Berkeley, 1961), S. 209.
17. F. Reines und J.P.F. Sellschop: *Scientific American,* Februar 1966, S. 40.
18. K. Greisen, siehe Anm. 16.
19. M.A. Markov: *Proc. 1960 Ann. Int. Conf. on High Energy Physics at Rochester* (University of Rochester, New York, 1960), S. 578.
20. J.G. Learned, private Kommunikation.
21. K. Greisen, siehe Anm. 16.
22. J.G. Learned: *2nd Int. Workshop on Neutrino Telescopes,* Venedig, Februar 1990.
23. F. Reines und J.P.F. Sellschop, siehe Anm. 17.
24. F. Reines und L. Price: *Proc. Workshop on Particle Astrophysics: Forefront Experimental Issues,* S. 328. © World Scientific Publishing Company.
25. S. Weinberg: *The First Three Minutes,* S. 155. © 1977, Steven Weinberg. Abgedruckt mit Erlaubnis von Basic Books, Inc., eine Abteilung der Harper Collins Publishers. Dt. Ausgabe siehe weiterführende Literatur.
26. G. Gamow: *The Creation of the Universe* (Viking Press, New York, 1952), S. 61.

27. A.S. Eddington: *The Expanding Universe* (Cambridge University Press, Cambridge, 1933), S. 13. (Neuauflage 1987 bei Cambridge University Classics).
28. R.A. Alpher und R.C. Herman: *Nature* **162**, 1948, S. 774.
29. S. Weinberg, siehe Anm. 25, S. 131.
30. S. Weinberg, siehe Anm. 25, S. 132.
31. D.N. Schramm und G. Steigman: *Scientific American*, Juni 1988, S. 44.
32. V.F. Shvartsman: JETP Letters **9**, 1969, S. 184.
33. G. Steigman, D.N. Schramm und J.E. Gunn: *Phys. Lett.* **66B**, 1977, S. 202.
34. J. Yang et al.: *Astrophysical J.* **281**, 1984, S. 493.
35. S. Weinberg, siehe Anm. 25, S. 118.
36. G. Gelmini: *Neutrinos*, H.V. Klapdor (Hrsg.), S. 312. © Springer-Verlag, Berlin, Heidelberg 1988.

Kapitel 8

1. M. Koshiba: *Physics Today*, Dezember 1987, S. 42.

Index

Chaotische Dynamik gehört zu den faszinierendsten Beschäftigungsfeldern der heutigen Naturwissenschaft. Früher vollkommen unberechenbar erscheinende Vorgänge wie Turbulenzen in Wasserströmungen oder das Verhalten tropischer Stürme werden erforscht und revolutionieren unser Verständnis von der Natur. Symmetrie dagegen ist ein traditioneller Bereich der Mathematik und steht für statisches, klassisches Ebenmaß in der Natur. Nach bisherigem Wissenschaftsverständnis sind beide Bereiche am jeweils anderen Ende des mathematischen Spektrums anzusiedeln. Kann es also überhaupt eine Verbindung von Chaos und Symmetrie geben? Field und Golubitsky stellen diese Verbindung her. Sie beschreiben, wie ein chaotischer Prozeß zu symmetrischen Mustern führen kann: Wenn die erwähnte Turbolenz in der Strömung eines Gewässers z. B. 1x pro Sekunde fotografiert würde und man alle Aufnahmen übereinanderlegte, entstünde ein symmetrisches Muster. Die Autoren erklären die Mathematik solcher Vorgänge und liefern die Formeln, mit deren Hilfe sie am Computer nachgeahmt werden können. Auf diese Weise werden Bilder symmetrischen Chaos erzeugt, die dem Betrachter durch ihre Symmetrie seltsam

vertraut erscheinen und die von überwältigender Schönheit sind. Etliche Dutzend besonders eindrucksvoller Gebilde sind in diesem Band abgebildet. Zusätzlich werden im Anhang leicht verständliche Programme wiedergegeben, die es jedem PC-Besitzer gestatten, selbst mit Bildern symmetrischen Chaos' zu experimentieren. *Chaotische Symmetrien* eröffnet in Theorie und Praxis eine neue Dimension der Beschäftigung mit Chaos und ist ein Muß für jeden an der Chaosforschung Interessierten.

Field/Golubitsky

Chaotische Symmetrien

Birkhäuser

Michael Field, Martin Golubitsky
Chaotische Symmetrien

Aus dem Englischen von
Gisela Menzel.
220 Seiten, 110 Farb-
und 23 sw-Abbildungen
Gebunden mit Schutzumschlag.
ISBN 3-7643-2844-4
In allen Buchhandlungen erhältlich

Wettervorhersage und Satellitentechnik

Wer von uns hat sich noch nicht über einen verregneten Sonntag geärgert, obwohl der Wetterbericht doch strahlenden Sonnenschein vorausgesagt hatte? Wer weiß nicht, wie unsicher insbesondere langfristige Wetterprognosen noch immer sind? Die Einflüsse, die das Wetter weltweit bestimmen, sind in der Tat derart komplex, daß ein Verständnis nur möglich ist, wenn das Wettergeschehen als Ganzes vom Weltraum aus beobachtet werden kann.

Seit etwa 30 Jahren überwachen Wettersatelliten diese gigantische Weltwettermaschine; sie sammeln Daten und liefern damit die Grundlage für Wettervorhersagen wie für Erkenntnisse über globale Klimazusammenhänge. Burroughs erzählt in seinem Buch die Geschichte ihrer Entwicklung, zeigt, wie sie funktionieren, erläutert ihre Instrumente, beschreibt, wie sie welche Daten sammeln und auf die Erde übertragen und wie diese zu interpretieren sind. Zugleich erklärt er die dem Wettergeschehen zugrundeliegende Physik.

So wird deutlich, was Satelliten für die Analyse und Vorhersage von Wetterentwicklungen leisten können und welche Rolle sie bei der Beobachtung von langfristigen Klimaänderungen spielen.

Der Band erklärt die technischen und physikalischen Grundlagen der

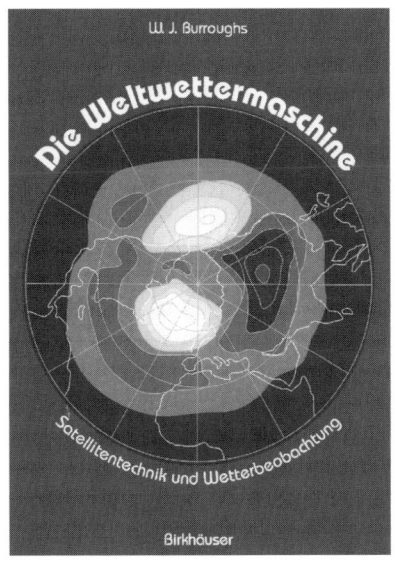

Satellitenmetereologie in verständlicher Weise ; dazu trägt auch die reiche Bebilderung sowie die Erläuterung der wichtigsten Begriffe in einem Glossar bei.

William James Burroughs
Die Weltwettermaschine
Satellitentechnik und Wetterbeobachtung

Aus dem Englischen von Hans-Peter Herbst.
232 Seiten mit 30 Farb- und 39 sw-Abbildungen. Gebunden.
ISBN 3-7643-2786-3
In jeder Buchhandlung erhältlich

Birkhäuser

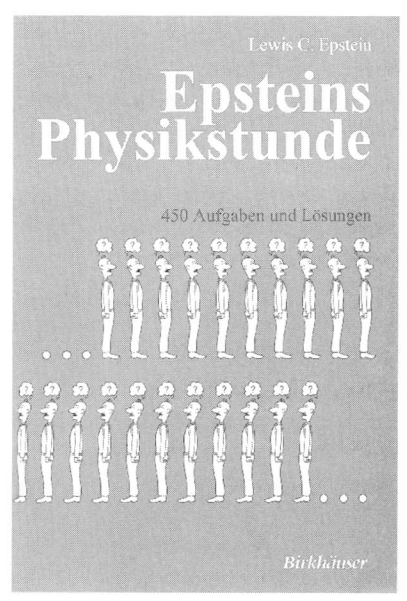